城市规划设计分析方法

朱　勍　编著

同济大学出版社
TONGJI UNIVERSITY PRESS

图书在版编目(CIP)数据

城市规划设计分析方法/朱勍编著．—上海：同济大学出版社，2020.8

ISBN 978-7-5608-9229-0

Ⅰ．①城…　Ⅱ．①朱…　Ⅲ．①城市规划—建筑设计　Ⅳ．①TU984

中国版本图书馆 CIP 数据核字(2020)第 141469 号

城市规划设计分析方法

朱　勍　编著

责任编辑　荆　华　　责任校对　徐春莲　　封面设计　张　微

出版发行　同济大学出版社　　www.tongjipress.com.cn
(地址：上海市四平路 1239 号　邮编：200092　电话：021-65985622)
经　　销　全国各地新华书店
印　　刷　常熟市华顺印刷有限公司
开　　本　787mm×1092mm　1/16
印　　张　18
字　　数　449 000
版　　次　2020 年 8 月第 1 版　　2020 年 8 月第 1 次印刷
书　　号　ISBN 978-7-5608-9229-0

定　　价　88.00 元

前　　言

本书基于教学与实践而来，目的在于让读者用简单直白的方式理解在城市规划过程中，可以用哪些方法来认识城市，分析城市不同发展阶段的特征和问题；用哪些技术手段进行规划以及后期的检验，并能够较快地将这些方法应用于课程设计和规划实践。本教材抓住城市规划教学体系构架的核心内容进行整理提炼，适当考虑学科交叉，增加了生态学、交通学、社会学、地理学的研究和分析视角，从区域、生态、产业、人口、交通、土地、公共服务、景观和历史文化保护等方面解析规划的核心要素及分析方法，选择增加代表性案例，在保证体系完整的同时，还增强实操性；其他学科分析方法的引入与更新，也便于学生建立可持续的城市分析方法的知识体系。教材不仅适用于建筑学和城乡规划专业全日制本科和研究生，也适用于继续教育的学生和城市规划管理及审批部门业务的培训。

本书章节划分结合一学年的教学周期进行安排，方便师生使用。

本书的编写工作中，朱勍负责编写第四章、第五章、第九章、第十一章、第十二章；陆希刚负责编写第一章、第二章、第三章和第六章；田敏敏负责编写第七章、第八章；王硕负责编写第十章。教材编写得到了同济大学继续与网络教育研究与奖励基金的资助，在此表示衷心地感谢。

编　者

2019 年 12 月 30 日于同济大学

目　　录

第 1 章　城市规划分析概论

第 1 节　城市规划分析的作用

一、城市规划的法理基础

随着我国改革开放后计划经济向市场经济转变，与日渐削弱的计划不同，规划日益受到关注，这要求对规划的本质进行重新审视。广义的规划指针对特定目标的行动进行思考和组织的过程，与私领域规划（如职业规划、产品规划以及城市设计）不同，作为行政法规的城市规划（以及其他空间规划）具有价值判断和强制性；城市规划不仅体现了特定的价值取向，同时也具有规范约束相关利益主体行为的法定效力。换言之，规划不仅预期未来应会怎样（what should to be），更重要的是规定了今后应当如何行动（what should to be done）。由于这些特征，城市规划无法回避的问题是：要求社会全体遵从城市规划的理由（why）或城市规划的合理性（reasonability）或法理基础何在。

规划的法理基础可从合法性和合理性两方面考虑。城市规划的合法性即城市规划在社会实践层面的价值取向和权力来源，其核心是涉及利益主体（for who）以及权力（by who）的规划决策。城市规划的合理性即关于城市规划客体的理论知识——规划为何这样做而不是那样做，总需要有一定的理论知识作为支撑。城市规划法理基础两方面的研究对象和研究范式畛域分野显著：前者研究作为社会实践活动的规划，侧重价值判断和权力博弈的应然性问题；而后者从规划客体的知识理论方面研究规划，关注客观趋势的实然性研究。为区别起见，常将前者称为规划的知识（knowledge of planning），而将后者称为规划中的知识（knowledge in planning）。

城市规划的法理基础与正义理论也相互契合。规划本质是对未来发展目标和行动达成共识的过程，正义（justice）不可避免地成为共识的基石。正义的两个范畴，程序正义和实质正义——与城市的法理基础相对应，分别关注城市规划实践的合法性和城市规划知识理论的合理性。程序正义规范了应由谁来进行决策以及如何决策，能够保证程序公正，但对于决策内容及其合理性尚须从实质正义角度提供解释：导致公众服从城市规划的核心价值观，即公正，应如何判别？

规划长期将公共利益作为公正标准，但公共利益的主要问题在于内涵和外延模糊不清，导致规划实践中集团利益打着公共利益旗号的情况屡见不鲜。由于作为价值理性的公共利益无法界定且缺乏可操作性，因此城市规划实质正义转向求助于工具理性。认为在市场经济条件下，众多个体的合力作用并非杂乱无章的，而是具有“自发秩序”（spontaneous order），这种自发秩序或自然规律“经历了数代人的尝试和实践而达成的成就，包含着超过任何个人所能拥有的丰富经验”，能够在一定范围内解决“如果……则”（if…then）的问题，从而形成规划的合理性基础。

二、规划分析的含义与作用

1. 规划分析的含义

城市规划表现为畛域分野显著的两个侧面——社会实践和学科知识，因此有必要对其方法论进行区分。从社会实践角度，直接指向规划实践本身的手段称为规划方法，即规划的方法(method of planning)，如规划编制组织、社会参与、规划决策、规划实施等一系列程序性的内容。从学科知识角度，将指向规划客体的理论知识研究方法称为规划分析，即规划中的方法(method in planning)，如城市规划中的人口分析、经济分析、空间分析、交通分析、生态分析等。

2. 规划分析的作用

规划分析的作用主要体现在，它是规划法理基础中实质正义和学术性(或合理性)的来源。

首先，规划的方法(method of planning)仅体现了程序正义，但程序正义并不能替代实质正义。利益与权力的博弈角度只能说明规划的合法性，无法体现规划的合理性。以倡导性规划为例，在提供充分交流、民主决策平台的基础上，公众充分参与的决策能否解决规划问题？规划实践表明，居民对与自身利益密切相关的地方性规划较为熟悉且具有较高的参与热情，但对于战略层面漠不关心，也缺乏足够的信息和知识水平提出相应的见解。如何获得规划客体的理论知识——如人口、经济、土地利用的构成和空间变化趋势并应用于规划中，则是程序正义无法解决的问题，需要专业知识即规划分析的运用以论证其合理性。

其次，区域与城市是极其复杂的巨系统，发生的社会现象极其繁杂。对公众而言，如何理解这些复杂现象并提取有用的信息用于城市规划是难以胜任的。例如，一个超市或污水厂修建对于周边意欲出售住房的居民而言将产生何种影响？公众或许会有直觉判断，但如何对“影响程度”进行量化则需要专业知识，这正是规划作为学科或职业存在的价值。

规划分析是关于规划客体的知识理论探索与应用的方法。其职责在于从纷繁的现象中发现问题，有效收集数据，通过分析形成有价值(准确而明晰)的信息，呈现给决策群体(政府或公众权威)进行规划决策，促使其达成共识。因此可以说，规划分析乃是规划法理基础中实质正义和学术性的源泉。

第2节　城市规划分析演变

城市是多元的，可被视为聚落、区域节点、建设场所、经济空间、社会空间抑或政治空间，城市规划的思想与城市发展相始终，不同历史阶段对城市的认知差异，导致城市规划分析具有鲜明的社会历史印迹。根据规划法理基础的演变，可将规划分析主流思想区分为多个依次出现的阶段和传统。但需要说明的是，尽管其主流传统经常发生漂变，相继出现的规划分析传统并未随时间而消逝，而是保留其有效使用范围，使得规划分析不断累积。

一、规划分析的设计传统

规划作为政府职能，具有强烈的秩序偏好。因受知识水平的制约——统治权威对统治对象所知甚少。早期的规划多为神秘主义的先验论，即权威主义基础上的形体秩序设计。首先，形体秩序的意义并非在于形体本身，而是形体所隐含的神秘主义功能。其理论基础来自政治或宗教文化的权威(authority)，规划重点在于形体秩序——追求神秘主义语境下具有特定含义的形体。“法天则地，体国经野”的神学隐喻(占星、堪舆)或美学(对称、韵律)构成了规划的法理基础，故早期规划也常被称为“规画”，“匠人营国”中的匠人具有双重身份，即体现权威的官和具有专业学识的匠。其次，这种形式和功能之间的联系是先验论的，即布局形式和心理方面而非实际功效上的功能之间具有先验联系。这种知识与其说来自对客体的经验研究，毋宁说是直接源自神秘主义的约定俗成。如皇城居中靠北能够保证皇权的稳固，文笔塔的修建能够提高科举的成功率等。

在长期历史演变中形成具有地区文化特色的形体模式，如中国古代的“匠人模式”，中东南亚的“曼陀罗模式”，欧洲的“古典主义”等。环形放射、中轴对称、黄金分割等古典主义形体规划方法只能从美学心理角度而无法从实际功效角度诠释(图 1-1)。

Manza，曼陀罗模式原型

图 1-1　作为设计的形体主义规划

二、规划分析的科学传统

尽管早期规划中形体设计占据主导地位，但基于实际功效的规划也同样久远。春秋时期出现过“高勿近阜而水用足，低勿近水而沟防省”(《管子·度地》)，“凡士者近宫，不士及耕者近门，工贾近市”(《管子·大匡》)等实用主义思想，体现了规划对实际功能的重视。

随着社会发展和社会利益阶层的多元化，单纯依赖于权威的神学、美学等意识形体范畴的法理基础难以适应，人们逐渐对规划的权威主义法理基础进行反思。同时，随着近代科学在社会中主导地位的逐步确立，受到科学方法在自然科学领域巨大成就的影响，科学规划成为城市规划追求的目标，形成以科学为指导的功能主义传统。将城市视为物化客体，采用科学的研究方法进行分析研究，从而致力于探索“普适规律”。科学技术和科学方法的支持使得城市规划的合理性有科学的神圣地位作为背书。

1. 工程技术传统

工程技术传统将城市规划视为一门工程技术学科，以工程技术手段改造或服务于城市。如现代城市规划活动就源于 1848 年的英国《公共卫生法案》，给排水、电力、电信等公用社会和道路、大型工业项目的建设都需要一定的专业知识作为支撑，以达到最佳的成本效益。工程技术传统常需要强势政府作为行为主体，这在苏联模式的国家中体现最为典型。生产地域综合体、城市和居住小区等不同地域范围的空间规划都主要基于工程经济学的原则，项目及其效益是规划优先考虑的关键，将规划对象视为无社会属性和自组织特征的物化客体。但就其法理而言，工程技术传统与形体传统在合法性方面差异不大，唯一的区别在于将合理性由心理功能转变为科技手段为支撑的功能效益。

2. 功能主义传统

随着对城市的深入了解，人们发现城市组成不是孤立的，片面而零散的工程经济传统无法满足这一要求，需要从整体进行研究。霍华德(E. Howard)的《明日田园城市》的历史意义不在于其田园城市模式而在于首次从功能角度对城市整体进行分析。城市规划的功能主义传统受科学分析方法及系统理论的影响，形成了建立在系统分析基础上的“结构—功能”观点，即特定结构总是与特定功能相关联，功能决定了结构。规划不再满足于工程经济学的最佳效益，而是从总体上对城市的结构和功能进行分解和重组。《雅典宪章》将城市职能分为生活、生产、交通和游憩四大部分，嘎涅(Garnie)提出的“功能分区”方法仍是当前规划中最常用的手段。

然而，这种以科学主义为理论、以权威主义为保障的城市规划鲜有成功案例，反倒是自发发展的城市更具有吸引力。究其原因，被规划或设计出来的秩序一定是简单的图示。规划通常对城市系统进行分解和组合，这种科学观点，尽管认为掌握了城市的结构—功能，但其掌握的知识是高度简单化的，忽视了城市作为一种社会系统的高度复杂性，其背后的指导思想是科学的基石——机械主义或还原论(reductionism)。复杂的高级系统都可通过化解成各部分组成之和来理解和阐述。机械主义或还原论忽略了真实生活社会秩序的基本特征,即被称为米提斯(Metis)的地方化、非正式、随机的社会活动。换言之,权威及其规划者能够掌握简单而明晰的“纸上真实”(如统计数据、空间结构等),但无意了解或故意排斥与地方化、非正式、随机性社会实践相关的“实际真实”。更为重要的是,维持秩序的正式公共制度的功能实现的关键是获得丰富的非正式公共生活的支持。

三、规划分析的社会科学传统

科学在自然科学领域的巨大成功导致社会科学的仿效,人们意识到作为规划对象的城市和区域不单纯是物质客体,更是一种社会现象,由此逐步形成了城市规划的社会科学传统。

社会科学(有个更加形象的称呼为社会物理学)传统重视城市规划客体的社会属性,但依然采用科学的方法进行研究,期望建立普适性规律使城市规划科学化。“自发秩序”为探索社会一般规律提供了理论基础,其基本观点为:由于现代城市中的利益主体的多元化和权威主义的削弱,城市不再由单一权威决定而是更多地基于众多个体自发作用的合力。合力的作用并非杂乱无章的而是具有某种“自发秩序”,即看似混乱中自发产生的秩序。尽管对于“自发秩序”是否应当成为追求的终极目标价值尚存在争议,典型的反对意见如“市场失灵论”等。但是,无论是规划强调对“自发秩序”的遵从还是纠偏,都需要对“自发秩序”具有深入的认识,提供明确的信息多方利益群体选择、评价并最终达成共识。因此无论是否认可,“自发秩序”研究乃是现代规划法理基础之所在,同时也是规划学科的学术性所在。在方法上,社会科学传统的规划通常通过数据分析和模型方法的普遍使用以探索类似于自然科学的社会“一般规律”,并确信这种规律可用于规划,如通过万有引力公式模拟城市间相互作用,采用“最少出行原理”进行空间布局等。总之,计量模型方法的大量运用,使得规划分析看似更具科学性和说服力。

社会科学传统在研究对象认识上克服了科学传统的局限,认识到城市规划对象其实是一种社会现象,较之科学传统取得更深入的认知,也成为当前规划分析方法的主流。但是,科学方法是否适用于人类社会现象研究,社会科学传统的规划分析究竟在何种程度上反映实际真实却依然存在疑问。“自发秩序”或“一般规律”面临着来自以下几方面的诘难。普适性问题涉及“规律”是否存在适用于的不同地域范畴,东方、西方和伊斯兰世界的城市是否存在相同的规律?包容性问题涉及“规律”的内涵,多数规律都具有隐含的判断标准,即“效能”,准确地说是“经济效益”,如最少出行距离、最佳产出效益等,就此意义而言,这种规律只能说是“经济”规律,而历史文化、政策制度等因素通常仅仅作为外生影响因素,因此通过科学方法研究得到的“规律”是片面的,只适应于特定地域、特定社会文化背景下的特定领域,而对于在城市社会中具有重要作用的非正式活动采取忽视或回避。最后,科学研究对“一般规律”的推崇也导致了伦理上的反感,作为具有独特个性的人类个体,难以容忍人的行为受普适规律掌控的观点。基于上述原因,导致20世纪70年代以后的规划分析“走出科学”而实现“文化转向”。

四、走出科学——规划分析的人文传统回归

在本质上,城市是一种社会现象,城市规划是一门社会学科,科学方法在城市规划中的运用受到了很多限制,因此从20世纪70年代以来,城市规划发生了向人文学科的回归,即“文化转向”。

人文科学与科学(即自然科学)的区别很大程度上取决于研究对象的差异。一般而言,相

对于自然现象，社会现象更为复杂多变而不易掌控。社会现象的复杂性、偶然性和不可重复性限制了科学方法在城市规划中的应用，导致依赖科学方法得到的“内生秩序”或“一般规律”具有严格的适用条件限制。社会现象的发展是多因素、多规模同时发生作用的结果，很难以单一规律进行解释。更重要的是社会现象取决于人的行为，而影响人们采取或不采取行动的原因不仅来自经济效益、距离、空间环境等客观因素影响，同时也受心理因素、文化传统等情感因素的影响，而这些富有地方性、非正式和随机性的社会实践却难以通过实证主义的科学方法进行研究。

因此，70 年代后期，规划相关的空间学科发生了重大的变化——“文化转向”，从科学主义的“普适规律”探寻转向文化传统的回归。作为社会学科的城市规划具有悠久的人文传统，其关注的核心主题上不仅是空间(space)，也是地方(place)。空间被视为自然要素和人类活动分布的背景舞台；地方则是蕴含着自然要素和人类活动的独特地域。视角的不同也决定了科学和人文的研究方法分野，空间观点导致对自然要素和人类活动在空间分布演化规律探索的科学实证传统，地方观点则认为地方是独特的，强调采取因地制宜(具体问题具体分析)的经验研究方法，忽视或否认存在一般规律，形成了人文传统(表 1-1)。

表 1-1　　规划法理基础演变

类型	程序正义	实体正义(合理性)	规划手段	社会特征	案例
形体规划	专制权力	形体设计(神秘主义)	整体设计(规划＋设计)	全能政府	营国模式古典模式
功能规划	公共权力	功能组织(机械主义)	结构规划(去设计)	强势政府	苏联模式战后模式
战略规划	公共权力	内生秩序(实证主义)	战略规划(去形态)	均势政府	当前规划
地方规划	社会共识	理论拼贴(多手段综合)	政策规划(去空间)	弱势政府	未来规划

第 3 节　城市规划的学科性质

综上分析，可以发现规划具有三层含义。第一层在本质内核上，规划是对未来预期及相应行动达成共识的过程，因此规划决策构成了规划的核心，规划体现了何种价值观、由谁进行决策、如何进行决策对规划而言至关重要，规划就其核心本质是一种权力行为。第二层在意义上，规划是一种实践活动，由此产生的是经验而非知识。也就是说，城市规划既非科学也非技术，不可能企求它存在内在严密性，足以证明活动的选择正确，而是一种城市形式的布局艺术或者说对发展全局的掌控能力，如根据相应的信息对象进行空间综合部署。第三层也是表层，是关于规划客体的相关知识，即规划分析所要解决的内容。通过对规划客体的研究，得到在一定条件下起作用的“自发秩序”或“规律”。利用这些规律对未来状态及可能效果进行预期，为空间布局和规划决策提供依据。

从三个层面的关系来看，其合理性依据自内而外依次增强。第一层面，即规划决策层面主要受不同利益主体权力对比和价值观的影响，具有极强的主观性。第二层面主要取决于规划者的经验或直觉，亦缺乏客观的判断依据，如城市布局集中还是分散、发展方向向东还是向西等，很难说是绝对正确的。第三层面即规划分析则来自对规划客体“自发秩序”或“规律”的研究，以“工具理性”为规划提供合理性依据。从这个意义上看，规划的法理基础位于外层而非内核，呈现出一种“坚果”型学科模型，即坚实的理论依据位于外缘的规划分析，但每种理论依据仅能解决部分问题而不能解决规划的全部问题，呈现片段化、破碎化的“工具箱”特征，而内核的经验判断和决策博弈带有较强的主观性和非唯一性。这一特征是规划作为一门学科区别于其他诸多学科的重要特征，其他学科尤其是自然科学等，其核心问题与相关理论通常结合在一起形成坚实的内核，向外逐步衍生出应用科学和社会实践，呈现一种“核果”式的学科结构（图1-2）。

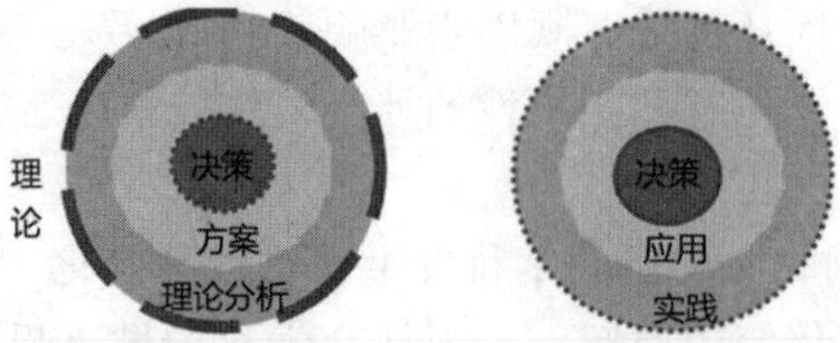

图 1-2　规划学科结构（左）和一般学科结构（右）的区别

因此，可以得出如下结论：在排除主观性的价值判断因素的情况下，规划的合理性主要取决于规划分析，即通过对规划客体研究得到的“内生秩序”或“规律”。

第 2 章　城市规划分析体系

第 1 节　城市规划分析的领域

一、城市规划分析的缘起

城市规划分析的根源在于社会经济的日益复杂化。早期的规划具备两个特征:先验论和经验论。就先验论而言,中西方古典传统均认为在物质表象的背后存在着支配万物运作的“绝对真理”,规划原理就在于寻求体现这些神秘力量的形体象征,无需也无法从客观事实中寻求证据论证分析“绝对真理”的正确性。例如,“法天象地”等被认为是天经地义的。而经验论注重经验规律的总结,但对其机制分析常缺乏足够的重视,或许原因在于其道理朴素而浅显,如“高勿近阜而水用足,低勿近水而沟防省”等经验判断。因此,在此阶段,城市规划的机制分析常常被忽略或省略。

随着社会经济的日益复杂化,自然环境、社会经济因素之间的关系变得十分复杂,由此产生了城市规划分析的必要,“一家大型工业项目落户城市”对城市居民就业、收入、经济总量、交通、资源和环境等各方面会产生何种影响? 有可能从直观上得到定性的分析,如导致经济、就业和收入会随之增长,但交通、资源、环境会随之恶化。当要回答“如何判别其影响程度”这类问题的时候但如何判别其影响程度,数量化的分析方法。

现代的城市发展变化同时产出了两个世界:现实世界及伴生的“信息世界”,后者可视为前者的反映。通过对后者的分析,可以相对准确地反映前者各要素之间的关系,从而为规划干预提供依据。尽管古代的城市发展也会产生类似的信息,但其要素构成相对简单且统计数据很少,因此在规划上多采用自上而下的先验理论法和朴素的经验方法。而现代城市要素复杂且可获数据呈爆炸式增长,凭借直观判断或先验理论难以解释说明发展实际,因此有必要也有可能依据“信息世界”的数据展开城市规划分析。

二、城市规划分析的领域

城市规划的领域范畴宽广,不仅存在管控意志和自发规模的交织,也存在着自然规律和社会、文化、经济、生态等多重规律的综合作用,对城市发展进行综合的规划分析极为困难,因此也是不现实的,需缩减(narrow)其领域范畴进行并排除各因素的交互作用,而将分析焦点集中于有限的关注主题(topics)。毋庸置疑,这种缩减和限定导致了分析在一定程度上偏离了发展实际,但这却是为进行有效分析而付出的必要代价。在零碎化的局部规律比较清晰的情况下,需要花费更大的精力进行综合集成。但迄今为止,城市规划的研究进展依然处于局部规律分析阶段。首先,规划分析中通常将管控意志排除在外。尽管管控意志对城市的实际发展具有较大的影响,例如土地增减挂钩对村庄合并的影响、开发区对大城市发展的影响等,但因为管控意志涉及较多的主观性,因此在规划分析中将其排除。与管控意志相关的内容一般见于政策分析。规划分析首先需要去意识形态(de-ideology),将分析焦点集中于客观现实。

其次,规划分析具有较强的目的选择性。尽管已经将研究对象集中于客观现实或自发规律，但其内容依然十分复杂，需要对分析内容进行挑选。通常，这些挑选取决于规划研究目标。作为规划分析概论，其分析领域确定要求选择对各种发展具有全局性影响的基本领域。

总体而言，城乡空间发展可视为人类活动在特定地理格局（指自然或人文累积）下的动态过程，人口、空间、流动、活动和环境影响成为普遍关注的焦点。因此，本书的分析领域主要包括以下部分：区域空间格局、人口和建设用地、产业经济、交通、公共服务、生态分析、城市空间、景观风貌和历史文化保护。但需要注意的是，这种划分更多是出于研究和行文的方便，实际上，各种因素构成了网状联系的复杂巨系统，如人口与建设用地分析中，产业经济、交通、公共服务和生态环境因素均具有重要的影响。只是在目前的研究水平下，对复杂巨系统的分析研究仍然很难实现，将其分解为各领域仅出于当前分析的便利。

第 2 节　城市规划分析方法的特征

一、城市规划分析方法的"工具箱"性质

鉴于城市规划中间层的规划方案和内核的规划决策更多依赖于经验判断和价值判断，因此规划分析方法限定在外缘的专项领域规划分析范围内。如同规划学科本身规划分析方法也缺乏自洽性，从而具有片段化的"工具箱"特征：没有普适方法，仅有局部领域内有效的各种差异很大且缺乏关联的方法。

二、城市规划分析的维度

城市规划分析按维度划分可分为关系维度、时间维度和空间维度三种类型。

（1）关系维度关注分析领域内各要素的相互关系，如人口与建设用地分析时，需考虑经济发展、交通、生态环境等影响因素的关系。关系维度分析反映了各要素在特定时空条件下的结构，并隐含了其内在的发展机制。

（2）时间维度关注要素或要素关系随时间变化的情况，前者如人口、建设用地、经济总量的时间趋势，后者如人均建设用地（人口—建设用地）、人均经济指标（人口—经济）、地均经济产出（用地—经济）的时间趋势。鉴于规划面向未来的特性，趋势分析是规划分析中的重要内容。

（3）空间维度关注要素或要素关系的空间分布特征及格局。由于城市规划本身是一种空间规划，因此空间分布特征与格局在规划分析中具有重要的作用。

尽管从维度方面可分为关系、时间和空间三个维度，但在实际应用中，不同维度的组合却是多样的。例如，一定时段内人均建设用地增长率的空间分布同时反映了三方面的内容：人口与建设用地的关系，关系的时间变化趋势，关系的空间分布状况。采取何种维度组合情况应视研究需要进行取舍。

三、城市规划分析技术

1. 规划分析技术界定

"技术"是利用现有事物创造新事物或改善现有事物性能的方法。通常意义上的规划分析方法实质是指规划分析技术，而在规划分析技术中的"事物"实际是由"观察数据"体现或呈现出来的。规划分析技术的目的是将大量芜杂的"数据"形成明确可信的"信息"。如何通过一定

方法提取“观察数据”中隐含的有用信息并加以组织和诠释，是规划分析技术的任务所在。当然，如何进行调查、度量以获得“观察数据”也涉及规划分析方法（如 3S 的应用），但并非此处所言的规划分析技术，因为其获得的依然是“观察数据”，尽管是经过技术处理的。

2. 定性分析和定量分析

在最基本的类型上，可将规划分析技术分为定性分析和定量分析两类。

（1）定性分析又称质性分析，所采用的数据多为文本数据，如文字、图片、影像等，其研究工具即研究者本人，因其分析技术主要取决于个人认知判断，在方法上多为基于概念的、思辨性的归纳、比较和逻辑演绎。定性分析虽看似没有定量分析那么“科学”，但在科学研究尤其是社会科学研究中具有重要的意义，主要表现在以下方面：首先，定性研究是针对事物本质和特性的研究，能够从认知或逻辑的角度把握事物的本质特征。尽管这种认识可能是有偏见的，却是易于理解的。其次，定性分析是定量分析的基础和提炼，在定量分析之前必须有定性分析作为基础，以明确研究的范畴和意义；在定量研究之后的诠释也需要定性分析进行提炼升华，正如格特鲁格·耶格·塞尔兹尼克（Gertude Jaeger Selznick）所言：“在定量分析的背后必然需要定性分析”（behind every quantity there must be a quality）。定性分析在规划方案和规划决策中具有十分重要的地位，如“态势（SWOT）”分析、特尔斐法、城市性质分析、空间发展方向分析等，边缘层面的规划分析中尽管多以定量分析为主，但定性分析在指导和提炼定量分析中同样具有重要的意义。

（2）定量分析是边缘层面的专项领域分析中的主要方法，侧重通过事实的“观察数据”得出结论。与定性分析相比，定量分析具有较高的精确性，但其研究设计和结论诠释仍需以定性分析为基础，否者将削弱定量分析的解释力。定量分析包括概念（变量）的定量度量、统计分析和数学模型，在城市规划分析中常因分析领域的不同而多变，如人口分析中的预测模型、空间分析中的相互作用模型等。

第3章　区域空间格局分析

第1节　空间格局分析的基本内容

一、空间格局的含义

关于空间格局(spatial pattern)有很多近似的术语,如空间结构(spatial structure)、空间框架(spatial framework)、空间分布(spatial distribution)等。这些概念在表征从现象(phenomenon)到秩序(order)规律方面有所侧重,例如空间分布强调现象,而空间格局强调秩序(order)。诸多术语的产生基于以下一个事实:事物(自然或人工的)在空间的分布存在差异和规律。本书将术语统一称为空间格局,强调对空间分布特征和结构秩序的探讨。

首先,区域空间格局正如区域一样是概念化的产物,取决于对客观事物的认识。区域的界定、研究对象的选择和模式化均取决于客观事物与抽象思维的结合,是主客观结合的产物。例如,不仅同一区域的居民点、产业与生态环境等不同研究对象的空间格局可能大不相同;即使是针对同一对象,不同的研究者也可能对空间格局得出不同的判断。例如,针对图3-1中,城市非白人比例分布这一客观现象,不同研究者可能得到同心圆、扇形和多核心等不同的空间模式判断。因此,区域空间格局应被视为诠释区域特征的一种思维概念化方法。

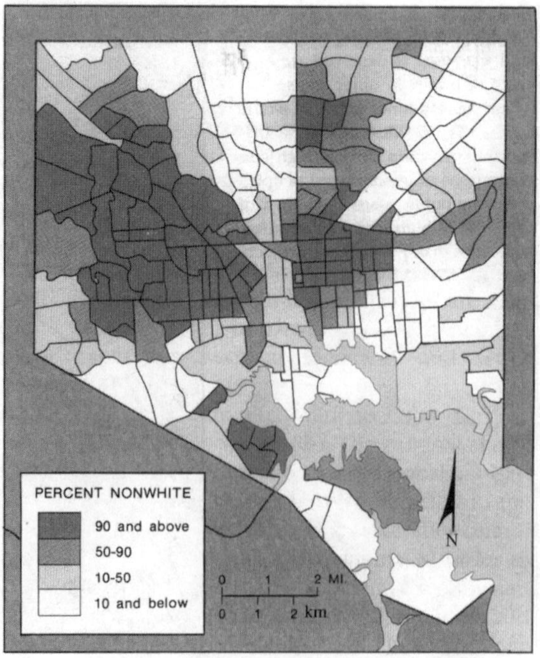

图3-1　美国某城市的非白人分布比例

(资料来源:Blij,Human Geography)

其次，空间格局分析的目的在于针对不同对象的空间布局进行协调。研究者基于不同目的会分别侧重不同空间结构的分析和评价，如生态环境格局分析目的往往侧重于生态保护，农业格局分析侧重于农业生产，工业格局分析侧重于产业布局。但由于空间资源的有限性，以及某时段内土地空间资源使用的唯一性，在空间规划中经常需要根据决策价值判断提出不同空间格局的协调。在这个意义上，作为规划结果的空间格局总是基于特定的价值判断，并不存在对所有目的都绝对有利的总体空间格局，但总体空间格局是在不同利益和价值取向上综合权衡、折中甚至斗争的结果。

二、空间格局的构成：要素、分布与相互作用

空间格局分析因具体区域、研究客体和研究者而异，但在最基本的层面上仍有一些共性，即均涉及空间要素、分布与相互作用。

空间要素是空间分析的研究对象，不同于非空间研究对象，空间要素不仅具有诸如人口数量、产值、气温等属性特征，同时也具有空间特征，表现为由地理坐标界定的、排他性地占据一定空间的点（聚落）、线（道路河流）和面状（区域）。值得注意的是，研究对象的类型划分也会影响空间分析结果。以居民点空间格局为例，最简单的仅划分为城镇和村庄，但这种划分对空间格局提供的信息很少，若将居民点格局进一步划分为不同等级城市、县城和不同等级乡镇、中心村和一般村庄，则其分析结果将能提供大量有用的信息。

其次，分布体现了要素间的空间关系。通常以邻近性（accessibility，又称便捷性或通达性）进行度量。地理学第一定律认为：任何事物都与其他事物相关，但近的事物关联最密切。典型的如杜能的农业区位论反映的是由城市中心向外距离增加（即邻近性衰减）时导致的农业土地利用变化。需要注意的是，尽管邻近性通常以最简单的空间几何距离表示，但其他度量方式如出行时间距离在现实中更有意义，例如在山脉、河流等交通阻隔的情况下，出行时间距离较空间几何距离更具有实际意义。

导致空间格局形成的最终因素是空间相互作用。要素的属性和邻近性为空间相互作用提供了潜在可能性，实际上的空间相互作用是否发生则受更多因素的影响。例如，改革开放前的珠江三角洲与香港以及当前的朝鲜和韩国，受社会、政治、文化因素等因素制约，仅有地理邻近性未必能够发生空间互动，空间邻近性仅具有潜在意义而缺乏实际意义。在空间格局分析中，人们更为关注的是现实中实际发生的空间相互作用，如城市间的人流、信息流、资金流等流空间，或是因流空间要素资料难以获取情况下的理论模拟(图3-2)。

三、空间格局分析的特征趋势分析、空间互动分析和适宜性评价

空间格局分析内容和方法取决于研究对象和研究目的，从内容上可包括人口分析、用地分析、交通分析、生态分析等多方面。按照空间格局分析的目标和要求，可将空间格局分析分为以下三种类型：即以空间展示为主的特征趋势分析、以空间模拟为主的空间互动分析和以空间评价为主的适宜性分析。

1. 空间展示——特征趋势分析

特征趋势分析是最简单的展示分析，旨在展示特定时点（现状或历史的）的空间分布特征或特定时段（一定时间跨度）的空间变化趋势。前者如地形分布、人口密度分布、人口构成分布、居民点分布等，以地图的形式展示特定时点的分布特征。后者如人口增长率分析、经济增长率分析、人口构成变化分析等。值得注意的是，特征趋势分析尽管十分简单，仅将各分区数

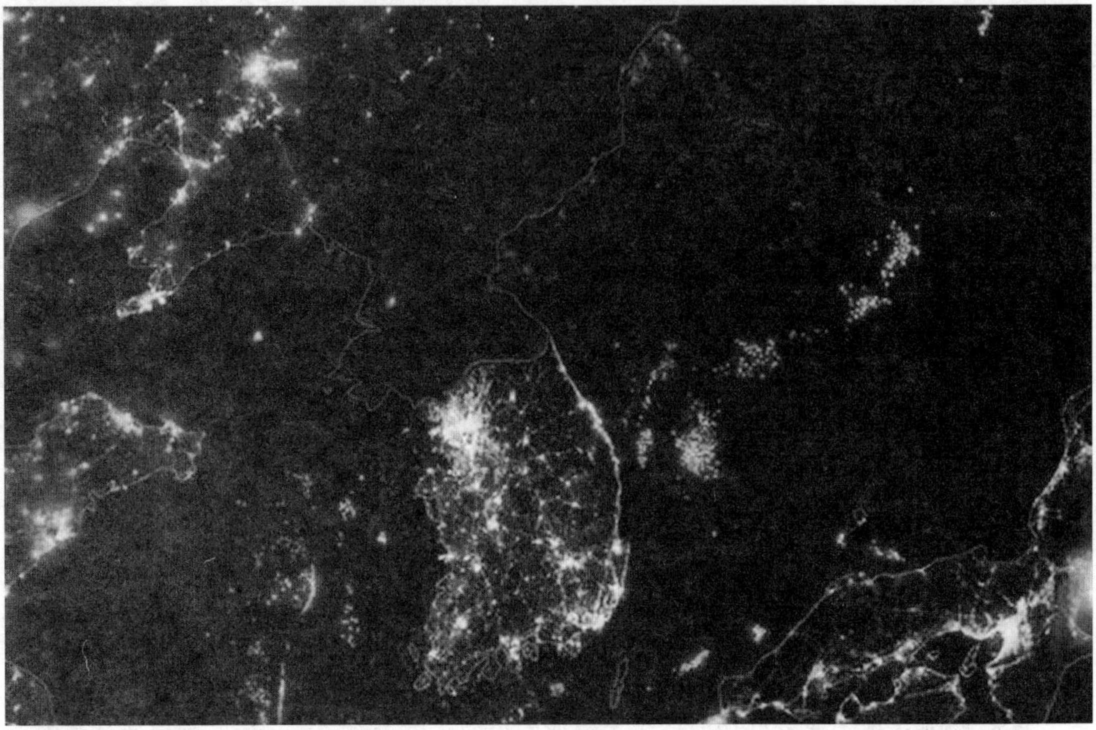

图 3-2　邻近性效应的社会制约：世界灯光地图中的朝鲜和韩国

（来源：www.bigemap.com/information/universalanecdotes/detail2018021283.html. 日期：23/sep/2019）

据通过空间地图的形式展示出来，但它不仅能够反映诸如人口、产业、自然条件等单一因素的分布特征，也能为揭示要素之间的关系提供重要线索，从而为进一步深入的研究提供启示。通过比较两种不同要素的空间分布，可以初步预判两种要素之间的相关关系，进而探讨其因果关系，如人口与产业分布、人口与资源分布、聚落与资源分布、聚落与地形分布等。

2. 空间模拟——空间互动分析

空间互动分析在某种程度上也可视为特征趋势分析，但与特征趋势分析最大的差别在于，其分析对象不是特定分区的要素，而是分区之间的关系，即所谓的“流”空间，例如联系不同地区的人流、物流、信息流、资金流等。这些流体现了空间之间或空间要素之间互动的强弱。伴随着人类活动的专业化分工和历史积累，不同要素之间的互动成为决定空间格局的主要动力，因此空间互动分析有利于解释区域空间格局形成和变迁的动力及机制。与人口、经济、气温、降水等要素属性数据不同，空间互动的流数据通常很难获得，因此空间互动分析通常采用引力模型方法模拟空间互动，从而快速判断空间互动。

3. 空间评价——适宜性分析

与前述两种空间分析不同，空间评价分析增加了价值判断的内容。由于空间中不同地区具有不同的属性特征，而不同活动对于空间具有一定的选址要求，如农业生产、工业生产、商业布局、居住选址等均具有不同的要求，因此适宜性评价的目的在于分析评价区域不同空间对于该活动的适宜程度。

第 2 节　空间格局分析方法

一、空间展示——特征趋势分析方法

空间展示为简单的 GIS 可视化展示方法，但重要的是对展示结果的解读和研判。

城市规划中对总体空间格局格外关注，但麻烦的是总体空间格局并无明确的表征指标，人口、经济、收入等社会经济指标仅仅反映了发展水平的某个方面。在无法确知区域总体空间格局的情况下，可以采用典型指标描述区域的空间格局特征，如人口增长速度、经济增长速度等发展指标。例如，规划实践中通常以通过人口增长率间接判断区域发展格局，人口增长率分布状况判断区域发达程度的空间格局。其隐含的假定是“人往高处走”这一朴素原理，即人口迁移存在的由不发达地区向发达地区迁移的一般规律，根据这一规律，可以通过分析区域组成部分的人口增长状况判断区域整体的发达程度，即人口不断增长的地区为发达地区，而人口不断减少的地区为不发达地区。这一方法采用了“黑箱”的思路，尽管不知道哪些机制导致发展程度的差异，但通过数据现象，能够为迅速判断空间发展程度提供依据。

从蚌埠市的案例可以看出(图 3-3)，分乡镇人口增长与基于城镇人口的潜力趋势面分析具有较强的一致性。表现为，潜力值较高的城市和县城具有较高的增长率，主要网络轴线沿线具有较高的增长率，而西北、东北部的低潜力区域人口负增长严重。该案例表明，采用人口增长尽管无法揭示其空间格局的形成机制，却能够很好地表征区域的空间格局特征。

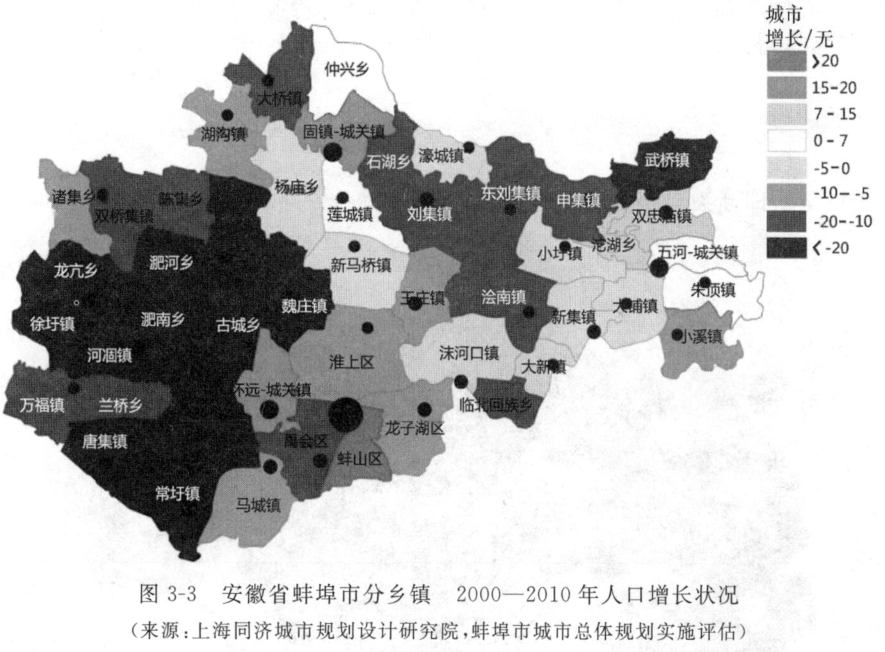

图 3-3　安徽省蚌埠市分乡镇　2000—2010 年人口增长状况

(来源：上海同济城市规划设计研究院，蚌埠市城市总体规划实施评估)

二、空间模拟——空间互动分析方法

空间互动分析主要从人类活动及其积累的空间互动角度分析空间的格局。在众多的人类活动积累中，以城乡聚落居民点的影响最大，它是人类生活生产活动集中的场所，因此对空间格局具有很强的影响力。因此基于城乡聚落尤其是城市的空间互动分析在空间格局分析中应用很广泛。在能够获得区域间各种流数据的情况下，通过空间展示可以揭示空间互动的状况。

但在实践中，流数据如城市之间的人流、物流、资金流、信息流通常很难获取，此外，使用哪种流作为指标能够表征城市间的相互作用强度也缺乏定论，因此通常使用模型模拟的方法进行空间分析。

空间互动分析的基本原理为空间互动理论，即空间中的城镇之间存在着相互作用，其作用强度与城镇规模呈正比，与距离的幂呈反比，即重力模型或引力模型：

$$F_{ij}=km_i m_j/d_{ij}^{\alpha}$$

式中，i、j 为 i、j 两个地方（城镇），F_{ij} 为两地之间的作用强度，m 为城镇的能级，根据研究目的常以人口规模、经济规模等表示，d_{ij} 为通常以出行时间距离表示的两城镇之间的距离，α 为参数，表示两城镇之间距离的阻尼系数，通常取 $\alpha=2$，k 为参数。

基于这一基本模型可产生很多应用，主要包括网络分析、吸引区划分与潜力分析。

(1) 网络分析和吸引区划分。根据重力模型，区域主要城市之间的作用最大者表现为更密集的流，因此根据重力模型可以模拟区域之间的主要网络，从而为区域交通、通信设施的布局提供依据。在吸引区划分方面，两个城市之间的吸引区边界处与两个城市的相互作用相等（图 3-4），假设该点为 k，则 i 地对 k 的吸引力 F_{ik} 等于 j 地对 k 点的吸引力 F_{jk}，即 $F_{ik}=F_{kj}$，设 k 点到 i、j 地的距离分别为 d_{ik} 和 d_{jk}，根据重力模型可得到：

$$km_i m_k/d_{ik}^{\alpha}=km_j m_k/d_{kj}^{\alpha}$$

当 α 取 2 时，进一步求出：

$$\frac{d_{jk}}{d_{ik}}=\sqrt{\frac{m_i}{m_j}},$$

进行公示变换，可得到：

$$d_{ik}=\frac{d_{ij}}{1+\sqrt{\frac{m_i}{m_j}}}。$$

由此可以得到 d_{ik}，即断裂点距 i 地的距离。

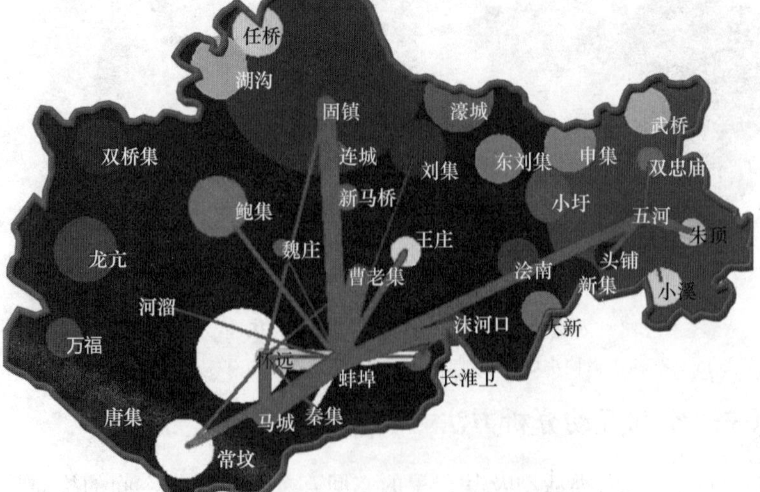

图 3-4　安徽省蚌埠市城镇网络结构及吸引区范围

（来源：上海同济城市规划设计研究院，蚌埠市城市总体规划实施评估，采用王德、赵锦华 *usap*1.0 分析）

(2) 潜力分析。潜力分析是重力模型的变形。重力模型表现为两个城市之间的相互作用,潜力模型认为,特定城镇与区域内其他所有城镇作用之和越大,表明该城市具有越大的发展潜力,该值即为该城镇发展的潜力(图 3-5)。假设区域中有 n 个城镇,设 i 城市与区域内所有其他城市的引力之和为 F_i,则有:

$$Fi = \sum_{j=1}^{n} F_{ij} = kp_i \sum_{j=1}^{n} \frac{m_j}{d_{ij}^{\alpha}},$$

式中当 $j=i$ 时,d_{ij} 取城市的半径。

用 i 城市的潜力除以 i 城市的人口规模 p_i,可得到:

$$\frac{F_i}{p_i} = k \sum_{j=1}^{n} \frac{m_j}{d_{ij}^{\alpha}}$$

该公式反映了与 i 城镇与其他城镇互动的人均强度。在规划中,人们更关注的是在特定城镇格局下待开发的空白地区的发展潜力,则空白地区一旦产生建设,则会与原有各个城镇发生相互作用:$\sum_{j=1}^{n} \frac{m_i}{d_{ij}^{\alpha}}$,其在空间上是遍布的,并不限于各城镇所在区域,由此形成了连续的潜力面。

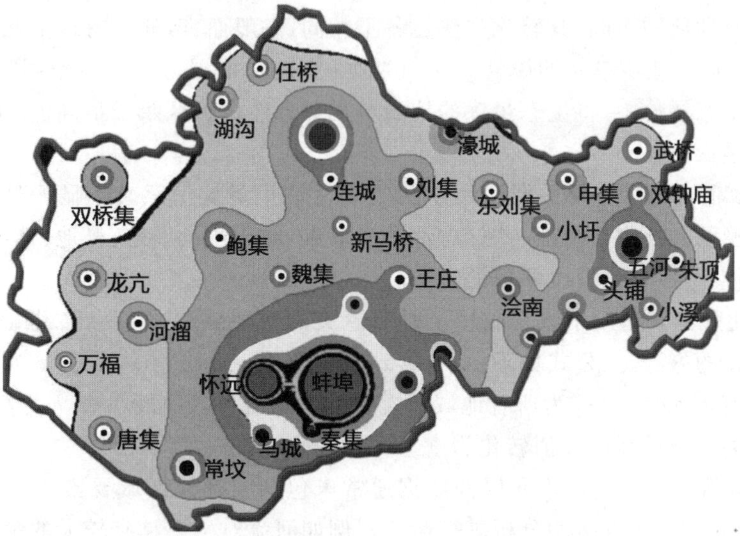

图 3-5　安徽省蚌埠市基于城镇人口的潜力面趋势分析

(来源:上海同济城市规划设计研究院,蚌埠市城市总体规划实施评估,采用王德、赵锦华 usap1.0 分析)

三、空间评价——适宜性评价方法

1. 适宜性评价的影响因素

空间评价为针对特定空间(土地)具体职能展开的空间(土地)适宜性分析。土地适宜性主要取决于三个方面的约束:①自然条件,如土地的坡度、地基承载力、灾害性地质、地下水位等;②便捷性或称区位条件,如距河流、交通设施、相关建设用地的距离;③成本与效益条件,开发活动对自然和社会经济环境造成影响所形成的成本,如环境污染,对农田、生物栖息地和历史地区的占用和影响等。

2. 适宜性评价的地域单元

适宜性评价通常采用叠置分析方法在 GIS 中实现。图层文件可采取栅格和矢量两种方式,但考虑影响因素较多时,不同矢量图层会产生较多的划分,因此一般采用栅格图形。使用矢量图形者需要转为栅格图形并根据矢量单元的属性确定其对应栅格的属性值。

3. 适宜性评价方法步骤

1）明确需要进行评价的空间功能，选择影响该功能用地的主要因素并确定其属性值

适宜性评价具有较强的针对性，最新的国土空间规划“双评价”中的适宜性评价主要包括生态适宜性评价、农业生产适宜性评价、建设用地适宜性评价，建设用地中还可进一步细分，如居住用地适宜性、工业用地适宜性评价等。不同的空间功能具有不同的要求，因此其影响因素也不尽相同，如建设用地关注坡度、承载力、交通条件等，而生态评价则更关注水文、植被等自然条件。

城桥镇是上海崇明区的政府驻地镇，城市开发对生态环境造成了较大压力，在生态适宜性评价中，认为植被、水文和道路建设是影响生态的主要因素，因此主要从这三个方面进行评价。

2)根据各因素属性值确定分级的分值

确定的影响因素在评价地域单元(即栅格)内具有属性值，如地形坡度、土地承载力、植被类型等，但由于评价是根据特定标准或一定范围内的比较进行，因此需要将原属性值划分评价分值。评价分值通常采用分级赋值的方法，将所有影响因素赋予相同的赋值区间，如 0～5 或 0～10，以保证不同要素之间的分值具有可比性。

根据原始属性值的不同，其转化方法也各不相同，一般而言，通常有以下几种方法：

(1) 定性赋值。地域单元的属性为字符数据时，需要根据与所评价空间功能的关系进行定性赋值。如生态评价中，将生态最优的地域单元如自然保护区赋予最高值，生态最差的地区如工业区赋予最低值。

(2) 分段赋值。地域单元的属性为数字，但数字之间的比值意义不显著时，则采取分段赋值的方法。典型的如坡度，存在一些标志性数值节点，对于建设用地、耕地、林业等均存在不适宜节点数值，对此可以采取分段赋值的方法。

(3) 标准化赋值。适用于数字间比值具有意义的数字属性，如人口数量、收入等指标，可采取极差标准化的方法，其公式如下：$x'=k(x-\min)/(\max-\min)$，其中 x 为原属性值，x' 为标准化后的分值，max 和 min 为所有地域单元属性中的最大值和最小值，k 为赋值区间的最大值。由此可以将地域单元属性值转化为 $0\sim k$ 之间的数值。

(4) 缓冲分析赋值。地域单元属性数据通常未包括与其他区域要素的关系，而是体现在空间特征中，因此需要通过缓冲分析进行赋值。例如河流对生态具有较大的影响，因此可以河岸为起点，按照特定距离如 10m、20m 等通过缓冲分析分析出缓冲区并赋予相应的分值，其分值由近到远依次递减，即最近处赋值最高，最远处赋值最低。缓冲分析同样用于交通影响，但对不同待评价功能的赋值标准不同，如建设用地评价越接近越好，而生态分析则越接近越差

城桥镇评价指标赋值中，由于植被缺乏详细的资料，因此主要依据用地类型进行定性赋值，水文条件主要按照距河流距离的缓冲分析进行分级赋值，交通影响主要按照距不同等级道路距离的缓冲分析进行分级赋值(表 3-1)。

表 3-1　城桥镇生态适宜性评价赋值标准

因素	标准	赋值				
		5	4	3	2	1
植被	用地性质	林地、水域	耕地	园地	生活用地	生产用地
水文	距离水面	＜5m	5～10m	10～25m	25～50m	＞50m
交通影响	距离道路	＞100m	50～100m	25～50m	10～25m	＜10m

3）确定各影响因素的权重

不同影响因素对特定待评价空间功能的影响不同，如生态评价中植被或生物多样性的影响要大于地形的影响。即使是统一因素在不同地区的影响力也存在差异，如水资源对农业用地适宜性的评价在干旱地区要远大于湿润地区。因此，如何确定不同影响因素对评价功能的影响力即权重一直是个难题。一般而言，对关键约束因子应赋予较高的权重，如干旱地区的水资源，山区的地形坡度等。确定权重的主要方法有特尔斐法、层次分析法和主成分分析法等，特尔斐法采取专家背对背的权重确定，然后综合专家给出的权重予以确定。层次分析法将同一层级下的各个影响因素进行两两比较，通过相对重要性确定权重。主成分分析法通过计量分析法确定，其主导思想是地域单元之间差异较大的因素具有较大的权重（表 3-2）。

城桥镇影响因素权重确定采取层次分析法，由于指标较少，因此首先采取指标两两比较其相对重要性，同等重要赋值为 1，绝对重要、比较重要赋值为 3 和 2，反之绝对不重要、比较不重要则取值为 1/3、1/2。假定 a_{ij} 表示 i 指标对 j 指标的相对重要性，则 i 指标的权重可计算为：

$$w_i = \frac{\sum_{j=1}^{n} \frac{a_{ij}}{\sum_{i=1}^{n} a_{ij}}}{n}$$

表 3-2　　指标相对重要性和权重

	植被	水文	交通影响	权重
植被	1	2	3	0.589
水文	1/2	1	2	0.297
交通影响	1/3	1/2	1	0.164

4）根据因素的分值和权重确定不同地域单元的综合分值

综合分值的计算有加权和与加权积两种不同的算法。

加权和的计算公式为：

$$V_i = \sum_{i=1}^{n} w_i v_i$$

式中，V_i 为加权和，i 为影响被评价功能的因素，n 为影响被评价功能的因素数量，w_i 因素 i 的权重，v_i 为该因素的分值，$\sum$ 为求和符号。

加权积的计算公式为：

$$V_i = \prod_{i=1}^{n} w_i v_i$$

式中，$\prod$ 表示求积符号，与加权和计算公式的差异在于最终结果为 n 个 $w_i v_i$ 乘积的形式。

由于适宜性评价中存在一些硬性约束，如地质灾害区、行洪区、自然保护区、历史文化保护区对建设用地适宜性的“一票否决”限制，加权和无法提现这种硬性约束，而加权积方法则可通过将硬性约束区的分值设定为 0 可使其加权积为 0，因此在适应性评价中常采取加权积的形式。

在城桥镇生态适宜性评价中，因不存在硬性约束，因此综合得分采取加权和的方法（图 3-6）。

5）根据综合分值确定区域的适宜性等级，即从最适宜到最不适宜的等级序列

根据适应性综合得分的分值进行等级划分，一般以 5 个区间为宜，命名为适宜区、较适宜

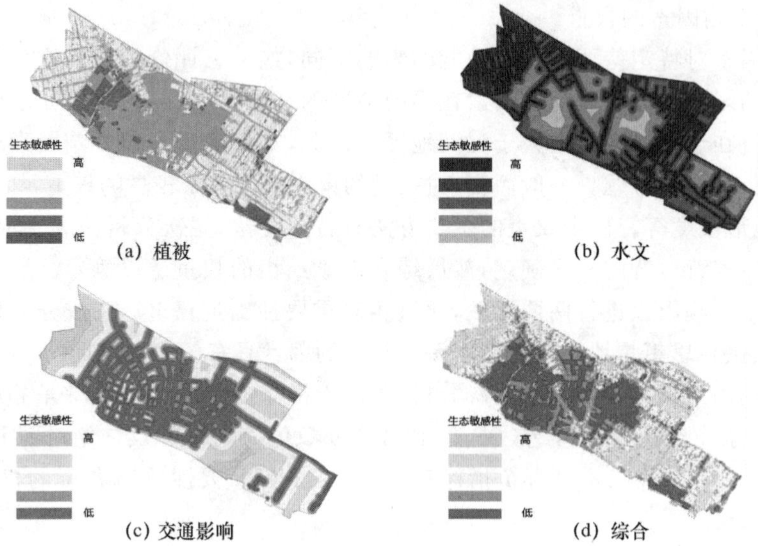

图 3-6 上海崇明区城桥镇生态适宜性分析

（资料来源：上海同济城市规划设计研究院，崇明区城桥新市镇总体规划）

区、一般适宜区、较不适宜区、不适宜区。绘制各级适宜性的分布图并计算其面积。

6）根据确定的该功能用地需求规模确定空间范围

结合规划中该项功能用地的需求，在适宜区中选择该项功能的用地范围。

7）协调与其他功能用地需求的冲突

适宜性评价多是针对特定功能进行，不同功能的适宜区可能存在冲突，适宜建设的区域往往也是其他评价功能的适宜区域，例如肥沃的冲积平原是农业发展和城市建设用地的最佳区域，因此需针对其间的冲突进行协调。

第4章 生态分析

城市是一类基于区域水、土、气、生、矿五类生态因子，在经济、社会、环境相互作用过程中形成一种复合生态系统。城市生态分析意在通过分析影响城市生态系统良性循环的关键生态因子，为规划过程提供决策支撑，以指导城市生态系统的管控。鉴于城市生态系统的复合性，城市生态分析关注不同空间尺度下影响城市复合生态系统良性循环的关键因子，通过"拟定指标(根据研究对象拟定初步目标)—本底调查(收集资料，抽象出与研究项目有关、信息量尽量大而数目又尽量小的变量集或关键因子集)—系统分析及模拟(建立模型、系统评价及决策分析)"的研究过程，提供各种情况下社会—经济—自然生态系统的综合对策。

对应到城市规划的核心作用对象——物质空间，自然生态系统的分析与城市规划的相关性较强，分析结果大多可直接作用到规划决策过程中，是本章的重点内容；社会生态系统的核心是人与人之间、人们与生活环境之间形成的社会及心理联系关系，经济生态系统的主体是物质循环过程，均超出城市规划所能作用的范畴，目前可转译到城市规划层面的研究内容较少，本章仅做简略描述。

第1节 生态分析的基本内容

一、自然生态系统

自然生态系统可以描述为水、土、气、生、矿(各单因子)及其间的相互关系(空间格局和生态过程)，它提供人类生存所需的物质，同时消纳其排放的废弃物，是人类赖以生存、发展的本底环境。自然系统是迄今为止人类所知道的唯一能够长期稳定存在的系统。自然生态安全是城市健康可持续发展的基础，主要受各单因子及其空间格局和生态过程的影响。

1. 单因子要素

(1) 水，涵盖水资源、水环境、水生境、水景观和水安全等要素；是生命之源，城市命脉。水资源短缺、水环境恶化等水生态安全问题是制约城市可持续发展的重大瓶颈。

(2) 土，指土壤、地形、地貌、地景等，为生命生存提供食物、纤维，同时也会引起地震、滑坡、泥石流、土地沙漠化、土壤盐碱化等灾害。地形、地貌、地景是引导城市空间组织、塑造城市景观特色的重要因素。

(3) 气候，即太阳能以及太阳能转化成的化石能的驱动导致一系列空气流动和气候变化，提供生命生存的气候条件，同时也造成各种气象灾害及次生、衍生灾害。气候舒适度是衡量城市环境优劣的重要指标。

(4) 生物，即植物、动物、微生物，与我们的生产和生活都息息相关，特别是我们赖以生存的农作物，还有灾害性生物，比如病虫害及流行病毒等。生物多样性关乎自然生态系统承载城市活动的抗干扰能力及生态系统服务功能。

(5) 矿，即生物地球化学循环，人类活动从地下、山里、海洋开采大量的建材、冶金、化工原料以及对生命活动至关重要的各种微量元素，但开采、加工、使用过程中只用了其中很少一部分，大多数以废弃物的形式出现，产品用完了又都返回自然中造成污染。城市中的物质（产品与废弃物）循环利用度是衡量城市健康可持续发展的重要标尺。

2. 空间格局和生态过程

空间格局即指大小和形状各异的生态要素在空间上的排列和组合，包括组成单元的类型、数目以及空间分布与配置。空间格局决定着资源地理环境的分布形成和组分，制约着生态过程，与干扰能力、恢复能力、系统稳定性和生物多样性有着密切的关系，同时也是生态过程在不同尺度上作用的结果。

基本生态过程包括生物生产力、生物地球化学循环、生态控制以及生态系统间的相互关系等方面。斑块－廊道－基质是影响基本生态过程的最常见、最简单的空间格局构型，是功能、格局和过程随时间发生变化的主要决定因素。通过描述这些基本单元的组合结构特征，可对空间格局进行分析和量化，进而与生态过程相联系，研究格局与过程之间相互作用、相互影响的机理。构建高水平的生态安全格局。

二、社会生态系统

城市社会生态系统主要是指在城市社会环境中人与人之间、人们与生活环境之间形成的社会及心理联系关系。

城市规划主要通过将人的需求转换为适当的空间形式，营造一个良好的空间环境来促进社会生态系统的健康发展。目前，社会生态系统分析的研究多关注宏观尺度，主要对象为社会结构的空间分布，即城市社会空间结构。总结国内外相关研究，社会空间结构的主要影响因子，包括年龄结构、户口构成、教育水平、家庭结构、外来人口、职业构成、就业情况、住房条件、住房来源等。

三、经济生态系统

经济生态系统以人类的物质能量代谢活动为主体，包含人类主动地为自身生存和发展组织的有目的的生产—流通—消费—还原—调控过程。人们将自然界的物质和能量变成人类所需要的产品，满足眼前和长远发展的需要，就形成生产系统；生产规模大了，就会出现交换和流通，包括金融流通、商贸物质流通以及信息和人员流通，形成流通系统；接下来是消费系统，包括物质的消费，精神的享受，以及固定资产的耗费；再就是还原系统，城市和人类社会的物质总是不断地从有用的东西变成“没用”的东西，再还原到自然生态系统中进入生态循环，也包括我们生命的循环以及人的康复；最后是调控系统，调控有几种途径，包括政府的行政调控、市场的经济调控、自然调节以及人的行为调控。

经济生态系统遵循物质循环、再生利用的生态学基本原理，城市规划可通过对城市经济循环状况的评价，分析经济循环发展的影响因素（主要以资源利用的减量化、产品的再使用、废弃物的再循环为标准导向），提出相应的产业经济策略，促进经济系统由“资源－产品－废弃物”的单向线性过程向“资源—产品—废弃物—再生资源”的闭合循环过程发展。

第 2 节　生态分析方法

一、自然生态分析

1. 生态敏感性分析

生态敏感性指生态系统对人类活动干扰和自然环境变化的反映程度，表征发生区域生态环境问题的难易程度和概率大小。在自然状态下，各种生态过程维持着一种相对稳定的耦合关系，保证着生态系统的相对稳定，而当外界干扰超过一定限度时，这种耦合关系将被打破，某些生态过程会趁机膨胀，导致严重的生态问题。简而言之，生态敏感性就是生态系统对由于内在和外在因素综合作用引起的环境变化的响应强弱程度，敏感性高的区域，生态系统容易受损，应该是生态环境保护和恢复建设的重点，也是人为活动受限或禁止的地区。

生态敏感性分析是城市规划布局的重要依据，是制定生态环境规划的前提和基础。在综合分析各生态因子对地块影响的基础上，按照生态敏感度进行使用用途的划分，能够有效地划分城市建设用地的适建度及非建设用地中的生态基质用地和可建设用地。生态敏感性分析过程包含以下四个步骤。

1）评价因子的选择

影响生态敏感性的因子随研究区域和研究尺度而不同。黄光宇在进行广州科学城的生态适宜度分析时，筛选了坡度、地基承载力、土壤生产性、植被多样性、土壤渗透性、地表水、居民点用地程度、景观价值 8 个生态因子；欧阳志云等在对中国生态环境敏感性划分研究中选用了气候、地形、土壤、地表覆盖度 4 个生态因子；杨志峰等在进行广州市生态敏感性分析时，根据城市生态系统的特点和当地实际，选用了土地利用现状、面积、坡度、当地保护区类型和物种多样性共 5 个生态因子；尹海伟等在分析吴江东部地区生态敏感性时采用对区域开发建设影响较大的水域、海拔与堤防、植被、耕地地力 4 个生态因子。

2）评价指标体系的构建

根据层次分析法来构建指标体系，具体步骤为：

(1) 建立由选取的若干个生态因子组成的生态敏感性评价层次结构模型，分级主要是依据公认的分级标准和相关研究成果，并结合研究区域特殊的地形地貌、生态本底和城市发展的需要。

(2) 根据每个评价因子的不同分级对环境敏感度影响程度的不同，对每个分级进行评价标准赋值。一般采用 5 级评价标准：0 为极敏感，1 为高度敏感，2 为中度敏感，3 为轻度敏感，4 为不敏感。

(3) 根据不同评价因子对环境敏感度的影响不同，对不同评价因子进行权重确定。根据层次分析法构造生态敏感度两两判断矩阵，求得矩阵的特征向量和特征值，初步计算各评价因子的权重，最后通过一致性检验来判断所确定的权重值是否接近客观实际。

根据以上分析步骤，确定研究对象的生态敏感性评价指标体系和各因子的权重值。

3）数据来源与处理

地形数据可采用分辨率为 30m 的栅格数字高程模型(RASTER DEM)数据及其派生数据；植物多样性数据可采用林相分布图；地质灾害分区、水系、土壤、地表覆盖等可采用国土部门的 Map GIS 数据；居民点用地程度等可采用城市规划部门的统计数据。

（1）数据预处理。JPG格式的图可通过Arc GIS 10的影像分类工具建立训练样本，并通过最大似然进行分类，通过众数滤波、边界清理等工具进行分类后处理；地质灾害分区和水系数据通过Map GIS“属性库管理”功能模块导出为“. dbf”格式，用“文件转换”功能模块把原文件转换成“. shp”格式。

（2）生态敏感性单因子评价。应用Arc GIS 10软件，通过缓冲、要素转栅格、重分类等工具对每个评价因子分别赋予相应的等级数值，制作单因子生态敏感性分析图。

（3）生态敏感性综合评价。完成单因子生态敏感性分析后，对各因子的生态敏感性进行加权叠加，通过GIS空间分析中的栅格计算器，计算得到研究区域的生态敏感性综合评价初步结果。运用自然分类法将其分为极敏感、高度敏感、中度敏感、轻度敏感和不敏感5个区域，并进行聚合和边界清理等后处理，以消除小图斑。最后把具有重要生态敏感性的区域(如自然保护区、森林公园、湿地公园、地震断裂带缓冲区等)叠加到综合评价结果图中，得到最终的生态敏感性分析。

4）结果分析

通过以上过程得出单因子敏感性空间分布图及综合生态敏感性分布图，解析研究区域生态系统的构成主体，识别不同敏感度区域的空间分布、各自构成面积及比例。

2. 生态承载力评价

生态承载力指在某一特定环境条件下(主要指生存空间、营养物质、阳光等生态因子的组合)，某种个体存在数量的最高极限。生态承载力包括两层基本含义：第一层含义是指生态系统的自我维持与自我调节能力，以及资源与环境子系统的供容能力，分别指资源和环境的承载能力大小，为生态承载力的支持部分；第二层含义是指生态系统内社会经济子系统的发展能力，即生态系统可维持的社会经济规模和具有一定生活水平的人口数量，为生态承载力的压力部分。

生态承载力评价是可持续发展能力基础支持系统的方法之一，可用来评估城市建设的可持续状态，预测未来城市发展的规模界限。

1）分析方法概述

生态承载力的研究方法目前仍处于探索阶段。由从最初的定性静态分析逐渐走向动态模拟与预测，静态分析方法主要是估算人口承载力的上限值，以大量的实际获得的单因子数据为依据，把人口作为外生变量，所得结果有一定的参考价值，且所用资料少，计算方便易行，但是无法反映承载力随时间的变动情况，也限制了这些方法的应用范围。生态足迹法是动态研究中较具代表性的一种方法。

生态足迹(ecological footprint，简称EF)，最早是由加拿大生态经济学家威廉里斯(E. R. William Rees)1992年提出，并在1996年由瓦克纳格尔(M. Wackernagel)进一步完善，其定义为：任何已知人口(某个个人、地区或国家)的生态足迹是指能够持续地生产这些人口所消费的所有资源、能源和吸纳这些人口所产生的所有废弃物所需要的生物生产土地的总面积和水资源量。

生态足迹的计算是基于以下六个基本条件：①可获得区域每年资源消耗量和废物产生量，可用吨、焦耳或立方等物理单位来表示；②生态生产性土地是绝大部分资源流更新与废物吸纳所必须的，生物生产过程建立在光合反应基础上，水生系统、雨林系统等在三维空间发生光合反应的过程能够用二维地图来表示；③具有不同生态生产力土地类型可通过因子加权相加后由一个标准平均生产力公顷来表示，这个标准公顷就是“全球公顷(gha)”用ha表示，产量只涉及可更新和对人类有价值的那部分生产的生物量，标准公顷同时运用于生态足迹和生态承载力两部分；④总需求可由相对独立的资源供给和废物消纳土地面积累加得到，这意味着生态足迹账户中没有任何一个资源流或者服务流是由同一个土地或地域空间提供的，所有地域空间都只累加一次；⑤综合生态足迹和生态承载力可直接进行比较；⑥土地需求可超过土地供给，足迹大于承载力意味需求超过自然资本更新能力，产生生态赤字。

目前，生态足迹法已应用于各种尺度的区域：①全球尺度——可通过统计人类生存所占用的生态生产性用地分析全球的人均承载力，还可通过对一段时间内生态足迹的连续性分析，透视各类型生态足迹的动态特征；②国家尺度——可以帮助国家制定其发展方向和采取措施；③区域和城市尺度——国内学者在全国范围从区域、省级、市级到县级都有研究；④个人尺度——在全球足迹网络上，计算个人的生态足迹。

生态足迹法对判断人类社会是否生存于生态系统的承载力范围之内给出了一种简单但实用的计算方法。但仍存在以下不足：①具有生态偏向性，多关注生态可持续性，未涉及经济、社会、技术方面的可持续性；②未包含对研究问题产生影响的所有因素，实际所占有的生态足迹要比计算结果更大；③缺乏对未来情景的预测及发展研究，人口增长、生活生产消费水平提高会导致"可持续性"缺失，技术进步对资源配置效率提高等可能会加强此"可持续性"；④生态足迹模型需要进一步发展，与其他方法结合，更进一步地反映可持续发展现状和目标。

2）模型选用

生态足迹的计算方法有三种：第一种是综合法（compound approach），由瓦克纳格尔（Wackernagel）等于 20 世纪 90 年代中期提出，适用于全球、区域和国家层次的生态足迹研究。综合法就是根据地区性或全国性统计资料获取地区生产总量、出口总量、进口总量和年终库存总量，自上而下利用国家级的数据归纳得到地区消费总量的数据，计算出总的生态足迹后再除以地区总人口，即得到最后的结果——人均生态足迹。第二种是成分法（component approach），是西门斯（Simmons）等人于 2000 年提出的，即发放社会问卷调查，采用入户调查方式直接获得当地居民主要消费品类型的人均消费量数据，最后再用总人口去除，从而得到所需区域的人均各类消费品的数量。成分法适用于城镇、村庄、学校、公司、个人或单项活动的小尺度的生态足迹计算。第三种是投入产出法，由比科内尔（Bicknell）等学者于 1998 年提出并由台北大学冯教授（Ferng）于 2001 年改进，即结合两种方法来获取数据。

此处选用综合法对生态足迹分析进行具体解析。生态足迹模型中所有的投入，除了人口和收入，都以全球公顷为单位（本书以 ha 表示）。基本框架是在区域研究范畴内生态承载力和生态足迹的账户计算，以及它们比较所得到的生态盈余/赤字。在需求部分—生态足迹—个人消费可以分为六个账户：食品账户、住宅账户、交通账户、商品账户、服务账户和废物账户。在每一类型中，个人消费所占用的土地累加，就得到每一种类型土地所需的面积。

3）概念解析

(1) 生态生产性土地，指具有生态生产能力的土地或水体。全球共有 11.4 亿公顷生态生产土地。生态生产也称生物生产，根据生产力大小的差异，地球表面的生态生产性土地可分为 6 大类：化石燃料土地、可耕地、林地、牧地、建筑用地和水域。化石燃料土地，也称化石能源用地：一定量的土地储备量，用来补偿因化石能源的消耗而损失的自然资本的量；可耕地：主要由粮食和粮食做成的二次商品占用的生态生产性土地面积组成，是所有生态生产性土地中生产力最大的一类，集聚最多的生物量；林地：指可产出木材产品的人造林或天然林；牧地：即适用于发展畜牧业的土地；建筑用地：包括各类人居设施及道路所占用的土地；水域：海洋覆盖地球的面积。

(2) 全球公顷,表示生态生产力总和的平均概念。一个全球公顷等于一公顷。11.4 亿公顷生态生产性土地的平均生产力,指特定水平投入下能够达到的最大农业产量。

(3) 均衡因子,为某一种生态生产性土地类型的世界平均生产力与所有生态生产性土地的世界平均生产力的比值。反映环境本身所具有的或是内在的生产力,不包含现行的管理水平和生物生产效率。

(4) 产量因子,等于给定区域的生态生产性土地的生产量与同类型生态生产性土地全球平均生产量的比值,反映区域平均生产量,表明一个区域现行的技术和管理水平,以及内在的资源生产力的可更新程度,结合了环境和社会经济两方面影响因素的作用,每年的产量因子都要重新计算。

4) 计算步骤及模型

生态足迹的主要计算步骤如下:

(1) 划分消费项目,计算各消费项目的消费量。

(2) 利用平均产量数据,将各消费量折算为生物生产性土地面积。

(3) 通过均衡因子把各类生态生产性土地面积转换为等价生产力的土地面积;将其汇总,计算出生态足迹的大小。

(4) 通过产量因子计算生物承载力(生态承载力),并与生态足迹比较。

计算公式如下:

① 各种消费项目的人均生态足迹分量计算公式:

$$A_i=\frac{G_i}{y_i}=\frac{P_i+I_i-E_i}{Y_i\times N}$$

式中,A_i为第 i 种消费项目折算的人均占有的生物生产性面积(人均生态足迹分量)(hm^2/人),i 为消费项目的类型,Y_i为生产第 i 种消费项目的生物生产土地世界年均产量(kg/hm^2),C_i为 i 种消费项目的人均消费量;P_i为第 i 种消费项目的年生产量,I_i为第 i 种消费项目年进口量,E_i为第 i 种消费项目的年出口量,N 为人口数。

② 人均生态足迹的计算公式:

$$\mathrm{ef}=\sum e_i=\sum r_j A_i$$

式中,ef 为人均生态足迹(hm^2/人),i 为消费项目的类型,e_i为人均生态足迹分量,r_j为均衡因子,A_i为第 i 种消费项目折算的人均生态足迹分量(hm^2/人)。

③ 区域生态足迹的计算公式:

$$\mathrm{EF}=N\times(\mathrm{ef})$$

式中,EF 为区域总人口的生态足迹(hm^2),N 为人口数。

④ 人均生物承载力(生态承载力)的计算公式:

$$\mathrm{ec}=\sum c_i=\sum a_j\times r_j\times y_j$$

式中,ec 为人均生态承载力(hm^2/人),c_j为人均生态承载力分量,a_j为人均生物生产面积,r_j为均衡因子,y_j为产量因子。

⑤ 区域生物承载力(生态承载力)的计算公式:

$$\mathrm{EC}=N\times(\mathrm{ec})$$

式中,EC 为区域总人口的生态承载力(hm^2),N 为人口数。

5）结果分析

分析结果主要表现了区域的自然资本是否能支撑现有的消费模式，以生态赤字/盈余来表示，如生态足迹超过生态承载力则产生生态赤字，表明该地区的人类负荷超过了其生态容量，地区发展模式处于相对不可持续状态；反之，则为盈余，表明该地区的生态容量足以支持其人类负荷，该地区消费模式具相对可持续性，可持续程度用生态盈余来衡量。

3. 生态安全格局分析

生态安全格局(the regional pattern for ecological security)是指针对区域生态环境问题，在干扰排除的基础上，能够保护和恢复生物多样性、维持生态系统结构和过程的完整性、实现对区域生态环境问题有效控制和持续改善的区域性空间格局。

生态安全格局分析可为城乡建设用地空间管制分区、建设用地增长边界的判定、灾后山地城乡规划重建等提供生态环境空间规划的决策支撑；通过合理构建区域生态安全格局便于从更宏观更系统的角度提出实现区域生态安全的对策。

国内外关于生态安全格局的分析方法主要有 3S 技术、情景分析方法(scenario)、指标评价法、系统动力学模型、元胞自动机等，从定性分析到定量研究，定性与定量相结合以及动态模拟等。综合国内外相关研究成果，生态安全格局分析的技术路线可表述如下。

1）生态问题识别

即因子选择，指区域生态问题的主要影响因子选择。不同研究区域生态问题不同，相应的主要影响因子亦不同：俞孔坚等(2009)针对北京的生态问题，选取水、地质灾害、生物保护、文化遗产、游憩等作为影响因子；张小飞(2009)针对常州市的研究选取了地质、地貌、植被和水文等因子；李永春等(2010)对泉州市东海新区进行研究时则以洪水、生物多样性以及游憩等为主要因子。

2）确定源

即代表主要影响因子生态过程的源，如生物的核心栖息地作为物种扩散和动物活动过程的源，文化遗产点作为乡土文化景观保护和体验的源，公园和风景名胜区作为游憩活动的源。主要通过资源的空间分布数据和适宜性分析来确定。

3）判别空间联系

通过生态过程，如水的流动、物种的空间运动，来判别对这些过程的健康与安全具有关键意义的空间格局，包括缓冲区、源间连接、辐射道和战略点等，并根据各格局的拐点和作用，划分出低、中、高 3 种不同安全水平，形成单一生态过程的安全格局，再进行权重叠加，得到研究区域的综合生态安全格局。

4）提出优化策略

针对某一生态过程和安全格局的具体要求，提出空间格局和土地利用的调整策略与建议，应包含对不利干扰的抵御和进行生态恢复的干扰：顺应一些原有的景观格局、生态系统和干扰；防止格局中一些关键部位被破坏；恢复和改善格局中一些关键部位。

俞孔坚等以北京为例，提出区域生态安全格局的分析框架(图 4-1)。

4. 城市微气候环境分析

城市微气候即指城市覆盖层(urban canopy layer，UCL)气候，是城市气候中与城市户外空间舒适性关系最直接，同时受人类活动的影响也最大的部分。主要包括日照、风、温度、湿度等构成因素，这些构成要素相互影响，同时也受到建筑物形状、结构、材料、建筑物密度、街道走向、地表材料、植被以及城市规划等因素的影响。气候的适宜程度决定着人居环境的舒适与

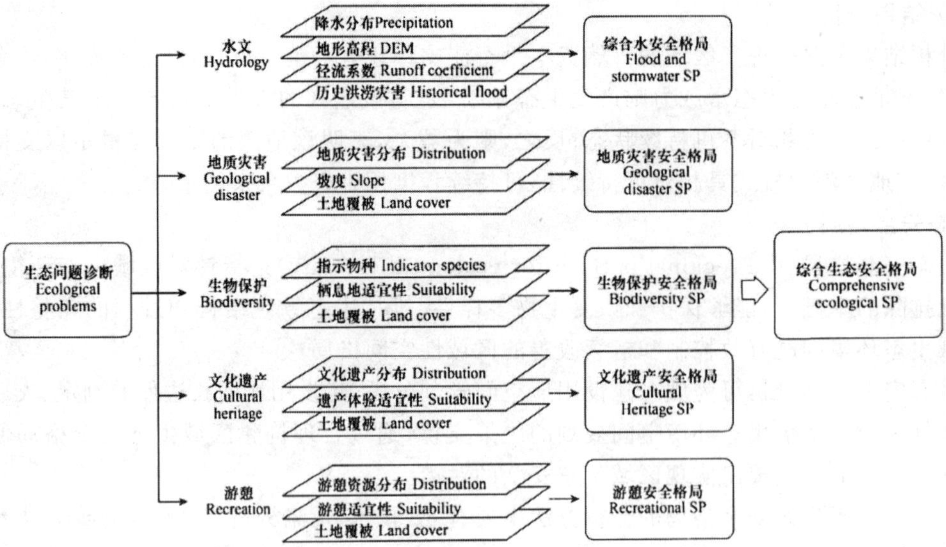

图 4-1　生态安全格局分析框架

否，不良的城市微气候环境既降低城市户外空间环境质量，也进一步导致热岛效应加剧和空气污染不易扩散进而形成雾霾等环境问题，极大地影响城市生态环境质量及城市居民的身体健康。

城市微气候影响户外空间环境的使用以及人的环境行为方式，同时，城市建成环境（城市形态、建筑群体布局、道路布局和走向、城市绿化等）对城市微气候也产生影响。在城市规划与建设过程中应关注城市建成空间环境与微气候的相互影响过程，以提升户外空间环境舒适性、减小热岛效应、改善空间环境生态质量为目标导向，研究如何调控城市建成空间环境以优化微气候环境。

城市微气候环境分析可用来对不同尺度的规划及设计方案进行比较分析，为城市结构调整和住区及主要功能设施规划选址提供依据，辅助控规指标体系及城市设计导则的制定，并在建设过程中提出城市微气候改善的具体策略。目前主要有现场动态实测、物理模拟法、计算机数值模拟法等方法，前两种方法很难应用到更大规模的城市微气候环境研究当中，因而现今城市微气候环境研究中往往把实地测试法测得的资料作为实际研究中参数的参考，采用计算机数值模拟法进行分析。

计算机数值模拟是基于流体力学的软件模拟，它将现实存在的或城市设计中的城市空间转化为数字模型，借助相应的软件，通过对城市空间、城市界面、绿化系统与城市空间的关系等进行系列模拟，来测度热舒适度、风舒适度和场所中空气的呼吸性能等考量城市微气候质量的关键因子，在边界条件正确的前提下，从气候适应性角度对其做出评价。

下面以武汉汉正街旧城更新为例，对城市微气候环境计算机数值模拟分析在城市规划中的应用进行说明。

1）现状分析

汉正街地理位置特殊，南临汉水，东接长江；功能复杂，既有商业又有居住；建筑密度高但容积率低。

空间形态特征：以多福路为界可分为两部分，东部建筑层数低、密度高，商业门店集中于主巷道，街道狭窄，部分地段仅能容单人通过；西侧住宅集中，商铺较少，街道宽阔，商业气氛小浓。近期新建的高层商业楼零星分布在道路转角处，第一大道改变了汉正街道路狭窄的格局(图 4-2)。

城市微气候特征：低层高密度的建筑形态、质量普遍低下的住宅及狭窄的城市街巷导致区域内普遍通风采光不佳；夏季白天街道温度通常在 40℃左右，街内气流小畅，滞留时间长；位于夏季主导风向上的江河对其下风向部分建筑有降温作用，第一大道的开通将夏季风导入城区使得主道路上的温度较其他区域低，部分空地的温度也较低。

图 4-2　汉正街建筑分布状况

图 4-3　汉正街道路交通现状

2）基于气候适应性的改造方案制定

汉正街主要的问题在于通风排热。城区通风有两种方法，一是引风，二是造风。引风的关键在于风道的畅通，即街道的走向要与主导风向基本一致，有利于加强市区与郊区的热交换；造风的基本原理是制造区域温差，温差导致压差，压差导致区域之间的空气流动，制造低温区的最有效方法是种植成片树林，利用蒸腾作用降温，一般需要成片的树林才能达到理想的效果。

汉正街没有大面积绿化的可能，但其地理位置却十分有利于引风，可将夏季主导风向上的、相对凉爽的江风引入城市环境，加速空气流动。汉正街的现状道路(图 4-3)，狭窄街巷内多为低速、竖向的管状气流，缺乏足以穿越建筑物的量大、质好的气流。若将部分干道拓宽，引风入城，则有可能实现良好的通风。

树枝状或漏斗型道路网相较于垂直网格布置的道路更利于通风，高层建筑可改变风向，其侧的空地可加大风量。依此原理，尝试将汉正街内部的部分街道拓宽，在夏季主导风向上形成连续的通风廊，来自江边的风自然成为调节汉正街微气候的重要因素(图 4-4)；根据现有道路结构，拓宽一条由南至北的道路(图 4-5)，同时梳理区域内部道路走向，使其引导风深入区域内部，预留部分广场，在改善小气候的同时还可以提供物流集散空间和人员休闲场所。

3）环境模拟

(1) 参数设置。

① 地理环境：武汉，北纬 30°60′，东经 114° 30′，海拔 23m，时区东八区，计算日期为 8 月 1 日(夏季炎热是武汉气候的主要矛盾之一)。

② 气象资料：选取夏季东南风为主导方向，空气温度 32℃，风速 15km/h。

图 4-4　局部改造方案

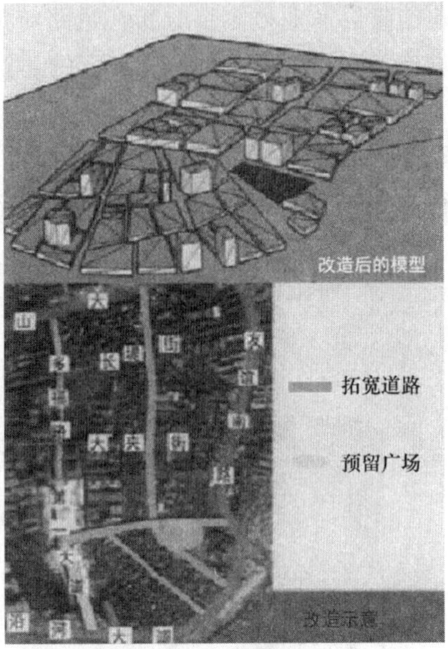

图 4-5　道路拓展

③ 模型创建：将 CAD 模型转化为计算流体力学（CFD）模型，设置相应的属性，建筑区域为 BLOCK，江湖为 OPENING。

④ 初始条件：将武汉的经纬度、计算月份、时间、太阳辐射、初始温度等作为初始条件，设置湍流物理模型为混合对流模型来模拟大气流动。

⑤ 材质设置：在创建的 CFD 模型中，因为采用的是区域化建模，不同的区域在模型的表示中只有体量关系，无法表现实体的表面性质，故要在每个 BLOCK 中根据具体情况，取各参数在本地块中的综合平均值。

（2）模拟过程。建立计算机模型，输入地理气候条件和气象资料，设置计算网格，便可得到该空间的空气温度、辐射温度、风速及空气龄等数值。

4）结果验证

（1）模拟计算显示（图 4-6、图 4-7），经过改造的道路将风引入区域内部，来自江边的凉风将道路的温度降低，并辐射到周边区域。经济上，风口处的高层建筑足以对因道路拓宽而减少的建筑面积进行补偿。但模拟图也显示，高层建筑背风面的通风受到一定的影响，管状效应对于风速的加强作用也有限，因此，有必要综合探讨路宽、路长、引风口的尺度和形状之关系。

（2）温度模拟（图 4-8）显示，经过改造的道路附近区域空气温度大约为 32℃ ～35℃，而小通风的区域空气温度约 38℃。改造后的区域通风效果更好（图 4-9），开敞的外部空间在顺应风向的情况下，也有利于低温空气渗入区域内部。

5. 城市典型生态用地保护与利用的规划分析

城市生态用地是保障城市社会经济持续发展和居民生活质量所必需的供给、支持、流通、调节、孕育等基本生态服务功能的最小用地，旨在改善和提高城市中人群的生活质量，保护重要的生态系统和生物栖息地，维持和改善城市中各种自然和人工生态单元，将城市生态系统稳定在一定的功能水平。从生态系统服务的角度出发，可将城市生态用地分为绿地、水体（水系）、稀疏及无植被地三大类，其中绿地又可细分为农地、林地、牧草地、园林绿地、公园绿地、防护绿地、风景区绿地、庭院绿地、交通绿地等；水系又可细分为河流、湖泊、沼泽、滩涂、湿地（近

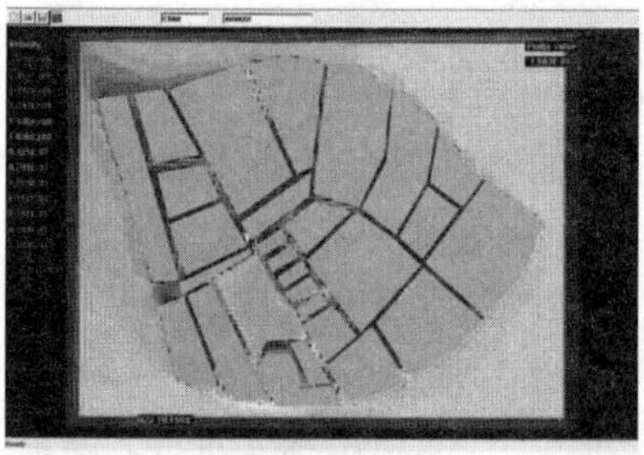

改造前风速

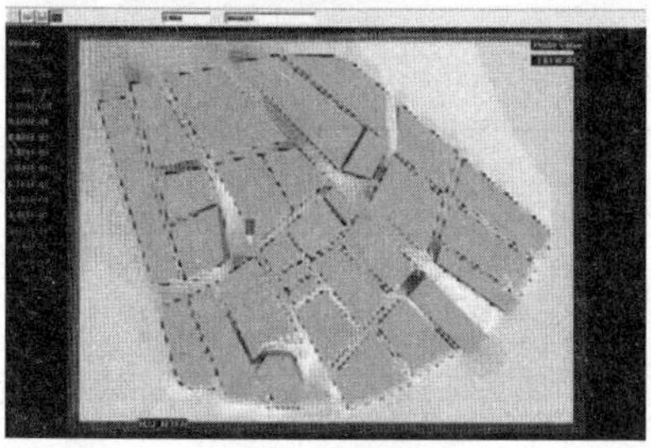

改造后风速

图 4-6　改造前后风速

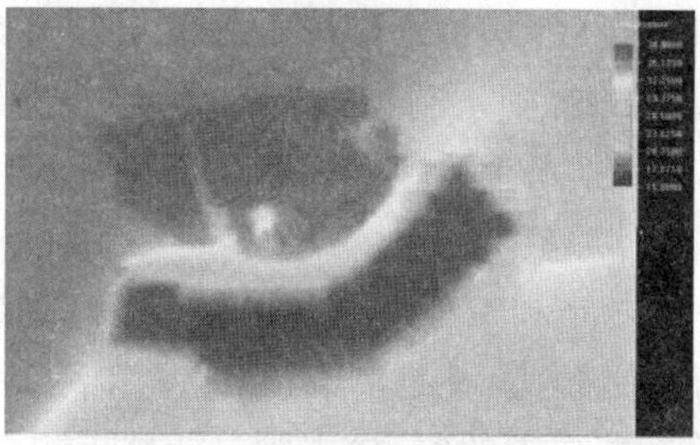

改造前温度

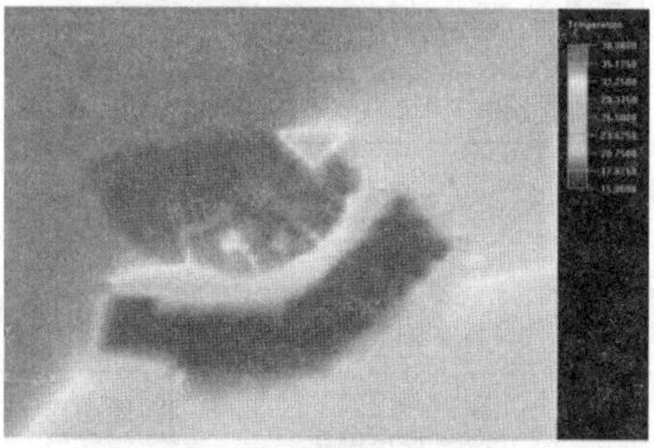

改造后温度

图 4-7　改造前后温度

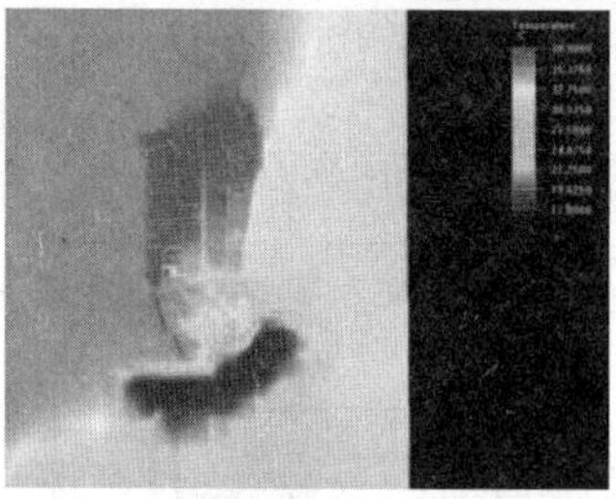

图 4-8　改造后的区域温度

图 4-9　改造后的区域风速

海及海岸湿地、河流湿地、湖泊湿地、沼泽湿地、人工湿地)；其他水体(水库沟渠、养殖水体、景观水体)等；稀疏及无植被地则包含盐碱地、沙地、裸地、空闲地等类型。

在快速的城市化、工业化进程中，缘于对经济效益的单方面追求，大量农田、森林、水域等生态用地被占用，导致土地生态服务功能衰退，这不仅直接影响人类社会的可持续发展，还危及粮食安全、城市生态健康和区域生态安全，对人类生存造成很大的威胁。

协调生态保护与城市发展之间的关系是城市生态用地规划的核心任务，必须保证城市生态用地的规模和质量，以实现土地资源的合理利用，保障城市的健康可持续发展；同时要充分发挥生态用地的经济效益和社会效益，实现综合效益的最大化。基于以上考虑，本节选取水系、城市森林等城市典型生态用地，对各自保护和利用过程中的规划及分析要点进行阐释。

1）水系

城市水系规划必须以生态安全为准则，保护水系自然过程的完整性，将河流、湿地等生态环境的完整性与城市景观和开敞空间进行统筹考虑，即在保障水利安全的基础上，考虑城市自然生态、人文体验、环境景观、土地使用和社会经济等不同功能的要求，综合协调解决“六水”(水安全、水环境、水生态、水景观、水文化、水经济)的多学科问题，实现多元目标的共赢。

“六水”协调的关键在于梳理城市水脉大系统，贯通节点、连通水系，同时加强水系与城市空间的关联性，将水系与城市休闲绿道系统、绿地系统和开放空间系统相互衔接、相互协调。并具体分解到水利工程、水环境综合整治及水系景观等专项规划中，促进三者相互指导和反馈，最后以水系控制性规划为依据，将相关内容落实到法定规划层面，为规划的管理和实施提供保障。

(1) 水利工程规划。水利工程规划旨在解决水安全问题。水安全指城市水系具备系统良性循环的能力，能抵御洪涝、干旱和污染等外部冲击，且不会对其他系统构成危害，并可以满足水系功能要求的安全，主要包括城市防洪排涝安全、供水安全、生态用水安全等。水利工程的规划及分析要点如表 4-1 所示。

表 4-1　　水利工程规划分析要点一览表

类型	具体内容	
现状条件分析	—	洪涝灾害现状，供水现状，水体环境质量现状，水利设施建设现状
分析评价	防洪排涝分析	蓄洪、雨洪排泄通道和蓄滞空间的有效性评价，水系防洪水位、常水位、枯水期生态流量分析，排水及雨水资源利用评价，雨洪风险管理分析
	供水安全分析	地表水、地下水量及时空分布，供水水质评价，城市应急供水能力评价
	生态用水安全分析	供水水源分析，补水水质安全重要性分析，高含沙量对水质影响分析等
水系连通规划	分析城市防洪排涝形势，通过水文计算确定河道和蓄滞水面规模，制定水系连通方案	
水利设施建设规划	编制水利设施建设规划，包括堤防加固工程、河道疏浚连通工程、水工建设工程等，注重河道形态，横纵断面，采用生态驳岸处理、河道清淤、水动力改善、河道防枯等工程措施	

(2) 水环境综合整治规划。城市水环境是指城市水系堤岸内的空间环境，包含水域、河漫滩和驳岸；水环境综合整治规划的主要任务是合理制定水系污染综合整治方案、河道水生态环境修复和保护方案，统筹协调好流域的社会经济发展与水利工程建设、河道生态环境保护之间的关系。

水环境综合整治规划应注重"全流域统筹"，在对流域综合状况进行充分调查研究的基础上，分析流域生态功能定位和水生态环境存在的主要问题，计算流域水环境容量；以流域资源容量、环境容量为约束，以环境功能定位为条件，提出城市水系流域污染控制目标和水生态修复目标，确定流域环境保护重点任务；制订系统性和针对性的流域污染控制方案、溪流生态修复方案，分析和确定流域污染治理的重点工程、实施计划及投资框算，并制定规划实施的各项保障措施；综合分析规划效益及规划目标的可达性，构建完整的规划体系，确保规划目标的实现(表 4-2)。

(3) 水系景观工程规划。城市水景观内容主要包括城市水系河湖形态、水面面积，以及水面区、滨水区和沿岸带对城市的景观美化作用(包括水域及滨水空间绿化、美化和游憩功能)。水系景观工程规划的主要任务是结合流域水利工程规划、水环境综合整治规划的要求，围绕保护流域生态环境、提升景观品质、传承地域文化的核心目标，根据水体不同的功能区划进行防护和空间开发利用，展现和塑造有地方特色的城市滨水空间景观形象，形成自然生态与人工环境相结合的市民活动场所及休闲旅游带。

表 4-2　　流域水环境综合整治规划分析要点一览表

类型		具体内容
现状条件分析	—	流域社会经济发展概况，水文、水利现状，水环境生态现状，污染源产生排放及治理状况等
分析评价	水质评价	分段评估水体达标情况，污染程度和污染种类等
	水量分析	分析水量的时空分布，特别是枯水期基流量及其对河道生态景观的影响，分析流域水资源利用现状和水系现有的保水补水措施
	污染源分析	对全流域入河污染源现状进行调研，详细分析污染源的种类、分布、污染负荷及其对河道水体污染的贡献率，明确主要污染源
	流域生态安全保护需求分析	根据流域河流水系、森林资源、高程信息和土地利用等特征，通过图层叠加，进行流域生态敏感性分级；将流域生态敏感性分级图与流域内城镇建设、环境质量、污染排放等特征图进行比对，根据其在评价指标体系中所占权重，综合评价流域环境冲突的空间差异性，明确流域不同控制单元的生态安全保护需求，并划定功能小区，提出各河段环境保护的重点需求
	目标分析	根据水环境功能区划要求，计算水环境容量，明确排污总量控制方案和污染物消减目标，提出城市水系流域污染控制目标和水生态修复目标，确定流域环境保护重点任务
污染控制规划	总体方案	提出全流域污染综合治理总体方案和分期治理重点
	生活污水治理规划	提出城镇污水系统建设规划，对现状排污口提出治理方案，对村庄等分散污染源提出整治方案
	生活垃圾处理规划	完善各级垃圾收集环卫设施和日常管理运行体制，特别是在村庄和社区环节
	农业面源污染防治规划	发展现代农业，调整种植结构，强调节水少肥等源头控制措施；采用生态沟渠、生态田埂、沿河植物缓冲带、重要节点人工湿地等末端处理工程措施
	养殖污染控制规划	确定养殖业污染治理目标；明确全流域畜禽养殖业的禁养区、限养区和发展区，科学规划养殖场布局；推广生态养殖技术，明确畜禽粪便和废水的处理处置方案，完善相应的污水收集管网和处理设施
	重点工业污染治理规划	突出重点控制区域及对象，在总量上控制污染物，因地制宜选择控制措施；对重点污染企业分别采取关、停、并、转、迁以及改造、治理等综合治理措施；明确工业废水的出路，完善相应的污水管网和处理设施建设
生态修复规划	河道生态功能定位	根据景观、防洪需求，分析各河段的生态景观功能，并提出生态修复目标
	生态河道建设规划	注重河道形态，编制横纵断面规划，采用生态驳岸处理、河道清淤、水动力改善、河道防枯等工程措施
	流域水土流失治理规划	评估流域水土流失情况，提出水土流失治理措施和建设项目水土流失防治方案

水系景观工程规划应综合城市总体规划对水系及周边用地的总体定位要求，在充分进行现状调查研究的基础上，合理确定水系廊道景观定位；在水利工程规划、水环境综合整治规划的指导下，运用景观化手段，进行生态基础设施规划；以整体河流廊道为空间基底，进行景观功能布局和各系统规划，并对景观特色分区与节点进行详细设计（表 4-3）。

表 4-3　　水系景观工程规划分析要点一览表

类型		具体内容
现状条件分析	环境理解基地分析	区域气候、水文水利、水质与污染、现状驳岸、现状植被、栖息地网络等现状土地使用、相关规划条件分析、地域文化与历史遗迹、现状景观及旅游资源点调查与评估、SWOT 分析等
生态基础设施规划	水安全与水文水利优化	划定洪水压力小的适宜建设区;改造河道,布置雨洪设施,增强滞洪纳洪能力;注重河道水源调度与水量调节,保障河道生态景观用水
	水环境与水生态修复	以景观化设计方法,落实流域水环境整治规划中提出的滨水绿化缓冲带、人工湿地、自然河道等生态修复措施,并将其纳入景观生态体系
	水系廊道	构建生态斑块系统,以连续的水系生态廊道串联成生态网络
	生境营造	营造多样化的野生动物、鸟类及鱼类栖息地;营造驱动生态功能的植栽生境;保护古树和原生植物群落
河流廊道规划	景观概念定位	依托水系固有资源及地域文化特色,综合考虑水系景观要求,提炼景观规划主体概念,打造独特的形象特征
	景观规划结构与功能布局	合理安排河流廊道各类用地功能,策划和布局景观项目,梳理整体布局框架结构和景观序列
	滨水开放空间系统	为满足各类型公共活动需求,布局一系列点状和带状滨水空间节点,可依其景观功能的重要性进行分级;并考虑水岸开放空间与周边土地开发、利用的衔接关系
	滨水绿道系统	编制在城市绿道系统格局下的滨水绿道规划,以及与城市整体慢行系统相衔接的滨水自行车与步行系统规划;处理好与城市道路系统、桥梁的衔接及立体交叉关系
	岸线规划与驳岸整治	根据河流所处区段,对岸线功能进行分区,选择适宜的驳岸类型,提出驳岸的生态化整治策略;考虑河流水量改变可能带来的多层而景观及场所可达性的变化
	植被系统	综合考虑陆生与湿生生境,选择适宜植物种类进行配置,以满足生态修复和植物造景的需求
	公共服务设施系统	根据各服务设施的服务半径及场地区域特点,确定各类设施的种类、数量、规模及布局
	竖向规划	合理确定水位,满足行洪要求,保障景观用水;充分利用现有地形,塑造优美的地形与滨水空间;衔接滨水用地与城市规划道路竖向标高
景观特色分区与节点规划	景观特色分区规划	细化各景观分区功能定位,对各景观分区提出具体化的规划思路和方案
	景观节点规划	在景观总体布局和功能定位的要求下,深化设计各景观节点
	公共设施与景观小品设计	设计具有地方建筑元素符号、反映景观设计主题的建(构)筑物或景观小品;同一河流廊道或同一功能区的服务设施及小品应有统一的风格设计;统一所有标识系统的规格、形式与设置

(4) 水系控制性规划。水系控制性规划综合水利工程、水环境综合整治及景观规划的成果,对水岸沿线用地规划进行整理,通过对城市水系的整治,提升周边土地利用价值,发挥城市"水经济"的作用。水系控制性规划的核心内容包括对水岸沿线用地功能进行合理配置;划定水域控制线和滨水绿化控制线;明确水体和岸线功能区划;对滨水区提出景观控制引导要求;确定防洪排涝目标,提出竖向规划与水利设施布局;提出流域污染整治与河道生态建设要求等。

2) 城市森林

城市森林是指在城市地域内以改善城市生态环境为主,促进人与自然协调,满足社会发展需求,由以树木为主体的植被及其所在的环境所构成的森林生态系统,是城市自然生态系统的重要组成部分。

城市森林规划是为实现以生态效益为主的综合效益最大化的目标而对城市森林生态系统建设的内容和行动步骤进行预先安排的过程。考虑到与城市规划体系的协调，从城市发展战略和建设控制引导两个层面将城市森林规划分为总体规划、控制性详细规划、修建性详细规划三类，具体规划及分析框架如表 4-4 所示。

表 4-4　　城市森林规划分析框架一览表

规划类型	总体规划	控制性详细规划	修建性详细规划
规划作用	协调相邻区域之间城市森林保护和建设的关系；协调区域内部城市森林生态系统与其他空间资源的关系	作为城市森林管理的依据，并指导修建性详细规划的编制	指导城市森林的设计和施工
规划思路	综合研究确定城市森林发展的功能构成、规模和空间发展状态，统筹安排各类城市森林建设用地，合理配置植被类型，确定树种组成与结构	根据城市森林总体规划，以及相关城市规划、地区经济、社会发展以及环境建设的目标，对城市森林用地的类型、位置和范围、使用强度、空间环境，植被的类型、空间结构、布局、形态、树种组成，公共服务设施以及自然资源保护等作出具体控制性规定	依据已经批准的控制性详细规划，对要进行建设的地区提出具体的安排和设计
分析评价	分析城市自然资源状况和城市规划建设状况，调查了解城市森林发展现状，分析现状存在的问题，划定环境敏感地区和视觉景观敏感地区； 分析城市森林发展的条件和制约因素； 预测规划区城市森林的规模，确定各类城市森林用地的比例关系； 进行综合技术经济论证，进行投资估算和效益分析	详细调查规划范围内及周边自然资源条件，以及相关规划情况，确定规划范围内需要保护或改造利用的自然资源； 确定规划范围内不同城市森林类型的界线，对于附属绿地，提出城市森林分布位置的建议	进行建设条件分析和综合技术经济论证； 景观分析、空间结构分析、功能设施分析、交通组织分析和植被分析； 估算工程量和造价，进行技术经济分析
规划内容	城市森林结构规划：确定城市森林发展的空间结构和功能构成，提出建设的重点内容和要求；根据城市森林的功能构成，进行林地和植被分类，确定规划区可以运用的树种名录，各类植被的树种组成，确定不同类型树种和植被的比例关系。 分区规划：分区安排各类城市森林用地，制定分区规划的目标和指标，确定各类城市森林的空间布局，建立与结构规划相协调的空间结构体系。 城市森林游憩规划：在规划区范围内构建城市森林游憩网络。 生物多样性保护与建设规划：多层次构建生物多样性保护网络。 重点建设工程及分期建设规划：确定重点建设的项目，安排建设时序，提出近期建设的目标、内容和实施步骤。 提出规划实施的措施和政策建议，制定保障城市森林可持续发展的策略	城市森林详细规划指标体系：从环境生态、视觉景观、游憩活动、经济四个方面对地块城市森林建设提出控制性或引导性的指标。 城市森林管理规定：对现状植被的管理、单位造价的控制性指标等	总体景观规划设计：利用现状自然资源条件，进行城市森林景观规划设计，布置总平面。 植被规划：确定各类植被的分布位置和范围，确定各层片的优势树种，对现状植被提出具体的改造利用措施。 市政工程管线规划； 竖向规划

二、社会生态分析——城市社会空间结构分析

社会生态系统分析的研究在宏观尺度的主要对象为社会结构的空间分布，即城市社会空间结构。

具有相同社会属性(如社会生活方式和社会地位等)的人们产生集聚，不同的社会群体将各自的社会属性作用于物质空间，反映在城市地域空间上便形成社会空间结构。社会空间结构是城市社会结构和空间结构的综合反映，既可认为是城市空间结构的社会属性，也可看作是社会结构的空间反映。对城市社会空间结构进行分析，解析其演变机制，对人口管理、土地利用、城市规划等相关政策的制定具有重要的指导意义。

至今，城市社会空间结构的分析方法经历了归纳—演绎—统计—行为分析四个阶段：①归纳分析阶段，通过对某些直观城市景观特征的描述入手，总结归纳出空间分布与经济社会状况的互动关系，对于简化现实世界的复杂性具有重要意义。以伯吉斯(Burgess，1925)的同心圆模式、霍伊特(Hoyt，1939)的扇形模式和哈里斯和乌尔曼(Harris & Ullman，1945)的多核心模式三大古典模式为代表，该方法对社会空间分异的因素选择带有较强的主观性，一方面导致了众多结构模式的出现；另一方面使得各模式的应用范围受局限；②演绎分析阶段，从整个城市的社会变动中演绎推导出城市的地域分化，以社会区分析为代表；③综合分析阶段，归纳与演绎相结合，以因子生态分析为代表，通过对众多变量的因子分析来抽取主因子，在抽取出主因子后，再计算各统计小区的主因子得分，并决定各区特性；④行为分析阶段，在传统的统计分析基础上加入人的“文化”与“意志”因素。根据社会网络分析确定感应邻里的连通性、向心性与邻近性特征，以及在空间上社会相互作用的范围，进而确定感应邻里区的分类与划分的框架。较之统计分析的方法，行为分析方法所需的数据较难获得。

综合而言，因子生态分析法是目前较为成熟、可操作性强且适用范围广的一种分析方法。因子生态分析的方法能够更清晰明了地反映社会分析基础资料中众多变量之间的关系，通过提取影响城市社会结构的主因子，以各空间单元的主因子得分为依据进行聚类分析，可对社会区类型进行归纳，再利用GIS系统进行空间对应，可显示各主因子得分的空间分布和各类社会区的分布，最后归纳出城市的社会空间结构的整体概况。具体步骤如下所述。

1. 数据获取

因子生态分析所需的数据有两类。一是空间数据，即若干统计单元(case)及其空间范围；二是代表各统计单元相关属性的若干变量(variable)，两者共同形成数据矩阵，作为因子分析的基础数据。在利用人口普查资料进行的社会空间结构分析中，统计单元指人口普查统计单元，变量指人口普查的统计数据。

2. 因子分析

因子分析(factor analysis)是指从变量群中提取共性因子，即用较少的综合指标分别综合存在于各变量中的各类信息，且各综合指标代表的信息不重叠。代表各类信息的综合指标就称为主因子(factor)，变量与主因子的相关系数即为因子荷载(factor loading)，荷载越大，相关系数越大，变量与主因子之间的关系也越密切。

为了解决究竟抽取多少个主因子合适的问题，引入重要指标特征值 λ，λ 指主因子从各个变量中所揭示方差的综合，特征值 λ 越大，方差贡献率就越大，累计解释方差的比例就越多，剩余变量就越少，越能说明多变量间的关系。因子分析中，一般选用特征值在 1 以上的主因子，累计解释方差应接近 70%。

因子分析的另一个重要目的还在于对原始变量进行分门别类的综合评价。如果因子分析结果保证了因子之间的正交性(不相关),但对因子不易命名,还可以通过对因子模型的旋转变换使主因子负荷系数向更大(向 1)或更小(向 0)方向变化,使得对主因子的命名和解释变得更加容易。进行正交变换可以保证变换后各因子仍正交,这是比较理想的情况;如果经过正交变换后对主因子仍然不易解释,也可以进行斜交旋转,也可能得到较容易解释的结果。

3. 聚类分析

聚类分析(cluster analysis)用以揭示主因子如何在地域空间上影响城市社会结构。聚类分析从事物数量上的特征出发,用数学方法根据事物的相似性或差异性系数,以定量方式考量研究样本与变量之间的亲疏关系,并按亲疏程度对类似事物进行聚类,对不同事物进行分类。

社会空间结构研究中常用分层聚类法,它将每一个原始样本看成各自的一类(即 n 类),观察样本之间的亲疏程度,通常亲疏程度通过样品之间的距离来衡量,再将距离最近的两类合并成一类,得到 $n-1$ 类;再重新计算新类与其他类的距离,合并最亲密的两类,得到 $n-2$ 类,直到最后合并成一个大类。常用欧式距离(euclidean distance)、平方欧式距离(squared euclidean distance)等对各类样本之间的距离进行测度,并用离差平方和法进行分层聚类。

4. 空间分析

空间分析即将各空间单元的数据属性在空间上表现出来,并通过一定的简化和抽象化过程,得出其空间分布模式,以更直观和清楚地认识城市社会空间结构,并与已知的若干城市结构和模式进行比较。

三、经济生态分析——城市循环经济系统评价

城市经济循环度是衡量经济生态的重要指标。循环经济源于对自然系统进化的思考,是将人类社会经济系统中的物质(产品与废弃物)循环纳入自然生态系统的大循环之中,以"资源—产品—废弃物—再生资源"的闭合循环式流程为特征的一种经济形态。城市循环经济系统是"以实现经济、环境和社会效益协调发展为目标,以协调人与自然的关系为准则,在城市内模拟自然生态系统运行方式和规律,通过人力、资源、经济、技术、管理、环境等内部子系统及外部环境的相互作用、相互影响、相互制约而达到生产、生活等活动生态化的开放系统"。

城市循环经济系统评价实际上是对城市内循环经济发展质量进行评估,评估该城市范围内循环经济的实际发展状态或规划中对循环经济设计的理想程度,主要通过对系统的结构功能分析、反馈功能分析、环境效果分析等,找出系统发展过程中出现的问题和面临的危机与机遇,从而帮助决策者采取措施,以保证系统长期、协调地发展,并产生尽可能大的综合效益。运用层次分析和模糊决策的理论和方法,对城市循环经济系统发展程度进行模糊层次综合评价。主要步骤如下所述。

1. 一般指标体系的构建

城市循环经济系统评价的侧重点在于通过资源的循环使用以节约资源、减轻环境负荷,故在评价指标中选择"资源减量化率、污染减量化率、资源循环利用率和经济社会发展"四个功能集,以充分体现循环经济的"3R"原则及其"减量优先原则"和发展循环经济的最终目的,各功能集指标又由一组基本指标或综合指标构成。基本指标或综合指标应能反映评价对象在实施循环经济过程中哪些方面做得较好,哪些方面做得不足,从而找出差距,为进一步进行循环经济规划提供指导。在对城市循环经济系统结构、功能、特征和基本要素分析的基础上,确定了城市循环经济系统一般评价指标体系(表 4-5)。

表 4-5　　城市循环经济系统一般评价指标体系

目标层	准则层	指标层
		指标
城市循环经济发展指数	资源减量投入率	万元 GDP 能耗降低率
		万元 GDP 耗水量降低率
		万元 GDP 耗电量降低率
		万元 GDP 典型资源消耗削减率
		万元 GDP 占用土地面积减少率
		市区集中供热普及率增长率
	污染减量排放率	万元工业产值废水排放量降低率
		万元工业产值废气排放量降低率
		万元产值工业固废产生量降低率
		未达标工业废水排放量减少率
		未达标生活污水排放量减少率
		未达标工业烟尘排放量减少率
		未达标汽车尾气排放量减少率
		城市噪声达标区面积增加率
	资源循环利用	工业重复用水率回用率
		垃圾及废弃物资源化比例增长率
		工业固废综合利用率
		秸秆综合利用率
		退化土地回复率
	经济社会发展	人均 GDP 增长率
		人均可支配收入变化率
		失业率
		城市人才密度指数增长率
		科技进步贡献率

该指标体系分为三个层次：目标层(A)、准则层(B)和指标层(D)。主要指标解释如下：

(1) 万元 GDP 能耗降低率。能耗用于反映城市能源利用效率，直接体现城市的能源利用水平。因此，把万元 GDP 能耗降低率作为资源减量投入率的主要指标。其含义是万元国内生产总值的能源消耗量的降低比例，计算公式为：

$$\text{万元 GDP 能耗降低率}(\%)=\frac{\text{第}(t-1)\text{年万元 GDP 能耗}-\text{第 }t\text{ 年万元 GDP 能耗}}{\text{第}(t-1)\text{年万元 GDP 能耗}}\times 100\%$$

$$\text{万元 GDP 能耗}=\frac{\text{总能耗(吨标煤)}}{\text{国内生产总值(万元)}}$$

(2) 万元 GDP 耗水量降低率。是衡量一个城市用水效率、节水潜力、水资源承载能力和经济社会可持续发展的重要指标。其含义是万元国内生产总值的耗水量的降低比例，计算公式为：

万元 GDP 耗水量降低率

$$=\frac{\text{第}(t-1)\text{年万元 GDP 耗水量}-\text{第 }t\text{ 年万元 GDP 耗水量}}{\text{第}(t-1)\text{年万元 GDP 能耗}}\times 100\%$$

$$\text{万元 GDP 耗水量}=\frac{\text{水消耗量(立方米)}}{\text{国内生产总值(万元)}}$$

(3) 万元 GDP 典型资源消耗削减率。典型资源的界定是指对城市发展起主要作用的资源，支撑着城市的主要产业，对城市的发展起着至关重要的作用。计算公式为：

万元 GDP 典型资源消耗削减率

$$=\frac{\text{第}(t-1)\text{年万元 GDP 典型资源消耗量}-\text{第 }t\text{ 年万元 GDP 典型资源消耗量}}{\text{第}(t-1)\text{年万元 GDP 典型资源消耗量}}\times 100\%$$

$$\text{万元 GDP 典型资源消耗量}=\frac{\text{典型资源消耗量}}{\text{国内生产总值}}$$

(4)市区集中供热普及率增长率。城市中集中供热的面积直接影响到该市资源的减量化和污染的减量排放。计算公式为：

$$\text{市区集中供热普及率增长率}=\frac{\text{第 }t\text{ 年市区集中供热普及率}}{\text{第}(t-1)\text{年市区集中供热普及率}}\times 100\%$$

(5) 万元工业产值废水排放量降低率。计算公式为：

万元工业产值废水排放量降低率

$$=\frac{\text{第}(t-1)\text{年万元工业产值废水排放量}-\text{第 }t\text{ 年万元工业产值废水排放量}}{\text{第}(t-1)\text{年万元工业产值废水排放量}}\times 100\%$$

$$\text{万元工业产值废水排放量}=\frac{\text{废水排放总量(吨)}}{\text{工业产值(万元)}}$$

(6) 未达标生活污水排放量减少率。类似的指标未达标工业废水排放量减少率、未达标工业烟尘排放量减少率、未达标汽车尾气排放量减少率等。计算公式为：

未达标生活污水排放量减少率

$$=\frac{\text{第}(t-1)\text{年未达标生活污水排放量}-\text{第 }t\text{ 年未达标生活污水排放量}}{\text{第}(t-1)\text{年未达标生活污水排放量}}\times 100\%$$

(7) 城市噪声达标区面积增加率。计算公式为：

城市噪声达标区面积增加率

$$=\frac{\text{第}(t-1)\text{年城市噪声达标区面积}-\text{第 }t\text{ 年城市噪声达标区面积}}{\text{第}(t-1)\text{年城市噪声达标区面积}}\times 100\%$$

(8) 城市污水处理回用率。指城市内经过污水处理厂二级或二级以上处理且能够再利用的污水量与城市污水排放总量的百分比。计算公式：

$$\text{城市污水处理回用率}=\frac{\text{城市污水处理污水量(吨)}}{\text{污水排放总量(吨)}}\times 100\%$$

(9) 秸秆综合利用率。指综合利用的秸秆数量占秸秆总量的比例。秸秆的综合利用包括秸秆气化、饲料、秸秆还田、编织、燃料等等。计算公式为：

$$\text{秸秆综合利用率}=\frac{\text{综合利用的秸秆数量}}{\text{农村秸秆总量}}\times 100\%$$

（10）退化土地回复率。计算公式为：

$$\text{退化土地回复率}=\frac{\text{已恢复使用的退化土地总面积}}{\text{退化土地总面积}}\times 100\%$$

（11）人均 GDP 增长率：人均 GDP 综合反映了经济方面的发展变化。计算公式为：

$$\text{人均 GDP 增长率}=\frac{\text{第}(t-1)\text{年人均 GDP}-\text{第 }t\text{ 年人均 GDP}}{\text{第 }(t-1)\text{年人均 GDP}}\times 100\%$$

（12）人均可支配收入变化率。可支配收入是指可用于最终消费支出和其他非义务性支出及储蓄的总和，即居民家庭用于自由支配的收入，体现了人们生活水平的变化，计算公式为：

$$\text{人均可支配收入变化率}=\frac{\text{第}(t-1)\text{年人均可支配收入}-\text{第 }t\text{ 年人均可支配收入}}{\text{第 }(t-1)\text{年人均可支配收入}}\times 100\%$$

（13）失业率。失业率是指城市失业人员除以城市就业人数与城市失业人数之和，属于压力指标。循环型的社会应该人人享有平等的就业机会，就业率高。因此，将失业率作为经济社会子系统的一个重要的评估指标。计算公式为：

$$\text{失业率}=\frac{\text{失业人口}}{\text{劳动力}}\times 100\%$$

（14）科技进步贡献率。科技进步贡献率是反映技术进步对经济增长作用大小的一项综合指标，是科技进步对经济增长的贡献份额，它是衡量城市科技竞争实力和科技转化为现实生产力的综合性指标。

2. 指标体系的筛选

在建立一般指标体系后，考虑被评价城市的自然环境特点和经济社会发展状况，以及指标数据的可获得性，确定具体的指标体系用于评价。然后对具体指标体系进行主成分分析和独立性分析，选择出内涵丰富又比较独立的指标构成系统评价指标体系。

3. 指标的标准化

（1）定性指标的量化。定性指标定量化的方法很多，如头脑风暴法、模糊方法、灰色方法等，在应用中常常综合使用多种方法。为实现定性指标的定量化，通常的做法是：首先给定性指标一个明确的定义，再根据该定义和具体的实际情况给该指标打分。例如：大气污染程度可以用单位体积大气中悬浮物的数量来度量，可根据悬浮物的数量来划分等级，对不同的等级规定评分值，并作为该指标的标准。

（2）指标的标准化。由于指标的含义不同，指标值的计算方法也不同，造成各个指标的量纲差异。因此，即使各个指标都定量化了，也不能够直接计算，必须对指标进行标准化处理。例如：采用极大值标准化法对原始数据系列进行标准化，以消除原始数据量纲不同所造成的影响。

当指标 C_{ij} 值与循环经济发展正相关时，即 C_{ij} 值越大越好时：

$$P_{iji}=\frac{C_{ij}(0)}{C_j(\max)}$$

式中，P_{ij}——各指标的标准化值；

$C_{ij}(0)$——第 i 个地区第 j 个指标的原始值；

$C_j(\max)$——第 j 个指标在所有地区中的极大值。

当指标 C_{ij} 值与循环经济发展负相关时，即 C_{ij} 值越小越好时：

$$P_{ij}=1-\frac{C_{ij}(0)}{C_j(\max)}$$

这样就可以统一其相关性。

4. 指标权重确定

指标权重的合理与否在很大程度上影响综合评价的正确性和科学性。城市循环经济系统评价属于多目标决策问题，各指标的权重应反映其对城市循环经济发展的重要程度，可利用层次分析法(AHP)确定各层次权重。

5. 指标计算

通过上述对评价指标体系的确定和指标不同等级的分值赋值，采用加权求和的方式对城市循环经济系统发展程度进行评定，具体公式如下：

$$P=\sum_{i=1}^{n}P_i\times W_i\cdots$$

$$P_i=\sum_{j=1}^{n}P_{ij}\times W_{ij}\cdots$$

式中，P 表示城市循环经济系统发展指数，越小表示城市循环经济发展程度越低；P_i、P_{ij} 分别表示 B、D 层中某指标；Wi、Wij、分别表示 B、D 层中对应指标权重；n 表示各指标层中所包含的指标个数。

6. 结果分析

在同一时间节点的评价中，可以找出循环经济系统在哪些指标上需要改进；通过不同时间节点的对比分析，可以得出评价对象循环经济水平的发展状况。

四、综合分析——社区生态化评价

社区是“聚居在一定地域范围内的人们所组成的社会生活共同体”。一般具备六个基本要素，即一定规模人口、地域范围、相应的管理机构、完备的生活服务设施、用于反映社区成熟度的社区文化以及居民的社区意识。社区生态系统是指由居住区域、住宅小区建设而成的合理的小型生态系统，为居住者提供舒适、健康、环保、高效、美观的居住环境，以达到和谐共生的生态目标。社区生态化评价可为社区规划、建设和管理提供技术支撑。

社区生态系统评价是一个综合分析和测量社区的自然生态环境、社会文化活动、基础设施和人类知识活动特点及它们之间相互影响的过程。应体现社区人居环境的适宜度和可持续发展状况。目前，运用于社区生态系统的评价方法比较常见的有多线性加权求和、模糊综合评价、灰色聚类关联分析、层次分析(AHP)、因子分析、模糊神经网络等。综合国内外相关研究，采用层次分析法，建立社区生态评价模型，主要步骤如下。

1. 指标体系构建

从社区生态系统的状态和过程两个角度将评价指标体系分为三类：系统结构、系统功能和动态过程。

系统结构是从生态社区系统的构成要素角度出发提出一级指标，包括规模适宜、环境良好、生活便利、景观优美、社会和谐和管理高效；社区生态系统最基本的功能是生活消费，具体表现为社区的物质循环、能量流动及信息传递等；动态过程是从生态社区发展的角度讲，对其系统结构和功能方面指标数值变化给出判定并给出理想的额外指标数值，主要是为了说明生态社区是否是向前发展。选取可量化要素作为二级指标及三级指标，共同构建社区生态评价指标体系（表 4-6）。

表 4-6　　社区生态评价指标体系表

类别	一级指标	二级指标	三级指标	单位
系统结构	规模适宜	人口	1 人口密度	10^4人/km^2
		土地	2 人均居住面积	m^2/人
			3 建筑密度	
	环境健康	水	4 湿地面积比例	
			5 用水水质达标率	
			6 生活污水集中处理率	
		大气	7 大气环境质量	等级
		声	8 大气环境质量	dB
		固体废物	9 生活垃圾无害化处理率	
			10 生活垃圾资源回收率	
	景观优美	绿化建设	11 绿地率	
			12 人均公共绿地面积	m^2/人
			13 社区绿化和景观水平	评分
		建筑小品	14 特色鲜明与自然协调	评分
	生活便利	交通	15 公共交通便利程度	评分
			16 停车场可渗透性材料铺装率	
		配套服务设施	17 幼托、小学便利程度	评分
			18 对社区医疗服务满意度	评分
			19 对休闲娱乐设施的满意度	评分
			20 社区配套健康设施水平	评分
	社会和谐	经济收入	21 社区人均可支配收入	万元/人
		学习教育	22 高等教育入学率	
			23 居民对环保知识的知晓率	
			24 公众对环境的满意度	评分
		居民环保意识	25 环保购物袋使用率	
			26 绿色出行比例	
		治安秩序	27 社区犯罪率	
			28 邻里和谐度	评分
	管理高效	服务管理	29 社区服务管理状况	评分
			30 居民的社区归属感	评分
			31 公众自愿参与社区服务比例	

续表

类别	一级指标	二级指标	三级指标	单位
系统功能	能流	能源节约	32 建筑节能率(北方地区)	
		清洁能源	33 清洁能源的使用率达到社区总能耗	
	物流	食物	34 购买食物的便利度	评分
		建筑材料	35 建筑 3R 材料占总建筑材料的比例	
		水资源	36 节水器具的使用率	
			37 中水回用占社区用水量的百分比	
	信息流	信息流	38 信息的流动和共享状况	评分
动态过程	弹性指标		39 总得分提高率	
			40 关键指标提高率	
	理想指标		41 清洁能源利用率	
			42 高等教育入学率	

2. 数据获取与预处理

指标值的获取:定量的指标通过基础统计数据和国家相应的标准来确定,定性的指标通过调查问卷打分的方法确定,分别为 5、3、1、0 四个级别,其含义分别对应为优、良、中、差。

3. 指标权重确定

权重是以某种数量形式对比,权衡被评价事物总体中诸因素相对重要程度的量值。它既是决策者的主观评价,又是指标本质的物理属性的客观反映,是主客观综合度量的结果。权重主要取决于两方面:一是指标本身在决策中的作用和指标价值的可靠程度;二是决策者对该项指标的重视程度。指标权重确定的方法有专家咨询法、特尔菲法(Delphi)、模糊聚类分析法(Fuzzy)、物元分析法和层次分析法(AHP)等。

4. 综合分析模型

社区生态系统评价是一个多指标多层次系统评价问题,多指标综合评价的合成是指通过一定的算式将多个指标对事物不同方面的指标评价值综合在一起,得到整体的评价。由于社区生态系统间有着紧密联系和相互影响,且各个指标对于整体的评价结果在影响的程度上也是不一样的,所以在这里采用加权求和模型对生态社区进行评价,计算公式为:

$$P_i = \sum_{j=1}^{n} (W_{ij} X_{ij})$$

式中,P_i——第 i 个样本评价得分;

X_{ij}——第 i 个样本的第 j 个指标的无量纲化指标值;

W_{ij}——第 i 个样本的第 j 个指标权重值。

5. 结果分析

社区生态综合评价值为社区的生态化指数,按照生态化指数值的范围,可把社区分为生态社区、类生态社区、非生态社区三个级别。生态社区指生态环境优良,邻里和谐互助,社区规划合理,适合人群生态居住要求,社区设施完备的人类居住区域,符合社区可持续发展的要求;类生态社区指社区生态功能稍有欠缺,但居住环境优美,社区规划和设施基本符合国家要求的居住区域;最后,将生态化指数小于一定数值的居住区域定义为非生态社区。

第3节 生态分析案例

一、基于GIS的江苏吴江东部地区生态敏感性分析

1. 研究区概况

以江苏省吴江市东部的芦墟和黎里两个镇为研究区，总面积约为256.29km^2，人口约为14.22万，该区属快速城市化的江南水乡平原地区，景观破碎化程度很高。研究区地处太湖下游，河网密布，湖荡众多，水面面积占49.50%；气候属北亚热带湿润季风气候，年平均气温为15.7℃，年平均降水量为1094mm；属平原地区，平均海拔为2.11m(上海吴淞高程)，地势由东北向西南略微倾斜；土壤以水稻土为主；植被类型较单一，除少量原生植被芦苇外，绝大部分为农田等人工植被。

2. 生态敏感性影响因子

结合研究区水域面积大、海拔与坡度小等实际情况，以区域特殊性、综合性、代表性与可操作性为原则，选取对区域开发建设影响较大的水域、海拔与堤防、植被、耕地地力4个因子作为生态敏感性分析的主要影响因子。

3. 等级评价指标体系

根据各因子中不同要素对生态敏感度重要性程度的不同，对其分别赋予不同的等级值：非、低、中、高和极高，并转换成生态敏感性指数，建立等级评价体系(表4-7)，较高的等级指数值表示该因子对生态敏感性具有较高的影响程度。

表4-7 生态因子及其类别与等级体系

编号	生态因子	类别			等级值	生态敏感度
1	水域	自然湖荡	面积＞100hm^2		9	极高
			其中	100m缓冲区	7	高
				100～200m缓冲区	5	中
				200～300m缓冲区	3	低
			25hm^2＜面积＜100hm^2		9	极高
			其中	50m缓冲区	7	高
				50～100m缓冲区	5	中
				100～150m缓冲区	3	低
			5hm^2＜面积＜25hm^2		7	高
			其中	20m缓冲区	7	高
				20～30m缓冲区	5	中
				30～50m缓冲区	3	低
			太浦河、汾湖		9	极高
			其中	20m缓冲区	7	高
				20～30m缓冲区	5	中
				30～50m缓冲区	3	低
		水系、鱼塘、面积＜25hm^2的水域			5	中
		非水域			1	非

续表

编号	生态因子	类别	等级值	生态敏感度
2	海拔与堤防	20 年一遇	7	高
		50 年一遇	5	中
		≥100 年一遇	3	低
3	植被	芦苇、荒草地	7	高
		农田、林果、苗圃、竹林	5	中
		其他	1	非
4	耕地地力	2 等地及以上	9	极高
		3 等地	7	高
		4 等地	5	中
		5 等地及以下	3	低
		非耕地	1	非

4. 单因子评价

在 GIS 软件平台 ARC /IN－FO 的支持下，将水域、海拔与堤防、植被、耕地地力内的各类景观斑块分别赋予相应的等级指数值，制作单因子生态敏感性图(图 4-10—图 4-13)。

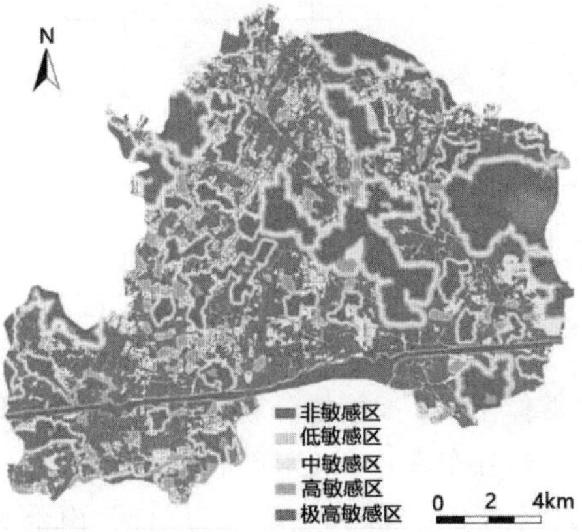

图 4-10　水域因子生态敏感性分析

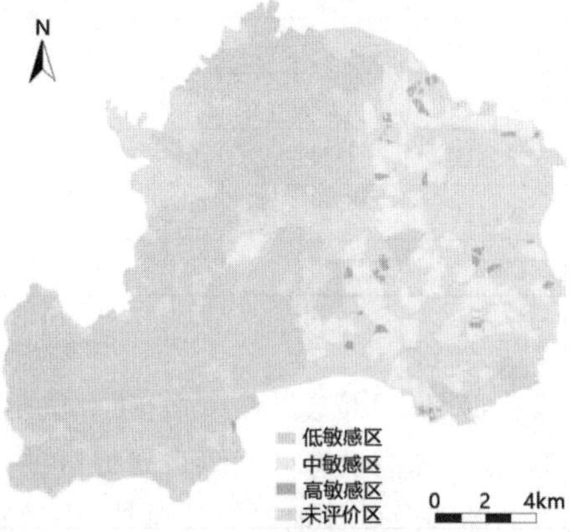

图 4-11　海拔与堤防因子生态敏感性分析

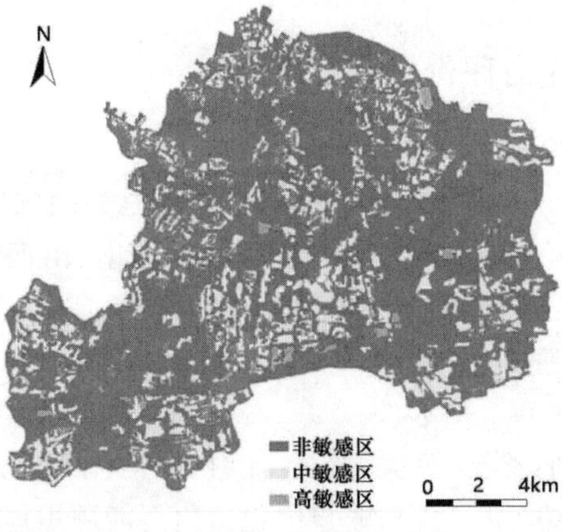

图 4-12　植被因子生态敏感性分析

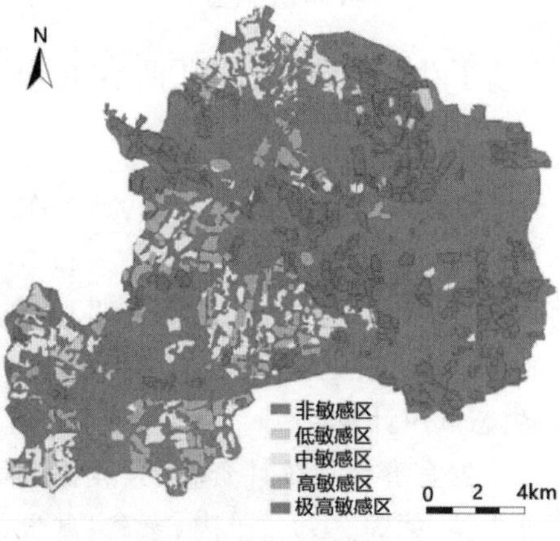

图 4-13　耕地地力生态敏感性分析

5. 综合评价

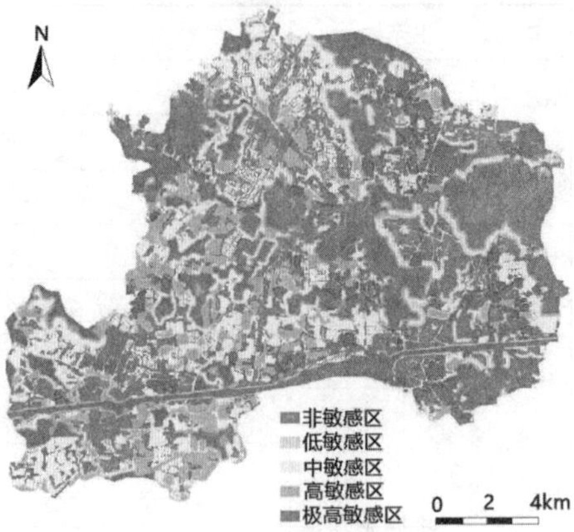

图 4-14　生态敏感性分析总结果

由于研究区水域面积大，采用因子加权叠置方法将会削弱水域斑块的敏感性程度，且 4 个因子对于研究区生态敏感性来说均为限制性影响因子，因而文章选用因子叠加求取最大值法，采用 GIS 矢量叠加技术得到生态敏感性总结果图（图 4-14）及各级敏感度所占面积比（表4-8），并按生态敏感性指数大小将研究区分为 5 级：极高敏感区、高敏感区、中敏感区、低敏感区和非敏感区。基于 GIS 的矢量叠加相对于传统的栅格叠加具有定位精确和保持景观要素完整性等优点。计算公式为：

$$ESI = \max(ES_i)$$

式中，ESI 为生态敏感性总指数，ES_i 为第 i 生态因子的得分值。

表 4-8　　生态敏感性分析总结果

生态敏感性类别	生态敏感性指数	面积(hm^2)	占研究区比重	开发类别	面积(hm^2)	占研究区比例
非敏感区	1	6157.55	24.03%	适宜发展区	6893.6	26.90%
低敏感区	3	736.05	2.87%			
中敏感区	5	6271.79	24.47%	控制发展区	6271.79	24.47%
高敏感区	7	4002.66	15.62%	保护区	12463.79	48.63%
极高敏感区	9	8461.13	33.01%			

6. 结果分析

根据图 4-14、表 4-8 可知：研究区生态敏感性整体上较高，总的分布规律为东高西低、北高南低；极高和高敏感区面积占研究区的 48.63%，主要分布在中部、东部和北部，大部分是面积较大的湖荡及 3 等地以上的耕地；中敏感区占研究区的 24.47%，主要分布西部、南部和北部，大部分是鱼塘、水系及 4 等地；低敏感区仅占研究区的 2.87%，主要是大湖荡的 3 类缓冲区及 5 等地以下耕地；非敏感区占研究区的 24.03%，主要为现有的建设用地。

二、基于生态足迹法的江西宜春市生态承载力评价

1. 研究区概况

宜春市位于江西省西北部，地处东经 113°54′至 116°27′，北纬 27°33′至 29°06′；下辖三市六县一区，总面积 1.87 万 km^2，总人口 520 万；以丘陵和山地为主，地形由北向南、由西向东倾斜；气候温和，雨量充沛，四季分明；全市森林覆盖率 53.4%，活立木 3500 万 m^3，是全省重点林区和全国重点毛竹产区；水力资源和矿产十分丰富。

2. 生态账户计算

根据宜春地区统计资料，分成如下 15 个类别：谷类、豆类、薯类、油料、糖类、茶叶、水果、蔬菜瓜果类、猪肉、牛肉、羊肉、家禽、禽蛋、牛奶和水产品。食物账户中包括化石能源用地、耕地、牧地和水域这 4 种类型土地。谷类、豆类、薯类、植物油、油类、糖类、水果、蔬菜瓜果类和茶叶

均为耕地产出的农产品，所以需转化为耕地足迹；而禽蛋、猪肉和家禽为耕地间接产出，其单位面积全球均衡产出就需要用从谷物而来的转化系数进行调整，采用谷物到禽蛋和家禽的转化系数为 3.5，到猪肉的转化系数为 6。猪肉单位面积全球均衡产出为 457kg/hm^2，等于 2744 除以 6。牛羊肉和牛奶的产出需要牧草地来提供，所以将其消费量转化为牧地足迹，对水产品的消耗需要一定面积的水域足迹来提供，按其各自单位面积全球均衡产出转化为相应类型土地(表 4-9—表 4-13)。

表 4-9　　宜春地区 2004 年食物账户计算表

食物	人均消费量 (kg/cap)	全球均衡产出 (kg/hm^2)	能源密度 (MJ/kg)	化石能源用地 (hm^2/cap)	耕地 (hm^2/cap)	草地 (hm^2/cap)	水域 (hm^2/cap)
谷类	369.52	2744	4	0.02	0.14	—	—
豆类	2.88	852	5	0.00	0.00	—	—
薯类	16.38	16680	5	0.00	0.00	—	—
油料	11.72	2333	7	0.00	0.01	—	—
糖类	2.03	40181	1	0.00	0.00	—	—
茶叶	1.67	566	5	0.00	0.00	—	—
水果	36.92	22422	1	0.00	0.00	—	—
蔬菜瓜果	178	30444	1	0.00	0.01	—	—
猪肉	10.3	457.3	80	0.01	0.02	—	—
牛肉	0.42	33	80	0.00	—	0.01	—
羊肉	0.1	33	80	0.00	—	0.00	
家禽	10.14	784	80	0.01	0.01	—	—
禽蛋	3.17	784	65	0.00	0.00	—	—
牛奶	0.98	171.5	80	0.00	—	0.01	—
水产品	4.38	110.9	100	0.01	0.04	—	0.04
综合	—	—	—	0.06	0.24	0.02	0.04

表 4-10　　宜春地区 2004 年住宅账户计算表

项目	人均消费量 (kg/cap)	化石能源用地 (hm^2/cap)	耕地 (hm^2/cap)	林地 (hm^2/cap)	建筑用地 (hm^2/cap)
房屋建筑面积/m^2	17.82	0.01	—	—	0.03
电力消费量/kW·h	146.99	0.02	—	—	—
液化石油气/kg	—	—	—	—	—
煤气和天然气/m^3	—	—	—	—	—
秸秆/kg	—	—	0.07	—	—
薪柴/kg	—	—	—	—	—
木材/万 m^3	0.072	—	—	0.04	—
住宅账户综合	—	0.04	0.07	0.04	0.03

表 4-11　　宜春地区 2004 年交通账户计算表

方式	人均消费量	能耗系数（MJ/km）	建筑用地系数（m^2/km）	化石能源用地（hm^2/cap）	建筑用地（hm^2/cap）
公路/km	881.60	1	0.002	0.01	0.00
铁路/km	—	0.5	0.002	0.00	—
水路/km	26.20	1	—	0.00	—
其他类型汽车/km	115	4	0.005	0.01	—
航空/km	—	2.9	—	0.00	—
交通账户综合	—	—	—	0.02	0.00

表 4-12　　宜春地区 2004 年商品账户计算表

种类	全球平均能源足迹（GJ/hm^2）	折算系数（GJ/t）	总消费量（t）	化石能源用地（hm^2/cap）
煤	55	20.934	4462135	0.32
原油	71	41.87	—	0.00
燃料油	93	50.2	1571	0.00
汽油	93	43.124	1471	0.00
柴油	93	42.71	7598	0.00
焦炭	55	28.4	843	0.00
煤力	93	43.124	112	0.00
电力	322	544	125421	0.04
合计	—	—	—	0.36

表 4-13　　宜春地区 2004 年服务账户计算表

项目	人均消费量	转化系数	化石能源用地（m^2/cap）
邮政服务(国际)/kg	—	50	0.00
邮政服务(国内)/kg	—	10	0.00
电话/RMB	224	7.2	28
医疗保健/RMB	277	1.8	7
娱乐教育文化服务/RMB	650	7.2	66
政府/RMB	569	3.6	29
合计	—	—	130

3. 生态足迹平衡表和生态足迹矩阵计算

生态足迹核算表(表 4-14)用于最终计算区域生态足迹和生态承载力，分为需求和供给两部分进行核算。

表 4-14　　宜春地区 2004 年人均生态足迹核算表

需求				供给			
生态足迹类型	各类土地面积(hm^2)	均衡因子	均衡面积(hm^2)	生态承载力类型	产量因子	实际土地面积(hm^2)	产量校正面积(hm^2)
	A	r	$ef=Ar$		y	a	$ec=ary$
能源用地	0.51	1.10	0.56	CO_2吸收土地	0.61	1.02	0.07
耕地	0.28	2.90	0.80	耕地	1.91	1.49	0.82
牧地	0.02	0.60	0.01	牧地	1.30	0.19	0.02
林地	0.04	1.10	0.04	林地	21.27	0.84	1.88
建筑用地	0.03	2.90	0.08	建筑用地	1.91	0.16	0.09
水域	0.04	0.20	0.01	水域	146.76	0.08	0.23
总人均生态足迹			1.50	合计	—	—	3.11
				可供使用(扣除 12%用于生态多样性保护)			2.74

均衡因子取自“发展重定义组织”对中国 1996 年生态足迹进行计算时的使用值，产量因子依据宜春地区各种不同类型生态土地生产力与全球平均生产力比较得到的，耕地采用谷物产量；林地采用原木产量；水域采用水产品产量；因建筑用地都是占用生产力较高的耕地面积，所以采用耕地的产量因子。出于谨慎考虑，在生态承载力计算时扣除 12%的生态多样性保护面积。

在生态足迹矩阵(表 4-15)中列出了生态足迹不同类型构成，通过此表对生态足迹的各个项目分类可以一目了然，矩阵中各项数值均经过均衡因子处理，为可比较的全球均衡面积。

表 4-15　　宜春地区 2004 年人均生态足迹矩阵

	能源用地	耕地	草地	林地	建筑用地	水域	合计
食物	0.07	0.59	0.01	0.00	0.00	0.01	0.68
住宅	0.04	0.21	0.00	0.04	0.08	0.00	0.37
交通	0.02	0.00	0.00	0.00	0.00	0.00	0.02
商品	0.40	0.00	0.00	0.00	0.00	0.00	0.40
服务	0.01	0.00	0.00	0.00	0.00	0.00	0.01
废物	0.01	0.00	0.00	0.00	0.00	0.00	0.01
合计	0.65	0.80	0.01	0.04	0.08	0.01	1.50

4. 生态足迹与生态承载力分析

1) 生态足迹分析

根据表 4-15 计算所得的结果，得出各种类型土地面积在总人均生态足迹中的占比，见图 4-15、图 4-16 和图 4-17。耕地所占比例最大，占 52%；其次是能源用地，占 37%；建筑用地占 6%；林地占 3%；牧地和水域均占 1%左右。人们大部分资源消耗都体现在对耕地的利用上，反映宜春社会生产结构仍以农业为主导，工业处于起步阶段，所消耗能源只占了总生态足迹的 37%。

从图 4-16 中还可以看到，所占用各类型土地面积中林地、牧地和水域生态占用较小，有利于对森林、植被和水系的保护。但同时也应该注意消费结构中，最主要是对耕地的需求，要加

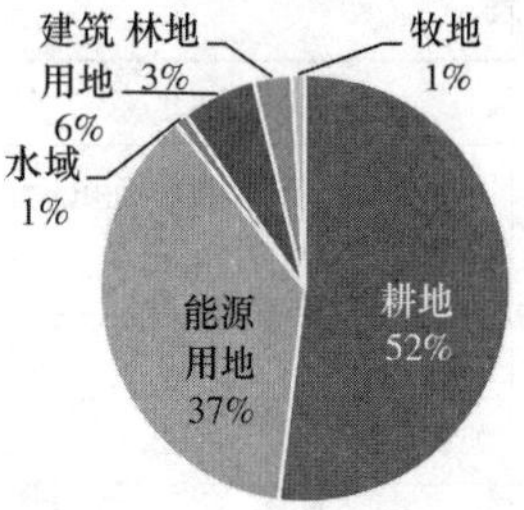

图 4-15　各类土地类型成分构成

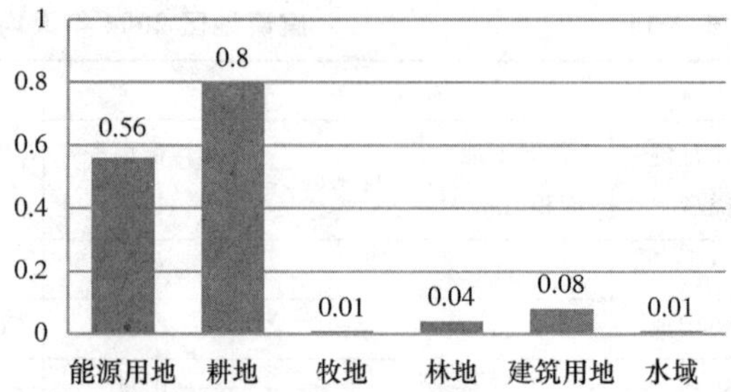

图 4-16　各类土地类型所占均衡面积

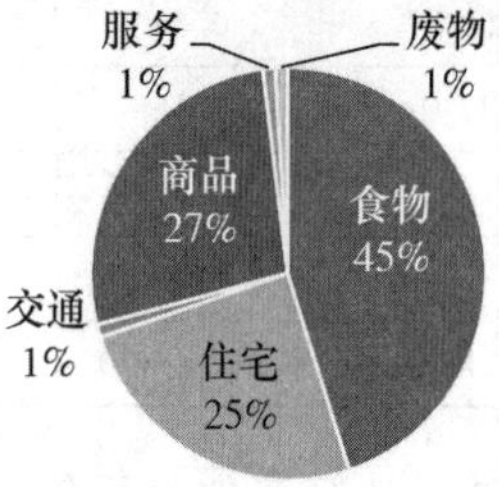

图 4-17　生态足迹各类账户成分构成

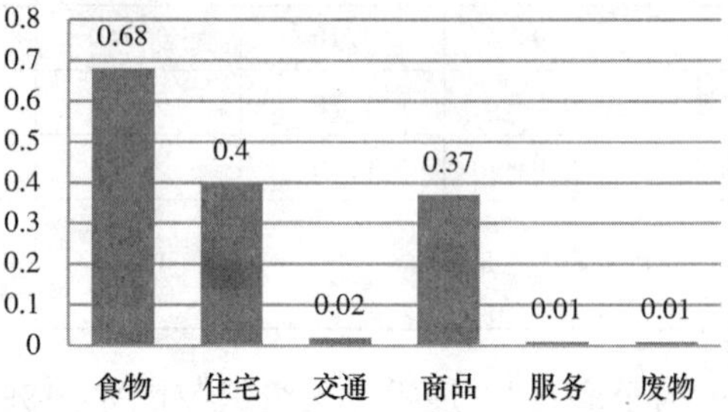

图 4-18　生态足迹各类账户所占均衡土地面积

强对耕地的保护，避免对耕地过度开发利用。

根据计算所得结果，可得出各类账户所占土地均衡面积在总人均生态足迹中所占的百分比(图 4-17)。食物账户所占比例最大，占 45%；其次是商品账户，占 27%；住宅账户占 25%；交通、服务和废物账户均占 1%左右。人们大部分生活消费都体现在对食物的消费上，反映宜春地区消费结构仍以食物为主。

由图 4-18 看出，食物消费所占生态足迹为 0.68hm^2。

最后，通过生态足迹矩阵可以得出每种消费账户中各类土地类型所占的比例(图 4-19)。食物账户对耕地生态足迹的占用最大，达 87%左右；其次是对能源，达 10%左右；对牧地占用 2%；水域 1%左右。住宅账户对能源生态足迹的占用为 13%；对耕地生态足迹的占用为 70%；对林地占用为 13%；对建筑用地占用为 2%。交通账户对能源用地的占用为 98%；对建筑用地的占用为 2%。商品账户、服务账户和废物账户中则几乎都由能源足迹构成。

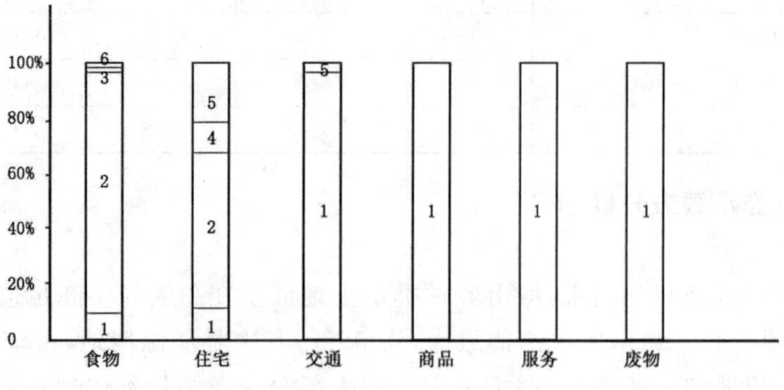

图 4-19　不同类型生物生产性土地在各类账户中所占均衡土地面积

1—能源用地；2—耕地；3—牧地；4—林地；5—建筑用地；6—水域

2) 生态承载力分析

从宜春地区生态承载力供给来看(图 4-20)，除了生态多样性保护占用生态承载力外，林地所提供的生态承载力最大，为 1.9hm^2/cpa，其次为耕地，提供了 0.52hm^2/cpa。

从构成比例来看(图 4-21)，林地供给占 62%，其次为耕地、水域。

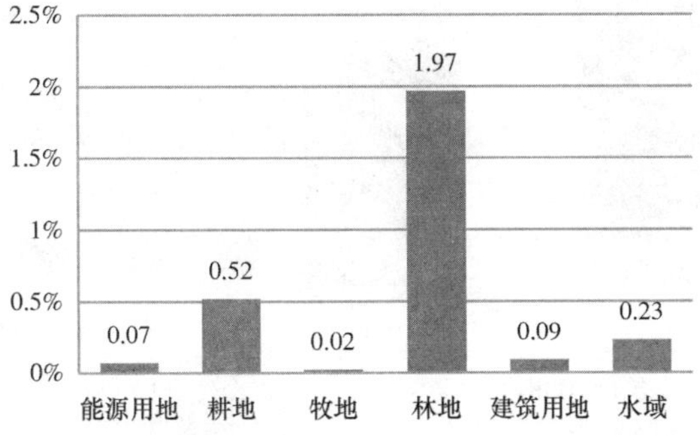

图 4-20　生态承载力

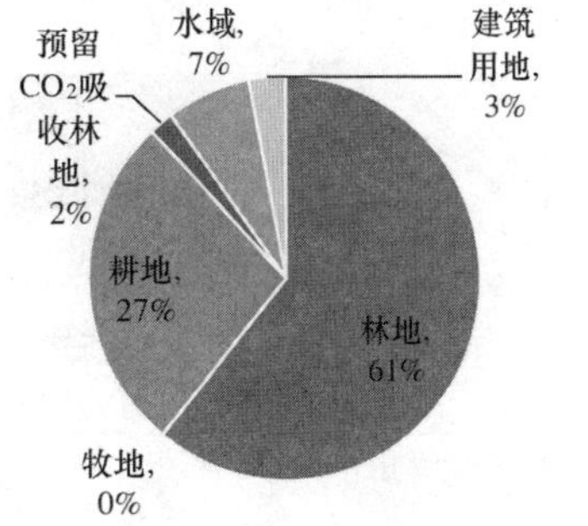

图 4-21　生态承载力成分构成

从产量因子来看(表 4-16)，宜春森林物质量产出很高，远远高于世界平均产量，因此，林地所提供的生态承载力是很高的；耕地的产量因子略高于全国的产量因子(1.82hm^2/cpa)，根据宜春种植业的现状来看，产量因子的提高很有潜力，要加大对农业的技术投入，优化农作物的品种，加大耕种的科学管理。

表 4-16　　各种类型土地产量因子

	耕地	林地	水域
单产	5240	40.52	4256.00
世界平均产量	2744	1.99	29.00
产量因子	1.91	20.36	146.76

此外，宜春地区地处中国中部地带，经济相对东部沿海城市来说还比较落后，工业尚不发达，对自然环境的破坏相对较小，但对自然资本的利用水平也相对较低。宜春地区人均生态承载力为 2.74hm^2，“发展重定义组织”于 2000 年测算出世界人均生态承载力为 2.18 公顷，中国人均生态承载力为 0.92hm^2，由此可见，宜春地区的生态承载力较高，生态环境较好。

3) 生态赤字/盈余分析

将计算所得的生态足迹与生态承载力进行比较，就可以确定人类生产活动对自然的占用与自然所能提供的生态服务状况之间的关系。从生态足迹模型测试结果(图 4-22)看，宜春地区生态盈余为 1.24hm^2/cap。

宜春地区本身有原煤生产，不仅供应本身使用，还对外输出，同时也进口其他能源种类。宜春地区本地所产的粮食和肉类不仅能够满足本身粮食需求，一部分还供应其他区域，说明宜春地区耕地面积足以满足本区域的需求。但由于进出口贸易量不大，因而进出口贸易对生态足迹的影响并不大，因此宜春地区生态盈余的主要原因是生态生产性土地的物质产出量比较大。但贸易仍然会影响生态足迹的发展趋势，在贸易和经济利益的驱动下，耕地可能会被过度利用，因此，对宜春地区耕地也要注意保护，避免经济发展对耕地造成过大的压力，同时要做好土地规划，避免工业用地占用过多耕地。

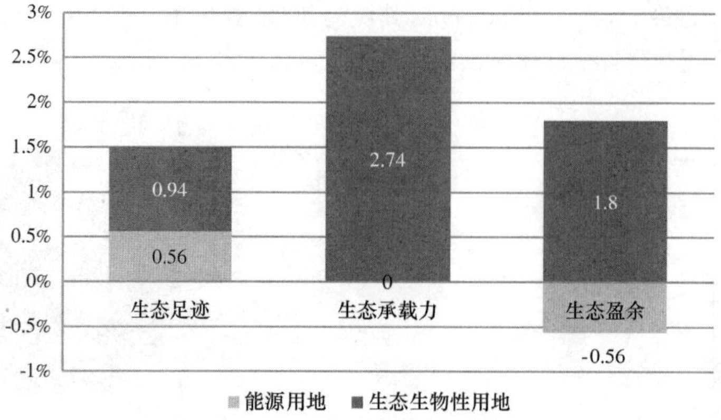

图 4-22　生态盈余构成

三、基于生态安全格局的城市增长预景——以北京市为例

识别北京市生态系统服务面临的关键问题，分析相关生态系统，运用 GIS 和空间分析技术，判别出维护上述各种过程安全的关键性空间格局，进而综合、叠加各单一过程的安全格局，构建具有不同安全水平的综合生态安全格局，形成保障北京城市和区域生态安全的生态基础设施。在此基础上，提出城镇空间发展预景和土地利用空间布局的优化战略。

1. 关键问题识别

从生态系统服务的四大功能“调节服务、供给服务、支持功能和文化服务”出发，识别北京市生态系统服务面临的关键问题如下：

(1) 水文调节能力下降。主要由湿地面积大幅减少；工程化措施对水文过程造成负面影响；地下水采补失衡；城市洪涝灾害风险增高，雨水资源大量流失等原因引起。

(2) 地质灾害和水土流失风险较大。地面沉降由局部逐渐扩展，新的地下水降落漏斗不断形成；北京市域以山地为主，且坡度大于 25°，陡坡面积约占 2/3，这些地区水土流失范围分布较广，部分地区水土流失严重，是北京市山区非常突出的土地生态环境问题。

(3) 生物栖息地和生物多样性丧失。主要原因在于生物栖息地减少、生物栖息地破碎化和孤岛化、保护区网络不连续等；城市绿地建设空间分布不均、布局结构不合理、植物种类单一、群落结构简单等也是主要原因。

(4) 乡土文化遗产的原真性和完整性遭到破坏。

(5) 综合游憩体验过程被割裂。游憩资源空间分布的不均衡、类型和功能的相对单一、各大游憩板块和线路之间缺乏联系。

2. 针对单一生态过程的安全格局构建

1) 综合水安全格局

以恢复天然水文过程和维护城市雨洪安全为目标，运用 Arc GIS 空间分析技术，对洪水、地表径流等过程进行分析和模拟，构建洪水安全格局和雨水安全格局，并考虑地表和地下水源保护以及地下水补给，叠加形成综合水安全格局。

(1) 水安全格局。综合洪水过程模拟、历史洪涝灾害分析，构建洪水安全格局。

首先，根据地形图和地形高程数据，判别现状具有调蓄洪水功能的区域，包括市域内的各级河流、湖泊、水库、坑塘和低洼地。

其次，根据水文过程模拟，确定径流汇水点作为控制水流的战略点，并根据分流部位和等级,形成多层次的等级体系。

最后,根据洪水风险频率确定安全水平。根据可获得的准确降水数据及上述依据,确定了20 年,50 年,200 年一遇作为不同安全水平的标准。结合数字高程模型,模拟洪水过程,得到不同洪水风险频率下的淹没范围,并结合历史洪涝灾害数据,分析北京市历史洪涝淹没范围。将上述两种淹没范围叠加,确定洪水发生频率的高、中、低区域,确定出防洪的关键区域和空间位置,从而建立多层次的滞洪湿地系统,形成不同安全水平的洪水安全格局。

(2) 雨水利用安全格局。通过雨水下渗适宜性分析、地下水超采区分析和山区水土流失分析,综合确定市域雨水利用的关键性空间格局,如山前冲积扇等,构建北京市雨水利用安全格局,并根据不同土地利用类型制定雨洪管理措施,在洪水安全格局和雨水安全格局的基础上,考虑地表和地下水源保护以及地下水补给,叠加形成综合水安全格局(图 4-23)。根据不同等级安全水平,提出了不同的限制建设要求和水生态恢复措施。

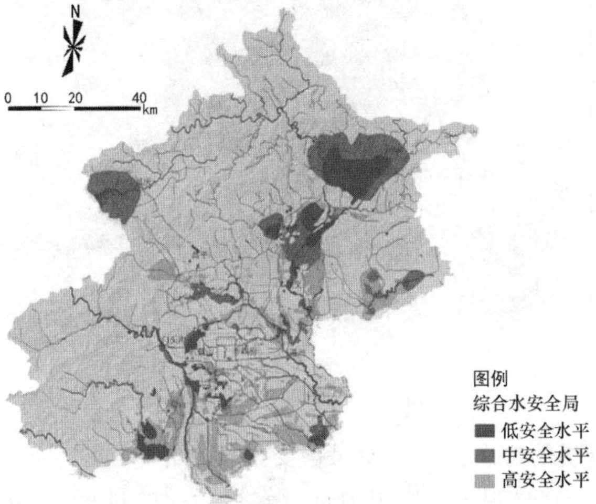

图 4-23 北京市综合水安全格局

2) 地质灾害安全格局

基于泥石流、滑坡、滑塌、崩塌、矿山地面塌陷、地面沉降、地裂缝和水土流失等多种地质灾害要素的空间分布,确定地质灾害的源;通过对各地质灾害类型的诱因和灾害易发区内土地利用格局的分析,确定对地质灾害防护起关键作用的区域和空间联系。进而对地质灾害发育区的缓冲区这一重要空间进行判别,缓冲区的范围受地质灾害的类型、发育强度、分布状况、发生频率、地形地质条件、降水条件及人类活动强度等因素影响,并据此划定了地质灾害安全格局的低、中、高安全水平,提出相应的限制建设要求和灾害防治措施。

3) 生物保护安全格局

通过焦点物种(focal species)途径[①]来进行生物多样性保护,是目前国际通用的行之有效的做法。确定焦点物种的选择标准:能够指示北京市生态环境现状,并对其他物种及各类栖息地具有指示作用;具有生物学上的代表性;为广大民众所喜闻乐见。北京市的鸟类保护级别高

① Lambeck 于 1997 年提出生物多样性保护的焦点物种途径,即通过分析与识别场地所面临的主要威胁,找出针对威胁最需要保护的焦点物种,假设其需要得到满足,那么所有物种的需要也都可以得到满足。多个焦点物种可表征全部物种所处栖息地的不同侧面,并将这些物种视为一个焦点群落,通过对该焦点群落所需的栖息地进行恢复、保护与管理,以达到保护大多数物种乃至整体生物多样性的目的。

且栖息地多样，选取具有代表的留鸟和候鸟作为区域生物多样性的指示物种较为合适。经过对待选指示性物种的进一步分析，最终确定以大白鹭、绿头鸭和环颈雉作为指示物种。

根据指示性物种的生活习性，分析不同土地覆盖和土地利用类型对于生物活动的适宜性，判别现状和潜在的核心栖息地。运用最小累计阻力模型(MCR)分别模拟指示性物种穿越不同景观基面(土地覆盖和土地利用)的过程，建立最小累积阻力面。生成的阻力面表示从源栖息地到空间某一点的易达程度，从而模拟物种水平扩散的行为模式。根据最小阻面，判别缓冲区、源间连接、辐射道以及战略点，构建每一个指示物种的安全格局。最后将 3 个物种的安全格局叠加整合，构建起北京市生物保护安全格局(图 4-24)。

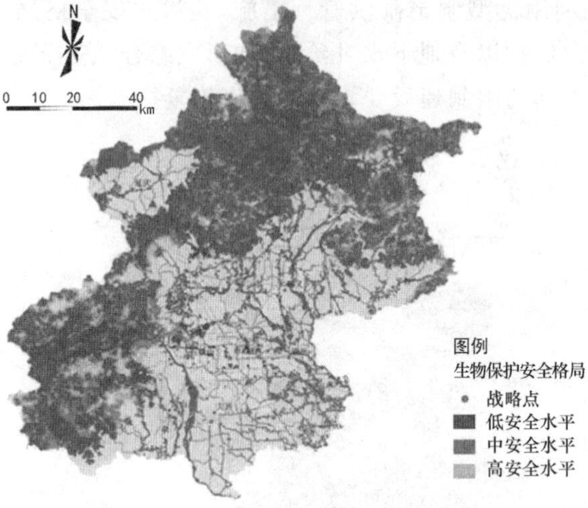

图 4-24　北京市生物保护安全格局

(1) 基于阻力面分析的焦点物种生物保护安全格局分析方法。根据所选定焦点物种的空间运动规律，通过模拟器在景观中克服阻力进行水平运动的过程，建立阻力面，再根据阻力面的特征来判别核心栖息地(源)以外的景观安全格局元素，获得不同安全水平的生物安全格局。具体分析过程如下。

首先，建立阻力面。确定不用土地覆盖类型对物种空间运动的阻力，运用 MCR(最小累计阻力)模型达到一个反映物种运动潜在可能性及趋势的阻力表面，模型公式为：

$$\mathrm{MCR} = f\sum_{i=1}^{i=n}(d_i \times R_i)$$

式中，MCR 代表焦点物种由源扩散到空间某点的最小累积阻力，f 是一个未知的单调递减函数，d_i代表焦点物种离开源、经过景观 i 的扩散距离，R_i是景观 i 对于该焦点物种运动的阻力，但反映 MCR 与变量($d_i \times R_i$)之间的正比关系。每一种景观对焦点物种水平运动的阻力 R，由景观的基面特性决定(常采用土地覆盖类型)。阻力面的建立和计算主要通过 Arc GIS 的空间分析来实现。

其次，根据阻力面的空间特性判别安全格局。除了已确定的源以外，生物安全格局的其他组成部分可以根据阻力面的空间特征来判别。包括①缓冲区，根据离源距离与 *MCR* 关系的剖面曲线(图 4-25)与 *MCR* 值与面积(*Arc GIS* 中表示为栅格数量)关系曲线，找到某些阶段性阈值，并以此作为边界，建立不同水平的安全格局；②源间连接，即各源间的低累计阻力谷线，往往是重要的生态廊道，根据安全水平的不同，源间连接可以有一条或多条；③辐射道，指物种从源向外扩散的低阻力通道，根据复合种群等理论，其对物种控制景观过程(如迁徙等)及自身进化具有关键作用；④战略点，指对沟通相邻源之间联系有关键意义的“跳板”，对物种维护和控制景观过程同样有重要作用。

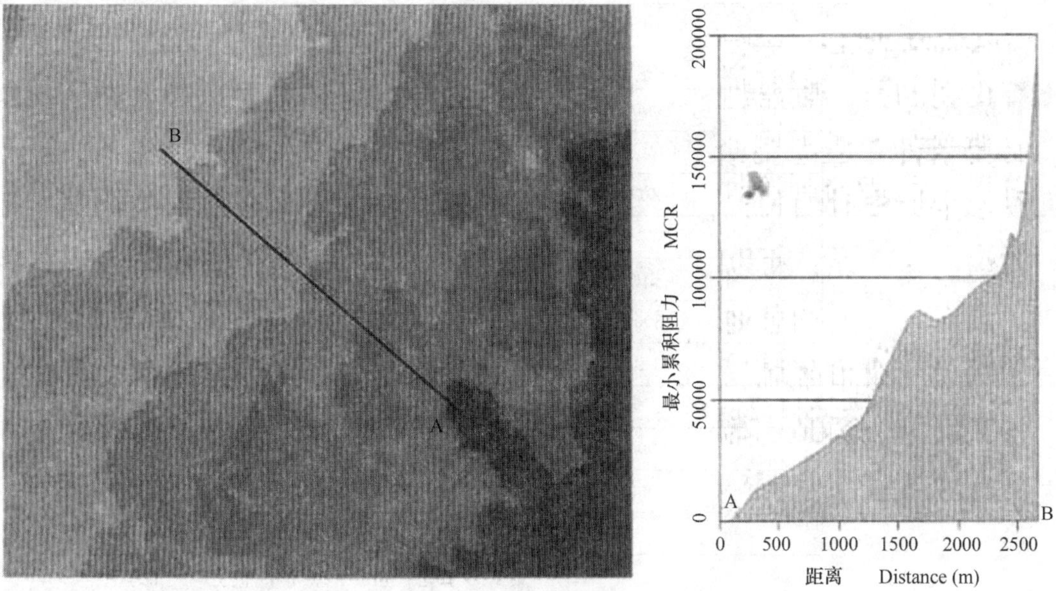

图 4-25　阻力面上一典型剖面

(2) 单一焦点物种的生物保护安全格局分析——以大白鹭为例：

① 栖息地适宜性分析

大白鹭，中型涉禽，鹳形类鹭科白鹭属动物，栖息地类型可归为两类：营巢地和摄食地。参考相关研究，确定影响大白鹭选择栖息地的因子有ⓐ土地利用/覆盖类型：白鹭属于涉禽类，最适宜的栖息地包括溪流、稻田、淡水沼泽地等浅水水域，以及周边高大乔木林地；ⓑ地势因子：距水源距离及海拔高度；ⓒ人为活动干扰强度：用距建成区距离来衡量，越近干扰越强，反之则相反。根据以上分析，为不同评价因子确定权重及分值(表 4-17)。

表 4-17　　大白鹭栖息地适宜性分析

评价因子	分类及分级	分值(0～10)	权重
土地覆盖类型	溪流、淡水沼泽湿地	10	0.4
	水田	8	
	林地	8	
	河流、湖泊、水库	6	
	其他水面	6	
	灌丛草地	3	
	耕地	3	
	城市绿地	2	
	村镇、城郊	0	
	城市建成区	0	

续表

评价因子	分类及分级	分值(0～10)	权重
距水源地距离(m)	0～2000	6	0.3
	2000～7000	8	
	7000～15000	10	
	15000～30000	5	
	30000 以上	2	
海拔高度(m)	0～100	5	0.1
	100～800	10	
	800～1500	5	
	1500 以上	1	
距建成区距离(m)	>6000	10	0.2
	4000～6000	5	
	2000～4000	3	
	0～2000	1	
	0	0	

根据上述分析，可确定北京市适宜大白鹭的生境，并可根据适宜性的高低，将其划分为高、中、低三个水平。

② 大白鹭生境阻力面分析

大白鹭的水平空间运动过程主要受土地覆盖类型的影响。由专家打分确定各种土地覆盖类型对于物种运动的阻力系数值(表 4-18)。

表 4-18　　大白鹭空间运动阻力因子与阻力系数分析

阻力因子	阻力系数(1～500)
沼泽地、水域、水田	1
有林地	1
灌木林地	10
其他林地、田坎	30
草地	50
水浇地、旱地、绿地	50
园地	100
空闲地、裸地、盐碱地、沙地	400
建设用地	500

根据以上阻力系数，建立大白鹭空间运动的阻力面，据此判别景观安全格局其他组分，并构建针对大白鹭的生物安全格局。

(3) 综合生物安全格局。将三个单一物种安全格局进行叠加，通过析取运算(V)取最大值，得到综合安全格局阻力面，根据该阻力面和对辐射道等要素的分析结果，遵循保护生物学的基本原则，如保证各源之间至少有一条廊道连接、避免出现飞地式斑块、在生态敏感区域增大缓冲区、在重要廊道交叉点引入斑块等，进行人工判别和规划，最终确立北京市生物保护综合安全格局(图 4-24)。

4) 文化遗产安全格局

通过构建北京市文化遗产安全格局,形成文化遗产保护和体验的空间网络,从而进一步保护和彰显北京的历史文化风貌特色。文化遗产安全格局的构成要素包括:①遗产实物:将北京市全部文物保护单位(包括古建筑、古遗址、古墓葬、近现代建筑等)和历史文化街区、历史文化名村作为文化遗产安全格局的"源";②连接这些遗产而形成廊道的景观元素和潜在的点:通过专家咨询和文献研究,确定历史河湖水系和历史文化线路是北京市最为重要的线性文化遗产,一些具有休闲游憩价值的线性景观元素如水系、山路、乡村道路等,以及那些目前并不具备休闲价值,仅仅因为其空间关系而适宜成为遗产廊道组成部分的景观元素,对廊道规划和建设也具有一定价值。

根据文物普查资料,建立文物保护单位和潜在文化遗产廊道的地理信息系统数据库。然后,基于土地覆盖和土地利用的不同阻力分布,运用最小累积阻力模型(MCR)模拟其空间可达性,在此基础上进一步分析确定适宜建立廊道的区域。基于廊道适宜性分析,判别出宏观尺度上北京市文化遗产安全格局(图 4-26)。

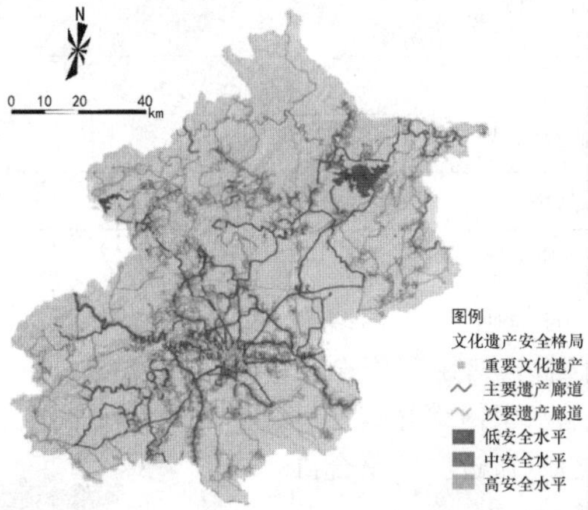

图 4-26　北京市文化遗产安全格局

5) 游憩安全格局

区域尺度上游憩活动的核心不仅仅是对于游憩资源本身的保护,而是游览者沿一定的路径和场所的游憩体验过程,即一种在空间上水平运动的过程,可以用不同景观要素对游憩休闲活动构成的阻力来模拟,故游憩安全格局是指对人在景观中的游憩体验过程的质量具有关键性意义的景观元素和空间联系。基于此,通过文献研究和专家打分法确定不同景观要素对于游憩体验过程的阻力系数,然后根据景观要素的空间分布情况,得到一个反映游憩体验活动的时空动态和趋势的阻力表面,运用最小累积阻力模型(MCR)模拟人在景观中的游憩体验过程,根据土地覆盖类型进行游憩活动的适宜性分析。

将文化遗产(各级文物保护单位和线性文化遗产)、自然景观(重要山体、河流、湖泊、湿地、林地),和已经规划建设的各类风景名胜区、森林公园、公园、民俗村和农业观光示范园等户外游憩空间,共同作为游憩体验过程的"源"。明确"源"之后对不同景观要素对于游憩体验过程的适宜性(即阻力值)进行评价(表 4-19)。

表 4-19　　游憩休闲活动的阻力因子与阻力系数

阻力因子	阻力系数(1～50)
遗产廊道	1
水系及滨水区	1
山路、田间小路	2
县乡道	3
主要街道、次要街道	4
城市绿地	5
草地	10
田坎	10
园地	15
林地	15
耕地	15
建成区	20
省道、国道	20
高速公路、铁路	30

资料来源：区域生态安全格局——北京案例。

在游憩道适宜性分析的基础上，以网络连通性为原则，经过人工判别，构建游憩安全格局。将文化遗产网络、绿地水系网络等具有不同游憩价值的系统进行叠加，通过空间整合协调，形成北京市游憩安全格局(图 4-27)。

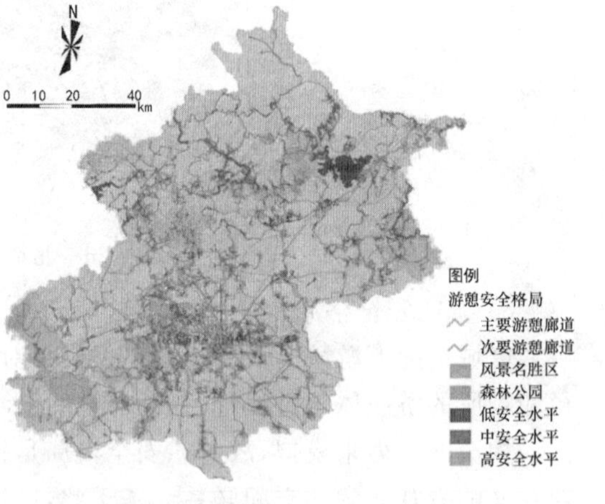

图 4-27　北京市游憩安全格局

3. 综合生态安全格局

综合以上水文、地质灾害防护、生物保护、文化遗产和游憩方面的安全格局，建立综合生态安全格局。其中“底线安全格局”是低水平生态安全格局，是保障生态安全的最基本保障范围，是城市发展建设中不可逾越的生态底线，需要重点保护和严格限制，并纳入城市的禁止和限制建设区。“满意安全格局”是中水平安全格局，需要限制开发，实行保护措施，保护与恢复生态系统。“理想安全格局”是高水平安全格局，是维护区域生态服务的理想景观格局，在这个范围内可以根据当地具体情况进行有条件的开发建设活动。

从面积分布上来看，北京市理想生态安全格局的总面积占全市土地面积的 85%左右(表 4-20)，说明北京市大部分土地具有显著的生态功能；底线安全格局约占全市土地面积的 47%左右，说明近一半的土地提供了重要的、不可替代的生态系统服务。

表 4-20　　不同安全水平下生态安全格局的面积与比例

生态安全格局等级	生态安全格局面积（km^2）	建设用地面积（km^2）	生态安全格局用地比例	建设用地比例	人均生态用地面积（m^2）
底线（低安全水平）	7729	8605	47.32%	52.68%	386
满意（中安全水平）	11508	4826	70.45%	29.55%	575
理想（高安全水平）	13902	2431	85.11%	14.89%	695

4. 基于生态安全格局的城镇空间格局预景

在生态安全格局研究成果的基础上，选取“无生态安全格局”和“低、中、高水平的生态安全格局”4 种不同土地利用方式作为城市空间发展的预景前提，模拟未来城镇空间发展格局。“无生态安全格局”情况的预景体现了城市空间在单纯的经济活动驱动下可能的发展预景。该预景下城市空间发展不受“生态控制”等条件约束，城市空间无序蔓延（图 4-28）。基于不同安全水平生态安全格局的预景，主要体现了生态安全格局得以执行的情况下，城市空间可能的发展预景（图 4-29 至图 4-31）。这三种预景下，城市各类用地对城市扩张产生的阻力取决于生态安全格局所赋予的用地属性阻力值，代表城市发展需要跨越该用地的难度，其中低安全水平格局用地阻力值最大，而中、高水平安全格局的用地的阻力值依次降低。

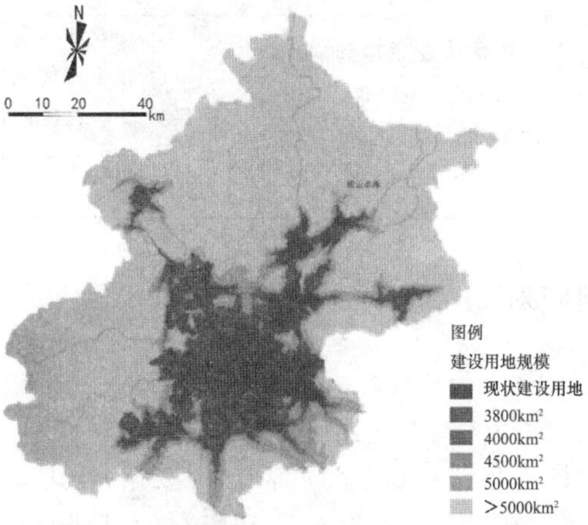

图 4-28　无生态约束下的城镇增长格局

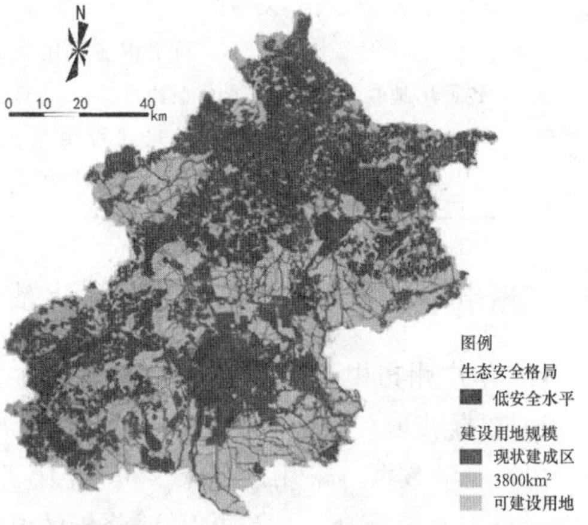

图 4-29　基于底线生态安全格局的城镇增长格局

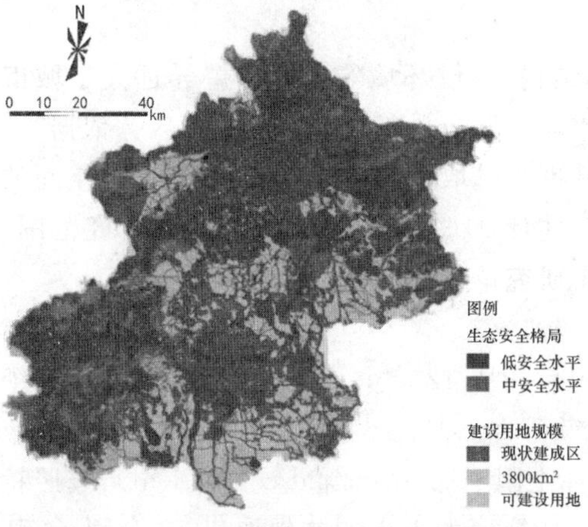

图 4-30　基于“满意”的城镇增长格局

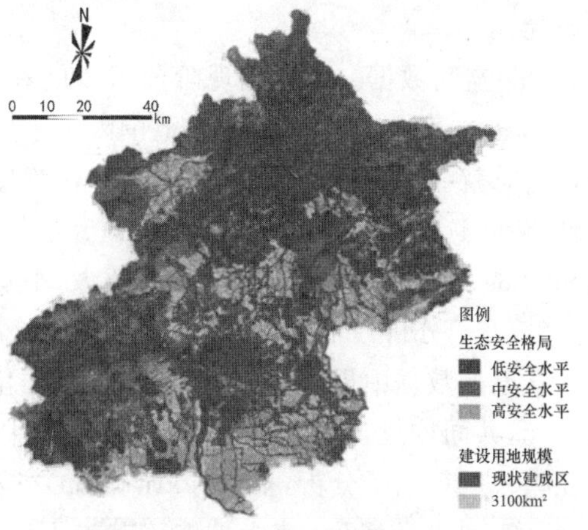

图 4-31　基于“理想”的城镇增长格局

通过预景发现，除高安全水平的“理想生态安全格局”之外，其他三种预景都能满足北京市土地利用总体规划预测的2020年3817km^2建设用地的要求（表4-22）。对不同预景进行综合评价，结果显示：基于生态安全格局的城镇空间发展格局可以维持生态过程的连续性并克服常规城市发展模式下的蔓延，基于“满意生态安全格局”（中安全水平）的城市空间格局可以同时满足生态用地、农用地和建设用地的需求，是一个同时实现精明保护与精明增长的有效工具。

表4-21　　各预景综合比较

预景	预景1：无安全格局	预景2：底线格局	预景3：满意格局	预景4：理想格局
城镇扩张趋势	“摊大饼”式蔓延，通州、亦庄、顺义、石景山、房山、大兴等周边组团与中心城区连片发展建设用地沿道路扩张趋势明显，远郊区县发展缓慢	建设用地间有少量生态基础设施用地，中心城区与周边组团融为一体，远郊区发展速度较快	建设用地发散式扩张，组团式分布，组团间由生态基础设施用地相隔，中心城区与周边组团融为一体边界模糊远郊区发展速度较快	建设用地被生态基础设施用地分割呈星群型或节点型发展建设用地点缀在开放空间基质中，单个组团规模较小
生态安全维护	关键生态过程的完整性得不到最低限度的保障，生态服务得不到基本的保障	关键生态过程的完整性得到最低限度的维护，近期的生态服务得到基本的保障	关键生态过程的完整性得到较好的维护，生态服务可望在长时间内持续	关键生态过程的完整陛得到较好的维护，生态服务可望在长时间内持续并不断改善
用地规模	各类用地规模缺乏规划调控规模难以预测	可提供建设用地和农用地约8605km^2可以同时满足建设用地、生态用地、基本农田用的要求	可提供建设用地和农用地约4826km^2，可以同时满足生态用地、建设用地、基本农田用地的要求	可提供建设用地约2431km^2，在生态优先和严格保护基本农田的前提下，建设用地需作出让步

四、广州市中心区社会空间结构演化及规划应对

1. 2000年广州市中心区社会空间结构分析

1）数据获取

（1）变量数据。采用广州市2000年第五次全国人口普查（以下简称五普）数据，作为2000年广州市中心区社会空间结构实证分析的基本数据。从数据量、精确度和资料的可获得性多方面情况考虑，采用街道、镇层次统计单元作为研究的基本单元，相应收集变量数据和划分空间单元。

（2）空间数据。考虑到现阶段城乡间在社会结构、建设环境等方面的差异远大于城市内部各部分之间的差异，故将地域范围限定于广州市域内城市化程度较高的中心区。依据“农业人口占总就业人口比例”作为衡量城市化程度的标准来选取空间单元，进而考虑社会空间的连续性，最终选择靠近中心区的10个镇、81个街道，共计91个空间单元作为空间研究范围，总面积为846.41km^2，总人口635.01万人，平均每个研究单元接近7万人。

2）因子分析

从五普数据中提取分析数据，经过标准化处理后构成12类共62个变量，分别与91个空间单元，共同构成观察数据矩阵，并输入统计分析软件spss13.0。运用spss的factor analysis功能模块进行因子分析，抽取（extraction）方法选择主因子法（principal component），按照特征值（eigenvalues）大于1进行抽取。首先不做旋转，特征值大于1的共提取出10个因子，其中特征值最大的4个因子，累计方差解释达到69.09%。但在不做旋转情况下，因子结构层次并

不清晰，变量过于集中在第一因子，第一因子方差解释达到了 37.72%，故有必要进行旋转。采用 varimax 正交旋转后，在不指定提取因子数的情况下，提取了 10 个因子，观察后发现，变量分布过于分散。经反复试验，指定提取 4 个因子，经过 8 次迭代完成收敛过程后，发现因子结构较为清楚，也比较符合实际，效果较好。分别计算旋转前后 λ 值的标准差，经旋转后标准差大大减少，表明各变量在因子间的荷载分布更为均匀。旋转后，前 4 个主因子可解释广州中心区社会空间结构分异信息的近 70%(表 4-22)。

表 4-22　　2000 年广州中心区社会空间结构因子分析中的特征值及方差贡献

因子	未旋转			正交旋转		
	特征值 λ	解释方差百分比	解释方差累积百分比	特征值 λ	解释方差百分比	解释方差累积百分比
1	23.388	37.722%	37.722%	15.746	25.397%	25.397%
2	10.266	16.558%	54.280%	10.883	17.554%	42.950%
3	5.820	9.387%	63.667%	9.881	15.937%	58.887%
4	3.364	5.426%	69.093%	6.328	10.206%	69.093%
5	1.956	3.155%	72.248%			
6	1.833	2.957%	75.205%			
7	1.688	2.723%	77.928%			
8	1.615	2.604%	80.532%			
9	1.378	2.223%	82.755%			
10	1.048	1.691%	84.446%			

进一步运算得出主因子荷载矩阵(表 4-23)，由此判断出各主因子所代表的主要变量，并据此对因子加以命名并进行分析。

表 4-23　　2000 年广州中心区社会空间结构主因子的荷载矩阵

变量类型	序号	变量定义	各主因子荷载			
			1	2	3	4
一般指标	1	人口密度(人/km^2)	0.589	0.031	0.509	0.080
	2	人口出生率	−0.619	−0.170	−0.152	0.134
	3	人口死亡率	0.809	−0.107	0.467	−0.175
一般指标	4	0～14 岁人口数/总人口数	0.128	−0.588	0.133	0.183
	5	15～64 岁人口数/总人口数	−0.804	0.203	−0.458	−0.137
	6	65 岁以上人口数/总人口数	0.860	0.010	0.465	0.080
户口构成	7	居住本街镇、户口在本街镇人口数/总人口数	0.933	0.207	0.104	0.093
	8	居住本街镇半年以上、户口在外街镇人口数/总人口数	−0.916	−0.233	−0.109	−0.085
	9	在本街镇居住不满半年、离开户口登记地半年以上人口数/总人口数	−0.789	−0.155	−0.015	−0.043
	10	居住本街镇、户口特定人口数/总人口数	−0.261	0.133	−0.133	−0.190
	11	原住本街镇、现国外工作学习，暂无户口人口数/总人口数	0.571	0.452	0.127	−0.038
	12	户籍人口数/总人口数	0.909	0.176	0.297	−0.046
	13	外出半年以上人口数/户籍人口数	0.630	0.144	0.548	−0.103

续表

变量类型	序号	变量定义	各主因子荷载			
			1	2	3	4
教育水平	14	大学专科学历人口数/总人口数	0.157	0.868	0.065	0.333
	15	大学本科学历人口数/总人口数	0.002	0.941	−0.119	0.031
	16	研究生学历人口数/总人口数	−0.057	0.883	−0.157	−0.044
家庭结构	17	一代户户数/总家庭户数	−0.856	−0.078	−0.022	−0.397
	18	二代户户数/总家庭户数	0.605	0.168	−0.085	0.580
	19	三代及三代以上户户数/总家庭户数	0.917	−0.025	0.121	0.136
外来人口	20	来自本市市区外来人口数/总外来人口数	0.506	0.288	0.531	0.477
	21	来自本省其他县、市外来人口数/总外来人口数	−0.360	0.100	0.478	−0.465
	22	来自省外外来人口数/总外来人口数	−0.368	−0.332	−0.729	−0.297
人口迁入	23	出生后一直居住本乡、镇、街道人口数/总人口数	0.445	−0.588	−0.316	−0.407
	24	1995年及以前迁入人口数/总人口数	0.755	0.264	0.388	0.297
	25	1996—2000年迁入人口数/总人口数	−0.932	0.052	−0.202	−0.071
行业构成	26	从事农、林、牧、渔、水利业人口数/就业人口数	−0.224	−0.349	−0.647	−0.404
	27	从事采掘业人口数/就业人口数	0.173	0.170	−0.366	−0.073
	28	从事制造业人口数/就业人口数	−0.320	−0.606	−0.549	−0.185
	29	从事电力、煤气及水的生产和供应业人口数/就业人口数	0.029	−0.037	0.009	0.269
	30	从事建筑业人口数/就业人口数	−0.284	−0.043	−0.035	−0.027
	31	从事地质勘查业、水利管理业人口数/就业人口数	−0.091	0.304	−0.097	0.008
	32	从事交通运输仓储及邮电通讯业人口数/就业人口数	−0.055	0.058	0.199	0.211
	33	从事批发和零售贸易、餐饮业人口数/就业人口数	0.152	−0.107	0.869	−0.074
	34	从事金融、保险业人口数/就业人口数	0.561	0.519	0.216	0.395
	35	从事房地产业人口数/就业人口数	0.270	0.420	0.067	0.448
	36	从事社会服务业人口数/就业人口数	0.305	0.472	0.592	0.239
	37	从事卫生、体育和社会福利业人口数/就业人口数	0.281	0.550	0.155	0.137
	38	从事教育、文化艺术和广播电视事业人口数/就业人口数	0.174	0.879	−0.053	0.039
	39	从事科学研究和综合技术服务业人口数/就业人口数	0.226	0.788	−0.084	0.184
	40	从事国家机关、党政机关和社会团体人口数/就业人口数	0.536	0.428	0.102	0.312
职业构成	41	国家机关党群组织、企事业单位负责人数/就业人口数	0.450	0.555	0.047	0.352
	42	专业、技术人员数/就业人口数	0.351	0.833	0.128	0.347
	43	办事人员和有关人员数/就业人口数	0.302	0.656	0.330	0.347
	44	商业、服务性工作人员数/就业人口数	0.130	−0.119	0.865	−0.042
	45	农、林、牧、渔、水利业生产人员数/就业人口数	−0.208	−0.357	−0.668	−0.406
	46	生产、运输设备操作人员和有关人员数/就业人口数	−0.417	−0.645	−0.484	−0.255
就业情况	47	未工作人口数/总人口数	0.579	0.358	0.560	0.048
	48	从未工作正在找工作人口数/总人口数	0.293	−0.328	0.528	0.059
	49	失去工作正在找工作人口数/总人口数	0.586	−0.210	0.650	0.090

续表

变量类型	序号	变量定义	各主因子荷载			
			1	2	3	4
住房条件	50	平均每户住房间数(间/户)	−0.140	0.184	−0.839	0.221
	51	人均住房建筑面积(m^2/人)	−0.438	0.081	−0.763	0.178
	52	居住平房家庭户数/总家庭户数	0.084	−0.527	−0.554	−0.428
	53	居住 6 层以下楼房家庭户数/总家庭户数	−0.144	−0.297	−0.098	−0.765
	54	居住 7 层以上楼房家庭户数/总家庭户数	0.080	0.439	0.294	0.767
	55	本户独立使用厨房家庭户数/总家庭户数	−0.319	0.255	−0.148	0.706
	56	本户独立使用卫生间家庭户数/总家庭户数	−0.508	0.334	−0.174	0.639
住房来源	57	自建住房户数/总家庭户数	−0.085	−0.570	−0.634	−0.394
	58	购买商品房户数/总家庭户数	−0.563	−0.112	−0.027	0.419
	59	购买经济适用房户数/总家庭户数	−0.449	−0.069	0.166	0.154
	60	购买原公有住房户数/总家庭户数	0.394	0.601	0.101	0.530
	61	租用公有住房户数/总家庭户数	0.644	0.083	0.467	−0.297
	62	租用商品房户数/总家庭户数	−0.738	−0.232	0.141	−0.401

通过因子分析，可以看出决定广州 2000 年城市社会空间结构的 4 个主因子分别是：户籍属性、教育水平、职业地位和居住条件。前三个主因子所反映的人口属性，即户籍、学历、职业是广州城市人口阶层分化的重要指标。由于社会空间分异是城市人口社会分异在物质空间上的体现，因而这三个因子就自然成为广州城市社会空间分异的重要因素。而居住条件这个主因子，则可以认为是社会空间分异的直接物质体现。

3）聚类分析

以前文因子分析所得出的 4 个主因子在各个研究空间单元上的因子得分为基本数据矩阵，采用离差平方和法对 91 个空间单元进行聚类，得出聚类树状图(图 4-32)。根据树状图分析，以统计距离 10 为聚类划分的临界标准(图中虚线所示)，社会区分类选择 5 类较为合适。

分别计算 5 类社会区在每一个主因子上得分的平方和均值和平均值(表 4-24)，进而判断

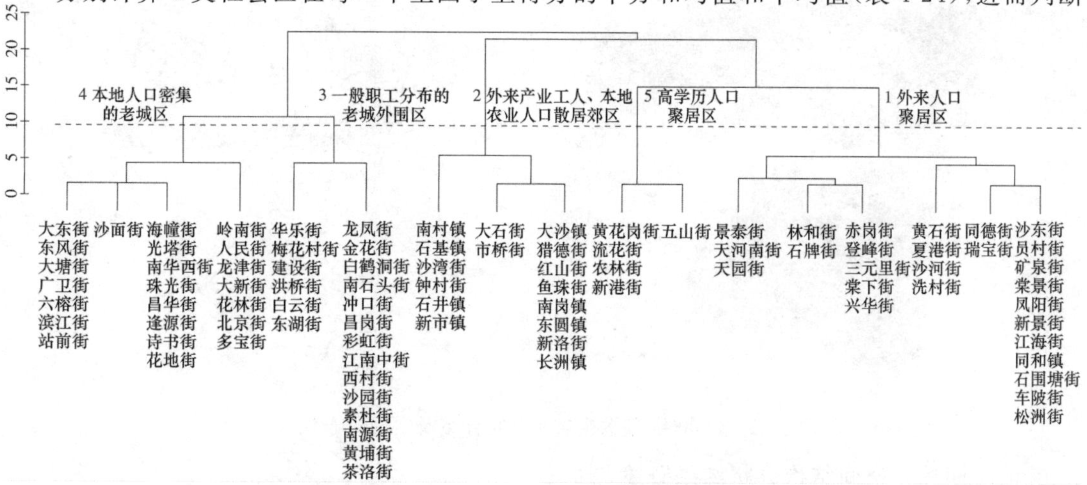

图 4-32　2000 年广州空间单元聚类树状图

各类社会区的特征，为各类社会区命名。

表 4-24　　各社会区的主因子得分

社会区类别	空间单元数	项目	主因子 1	主因子 2	主因子 3	主因子 4
第一类	27	平均值	−1.2309	0.2009	0.4123	0.0942
		平方和均值	1.7751	0.6398	0.4177	1.0150
第二类	16	平均值	−0.1963	−0.9473	−1.5643	−0.5577
		平方和均值	0.3078	1.0386	3.2260	0.8230
第三类	20	平均值	0.5300	−0.0738	0.0399	1.0181
		平方和均值	0.4283	0.5187	0.1809	1.2274
第四类	23	平均值	1.0530	−0.1082	0.7674	−0.5020
		平方和均值	1.1850	0.2242	0.8243	0.8712
第五类	5	平均值	0.3116	2.7397	−0.9105	−0.4874
		平方和均值	0.2655	7.1160	0.9063	0.9679

4）空间分析

将聚类树状图的分析结果在空间上表现出来，并通过一定的简化和抽象化过程，得到广州市社会空间分布模型(图 4-33)。总的来看，综合了同心圆、扇形和多核心的结构要素，由于城市中心紧邻城市行政区范围的西侧，城市以老城区为中心，向北、东、南三个方向分别拓展。本地人口密集的老城区位于荔湾、越秀为主的城市核心区；其外围是一般职工分布老城外围区；再外围是外来人口聚居区；最后，外来产业工人、本地农业人口分布的低密度郊区位于边缘地带。除高学历人口聚居区呈多核心分布模式外，一般职工分布的老城外围区也呈现出一定的多核心分布特征，而外来人口集中分布区则呈现出扇形分布特征。

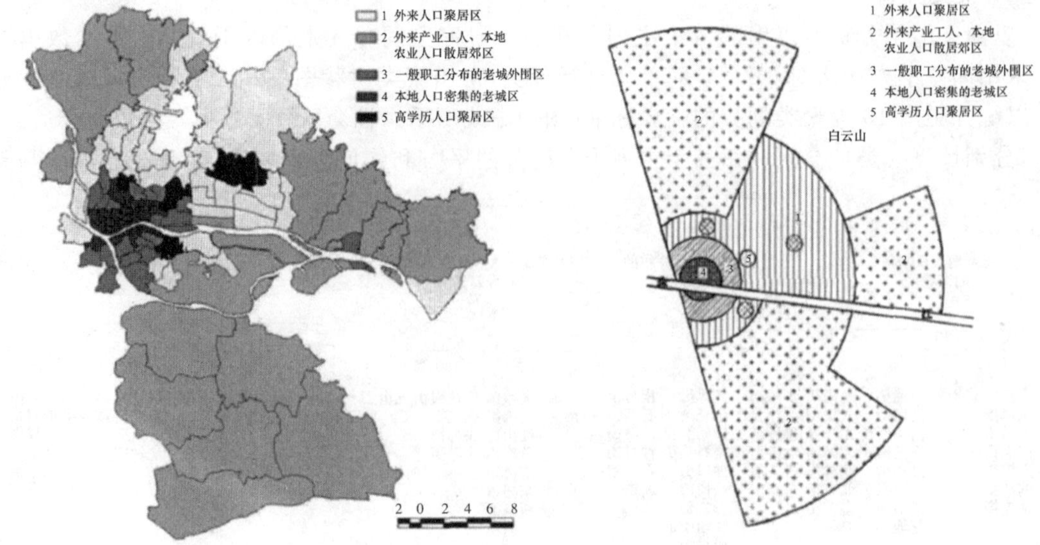

图 4-33　2000 年广州社会区空间分布及空间分布模式

2．其他时期社会空间结构分析结果概述

利用许学强、胡华颖、叶嘉安以 20 世纪 80 年代中期的数据所做的研究成果和郑静、许学强、陈浩光基于 1990 年人口普查数据所做的研究成果，通过定性比较方法，分析 15 年来广州城市社会空间结构的演化过程和趋势。

1）80 年代中期广州社会空间结构分析

5 个主因子分别为人口密集程度、科技文化水平、工人干部比重、房屋住宅质量、家庭人口。聚类分析产生了 5 类社会区：一是人口密集混合功能旧城区，位于市区中心偏西的位置；二是干部居住区，主要位于旧城区的东部和北部边缘，是广州市新近发展或大规模改建的地区；三是工人居住区，位于旧城区和新城区的外围地区，并明显向东延伸；四是农业人口散居区，位于城市外围和城市各组团之间；五是知识分子居住区，成镶嵌状分布，与土地利用功能分区中的文教区完全一致(图 4-34)。经过简化和抽象化，将社会空间模式归纳为向东拉长的同心椭圆结构模式(图 4-35)。

2）1990 年广州社会空间结构分析

因子分析显示，5 个主因子为城市开发进程、工人干部比重、科技文化水平、人口密集程度、农业人口比重。聚类分析产生了 7 类社会区：一是人口密集、混合功能旧城区；二是混合工人居住区，主要位于海珠、芳村、荔湾、白云区的近郊工业区；三是以交通通信业从业者为主的聚居区，主要位于黄埔新港及铁路港口聚集地区；四是农业人口散居区，主要位于城市外围特别是西部河网纵横的农业地带；五是干部居住区，主要位于东山区、越秀区和沙面；六是知识分子居住区，主要位于石牌、五山及中山大学一带；七是以移民为主的新开发区，主要集中在黄埔的广州经济技术开发区(图 4-34)。总的来看，城市社会空间结构与 80 年代中期变化不大。

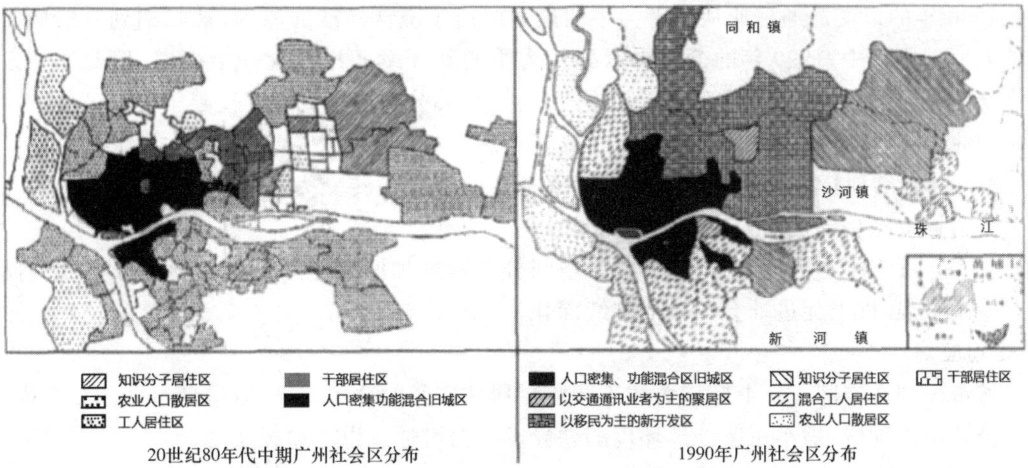

图 4-34 20 世纪 80 年代中期、1990 年广州社会区分布

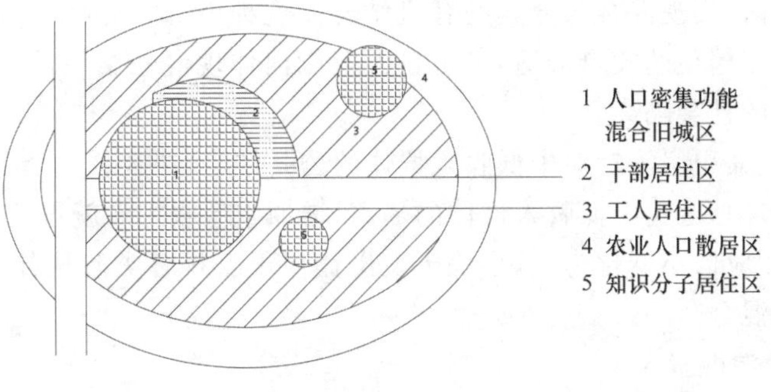

图 4-35 20 世纪 80 年代中期广州城市社会空间模式

3. 演化分析

1）主因子

人口密度对广州社会空间结构的影响越来越弱；户籍属性已经成为影响广州城市社会空间结构的最重要因素；教育水平一直是影响广州社会空间结构的重要因子；职业与教育水平的相关性增强了，教育水平对于职业的获得具有了更重要的意义；职业分层的标准也由个人成分（工人、干部、农民）向从事的具体职业转变。

2）社会区

人口密集的旧城区空间范围和基本特征都没有大的变化，旧城区的人口虽逐步向外疏解，人口密度有一定降低，但仍显著高于其他地区。

紧邻旧城区外围的是一般职工分布的老城外围区（1990 年定义为以混合工人居住区的聚居区，80 年代中期因为缺少相关变量而没有单独定义）空间范围和人口构成变化也不大。

2000 年干部居住区不再以一类社会区单独存在，其中一部分因为外来人口的进入而演变为外来人口集中分布区，另一部分由于主因子的变化而在统计意义上被划入其他类社会区。

高学历人口聚居区（前两次分析定义为知识分子居住区）在空间范围上有所变化，部分街道由于外来人口的进入，外来人口取代高学历人口占据了主导地位。

农业人口分布的郊区在空间上表现出外退的趋势，表明城市建设区在迅速扩大，同时，外来产业工人部分进入该区域，并逐渐代替农业人口，成为这类区域的主导群体。

1990 年的以交通通信业从业者为主的聚居区由于统计标准的原因，被归纳到一般职工分布的老城外围区中；1990 年的分析中以移民为主的新开发区只包含一个街道，随着外来人口的广泛分布，外来人口集中分布区域规模迅速扩大，其分布范围也不仅仅限于开发区中。

3）社会空间结构

（1）社会结构。社会分层的主导机制逐渐从政治分层转变为职业分层；外来人口的大量进入成为社会结构演变的另一个重要因素。

（2）空间结构。空间范围外向扩展；空间分异程度加剧。空间分异是社会分异的空间反映，并在一定程度上促进社会分异的继续深化。

4. 规划应对

城市规划在空间配置上应该关注不同阶层居住空间的合理安排，以避免过度的社会隔离；优化公共资源配置，缩小住区外部环境的差异。主要可通过以下途径实现。

1）促进不同阶层的适度混合居住

推行“大混住，小聚居”的模式，适当减小住宅小区的开发规模，通过在同一地区并置不同层次居住小区的办法，实现混合与分异的有机结合。这种中、高、低档小区的混合布置既可在小范围内保持同阶层居住的安全舒适，又可在大范围内体现混住交往的多元化、人性化优势，弱化居住分异造成的社会隔离。

对经济适用房、廉租房等针对中低收入群体的公共住宅，在区位选择上要避免单一分布在郊区，而要融入城市中，避免中低收入群体的隔离，增加中低收入者就近选择住房的机会；在土地供应中，土地出让应以小型化为主，小块土地出让便于安排各类阶层住宅用地，促进不同阶层居住用地的适度混合。

2）优化公共资源配置

城市规划可作为的另一个重点在于对各阶层居住空间外部条件的塑造，以公共资源的公平投入为重要目标，在目前公共资源有限的情况下，则应该尽量保证必要的公共资源的配置，为全体市民特别是弱势群体的生存、发展提供必要的保障。

改善和提高地区性公共交通及公共设施配置的水平，特别是中低收入聚居区的设施水平，以缩小地区间的差异，为中低收入群体经济社会地位的提高提供有利的外部条件；有针对性的配套公共设施，在满足住区居民的需要的同时，也提高了公共设施的利用率；在规划管理实施过程中要强调公众参与与监督，以更好地保证公共资源配置的公平和有效。

第5章　产业(经济)分析

第1节　城市经济产业分析的基本内容

城市是人口和经济活动的高度密集区。以农业剩余为前提,以第二第三产业为发展基础,城市经济的本质特征是不同经济活动的频繁接触。这也是城市形成、生存和发展的重要动力和基础。要了解城市,必然要对其产业经济进行深入剖析。城市规划学科中的产业经济分析主要涉及其与城市发展定位、城市土地空间、城市规模、城市交通及生态环境等方面的关系。

一、产业经济与城市发展定位

城市发展定位涉及城市特色的塑造、主导产业的确定以及城市发展战略的制定等影响城市未来发展的重大问题。历来,城市发展定位都是政府和城市规划者关注的重点,因为清晰的城市定位明确了城市竞争力所在,指明了城市发展的方向,关系到城市的命运。在城市定位的分析过程中,产业经济发展研究必不可少。该类研究包括了该城市所处的国际国内发展背景、区域内城市间经济关联度、城市自身经济发展阶段及主导产业的确定等诸多方面。

二、产业经济与城市土地空间

不同产业部门对于城市土地空间的需求不同。技术密集型产业对环境质量要求较高,需要建立在环境优美离城市中心较近的位置;而劳动密集型产业因其资源消耗大、污染较严重等特点,必须依据情况规划在城市下风向的郊区。

城市在空间结构上的演进,主要指在一定城市地域内,因级差地租原因,有些产业逐渐让位于能够承受更高地租的产业。如我国许多大城市市区内部,出现的工业企业让位于服务业企业,而服务业企业内部又逐渐发生分化,低端服务业又逐渐让位于高端服务业,生活服务业让位于生产服务业。城市内部不同的地域,建设用地在空间上均会发生不同的变化。

三、产业经济与城市规模

产业的数量、类型及从业人员的数量等都影响到一个城市的规模,也是城市规模的体现。具体而言,北京、上海等特大城市,产业数量是综合化、多样化的,许多产业也会融合;而有的城市可能更专业化于某几个产业的发展。城市中产业门类的不同,其所能提供的就业岗位和带动其他产业的能力也不尽相同。同时,产业门类也决定了不同类型城市的最优规模将会不同。通常,一个金融中心城市的最优规模会大于以纺织为主导产业的制造业城市。

四、产业经济与城市交通

任何一个城市的发展都不是孤立的,任何一个城市的产业发展也不是孤立的。产业的生产过程涉及原材料的采集、生产设备的引进、产品的市场销售等,都需要与外界产生直接或间接的联系。因此,每一次产业经济的发展,都会对城市的对外联系提出更高的要求,这就要求城市规划要对有对外联系职能的大型交通枢纽基础设施进行统筹安排,而合理的安排必然会促进产业经济的发展。

五、产业经济与生态环境

生态环境是人类生存和发展的基本条件，是经济、社会发展的基础，又是重要的制约因素。环境污染和生态破坏已成为阻碍经济社会可持续发展、制约和谐社会建设的重要因素和关键问题。因此，构建生态产业系统是发展的必然趋势。

第 2 节　产业经济分析方法

一、支撑城市定位的产业分析方法

1. 背景分析法

在进行产业分析时，国际产业发展趋势、国家重大战略需求、国际国内产业转移趋势、国家产业布局的发展动向等国际国内产业相关背景都会对城市产业发展起到影响作用，从而影响城市定位。

1）国际产业发展趋势——低碳经济

2003 年的英国《能源白皮书》中，第一次正式提出"低碳经济"的概念。随着这个概念逐渐被世界各国所接受，也开始出现它与社会各个层面相融合的产物。低碳社会的概念就是低碳理论与社会运行模式相结合的产物，而低碳城市在某种程度上就是低碳经济与低碳社会两者的结合。在低碳背景之下，城市的定位也有了相应的变化，从北京和天津历版总体规划中城市定位就可以看出(表 5-1 和表 5-2)，低碳、可持续、生态的理念在城市定位中得以体现，也要求城市调整经济结构、提高能源利用效率、发展新兴工业。

表 5-1　北京城市定位

1992 年	进一步明确了首都政治中心和文化中心的城市性质，提出了建设全方位对外开放的现代化国际城市的目标
2005 年	首次明确北京发展目标为"国家首都、国际城市、文化名城、宜居城市"

表 5-2　天津城市定位

1997 年	环渤海地区的经济中心，要努力建设成为现代化港口城市和我国北方重要的经济中心
2005 年	环渤海地区的经济中心，要逐步建设成为国际港口城市、北方经济中心和生态城市

2）我国的重大战略需求

我国的重大战略需求是指影响我国经济社会发展全局以及国家安全的重大核心需求，这些战略需求通常具有全局性、战略性和长远性意义。一方面高新技术产业的发展离不开制造业、原材料等基础性产业的有利支撑；另一方面，实现我国国民经济的可持续健康发展，必须要大力加强高新技术产业的原始创新能力，提升高新技术产业的规模与国际竞争力。我国还必须及时实施现代服务业发展规划，推动产业结构优化升级，促进经济社会的全面稳定发展。我国的重大战略需求不仅为广大欠发达地区的主导产业选择提供了方向指引，也为区域内的主导产业选择提供重要依据。

3）国际国内的经济产业转移整体趋势

国际国内的经济产业转移趋势必然会对区域经济的起步、发展与提升起到指导性作用。从国际产业转移趋势看，欧美日韩等经济发达国家将依托可释放技术为主的非基础性产业(或称非关键产业）向经济欠发达国家转移，中国是此次国际化产业转移的一个重要转入国。从国内产业转移趋势看，随着全球经济一体化进程的不断加快、国际竞争日趋激烈，长三角、珠三角的沿海经济发达地区开始将服装、工业品制造的劳动密集型产业向劳动力成本更低、生产资源更丰富的内陆地区转移，以抵御周边国家的低成本竞争并提升企业的国际竞争力。在国际国内产业转移的大环境下，一定区域内的主导产业选择势必需要以产业转移趋势为发展基准。

4）国家产业布局的基本取向

区域经济发展必然会受到国家产业战略布局的影响，其产业选择要尽量符合国家对产业布局的基本取向。近几十年来，我国政府已经对珠三角、长三角、西部地区、中部地区、东北部地区、皖江城市带等不同区域建立了一系列有针对性的战略发展规划。因此，在一定区域内选择主导产业时，必须充分了解国家的相关产业发展政策及其对产业战略布局的主导影响，并以国家纲领性政策为产业发展指导，尽量确保区域内产业选择与国家整体布局的一致性，合理地利用区域比较优势，在确保产业结构合理性的同时争取发展主动性。

2. 城市间经济联系和相互影响分析法——适用于分析城市在区域产业经济中的地位和作用

现代社会中已几乎不存在可以独立发展的城市，单个城市的发展必须融入所在的区域空间，才能实现持续和协调发展。

1）基于人口规模的 USAP 分析

城镇体系分析系统 USAP(Urban System Analysis Program)是以势力圈划分的理论法为基础开发的城镇势力圈分析系统，采用 Huff 模型的概率计算法，在浙江省上虞城镇体系规划、河南省驻马店市城镇体系规划等规划中得到了广泛应用，其应用价值得到了充分的肯定。

对象地域内的任意一小区 j 都接受来自域内各城镇的辐射，其强度计算公式为：

$$F_{ij}=M_i^{\alpha}/d_{ij}^{\beta} \tag{5-1}$$

式中，F_{ij} 是 i 城镇对 j 区的辐射力；m_i 为 i 城镇规模；d_{ij} 是 ij 间距离；β 为距离摩擦系数，一般取 2；α 为城镇影响力权重，一般取 1。在 M、α、β 和 d 已知的情况下，可对来自各城镇的辐射力分别求出，并根据择大的原则判断每一小区 j 的归属。将对象地域划分为 $m\times n$ 的栅格，利用计算机可以高速、重复运算的特点，对其中所有栅格做上述计算和判断，确定每一网块的归属，并将各市镇势力圈用不同颜色表示，即可得到势力圈（图 5-1）。

例如，以湖北省内的城市作为研究对象进行分析，选取城市常住人口（更能客观、真实地反映一个地区的经济发展水平）作为城市规模的指标，通过谷歌地球（GOOGLE EARTH）软件获得城市经纬度数据。由于 USAP 分析系统只要求城市比较准确的相对规模指标数据而不是绝对规模指标，因此为了输入方便，可将数据统一缩小一定倍数。计算结果如表 5-3 所示。

表 5-3　USAP 计算结果汇总表

城市名称	实际常住人口（万人）	计算使用人口	腹地面积	所包含下一集城镇（辐射强度择大法）
武汉	910	9.10	0	孝感、咸宁、仙桃
黄石	243	2.43	0	
鄂州	103	1.03	0	黄冈
孝感	468	4.68	0	天门、随州
黄冈	669	6.69	2.42	武汉、黄石、鄂州
咸宁	252	2.52	1.78	

续表

城市名称	实际常住人口（万人）	计算使用人口	腹地面积	所包含下一集城镇（辐射强度择大法）
潜江	94	0.94	0	
天门	137	1.37	0.0015	
仙桃	123	1.23	0.46	
十堰	324	3.24	2.00	
宜昌	405	4.05	0.97	恩施
襄樊	545	5.45	1.56	十堰
荆门	285	2.85	0.31	襄樊、荆州
荆州	585	5.85	4.39	潜江、宜昌、荆门
随州	221	2.21	1.96	
恩施	349	3.49	2.26	

数据来源：湖北省统计年鉴 2010[M].中国统计出版社。

注：1.神农架林区林地面积占 85%以上，2010 年末，常住人口仅为 7.5 万人，对结果影响微乎其微。基于其特殊的地理环境和自然资源，本次研究将其忽略不计。

2. 2010 年 12 月 9 日，襄樊市正式更名为襄阳市。

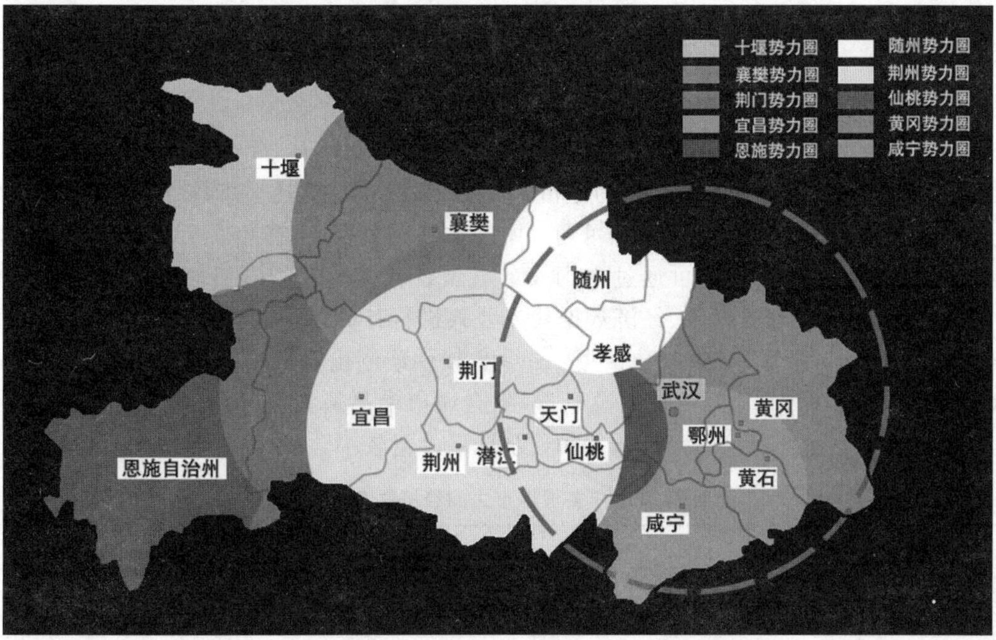

图 5-1　USAP 分析结果

注：武汉势力圈，占据绝对主导地位，USAP 分析系统计算时将其自动划分为中心城市，仅给出其势力圈范围。

从图中可以看出，核心城市武汉的势力圈涵盖城市圈的绝大部分范围，武汉"1+8"城市圈的定位具有一定的合理性和科学性，有利于区域的整体发展。武汉城市圈主要受宜昌、襄樊、荆州势力圈范围影响，以荆州影响范围为大，可以考虑定位武汉与荆州协同发展的可能性。

2）引力模型

引力模型源于物理学的万有引力定律，也称重力模型。被广泛引入各学科领域中进行相关分析，而在城市经济联系的定量研究中，城市体系空间相互作用的引力模型已被广泛采用。基于牛顿引力模型的公式为：

$$T_{ij}=M_iM_j/D_{ij} \tag{5-2}$$

式中，T_{ij}为引力大小，M_i、M_j为i和j城市的质量，通常取城市常住人口或GDP值；D_{ij}为i城市与j城市的引力距离，多数取两城市间的空间物理距离。

但这个模型中两城市间物理距离很难反映两城市间的交通相对通达性，而交通相对通达性的好差直接影响到两城市之间的经济联系强度，因此可以采用交通通达指数对模型进行修正，修正后的D_{ij}为城市i与城市j之间的通达性指数，计算公式如下：

$$D_{ij}=\frac{1}{2}\left(\frac{T_{ij}}{\sum T_i/n}+\frac{T_{ij}}{\sum T_j/n}\right) \tag{5-3}$$

式中，D_{ij}为城市i与城市j之间的通达性指数，D_{ij}越小，说明两城市之间的通达性相对于整个区域的通达性越好。T_{ij}为城市i与城市j之间的最短交通时间，$\sum T_i/n$为城市i与区域内其他n个城市的最短交通时间平均值，$\sum T_j/n$为城市j与区域内其他n个城市的最短交通时间平均值。比起原有模型选择城市间最短物理距离作为D_{ij}值更具合理性。

原有模型中只考虑常住人口或GDP单个数据对城市间经济联系强度的影响，不能准确反映城市规模，因此对其进行修正，将城市人口数量、GDP和建成区面积综合考虑，修正后的引力模型如下：

$$F_{ij}=\frac{\sqrt[3]{S_iP_iG_i}\ \sqrt[3]{S_jP_jG_j}}{D_{ij}^2} \tag{5-4}$$

式中，F_{ij}表示城市i和城市j之间的经济联系量，S_i、P_i、G_i、S_j、P_j、G_j分别表示城市i和城市j的建成区面积、人口数量和GDP，D_{ij}为城市i和城市j之间的通达性指数。

计算中涉及的时间距离原始数据可通过中国铁路时刻表、各省市客运站公布的长途汽车时刻表获得，主要的经济数据可通过中国及各省市统计年鉴获得。例如，以江西省为例，将2010年各设区市相关通行时间、经济数据代入公式进行计算，可得到各设区市间的经济联系强度值F_{ij}如表5-4所示，将这些数据用ArgGIS软件绘制出各城市间经济联系图（图5-2）。由表5-4和图5-2可知，从经济联系总量看，省会城市南昌最大，其次为宜春、新余、萍乡、九江，而赣州、吉安、上饶、抚州、鹰潭、景德镇经济联系总量较小。

表5-4　江西省2010年各设区市之间经济联系强度比较

	南昌	景德镇	萍乡	九江	新余	鹰潭	赣州	吉安	宜春	抚州	上饶	合计
南昌	/	113433.5	209207.3	1869150	581691.8	321846.6	78306.22	115193	243001.2	331059.5	179565.2	4042454.3
景德镇	113433.5	/	15712.94	437919.6	23984.99	35606.88	11598.75	7459.842	13843.85	55690.62	42443.62	757694.6
萍乡	209207.3	15712.94	/	34521.54	550995	14709.09	31563.24	36036.59	1761648	24091.39	13339.93	2691825.1
九江	1869150	437919.6	34521.54	/	64945.43	21139.75	32845.94	29679.94	17961.8	72191.18	10038.16	2590411.0
新余	581691.8	23984.99	550995	64945.43	/	32659.41	43460.76	33709.68	1642148	45730.14	25009.89	3044334.8
鹰潭	321846.6	35606.88	14709.09	21139.75	32659.41	/	6556.34	5950.33	15769.68	33585.47	73183.46	561007.1
赣州	78306.22	11598.75	31563.24	32845.94	43460.76	6556.34	/	108601	9278.48	19262.57	10870.84	352344.2
吉安	115193	7459.842	36036.59	29679.94	33709.68	5950.33	108601	/	26957.54	20724.44	9067.67	393398.1
宜春	243001.2	13843.85	1761648	17961.8	1642148	15769.68	9278.48	26957.54	/	28180	9996.82	3768785.2
抚州	331059.5	55690.62	24091.39	72191.18	45730.14	33585.47	19262.57	20724.44	28180	/	21368.4	651883.7
上饶	179565.2	42443.62	13339.93	10038.16	25009.89	73183.46	10870.84	9067.67	9996.82	21368.4	/	394884.0

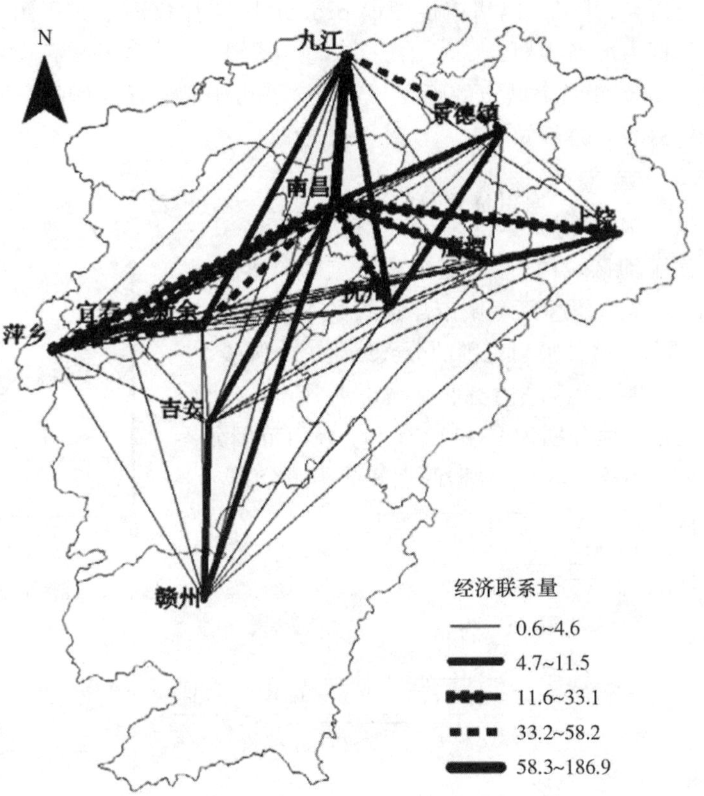

图 5-2　江西省各城市经济联系示意图

注:为方便绘图,图中各设区市间的经济联系量为表 5-4 中的数据除以 10000 后折算得出。

3) 辐射半径分析(断裂点理论)

区域之间的引力作用是普遍存在的,但是断裂点理论认为引力作用范围有一定限制。当两城市在某一点的引力达到平衡时,该点为引力平衡点,即断裂点。断裂点理论的基本点是:城市对周围地区的影响力与城市规模成正比,与至城市中心的距离成反比。两个相邻城市影响范围的断裂点可用下列公式求得:

$$D_{ki}=D_{ij}/\left[1+\sqrt{(V_j/V_i)}\right] \tag{5-5}$$

式中,D_{ki}为断裂点 k 到 i 市的距离;D_{ij}为 i 市与 j 市之间的距离;V_i和 V_j分别表示 i 市和 j 市的规模。由上式易知,如果 i 市和 j 市为相邻城市,则 $D_{ki}+D_{kj}=D_{ij}$。

城市规模是决定城市经济辐射范围的基本要素,因此,需选用反映城市经济实力、城市工业经济效益的指标,例如非农业人口、国内生产总值、综合货运量、社会商品零售总额等,通过对多项指标进行求几何平均值的方法确定城市规模值,例如:$V=\sqrt[4]{X_1X_2X_3X_4}$,其中 V 指城市综合规模,X_1、X_2、X_3、X_4分别是该城市的非农业人口、国内生产总值、综合货运量和社会商品零售总额。

城市间距离是决定城市吸引范围的另一个基本要素,理论上应为空间直线距离,但还受地形等因素影响,可以采用交通线距离(铁路、公路、航空及航运距离),同时参考直线距离确定。

利用断裂点模式,两两计算相邻城市的断裂点,理论上是把某一城市周围所有的断裂点连接起来,就是该城市的吸引范围,但在连接断裂点的过程中,就出现了多种方法,如过相邻断裂点作垂线,用平滑曲线连接相邻断裂点等,但也有学者注意到此种方法的不严密性。因此对断裂点理论进行扩展研究，并引入冯洛诺伊图(Voronoi)图和加权冯洛诺伊图(Voronoi)图对城市的吸引范围进行更为准确的划分。

推论 1：断裂点到相邻两个城市的距离与这两个城市中心性强度值的平方根成正比。

证明：由根绝公式(5-5)可知，

$$\frac{D_{ki}}{D_{kj}}=\frac{D_{ij}/(1+\sqrt{V_j/V_i})}{D_{ij}/(1+\sqrt{V_i/V_j})}\text{通过简化，可得到 } D_{ki}/D_{kj}=\sqrt{V_i/V_j} \tag{5-6}$$

推论 2：在匀质平面区域内，如果两个城市点的权重相同，那么其吸引范围的分界线是这两个城市点连线的垂直平分线；如果它们的权重不同，那么其吸引范围的分界线是一个圆弧。

证明：如图 5-3，设平面区域内有两个城市点 $i(x_1,y_1)$ 和 $j(x_2,y_2)$，其中心性强度值分别为 V_i 和 V_j，i 和 j 吸引范围分界线上的任一点的坐标为 $k(x,y)$。根据两点间的距离公式

$$D_{ki}=\sqrt{(x-x_1)^2+(y-y_1)^2}$$

$$D_{kj}=\sqrt{(x-x_2)^2+(y-y_2)^2}$$

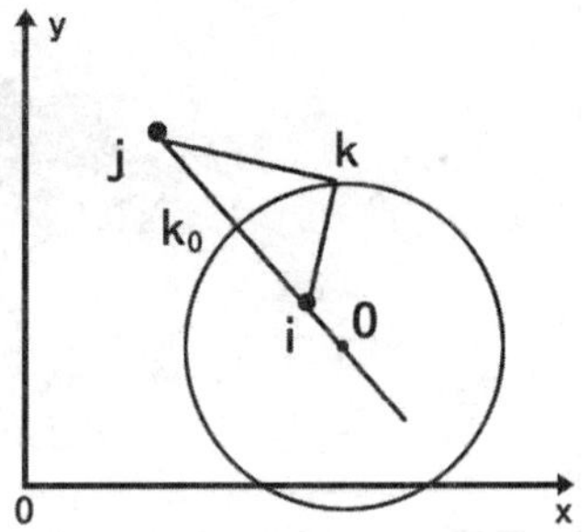

图 5-3　直角坐标系中的城市点

根据推论 1，$D_{ki}/D_{kj}=\sqrt{V_i/V_j}$ 为：

$$\frac{\sqrt{(x-x_1)^2+(y-y_1)^2}}{\sqrt{(x-x_2)^2+(y-y_2)^2}}=\frac{\sqrt{V_i}}{\sqrt{V_j}} \tag{5-7}$$

下面分两种情况讨论：

① 当 $V_i=V_j$ 时，式(5-7)变为：

$$2(x_2-x_1)+2(y_2+y_1)=x_2^2+y_2^2-x_1^2-y_1^2 \tag{5-8}$$

可以验证，这是 ij 的垂直平分线。即 i 和 j 的吸引范围的分界线就是它们之间连线的垂直平分线。

② 当 $V_i\neq V_j$ 时，式(5-7)化简整理为：

$$\left(x-\frac{V_jx_1-V_ix_2}{V_j-V_i}\right)^2+\left(y-\frac{V_jy_1-V_iy_2}{V_j-V_i}\right)^2=\left(\frac{\sqrt{V_iV_j}}{V_j-V_i}D_{ij}\right)^2 \tag{5-9}$$

这是一个圆的方程。即当 i 和 j 的中心性强度值不同时，其吸引范围的分界线是一个圆(或圆弧)，圆心为 $O\left(\frac{V_jx_1-V_ix_2}{V_j-V_i},\frac{V_jy_1-V_iy_2}{V_j-V_i}\right)$，并且在 ij 或其延长线上，半径 $\left|\frac{\sqrt{V_iV_j}}{V_j-V_i}\right|D_{ij}$。可以验证，经典断裂点理论计算的断裂点 k_0 也在这个圆弧上，是这个圆弧与 ij 的交点。

例如，以河南省 17 个地级城市(地级行政中心)为例，首先选取评价城市综合实力的有关指标体系，包括城市社会经济发展水平指标、城市建设水平指标、城市建设条件指标、区域发展基础指标等，采用河南省统计年鉴数据，计算每个城市的综合得分按前面的分析构建加权 Voronoi 图，得到每个城市的吸引范围(图 5-4)。

3. 经济发展水平、阶段及其特征分析——适用于城市自身经济产业特征分析

1) 经济发展水平

(1) 单一指标法。人均 GDP 为国际上判断经济发展阶段最为通用的指标，被世界银行等国际和区域性组织广泛使用，在很大程度上反映了一个国家或地区的总体财富水平，被广泛应用到省级、地级层面经济发展水平的判断中，图 5-5 就反映了 1990—2010 年基于人均 GDP 单

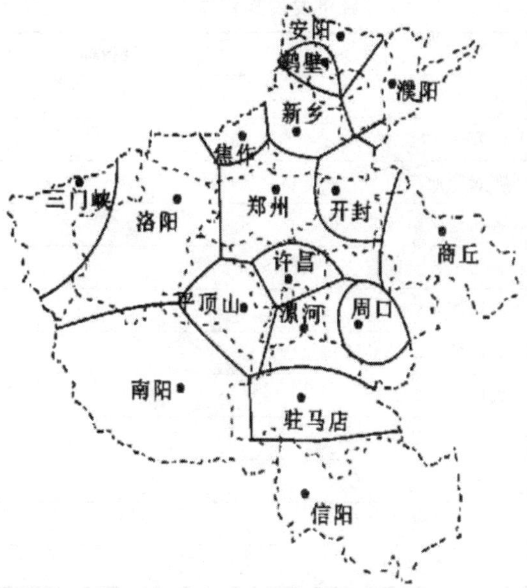

图 5-4　河南省基于扩展断裂点理论的加权冯洛诺伊图(Voronoi)图

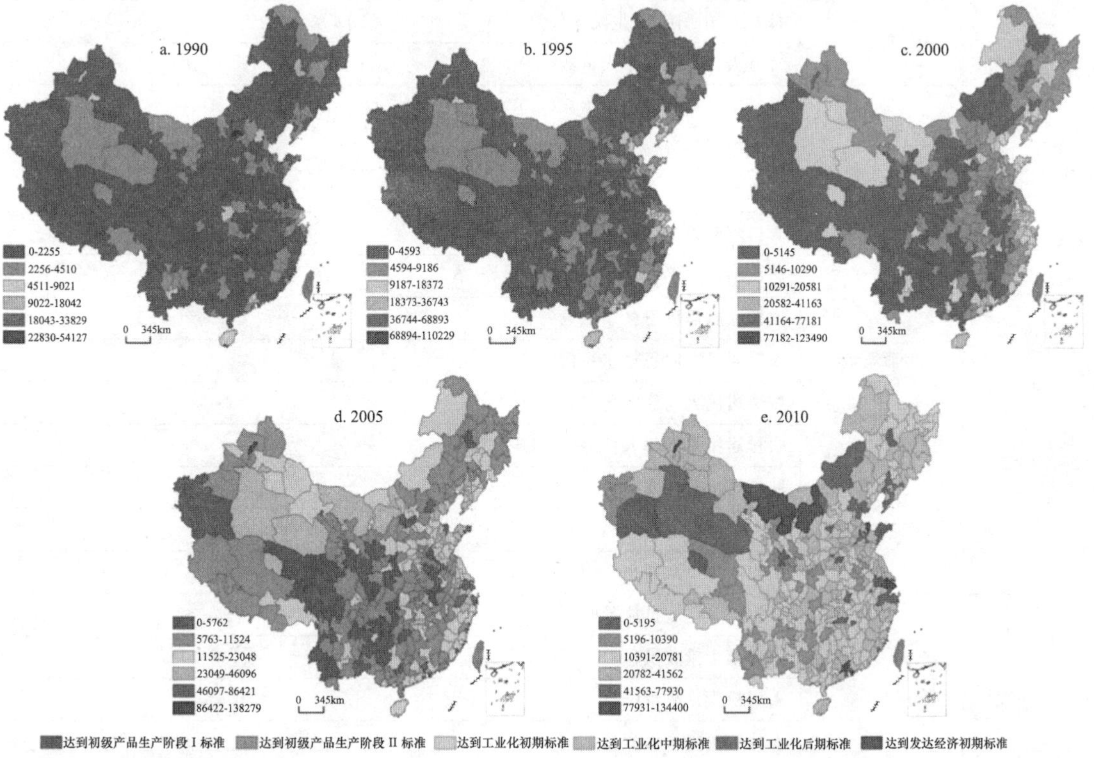

图 5-5　1990—2010 年基于人均 GDP 单一指标的中国经济发展水平分析

一指标的中国经济发展水平的情况。

(2) 多指标法。在指标选择上,很多学者认为,由于经济发展的内涵丰富,仅用一个指标去评价经济发展水平是不够的,应运用适当的统计方法得到具有综合意义的指标,以此作为经济发展水平的综合评价值,指标往往涉及经济、社会、生活、环境等方面(表 5-5)。

表 5-5　　经济发展指标体系

一级指标	二级指标	三级指标
经济	经济总量	人均 GDP(＋)
	经济增长	GDP 年增长率(＋)
	经济结构	非农产业产值与农业产值之比(＋)
	经济活力	人均地区财政收入(＋)
		人均全社会固定资产头则(＋)
		人均储蓄额(＋)
		人均社会消费品零售总额(＋)
		人均进出口总额(＋)
社会	人口	城镇人口比重(＋)
	社会公平	城乡消费水平比(－)
		城乡人均收入比(－)
	社会保障	养老保险参保人数占总人口之比(＋)
		事业保险参保人数占总人口之比(＋)
	文化	初中以上文化程度人口占总人口比(＋)
	卫生	每万人扣医院、卫生院床位数(＋)
		每万人口卫生技术人员数(＋)
	教育	普通小学教师负担学生数(－)
		人均教育经费(＋)
生活	收入	城镇家庭人均可支配收入(＋)
		农村家庭人均纯收入(＋)
	生活质量	居民消费水平(＋)
		城镇家庭居民恩格尔系数(－)
		农村居民家庭恩格尔系数(－)
		城镇居民人均住宅建筑面积(＋)
		农村居民平均每人住房面积(＋)
	城市基础设施	城市用水普及率(＋)
		城市燃气普及率(＋)
		人均城市道路面积(＋)
环境	环境污染	人均二氧化碳排放量(－)
		人均烟尘排放量(－)
		人均粉尘排放量(－)
		人均工业废水排放量(－)
		人均化学需氧量排放量(－)
	环境保护	工业废水排放达标率(＋)
		城市人均园林绿地面积(＋)
		森林覆盖率(＋)

注:(＋)表示该指标为正向指标,(－)为负向指标

2）工业化发展阶段判断

对工业化发展阶段的判断主要依据钱纳里和赛尔奎的方法，他们将经济发展阶段划分为前工业化、工业化实现和后工业化三个阶段，其中工业化实现阶段又分为初期、中期、后期三个时期。判断依据主要有人均收入水平、三次产业结构、就业结构、城市化水平等标准(表 5-6)。

表 5-6　　工业化不同阶段标准值

基本指标	前工业化阶段	工业化实现阶段			后工业化阶段
		工业化初期	工业化中期	工业化后期	
人均 GDP 2010 年美元(PPP)	790～1570	1570～3150	3150～6300	6300～11810	11810 以上
三次产业产值结构 (产业结构)	A>I	A>20%，且 A<I	A<20%，I>S	A<100%，I>S	A<10%，I<S
第一产业就业人员占比 (就业结构)	60%以上	45%～60%	30%～45%	10%～30%	10%以下
人口城市化率 (空间结构)	30%以下	30%～50%	50%～60%	60%～75%	75%以上

注：A 代表第一产业，I 代表第二产业，S 代表第三产业。PPP 表示购买力平价。

4. 主导产业分析法

1）主导产业概念及其作用

主导产业是城市产生和发展的决定性产业，在区域经济增长中起组织和带动作用，产值占有一定比重、增长率高，具有很强的关联性，对其他产业和整个区域经济发展有较强带动作用的产业。其作用包括两个方面：一是“导”的方面，即主导产业的结构导向作用，是指该地区的主导产业必须是对该城市一定阶段的产业结构升级转换起着重大的关键性的导向作用；二是“带”的方面，即主导产业的增长带动作用和技术进步带动作用，是指城市主导产业必须要能带动该城市其他产业，以致整个经济的增长和进步。

不同的国家或同一个国家不同的经济发展阶段主导产业也是不一样，它会受所依赖的资源、体制、环境等因素的变化而演替。如日本的主导产业演替顺序是：纺织工业—钢铁、机械、化学工业—汽车、家电工业—电子工业等高技术产业。

2）主导产业关联效应

某一产业由于自身的发展而引起其他相关产业发展的作用效果。由于各个产业的特点不同，关联效应大小以及强弱也不同。

“前向”关联效应是一个产业在生产、产值、技术等方面的变化引起吸收它的产出的部门在这些方面的变化，表现为导致新技术的出现、新产业部门的创建等，例如电子行业零部件生产部门对整机生产部门具有前向连锁效应；“后向”关联效应就是指一个产业在生产、产值、技术等方面的变化引起它的后向关联部门在这些方面的变化，表现为由于某产业自身对投入品的需求增加或要求提高而引起提供这些投入品的供应部门相应地扩大投资、提高产品质量、完善管理、加快技术进步等变化。例如汽车生产部门对零部件生产部门，以及钢材、橡胶等加工业及其上游基础工业部门等具有一系列的后向连锁效应。例如，汽车产业具有较高的产业关联度，可以带动钢铁、石油、橡胶、玻璃、电子、油漆、人造革、塑料等产业的发展。

3）主导产业选择

根据已有相关研究，可以结合经济学计算公式，建立包含有5个具体指标的主导产业选择指标体系，分别为：

（1）产业关联度指标。通常采用与前向关联度和后向关联度对应的感应度系数和影响力系数指标进行确定。例如第 i 部门的感应度系数为 A_i，则 A_i 的大小反映了各产业部门产出增加对第 i 产业部门产出的影响程度，即为前向关联度，感应系数 A_i 越大，说明 i 产业部门的前向关联能力越强；j 部门的影响力系数为 Bj 的反映第 j 产业部门需求量的增加对其他各产业部门产出的影响程度，即为后向关联度，影响力系数越大，说明第 j 产业部门的后向关联能力越强。

（2）需求收入弹性指标。反映了国内生产总值变化对某产业部门产品的需求量变化的影响，一般说来，需求收入弹性越大的部门，市场扩张能力越强，区域主导产业应该是收入弹性较大的产业。

（3）增长率指标。某产业增长越快，它在区域经济系统中地位和作用也越重要。

（4）劳动力就业指标。劳动力就业综合系数的大小反映了某一产业为了生产1单位的最终产品需要本产业和其他相关产业部门直接和间接的投入多少劳动力。

（5）产值规模指标。由于国内生产总值比重较大的产业对国内生产总值的贡献较大，反映了各产业在区域经济中的地位，规模指标大的对区域经济的影响大，发挥的作用也大。所以在选择主导产业时，要把产值规模指标考虑进去。

二、面向土地空间使用的产业分析方法

1. 城市产业与城市土地利用形态布局

城市化的过程，不仅是产业经济发展的过程，也是城市土地利用形态发展演变的过程。城市产业变化主导着城市土地利用形态的变化，不同产业的城市有着不同土地利用形态。土地利用形态对城市产业具有反作用，城市土地利用形态具有引导城市产业发展的特性，良好的城市土地利用形态，利于城市产业的发展和演变。

根据互动发展规律，产业布局到哪里，哪里就形成或扩大网络的节点，而产生新的城市或扩大城市规模。而哪里有城市，哪里就会吸引网络的延伸，就会吸收产业进驻。

不同的产业所产生经济效益是不同的，从单位土地面积的经济效益分析，服务业大于工业，而工业又大于农业。主要原因是服务业单位耗费土地面积最小，其产值最大，其积聚效应也最大，因此，服务业的承受地租价格最大，工业由于土地面积耗费中等，其积聚效应中等，所以其承受地租价格中等。而传统农业中，土地作为生产要素，其需求量最大，而劳动投入量也是最大，因此，农业承受地租最小。

以农业经济为主的城市处于工业化前期，仍以劳动密集型的农业为主，城镇化程度较低，土地利用类型较少，形成以第一产业为主，第二、第三产业处于弱势的土地利用形态；随着城市化发展，城市土地规模迅速扩张，城市土地利用形态呈现多元化，作为生产元素之一的土地，经济价值迅速攀升，促使城市土地利用高效化，导致城市土地利用形态呈现集约型和复杂化；在工业化后期，城市产业出现变化，城市第三产业大于第二产业和第一产业，城市地租继续升高，城市对于服务行业的需求也显著增高，城市土地利用形态也随之产生很大的变化，越是中心区，城市高度越高(图5-6)，且主要为服务业用地，例如我国大城市出现的“退二进三”现象，城市内部的“腾笼换鸟”现象，基本是工业用地调整为商业服务用地；随着信息、知识产业等为主

的新兴产业兴起,城市土地利用形态呈现了巨大的变化,由于新兴产业属于人员、资金资源密集型产业,要保证信息、资源、资金流的流通,且便于在城市内部汇集集中,对于土地利用形态的影响已不仅仅局限于单个城市之中,而是可以扩展至整个城镇体系,进而出现城市圈、国际大城市等城市土地利用形态。

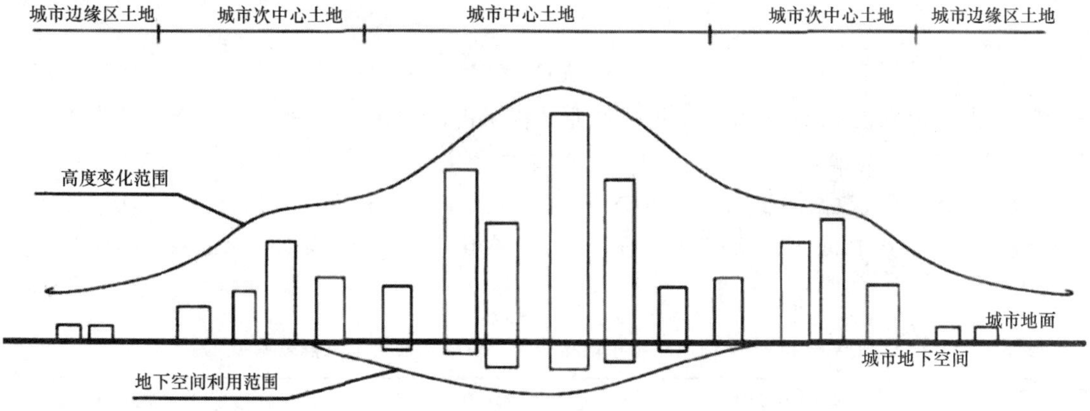

图 5-6　城市高度形态示意图

工业化前期,城市土地主要用于农业生产,城市土地利用形态表现为同心圆或核心形式;工业化时期,城市用地功能以工业用地为主,城市土地利用形态表现为圆状、带状、多边形状;服务业城市时期,城市土地功能中以服务业为主,城市土地利用形态表现为网状、层次状等形态。新兴产业城市时期,城市用地复杂,出现城市群、城市带、城市圈等城市集聚区。

2. 城市产业结构与土地利用结构

任何产业的发展都要坐落在土地上,都需要一定数量的土地资源投入,城市土地为产业发展提供了空间和场所。由于土地资源的不可再生性,城市土地资源供给的稀缺性和土地资源利用的多种适宜性,决定了必须优化土地资源的配置格局。土地资源优化配置应体现地尽其用,要使土地资源在各个产业中合理分配并使土地利用效率达到最高水平,从而推动产业结构的优化,转变区域经济发展方式。

在不同的经济发展时期,产业结构存在着明显的差异,而各产业部门对土地区位需求的差异,导致了土地利用结构在不同的历史时期表现出明显的异质性。从表 5-7 中我们可以更直观地看出,不同经济发展时期城市土地利用和产业结构的特征。

表 5-7　　不同经济发展时期城市土地利用特征与产业结构特征

时期	前工业化时期	工业化初期	工业化中期	工业化后期
生产方式	资源密集型	劳动密集型	资金密集型	技术密集型
产业机构	第一产业主导	第一产业强化 第二产业加强	第二产业主导 第三产业强化	第三产业主导
城市发展特征	数量增长型	数量、速度 增长型	速度、结构 效益型	可持续发展型
城市布局	布局零乱	布局失衡	布局趋向合理	布局集约
城市用地功能	功能简单	功能趋向健全	功能强化	功能完善
城市用地结构	结构较单一	结构呈现多样	结构趋向合理	结构紧凑

为了判断土地利用结构与产业结构间的互动关系，选取结构变化率及偏差系数指标来反应城市土地利用结构与产业结构的变化程度，其中结构变化率是用来衡量结构变化程度的一个重要指标，而偏差系数则用来衡量两者变化速度相对快慢的指标，其计算公式为：

$$D_i = \sum_{i=1}^{n} \mid G_t - G_0 \mid$$

$$T = \mid TD - CY \mid$$

式中，D_i 为结构变化率，G_0 为基期土地或产业结构所占比例，G_t 为 t 期土地或产业结构所占比例，n 为类型数；T 为偏差系数，TD 为土地利用结构变化率，CY 为产业结构变化率。

以武汉市为例，数据源于1990—2008年间的武汉市土地利用变更调查数据和历年的《武汉市统计年鉴》，其1990—2008年间土地利用结构变化率、产业结构变化率及两者间偏差系数见表5-8。

表5-8　1990—2008年间武汉市用地结构与产业结构变化率及偏差系数

时间(年)	用地结构变化率	产业结构变化率	偏差系数
1990	—	—	—
1991	0.46%	14.38%	13.92%
1992	0.49%	15.40%	14.91%
1993	1.00%	15.77%	14.77%
1994	1.53%	17.19%	15.66%
1995	1.83%	18.08%	16.25%
1996	2.67%	23.25%	20.58%
1997	2.57%	25.41%	22.84%
1998	2.98%	30.16%	27.18%
1999	2.91%	32.61%	29.70%
2000	3.12%	33.34%	30.22%
2001	3.44%	34.32%	30.88%
2002	3.84%	34.72%	30.88%
2003	3.12%	34.51%	31.39%
2004	3.90%	36.60%	32.70%
2005	3.78%	34.35%	30.57%
2006	3.93%	33.95%	30.02%
2007	4.05%	35.32%	31.27%
2008	4.26%	35.59%	31.33%

注：以1990年为基期，分析了武汉市土地利用结构和产业结构的变化率。

从表中可以看出，武汉市土地利用结构及产业结构变化率总体都呈上升趋势，但产业结构变化率上升趋势幅度大，而土地利用结构变化幅度较小，从二者的偏差系数来看，二者偏差系数从1991年的13.92%逐步扩大到2008年的31.33%，说明产业结构的变化速度要快于土地利用结构的变化速度，土地利用结构变化存在一定的滞后性。因此需要协调发展城市土地利用结构与产业结构间的相互关系。

三、预测城市规模的产业分析方法

产业总量的变化引起城市土地规模扩张，其扩张程度和速度是不一样的，主要分为三个阶段：前工业时期，城市土地扩张速度较慢；在工业化时期，土地的扩张形式为数量扩张型，表现为城市规模扩张速度很快；服务业城市时期，土地扩张的形式表现为质量增长型，土地效益得到充分利用，土地集约化明显。

工业化城市转变为服务业城市时期，土地规模扩张形态主要表现为质量增长型。有关数据分析表明，工业化城市每年的土地扩张规模高于后工业化城市，其每年土地扩张增幅大于后工业化城市约 2.26%。但是，后工业化城市的每年单位面积产值增加值高于工业化城市约 23.2%。所以，当工业化城市发展到服务业城市时，城市土地规模由数量扩张型表现为质量增长型。

工作是城市的四大功能之一，城市经济发展是各个产业的就业人口劳动剩余价值积累的结果。虽然不同的经济发展阶段，随着科技水平的提高和人民物质文化需求的变化，城市劳动力生产率和产业结构也在不断的发生变化，但是城市规模与城市化水平和城市就业人口规模与不同产业就业人口比例有着明显的相关关系。

根据经济增长计算经济发展水平，再通过横向比较其他城市相当经济发展水平下的产业结构和劳动结构状况，得出相当经济发展水平下的产业结构和劳动结构的一般规律，不同的产业结类别对劳动力有着不同的需求。在产业结构细分和劳动结构细分的基础上，估算出不同经济发展阶段各行业需提供的就业岗位的数量，再根据各类就业岗位需要的城市用地指标，测算出城市用地的数量，技术路线如图 5-7 所示。预测其中城市劳均 GDP 可参考国内其他相似城市情况进行预测(表 5-9)；而涉及城市规模关系较为密切的是二产和三产的结构，第二产业主要包括工业

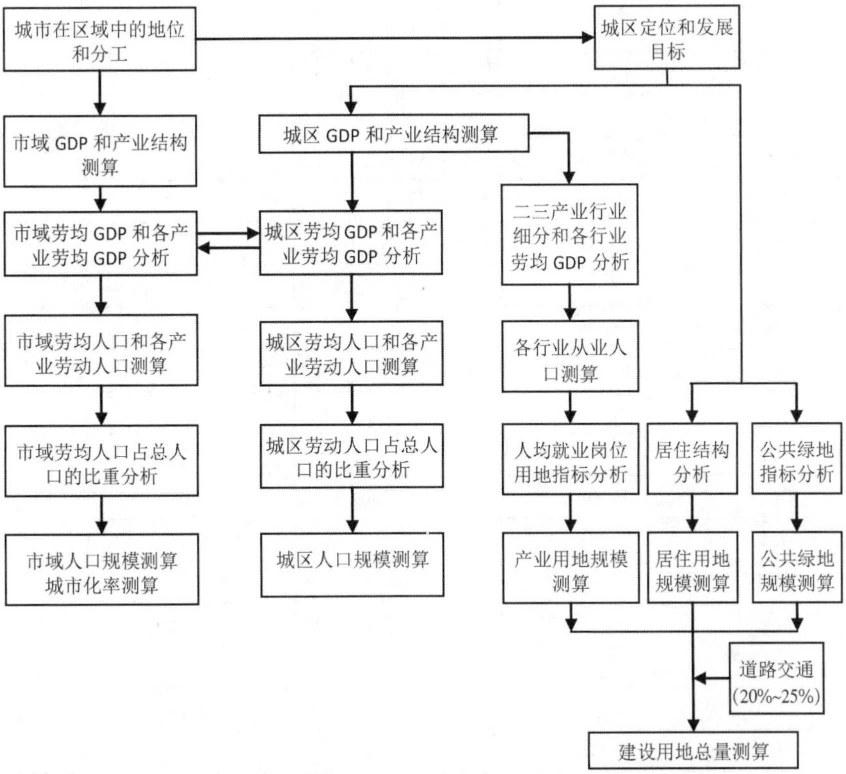

图 5-7　基于产业分析的城市规模预测方法技术路线图

和建筑业(工业主要包括制造业、采掘业和电力、煤气和水厂等水源、能源生产企业),第三产业的统计口径各城市不尽一致,但其共同的内容包括:交通、运输、仓储、邮电、通信业、批发、零售、贸易、餐饮业、金融、保险、房地产业、社会服务业、国家机关社会团体和其他行业(表5-10)。

表5-9　　我国主要城市及市辖区劳均GDP(2012年)

		人均生产总值(元/人)	地区生产总值(亿元)	从业人员数(万人)	劳均GDP(万元/人)
北京	全市	87475	17879.4	717.4	24.9
	市辖区	89659	17617.0	700.5	25.1
上海	全市	85373	20181.7	555.7	36.3
	市辖区	88525	19945.4	548.1	36.4
天津	全市	93173	12893.9	289.1	44.6
	市辖区	93173	11906.8	269.6	44.2
重庆	全市	38914	11409.0	856.2	13.3
	市辖区	49486	8760.0	/	/
石家庄	全市	43552	4500.2	90.7	49.6
	市辖区	53381	1573.5	55.8	28.2
太原	全市	54440	2311.4	103.5	22.3
	市辖区	60982	2112.5	95.4	22.1
呼和浩特	全市	84534	2475.5	34.3	72.2
	市辖区	85102	1734.2	23.3	74.4
沈阳	全市	80480	6602.6	122.0	54.1
	市辖区	82878	5266.9	114.9	45.8
长春	全市	58691	4456.6	100.0	44.6
	市辖区	90987	3129.3	84.7	36.9
哈尔滨	全市	45810	4550.2	138.3	32.9
	市辖区	63747	3005.3	110.7	27.1
南京	全市	88525	7201.6	147.4	48.9
	市辖区	88525	6466.9	134.4	48.1
杭州	全市	88962	7802.0	281.9	27.7
	市辖区	98697	6213.2	245.9	25.3
合肥	全市	55186	4164.3	115.6	36.0
	市辖区	75795	2747.6	90.6	30.3
福州	全市	58304	4218.3	143.7	29.4
	市辖区	70060	2083.6	86.2	24.2
南昌	全市	58715	3000.5	96.2	31.2
	市辖区	73711	2065.3	72.1	28.6
济南	全市	69444	4803.7	141.5	33.9
	市辖区	82369	3632.8	114.3	31.8

续表

		人均生产总值 (元/人)	地区生产总值 (亿元)	从业人员数 (万人)	劳均 GDP (万元/人)
郑州	全市	62054	5549.8	162.0	34.3
	市辖区	63850	2811.8	119.1	23.6
武汉	全市	78482	8003.8	191.9	41.7
	市辖区	94474	6485.0	152.6	42.5
长沙	全市	89903	6400.0	124.0	51.6
	市辖区	110102	4033.6	85.3	47.3
广州	全市	105909	13551.2	362.0	37.4
	市辖区	111704	12455.0	302.9	41.1
南宁	全市	35133	2503.1	80.4	31.1
	市辖区	65301	1787.2	62.3	28.7
海口	全市	38634	818.8	45.0	18.2
	市辖区	38634	818.8	45.0	18.2
成都	全市	57624	8139.0	212.3	38.3
	市辖区	74167	5731.7	158.5	36.2
贵阳	全市	38447	1700.3	82.7	20.6
	市辖区	41776	1305.5	71.7	18.2
昆明	全市	46256	3011.1	119.8	25.1
	市辖区	59163	2307.8	74.4	31.0
拉萨	全市	45019	260.1	39.1	6.7
	市辖区	90470	53.6	/	/
西安	全市	51166	4366.1	165.6	26.4
	市辖区	56203	3659.5	151.2	24.2
兰州	全市	43175	1563.8	54.1	28.9
	市辖区	47240	1343.5	47.8	28.1
西宁	全市	38034	851.1	33.7	25.3
	市辖区	52852	592.9	25.3	23.4
银川	全市	56528	1150.9	33.5	34.4
	市辖区	54053	713.5	27.6	25.9
乌鲁木齐	全市	59645	2004.1	63.0	31.8
	市辖区	60924	1988.3	62.7	31.7

表 5-10　　第三产业各行业产值估算参考指标

序号	项目	比重
1	交通、运输、仓储通信业	11%～13%
2	批发零售及餐饮业	20%～25%
3	金融保险业	20%～25%

续表

序号	项目	比重
4	房地产业	8%～10%
5	社会服务业	11%～13%
6	科研、文教、卫生、广电业	12%～20%
7	机关团体	3%～4.5%
8	其他	1%～2%

例如，2010 年底，某城市生产总值为 117.78 亿元，人均地区生产总值为 14413 元，三次产业的比重为 19:47.5:33.5。参考城市所在省内十二五规划，预测该市 2025 年地区生产总值达到 1120 亿元，人均 GDP 达到 15000 美元，三次产业比重达到 8:47:45。该市劳均 GDP 为 2.16 万元，结合国内其他城市劳均 GDP 的情况，预测 2011 至 2015 年该市劳均 GDP 增长速率为 18%左右，2016 至 2025 年该市劳均 GDP 增长速率为 15%左右。参考人均 GDP 处于 15000美元阶段时其他城市的数据，确定 2025 年该市劳均 GDP 为 20 万元左右。根据 2025 年该市地区生产总预测值，得出 2025 年该市劳动力总量为 51 万人，根据国内外研究成果，结合当地实际，就业率取 55%，预测 2025 年总人口为 92.7 万人。本着留有余地的原则，规划 2020 年该市总人口控制在 100 万人以内。根据各行业产值所占比重不同，估算得出各行业人口，进而结合人均就业岗位用地指标估算出城市二、三产业用地规模，根据工业用地占城市建设用地比重推算出城市建设用地规模。

四、支撑交通规划的产业分析方法

1. 产业类型与交通方式选择

全球化使得跨国企业可以在世界任意范围内安排采购、生产、销售等活动，这种趋势将不断深入，交通网络位置将成为企业选址考虑的重要因素之一。

城市综合交通网络总是由多种交通方式组成的，通常有能够代表当时技术水平的交通方式来主导城市产业布局、参与城市空间组织（图 5-8）。每种运输方式各自都具有另外一种运输方式所不具有或不完全具有的特点，即不同的运输对象需要不同种类的运输方式（表 5-11）。

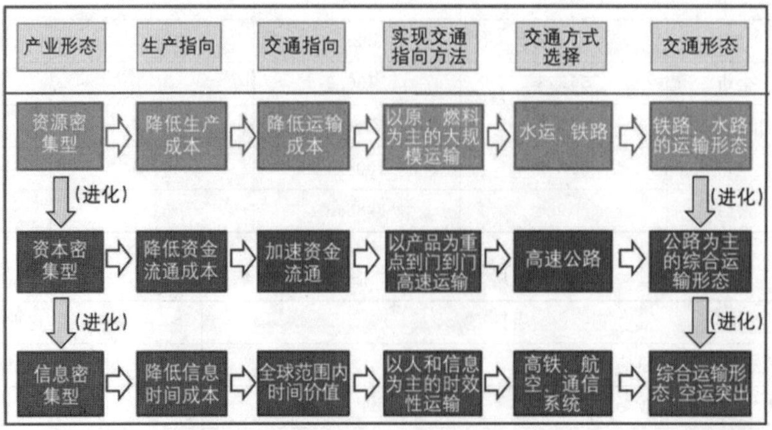

图 5-8　产业类型与交通方式选择关系图

1) 资源密集型产业——港口、铁路货站等地区

运输成本对资源密集型产业布局影响至关重要,因此,能源性及石化、冶炼等重化工产业通常紧靠港口、铁路货运站等布置。

2) 资本密集型产业——高速公路网络

对资本密集型产业来说,快速转运、加快资金流通极为重要,且终端产品对"门对门"运输服务要求更高,因此,该类型产业通常布置在高速公路网络周边地区。

3) 信息密集型产业——高铁站与空港地区

信息密集型产业对时间成本的敏感度远远高于经济成本,高效率、高服务水平的运输才能满足信息时代人们进行密切交流与信息交换、高附加值货物运送的要求。因此,现代生产性服务业及现代物流业通常布置在高铁站与空港周边或与之交通可达性较高的地区。

表 5-11　不同运输对象需要的运输工具

运输对象	运输方式
采掘行业、重制造业、农产品等	铁路
中间产品和轻制造业、批发商与零售商之间的配送等	公路
矿产品和基本散装商品、化工制品、服装、某些农产品等	水路
轻、薄、短、小的高价值物品,以及邮件及贵重的鲜活货物等	民航
石油、浆状煤炭、天然气等	管道

例如,长沙市中心城区东部汇集了京广高速铁路、京广国铁、长沙机场、京港澳高速公路等国家级交通设施,交通条件优越,长沙南站、黄花机场等周边地区发展动力强劲,长沙南站-空港高铁复合枢纽地区适宜发展区域现代生产性服务业,空港周边宜发展高端物流业;北部地区拥有霞凝港、霞凝货运枢纽等区域性交通设施,适宜布局食品加工、矿建材料等资源型产业及初步加工、仓储物流等产业(图5-9、图5-10)。

2. 产业结构与交通货运(产业结构变化对交通货运业发展影响分析)

第一产业内部结构的演变对运输结构的影响不大,第三产业的产业大多是无形的服务产品,其对客运结构有重大的影响,但对货运结构的影响也不大,而第二产业(特别是工业)结构内部的变化对货运结构的演变有重大的推动作用。工业部门在不同的发展阶段有不同的主导产业,不同的主导产业结构势必带来不同的货运需求结构。

(1) 纺织工业为主导产业的时期。这一阶段的主要货物如纺织原料半成品、原材料、铁矿石、煤炭及一些早期的机械制品,原则上更适合便宜的、大容量的运输工具,这可以解释各国在发展初期水运占绝对比重的现象(铁路尽管也是一种很好的运输方式,但可惜的是,那时候的铁路运输技术及设备尚不发达)。

(2) 电力、汽车、化工、钢铁工业为主导产业的时期。电力、冶金、化工等重工业都是以大宗燃料及矿石为基本原料的工业,因此,这些行业的崛起大大促进了铁路运输的发展,同时也延续着水路这种古老的运输方式。特别是一些国家钢铁、石油加工工业的临海型布局及对国外原材料的严重依赖更刺激了水运业的发展。值得注意的是,在这一阶段的后期,随着资源利用率的提高、燃料结构的变化及初级产品的深加工化发展趋势,使得铁路运输持续下降,内河运输相对比重在波动中呈缓慢下降趋势,公路运输呈上升势头,这主要是因为产品加工度提高,使货物价值上升以及集装箱的推广。

(3) 以新兴技术产业为主导的产业发展阶段。在这一阶段,工业品的价值普遍很高,技术

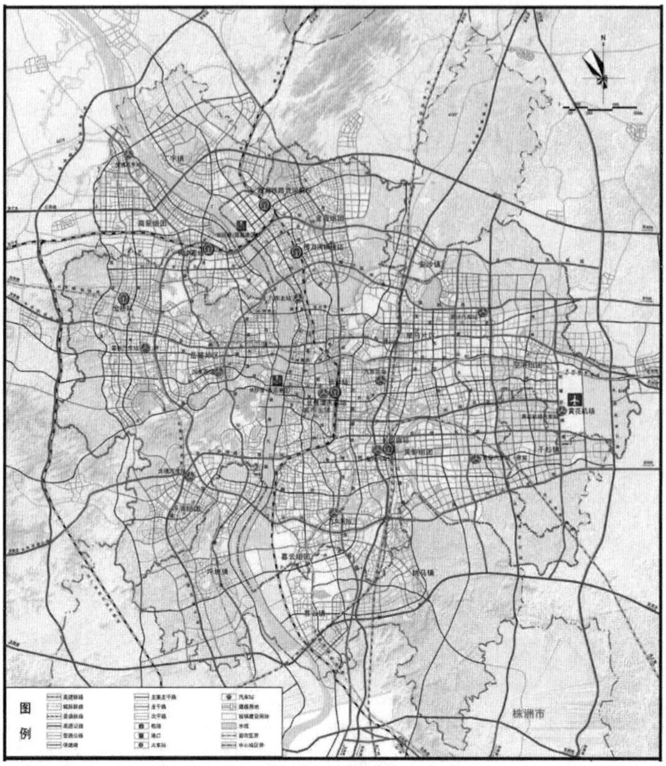

图 5-9　长沙中心城区综合交通规划

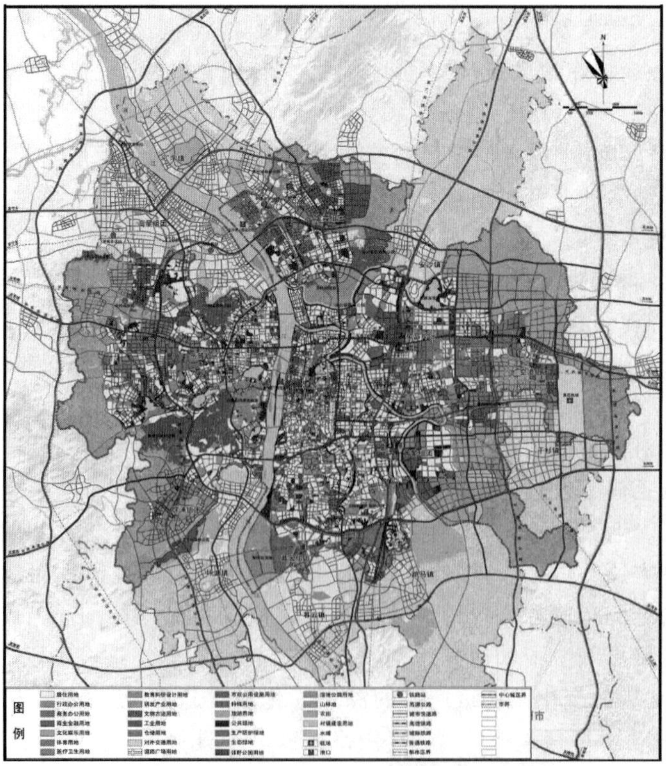

图 5-10　长沙中心城区土地使用规划

资本含量大,物资含量相对比较低。这在一定程度上减少了运输需求量,但在运输原则上则提出了更高的要求。自然,公路、航空运输比重将上升,而铁路、水运比重将进一步下降。当然,铁路、水路比重的下降是有限度的,因此它们毕竟是承运大宗散货的最适宜的运输方式。一般来说,在进入后工业社会之后,电力、钢铁等产业仍然存在(这可以从世界上的一些经济发达国家看到),这使得铁路、水路等运输方式仍然在整个运输业中占有重要的位置。

我国在 1978 年之后,产业结构由国家宏观调控和市场规律共同进行调节,并逐渐步入市场经济。通过我国自 1990 年之后三次产业结构的变化(表 5-12)及货运周转量变化(表 5-13)的对比,可以看出如下几点演变特征。

表 5-12　　我国 1990—2012 年三次产业结构变化情况

年份	第一产业	第二产业	第三产业
1990	41.6	41	17.3
1995	9.1	64.3	26.6
1996	9.6	62.9	27.5
1997	6.7	59.7	33.5
1998	7.6	60.9	31.5
1999	6	57.8	36.2
2000	4.4	60.8	34.8
2001	5.1	46.7	48.2
2002	4.6	49.8	45.7
2003	3.4	58.5	38.1
2004	7.8	52.2	39.9
2005	5.6	51.1	43.3
2006	4.8	50	45.2
2007	3	50.7	46.3
2008	5.7	49.3	45
2009	4.5	51.9	43.6
2010	3.8	56.8	39.3
2011	4.6	51.6	43.8
2012	5.6	49	45.4

表 5-13　　我国 1990—2012 年货运周转量变化情况(亿吨/公里)

年份	总量	铁路	公路	水运	民航	管道
1990	26 208	10 622	3 358	11 592	8.2	627
1995	35 909	13 049	4 695	17 552	22.3	590
1996	36 590	13 106	5 011	17 863	24.9	585
1997	38 385	13 270	5 272	19 235	29.1	579
1998	38 089	12 560	5 483	19 406	33.5	606
1999	40 568	12 910	5 724	21 263	42.3	628
2000	44 321	13 770	6 129	23 734	50.3	636

续表

年份	总量	铁路	公路	水运	民航	管道
2001	47710	14694	6330	25989	43.7	653
2002	50686	15658	6783	27511	51.6	683
2003	53859	17247	7099	28716	57.9	739
2004	69445	19289	7841	41429	71.8	815
2005	80258	20726	8693	49672	78.9	1088
2006	88840	21954	9754	55486	94.3	1551
2007	101419	23797	11355	64285	116.4	1866
2008	110300	25106	32868	50263	119.6	1944
2009	122133	25239	37189	57557	126.2	2022
2010	141837	27644	43390	68428	178.9	2197
2011	159324	29466	51375	75424	173.9	2885
2012	173771	29187	59535	81708	163.9	3177

① 随着产业经济快速发展，我国交通货运总周转量得到快速增长。

② 随着三次产业机构的调整，行业类型由"重、厚、长、大"向"轻、薄、短、小"型转变，因此，运输资源配置由水运向有利于航空、高速公路和高速铁路的方向倾斜。

③ 随着我国产业结构的继续得到完善，第二产业的固有地位进一步得到巩固，产业结构日渐趋于合理，货运增长速度放慢。

五、基于生态保护的产业分析方法

1. 生态产业分析法

生态产业是相对于现有的产业发展模式而言的，是对基于经济、社会和环境三种综合效益最大化的一种产业形态的中文表达，主要是为了体现其与传统基于单一经济效益的产业模式的区别。生态产业是通过自然生态系统形成物流和能量的转化，形成自然生态系统、人工生态系统、产业生态系统之间共生的网络。它横跨初级生产部门、次级生产部门、服务部门，包括生态工业、生态农业、生态服务业(第三产业)。

1）生态产业链

生态产业链是以循环经济为指导，通过建立"资源-生产-产品-消费-废弃物再资源化"的物质清洁闭路流动模式，建立产业内部与产业间良性互动的关系，从而保持产业之间以及内部的良性循环，减少进入生产和消费流程的投入量，强调多次利用以延长产品和服务的时间限度，把废弃物中的物质和能量再纳入生态经济系统。

例如芜湖市支柱产业包括汽车及零部件、建材、材料以及家电、电子等，可以结合产业的现状及存在问题分别构建生态汽车、生态建材以及生态电子工业链。如汽车业应继续保持自身特点，以家用、微型、低能耗为重点的环保型产品以及轻型货(客)车为主。注重清洁工艺、节能技术的应用，以保证从制造到汽车运输过程向生态型发展；建材材料应发展新型建材，增加技术含量，实行产品升级；家电电子也应围绕一系列环保产品的生产与使用，构建完善的使用网络体系，注意废旧产品的回收与综合利用等。生态产业链之间不是孤立的，而是相互联系、相互制约的。

2）生态产业体系

生态产业体系是一个涉及多方面理论体系、有着复杂网络结构的系统。自20世纪80年代开始，一些发达国家开始致力于推动生态产业体系建设，例如在日本北九州，曾被认为是日本污染最严重的城市，自20世纪90年代开始构建生态产业体系，取得良好效果。其生态产业体系主要包括以下内容：①设立针对全市26种工业生活垃圾的专用循环装置，吸引废物再利用和再制造企业进驻，积极发展新能源技术产业和妥善处理循环后残留物及其他废弃物，并用这些物质为城市提供所需电能和热量；②建设以开发环境新技术、并对所开发的技术进行实践研究为主的研究中心；③建设以培养环境政策、环境技术方面的人才为中心的基础研究及教育基地；④实施政府和企业信息公开制度。

2. 共生视角的生态产业分析法

"共生"的概念原指两种或两种以上的生物以对方为自己的生存环境，双方或多方通过自身代谢物质的互相交换或生存方式的互相补充，形成以某种特定模式共同生存、协同进化的交互关系。由于"共生"关系对物种生存所具有的较高的资源利用效率，因此这一概念被应用于产业领域，以此来说明毗邻企业之间可以互相利用对方的副产品或废弃品的排放，从而建立基于资源效率与环境效益的合作关系。

1）产业共生合作的方式

对产业共生合作的方式进行分类，类型不同所建立的废弃物或副产品的交换方式也应各异，进而所产生的合作模式也应对应交换方式而展开。

（1）废弃品交换。废弃品的交换可以是单向，也可以是双向。企业将废弃物出售给将其作为投入品的企业，不仅双方都能获益，并且还节约了处理废弃品的费用。如在上海化工区的天原烧碱生产过程中会产生大量盐泥，以前都是作为废料处理的。后来化工区引入了用该盐泥生产人行道板的公司。盐泥这种废弃品不但实现了再用，且产品的强度和耐磨性也都有所提高。

（2）组织内部的交换。为了保证废弃品的质量、提高利用率，降低以其作为投入品公司生产中的质量风险，通常在组织内部建立共生的关系。这个组织可以是某个公司，也可以是产业园区。目前在许多流程式的大型企业中，都建有这类的共生模式。如沱牌曲酒、贵糖等，都存在废弃品在组织内不同部门中的再用。在产业园区内部，也可以彼此间交换能量和其他资源，共享信息和物流、营销等公共服务。

（3）更广区域交换。在适应市场需求的过程中，企业会改变其产品结构并进而对生产方式和生产规模产生变更，由此会对原有的共生关系产生影响，在投入品来源受到限制的情况下，企业需要向更广阔交易市场寻求废弃品，从而提高共生关系的柔性。

2）共生模式的合作关系

（1）单核心企业园区。基于循环经济的投入产出产业联系的建立，还需要在不同企业间建立传输管道等专业性传输装置，通过经营管理降低不稳定性，这种合作方式由于知识隐匿效应和机会主义行为的存在，会增加合作的交易风险，因此，部分具有一定规模的公司选择在企业内构件产业共生链，形成以单个企业为主体的产业生态链，如泸州老窖等。

（2）生态产业园区。企业自身副产品利用存在不经济，或循环不充分的情况下就需要不同企业间合作，形成资源梯次利用和互换副产品的产业共生组合，通过结点企业之间建立废弃物交换，形成资源的循环再利用联系，这种模式也就是生态产业园模式。需要建立彼此信任的组织系统，保证参与各方在地理位置上的毗邻，实现资源和能源循环半径的优化，并在市场与政府的共同作用下实现产业共生与资源共享的最大化。

(3) 虚拟型产业共生网络。在环境和资源成本的压力下,企业会主动寻找更为合适的合作企业,而这种企业不仅仅局限于园区内部,可能是区域内园外企业,这就形成了基于共同利益的区际层面的虚拟型的生态产业园。

第 6 章　城市规划中的人口分析

第 1 节　人口分析内容

一、人口与空间

人口是规划的基础，空间规划研究人类对空间的合理利用，而人口空间分布构成人类活动的研究基础。人口分析不仅是不同空间层面总体规划的核心内容，也在很大程度上决定了各专业规划，诸如公共服务、基础设施、交通规划、住房、可持续发展等。

人口空间分布是高度不均衡的。在宏观层面上体现为区域差异，如我国胡焕庸线两侧的人口密集区和稀疏区差异；在微观层面上体现为聚落差异，绝大多数人口分布在面积占比较小且居住密度差异明显的城市、城镇、村庄等聚落中。因此，人口空间分布不均衡性及其原因分析是人口分析的主要内容。

人口空间分布是动态的。人口的空间分布并非一成不变，而是随着时间的推移会发生变化有时甚至是剧烈的变化——诸如上海的近代崛起对长三角空间结构变化的影响，改革开放以后深圳的崛起对珠三角空间结构的变化等。区域空间结构演变通常是规划关注的重点，但从根源上而言，区域空间结构变化在很大程度上取决于人口空间分布的变化。因此，研究人口空间分布变化及其原因分析也构成了人口分析的研究内容。

人口空间分布及动态变化是有规律的。一个区域为何呈现特定人口空间分布状态？其人口分布状态随时间变化的趋势如何？这种趋势能否外推到未来从而为规划提供依据？规划中的人口分析，旨在揭示区域人口分布的特征、变化趋势及原因的一般规律，并将其用于对未来的推导和预测。

综上所述，与纯粹的人口学研究不同，规划中的人口分析与人口地理学相似，侧重于人口空间分布研究，通过揭示区域人口空间分布特征、趋势及原因的一般规律，并将其用于未来的推导和预测。

二、估计、推导和预测

规划中的人口分析包含了对过去趋势、当前状况（简称历史数据，下同）的分析，其目的在于增强对区域人口的了解，但考虑规划的未来导向，人们更关注的是人口分析的预测功能，即对未来的预期判断是否可靠。

预测因社会现象的不确定性而具有极大的风险，好的预测通常建立在历史数据分析基础上。在探讨历史数据规律以用于未来预测的过程中，出现三个常被混用的术语：估计（Estimation）、推导（Projection）和预测（Forecast），厘清其概念有助于更好理解从分析到预测的思路。

对历史数据的规律探讨常通过模型的方法进行，模型方法表现为建立在一系列假设基础上的数学陈述。根据期限的差异可区别估计与推导的概念。通过模型方法对过去或现状指标进行计算称为估计，估计具有两方面的意义，一是对缺失的历史数据进行估计，二是通过历史观察数据和估计数据的比较对模型进行检验。而推导则是依据模型对未来年份的指标计算。

预测是对未来最大可能性的判断。如果说估计和推导是在特定假设下依据历史数据进行的预判，具有主观和客观结合的特征，而预测则完全依赖于主观。在我国当前语境下，通常将推导和预测均称为预测，两者实际具有区别：在特定假设下利用历史数据计算判断未来趋势为推导，而对各种推导结果的最大可能性进行判断称为预测。

三、规划中人口分析的基本内容

规划中人口分析的基本内容为人口时空分布变化过程的分析，无论是历史数据分析还是未来趋势预测，均涉及人口、空间、时间三个范畴，具体包括以下四个部分的内容：人口规模、人口构成、人口分布和人口变化。人口规模为最基本的综合指标，其在人口学、空间和时间维度上的特征表现为人口构成、人口分布和人口变化。

第 2 节　人口分析基础

人口分析不仅是人口推导、预测的基础，同时也是深入了解规划区域的基础。区域人口增长还是减少？净迁出还是净迁入？年龄结构老龄化还是年轻化？空间分布趋于集中还是均衡？……所有这些对于深入了解区域的特征及未来转型规划需求均具有重大意义。

一、人口规模

人口规模是最基础也是最直观的人口指标，研究对象区域有多少人口乃是首先需要了解的内容。

尽管人口规模十分直观，但需要注意的是，同一区域不同统计口径下的人口规模可能相差极大。国际上普遍的统计口径为常住人口，即长期居住在该区域的人口。在我国，由于户籍制度的影响，使得区域人口的统计口径十分复杂(图 6-1)。

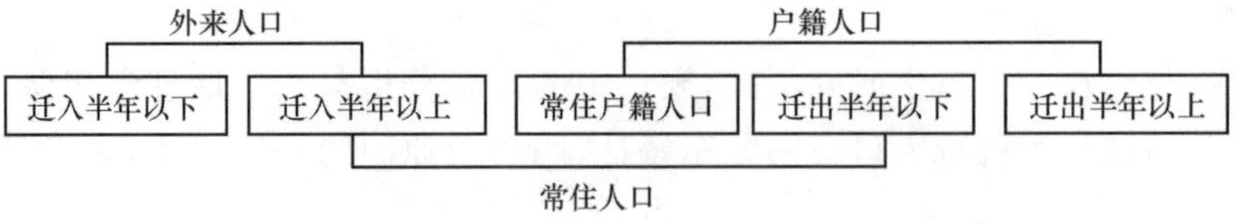

图 6-1　我国人口统计口径示意图

我国的户籍制度不仅将人口分为农业和非农业户口，也通过户籍登记制度将人口户籍登记在特定政区内并在户籍上附加社保福利等公共服务。基于人口管理的方便，我国政府长期采用户籍人口口径，即户籍登记在该区域的所有人口而不考虑当前实际居住在何处。常住人口指居住于该区域 6 个月以上或居住不满 6 个月但离开户籍登记地 6 个月以上的人口，是该地区的实际长期居住人口，也是当地资源、设施的实际使用者。随着改革开放以来人口流动性的增强，户籍人口与常住人口口径之间的反差日益增大。发达地区常住人口远大于户籍人口，如东莞市六普时期户籍人口为 182 万人，而常住人口为 822 万人；欠发达地区则常住人口远小于户籍人口，如贵州正安县户籍人口为 64 万人，但常住人口仅 39 万人。

人口统计口径不仅影响人口规模判断，也同样影响对人口构成、人口变化和人口分布的特征的判断。根据人口迁移年龄结构模式，年轻成人(15～35 岁)处于人生重大事件(如入学、参军、就业、成家、结婚等)的高频期，从而成为迁移人口的主体。常住人口中的移民群体也具有不同于户籍人口的文化程度、性别结构。例如，以户籍人口作为标准，可得到发达地区人口减少且趋于老龄化的判断，但基于常住人口判断，则得到人口迅速增长且趋于年轻化的判断。因此，对我国而言，尽快实现从户籍人口口径转向常住人口口径为当务之急。

二、人口构成

人口增长及空间分布的特征在很大程度上依赖于人口的构成。主要人口构成包括年龄、性别、文化程度等，其他结合具体研究可包括户口类型、就业状况、婚姻、民族状况等。

年龄与性别构成是规划中最重要的人口构成。个体或家庭的就业、迁移、公共服务使用等诸多社会经济活动在很大程度上取决于人口生命周期，亦即人口的年龄构成在很大程度上决定了人口的社会经济活动特征，性别构成强调了性别差异对社会经济活动的影响。年龄性别结构的意义在于：规划中诸如教育、医疗、养老等公共服务设施及就业岗位等规划需充分考虑性别年龄结构的影响；死亡、生育和迁移等人口过程也在很大程度上取决于人口的年龄性别构成（图 6-2）。

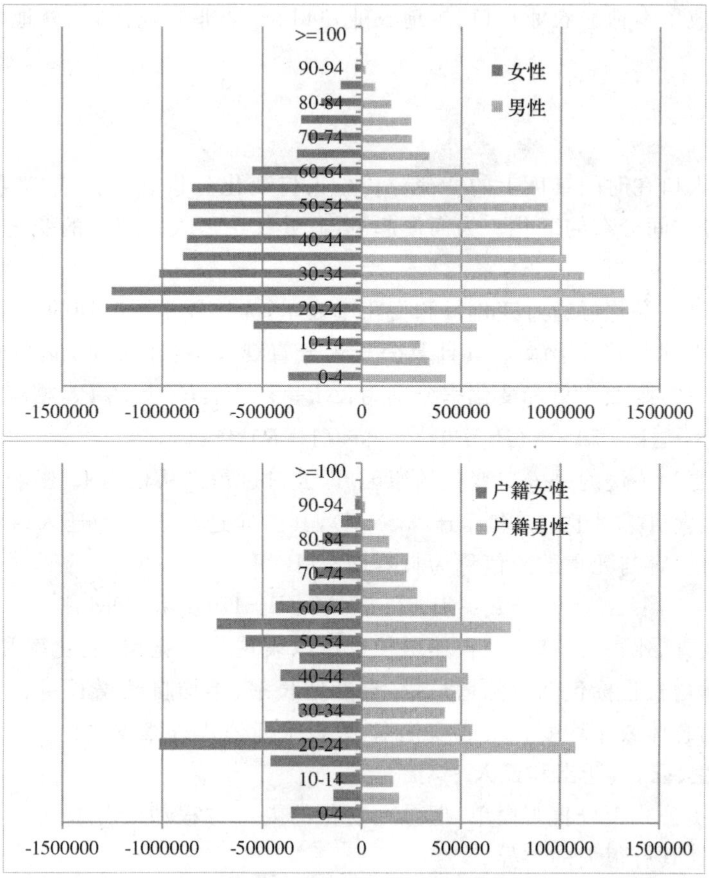

图 6-2 上海市“六普”常住人口（上）和户籍常住人口（下）百岁图

（资料来源：根据上海市人口普查数据计算）

人口年龄构成通常以与性别构成相结合的性别年龄队列（age cohort）进行描述，通常按照分性别 1 龄组或多龄组（通常为 5 龄）进行分类，由此形成人口百岁图。根据人口百岁图可将人口年龄结构分为增长型（金字塔型）、稳定型（纺锤型）和衰减型（倒金字塔型），从而可以判断人口自然增长的潜力。在分析中也常采用粗略的分组方法，如将人口分为未成年人口（15岁以下）、劳动人口（15～60）和老年人口（60岁及以上）。

文化构成体现了区域人力资本质量，识字率和特定文化程度以上（如高中或高等教育）是国际上度量人类发展指数的常用指标，是判断区域产业发展、公共服务需求的重要指标。国外常用的民族/族裔（national/ethnic）构成通常也隐含了文化差异，但并不强调价值判断。

中国的人口构成分析中值得关注的是人口户籍构成。由于户籍制度的影响，使得区域人口根据户籍地差异可分为多种类型，并成为我国当前的主要社会议题。按照户籍制度，我国人口按照户籍状态被分为农业人口和非农业人口，尽管两者常被称为城镇人口和农村人口，但两者实际上因不同划分标准而差异巨大，农业/非农业人口根据户籍状态划分，而后者根据居住地类型划分，通常而言，非农业户口享有更多的政府公共服务，体现了人口的城镇化质量，后者按照居住地划分，反映了城镇化的数量。更为复杂的是，户籍状态依附于特定政区，即使同为非农业户口，其享有的公共服务也因所属城镇而异——典型的如民间对一线、二线、三线、四线城市的划分，非本地户籍人口在本地并不能保证享有城市相应的公共服务。因此地域与城乡户口状况组合形成了本地非农业户口、本地农业户口、外地非农业户口、外地农业户口的类型差异。

三、人口变化

人口变化是人口在时间维度上的特征分析。人口变化分析既可是人口规模的变化，也可是人口构成、人口空间分布的变化。为简便起见，此处仅论述人口规模的变化。

1. 人口平衡公式

人口规模随时间变化可通过变化量和变化率表示，为比较不同时期的变化速度差异，往往将其表达为年均变化量或变化率。其计算公式十分直观，假定在时间 t 内的初始人口和期末人口分别为 P_0 和 P_t，则变化量和变化率分别为：$\Delta P=P_t\text{-}P_0$，$R=\Delta P/Pt$，相应的年均增长量与增长率分别为 $\Delta p=\Delta P/t$ 和 $r=(Pt/P0)^{1/t}-1=(1+R)^{1/t}-1$。

人口分析中更为关注的是人口变化的原因，即人口过程。从根本上，影响人口变化的人口过程包括三种：生育（B）、死亡（D）和净迁移（NM），其中净迁移表达为迁入（IM）和迁出（OM）的差值，有时也将生育与死亡的差值称为自然增长（B－D）。即：

$$\Delta P=P_t-P_0=\mathrm{B}-\mathrm{D}+\mathrm{NM}=\mathrm{B}-\mathrm{D}+\mathrm{IM}-\mathrm{OM}$$

与之类似，生育、死亡、迁移以及自然增长也可以表现为变化量、变化率和年均变化量、年均变化率，如自然增长指标包括自然增长量、自然增长率、年均自然增长量、年均自然增长率。很明显，无论采用总体或年均变化量或变化率，人口平衡公式依然成立。

2. 人口过程：出生、死亡、迁出和迁入

尽管人口平衡公式十分直观简单，但导致变化的人口过程却十分复杂。不同人口过程对人口自身的依赖性具有很大的差异。

出生和死亡主要源于人口本身，独立于其他外部变量。例如增长型的人口年龄结构意味着更多比例的人进入生育阶段，将使得人口的出生率增加，而衰减型人口则拥有更多的老年人口和较高的死亡率。尽管外部变量对人口出生、死亡也具有影响，如灾荒和战乱会增加人口死亡，计划生育政策降低人口的出生，但外部因素主要通过人口本身而起作用。因此可以认为，出生、死亡主要源于人口本身，在特定的生育意愿和预期寿命条件下，出生和死亡仅取决于初始人口性别年龄构成，并反过来改变了人口年龄性别结构。

迁移则要复杂得多，且具有更高的外生性，迁入与迁出相比具有更高的外生性。迁出取决于对象人口对人口以外的条件刺激的反映，例如本地经济环境恶化和外部吸引力增强导致的人口迁出，但无论如何，迁出是即本地人口的选择行为，因此可以说迁出内生于本地人口，迁出率即迁出人口与本地初始人口的比率具有实际意义。与之相反，迁入率则完全外生于本地人口，其潜在风险人群为与本地人口无关的外部人口。因此从这个意义上而言，迁入率即迁入人口与本地初始人口的比率并非一个合理的概念，尽管能体现迁入人口对本地人口的影响。典型的如深圳的快速崛起，其人口增长与作为渔村的初始人口并无太大关系。人口分析与预测中，迁入的高度不确定性一直是个难题。

人口过程构成人口变化的内在动力，人口研究一直致力于探讨人口过程中人口自身和外部因素的作用机制，以利于人口趋势分析和推导预测。

3. 人口空间分布

人口规模、人口构成和人口变化很少从空间角度进行分析，在实际规划实践中也是如此。首先，人口空间分布对于总人口规模预测关系不大；其次，人口规模、人口构成和人口变化可在不同空间尺度上分别进行，降低了人口空间分布分析的必要性。但是，随着城乡统筹理念的提出和区域间人口流动规模的增加，人口空间分布在规划人口分析中正日益重要。

实际上，规划中的人口空间分布分析实质上以另一种隐含的方式进行，即城市化水平和城镇体系规模结构研究。从本质上看，城镇化和城镇体系规模结构（正逐步扩大为城乡聚落体系）实质人口或部分人口的空间分布。如前所述，城镇人口、农村人口实际上是一种聚落类型的地域划分，因此城镇化是研究人口在城、乡两大居民点类型中的分布，而城乡聚落体系研究人口在具体居民点中的分布。以城镇化和城镇体系规模结构取代人口空间分布分析，是城市规划应对快速城镇化的权宜之计，相对而言是比较粗疏的。首先是城镇化水平仅考虑了人口在城镇、乡村的相对比例，城镇规模结构考虑城镇人口在各城镇间的分布，对农村居民点考虑不足。其次，人口空间分布涉及人口规模、人口结构和人口增长等的空间分布，城镇化水平与城镇体系规模分布仅考虑了总人口的分布状况。

人口空间分布的分析是多方面的，既可以是人口规模的空间分布，如人口密度、各居民点规模等，也可以是人口结构和人口变化的空间分布，如城镇化水平、非农人口比例、人口增长率的空间分布等。多方面了解人口的空间分布，不仅具有人口方面的意义，也有助于掌握区域的发展水平、特征的空间差异及其动态趋势。

第 3 节 人口规模的推导

一、人口推导与预测的思想演变

预测是伴随人类社会始终的一种活动，预测未来始终对人们而言具有巨大的诱惑力，产生卜筮星占等预测手段。科学的发展并未完全解决预测问题，而是将预测的分析基础变成推导，对推导结果的选择仍需建立在主观判断的基础上。即使是推导，其假定条件依然含有很强的主观判断。因此预测（含推导）难以摆脱主观判断因素，是建立在客观数据分析基础上的主观判断。

人口预测本质上是判断人口变化的时间趋势，在影响人口变化的主要过程中，既有出生、死亡、迁出等内生动因，也有迁入等完全不依赖人口的外生动因，因此其人口预测涉及人口自身特征、区域条件和外部条件等多种复杂因素。在长期发展中,形成以下趋势型预测与目标型预测两种人口预测传统。

趋势型预测的人口变化具有较强的路径依赖型,即未来人口趋势依赖于过去和现状的发展历史路径,时间趋势较为明显。目标型预测的人口变化主要取决于外部因素影响,如大项目投资导致的外部人口大量迁入,其人口预期对过去、现状的依赖较小,主要取决于项目的目标安排。从现实发展看,除少数情况以外,多数情景下人口变化呈趋势型发展,具有较强的路径依赖性,因此趋势导向型预测成为最主要的预测方法,目标导向型主要用于特殊情形。

人口预测具有多种方法,每种方法都有特点的假设条件和局限性,选择何种预测方法取决于以下因素:研究目的,是仅得到总人口规模还是更多的人口构成和空间分布;数据资料,不同的方法具有不同的数据要求,数据的可获得性限制了方法的使用;工作量与时间要求,在特定目的和数据条件下,人们总希望采取最简单的方法达成目标;技术水平,人们总希望使用熟悉的方法;方法的优劣势,每种方法都有其优势和限制,对方法优劣势的权衡影响方法选择。

二、趋势型推导——趋势外推

人口变化的趋势似乎具有某种稳定性和规律性,利用这种人口变化时间趋势稳定性和规律性的方法称为趋势外推法,该方法假定过去直至现在的历史趋势可以顺延到未来,从未为预测中的推导提供了依据。

人口变化的时间趋势规律性表现因观察数据而异,根据所表现出的规律性的不同形成了各种趋势外推模型,每种模型均体现了人口变化时间趋势的特定规律,由此形成了适用于未来推导的假定。趋势外推法可供选择的模型很多,常用的包括线性模型、指数模型、抛物线模型和逻辑斯蒂模型,每种模型体现的历史数据规律或未来推导假定是不同的(表 6-1)。

表 6-1　　趋势外推法模型

模型	公式	假定
线性模型	$P=a+b.t$	年均人口变化量恒定
指数模型	$P=a.b^t$	年均人口变化率恒定
抛物线模型	$P=a+b_1.t+b_2.t^2$	恒定年均增长量+恒定年均增长率
逻辑斯蒂模型	$P=P_m/(1+a.e^{bt})$	年均增长率倒数恒定

* 说明:P(daxie)人口,t 以起始年份为 1 的相对时间年份,P_m 最大极限人口,a 和 b 为回归参数。

趋势外推法选择何种模型需要根据人口增长趋势散点图进行初步判断。以时间 t 为横坐标,人口 p 为纵坐标绘制散点图,初步选择所拟合的模型,得到模型公式和 R^2 值,后者表示模型拟合程度。以上海 1985—2012 年常住人口增长为例,可通过不同趋势外推模型方法对其进行推导。其中逻辑斯蒂方法需确定人口最大容量,根据 1985—2000 历年增长率,增速最快的为 2006 年的 50.4%,理论上假定该年人口处于最大容量的 1/2,可得到最大容量 P_m 约为 4000万人,在此基础上通过对数转换 $\ln(P_m/P-1)=\ln a+b.t$ 进行线性拟合,得到参数 a、b 后将其代入原公式(图 6-3)。

从 1985—2012 年人口增长的各种模型拟合看,抛物线模型的拟合度最高,指数模型次之,线性和逻辑斯蒂模型拟合程度最低。利用上述模型拟合公式对 2040 年上海市人口进行推导,可以发现不同数据相差很大,其变化范围从 3278 万人到 6083 万人(表 6-2)。

表 6-2　上海 1985—2012 年人口趋势模拟和 2040 年人口推导

模型	公式	R^2	含义	2040 年人口(万人)
线性	$P=43.161t+1078.3$	0.9311	年均增长量 43.1 万人	3452
指数	$P=1153\times1.026^t$	0.9649	年均增长率 26%	4730
抛物线	$P=1.5891t^2+0.256t+1264.2$	0.9968	非线性增长为主	6083
逻辑斯蒂	$P=4000/(1+2.6e^{-0.0448t})$	0.9401	年增长率与 $P_m/p-1$ 呈正比	3278

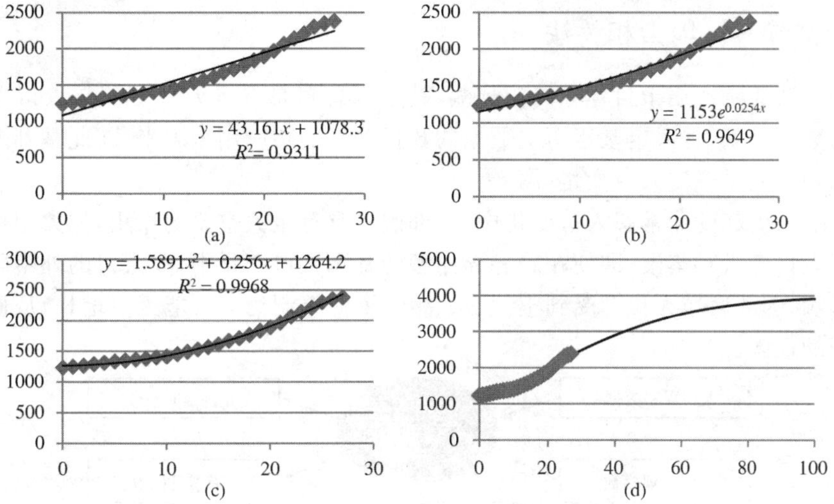

图 6-3　上海常住人口 1985—2012 年模型拟合

(a　线性模型，b　指数模型，c　抛物线模型，d　逻辑斯蒂模型，为反映长期趋势，时间轴加长到 100 年)

趋势外推法具有数据要求少和简单易行的优点，因此成为规划中最常用的预测方法。但其不足也是很明显的。首先，该方法每次只能预测一个变量，预测多个变量时需要多次进行预测，且难以反映不同人口亚群体的时间趋势差异，如上海市户籍常住人口与非户籍常住人口具有明显的增长趋势差异(图 6-4)。此外，该方法关注于人口时间趋势的表象，未涉及人口变化的影响动因。

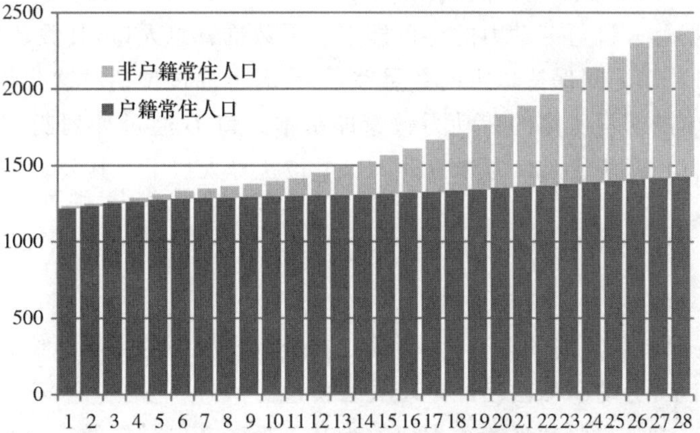

图 6-4　上海市 1985—2012 年户籍常住和非户籍常住人口

城市规划实践中常用的一个方法为综合增长法，在本质上也是一种趋势外推法。不同之处在于，趋势外推法仅从时间和人口的拟合模型进行推导，综合增长法则需要确定预期的人口

增长率 r 后进行推导。趋势外推法中的指数模型与综合增长法较为类似，但仍存在一些差别。综合增长法的公式为 $p_t=p_0(1+r)^t$，而指数模型公式为 $pt=ae^{bt}=P_0e^{(1+r)t}$，虽然两者的 r、t 均指增长率与时间，但两者的 r 是有区别的，若将两者分别标记为 r_a 和 r_b，则可以得到 $1+r_a=e^{r_b}$ 或 $r_b=\ln(1+r_a)$，前者为增长率观察数据 $r_a=\frac{\Delta p}{\Delta t}$，后者为年均瞬时增长率，即 $r_b=\lim\limits_{\Delta t\to 0}\frac{\Delta p}{\Delta t}$。如通过模型计算得到的上海市 2000—2010 年的公式为 $p=1153e^{0.0254t}$，其 $r_b=25.4‰$，转化为年增长率为 $r_a=ln(1+0.0254)=25.7‰$。

三、目标型推导——因素相关法

因素相关法通常适用于目标导向型预测，其基本思路是寻求人口变量与人口以外的外生变量之间的数量关系，并假定基于历史数据的数量关系能够应用于未来，在此基础上通过作为目标的未来相关变量确定人口变量(图 6-5)。

以外生变量引起的非常态人口变化中，外部因素具有至关重要的作用，如大型项目或区域政策导致的人口迁入和集聚；即使在趋势导向型的常态人口变化中，非人口的外生因素也发挥着重要的影响，因此区域人口会受到土地、水、生态资源等制约不可能无限增长，从而界定了区域人口增长的极限。

图 6-5

图 6-5 中，因素相关法预测思路很明显，资源环境和经济产业是影响人口的两大相关因素，前者通过需求吸引人口从而导致人口增长，后者通过支撑承载限制了人口的最大容量。

1. 经济相关——劳动平衡法与就业乘数法

经济相关法通过经济指标与人口变量之间的关系模型，从而依据经济指标预期推导人口指标。该方法遵循“经济—劳动力—人口”的分析路径，通常适用于大型项目主导的发展模式。

计划经济体制下的劳动平衡法遵循的即经济相关法的思路，根据经济发展计划确定劳动力用工计划，再根据总人口与劳动力的比例即带眷系数推算总人口，其假定条件为：经济发展、劳动力数量和人口数量之间保持恒定的数量关系，或者可通过预期对这些数量关系进行调整。在劳动平衡法中，生产部门所需的劳动力数量即基本人口 B 通过计划制定，为基本人口服务的劳动力为服务人口 S，其余人口为非劳动人口或被抚养人口 F。其公式为：

$$P=B+S+F=B\alpha\beta$$

式中，P 为人口，B、S、F 为基本人口、服务人口和被抚养人口，α 为劳动人口与基本人口之比，β 为总人口与劳动人口占之比即带眷系数。

随着计划经济向市场经济的转变，大型项目在经济发展中的主导地位日益弱化，基本人口的确定变得十分困难，劳动平衡法已经逐步失去价值。

在市场经济条件下，与劳动平衡法类似的为基于投入产出分析的就业乘数法，根据投入产出理论，一行业的产值、就业与国民经济各行业部门间存在着复杂的投入产出关系，因此可以计算出某行业的单位产值或就业增长能带动其他各行业的产出和就业增长，从而能够计算出该行业单位产值或就业增长对整个经济产值或总就业的带动作用，这种放大作用被称为“乘数效应”，如将某行业增加就业岗位属记为 B，该产业就业的乘数为 α，带眷系数为 β，则根据投入产出理论可得到 $P=B\alpha\beta$，尽管与劳动平衡法一致，但此处的 α 为某行业的乘数。显然，此种方法特别有利于大型项目主导的发展模式，通过大型项目的就业人数，可以推导出总就业人数和总人口。

经济相关方法理论上较为直观，但具有以下问题。首先需要明确经济、就业和人口之间的关系以及其随时间变化的趋势，但这些关系很难掌握。未来的行业发展水平、行业单位产出所需劳动力数量、行业间的就业投入产出，甚至带眷系数均会随着时间而变化迅速，将源自观察数据的数量关系用于未来预期存在着较高的风险。其次，该方法在理论上存在循环论证的问题。在单一投资主体的情况下，“投资—就业—人口”的逻辑清晰，但在投资主体多元化以及的自我就业普遍的情况下者，将导致“人口集聚—投资增加—经济发展—人口集聚”的循环论证。这些劣势使得该方法仅适用于大项目投资明确且居住主导地位的发展模式。

2. 要素制约——承载力法

承载力法通常根据关键要素制约推导区域的最大或最适承载力，同样是一种目标导向的预测。尽管理论上很多趋势预测并无上限——逻辑斯蒂模型方法除外，但实际上区域中存在着很多制约因素，诸如可开发(建设、耕种)土地资源、水资源和生态环境容量。因此在最新的国土空间规划编制中，要求进行“双评价研究”，其中一个评价就是资源环境承载力研究。尽管有些时候也将一些人工设施基础作为承载力依据，诸如城市供水设施能力、能源供应等作为约束，但考虑技术进步因素，这些人工设施方面的约束是可以解决的，因此要素约束主要考虑资源及环境约束。

资源承载力方法的思想十分简单，可统一表达为如下公式：

$$P=M/m$$

式中，P 为人口，M 为区域资源量，m 为人均最低或最适资源量。但问题的关键在于 m 的度量和确定十分困难，m 值的确定受研究目标和价值判断的影响。从研究目标上看，首先可以分为最大承载力和最佳承载力，判断最大承载力时 m 选择最小指标，判断最佳承载力时 m 选择合理指标；其次，针对城市和区域整体也有不同的判断标准，以水资源为例，城市人口规模仅考虑城市用水，而区域人口规模需考虑数量可观的农业灌溉用水，区域间农产品贸易的广泛存在也增加了问题的复杂性。从价值判断上看，目前所有标准的确定多为经验性的，并无明确或权威的标准，如仅以城市建设用地而言，人均城市建设用地多少最合理？人均建设用地的最低极限在哪里？这些问题尚缺乏合理的解释。

除规划中通常考虑的土地、水资源承载力以外，随着可持续发展观念的普及，生态承载力逐渐成为关注的焦点。其中最著名的“生态足迹”，指在一定技术水平下，维持特定人口单位所需的生物性生产土地(biological productive land)的面积，生物生产性土地包括耕地、草原、森林、化石能源土地、建设用地和水域 6 类，并可通过均衡因子折算为统一单位，而产量因子被用于不同国家的同类生物性生产土地生产力的差异度量。

根据人均消费物品及其对应的生物生产性土地面积，可计算出人均生态足迹：

$$EF=\sum_{i=1}^{n} ci/pi$$

式中，EF 为人均生态足迹，i 为消费的物品种类，ci 为人均消费量，pi 为单位 i 物品对应的生物性生产土地面积。

而从区域供给的角度可计算人均生态承载力：

$$EC = \sum_{j=1}^{6} a_j r_j y_j$$

式中，j 为生物生产性土地类型，aj 为区域人均 j 类生物生产性土地面积，rj 为均衡因子，yj 为产量因子。

根据区域人均生态足迹和人均生态承载力的比较，$EC-EF$ 为区域的人均生态盈余，$EF-EC$ 人均生态赤字。

可见，生态足迹方法实质是在世界平均生产水平下提供了不同区域生态供给和需求的比较度量，其生态足迹、生态承载力的单位表现为生物生产性土地面积，并未涉及规划人口分析中所关注的人口规模。将其进行适度转化可变为区域人口生态容量问题，假定区域现状人口数量为 P_0，则区域在特定人均生态足迹下的人口容量为：$P=P_0.EC/EF$。

生态足迹法的本意在于度量、比较不同区域的生态环境供给和需求，利用生态足迹法进行分析人口生态容量时需注意以下问题。首先，生物性生产土地的分类未考虑到类型之间的兼容问题，比较典型的为化石能源用地，其含义是用于吸收化石能源环境污染的用地，实际上林地与化石能源用地的功能在很大程度上是兼容的，即林地不仅具有产品功能，也具有吸收化石能源环境污染的功能；其次，生物性生产用地与宜居性是两个不同的概念，人类聚居环境与生物聚居环境选择具有很大的不同，并非所有生态富余区都适于人类居住，如热带雨林和亚寒带泰加林。最后，人类能够在多大程度上忍受生态赤字率或生态阈值问题尚未明确，从总体上看，生态足迹建立在区域均衡的思想上，但由于区际贸易的广泛存在，跨区域解决很多生活消费品供给已经成为一种常态，由此可导致人口在空间分布上的高度不均衡，在排除生活物品所需生物生产性用地后，仅出于生态环境的最低生态足迹仍不明确。如日本的生态赤字远高于我国，但其生态环境质量并未恶化。

第 4 节　人口构成的推导——队列成分法

趋势外推法与相关因素法通常根据人口与时间或相关因的数量关系进行模拟，并非解决人口变化的动因问题，同时也无法预测人口的结构和空间变化。因此引入队列成分法以解决人口变化动因分析和人口构成预测。

队列(cohort)指具有相同(单龄组)或相近(五龄组)年龄的人群。通常的出生率、死亡率、迁移率都是以人口整体作为分母考虑的，但实际上，生育、死亡和迁移具有很强的年龄相关性，即不同年龄(组)的人口过程发生频率差异很大，例如 15 岁以下和 50 岁以上人口与生育基本无关，死亡主要发生在老年阶段，而迁移主要集中在年轻成人(15～35 岁)阶段。

将总人口按照年龄队列进行推导的方法称为队列成分法，其中队列指年龄组，成分指针对各队列的出生、死亡、迁移等人口过程。其方法是在考察不同队列死亡和迁移的基础上，以组距(1 年或 5 年)为时间单位进行人口转变推演，然后将生育年龄段女性的生育人口添加到因转变而空缺的顶端队列(0 岁或 0～4 岁)中。需要注意的是，在对队列而非总人口进行推导计算时，所采用的人口过程指标应适当变化，首先，所有人口过程指标都是与时间单位或组距(1 年或 5 年)一致，即逐年推导用年指标，5 年推移用 5 年年均指标，其次，由于人口基数由总人口变为队列人口，因此出生通常以年龄生育率表示，即每千名特定年龄段女性的生育数量，死亡以存活率衡量，即特定队列人群能够存活到下一时期(1 或 5 年)的比例或概率。

队列推移法由两个基本公式组成：

$$ {}_nP_{x+n}^{t+n} = {}_nP_x^t ({}_nM_x + {}_nS_x) $$

$$ {}_nP_0^{t+n} = \sum_{x=j}^{k} nP_{fx} \cdot {}_nF_X $$

第一个公式诠释了初始时刻 t 所有队列的变化动力。其中 n 为队列组距和推导时距，x 为队列组距下限，${}_nP_x^t$ 为 t 时刻 x 岁到 $x+n$ 的队列人口，${}_nP_{x+n}^{t+n}$ 为 $t+n$ 时刻 $x+n$ 岁到 $x+2n$ 岁的队列人口，${}_nM_x$ 和 ${}_nS_x$ 分布为该队列在 t 至 $t+n$ 时段的净迁入率和存活率。很明显，${}_nP_{x+n}^{t+n}$ 为 ${}_nP_x^t$ 队列在 t 到 $t+n$ 时段经存活（死亡的另一表现）和净迁移变化的结果。

第二个公式说明了新生人口的补充。随着人口队列推移，最年幼的 ${}_nP_0^t$ 队列将变为 ${}_nP_n^{t+n}$ 队列，而在 $t+n$ 时刻的 ${}_nP_0^{t+n}$ 很明显由 t 到 $t+n$ 时段的新生人口组成。因此 ${}_nP_0^{t+n}$ 是唯一由生育而非存活转变而来的队列。其中 ${}_nP_{fx}$ 为 x 岁到 $x+n$ 岁的女性人口，${}_nF_X$ 为该队列的 n 年生育率，j、k 为生育年龄的上下限，即 $t+n$ 时刻的最年幼队列由所有育龄妇女在 t 到 $t+n$ 的生育人口组成。

可见，队列成分法所具有的假定为：生育、死亡、迁移等人口过程遵循严格的性别年龄进度，观察数据的年龄进度可用于未来推导。虽然在计算上较为简单，但队列成分法对数据的要求较严格，首先，需要将人口分为性别、年龄梯队；其次，需要获得各性别年龄梯度的生育、死亡和迁入、迁出数据；最后，由于性别年龄队列的生育、死亡、迁入、迁出数据通常为年度数据，为使推导时距与年龄组距一致，需要将年度指标转化为时距数据，如将年度死亡率转化为 5 年期的存活率，而这一转换计算十分复杂，以迁移为例，由于重复迁移的存在，五年平均迁移率总是小于年均迁移率的 5 倍。因此，队列成分法的应用取决于固定时距（5 年或 10 年）人口过程指标的获得。这也在很大程度上限制了队列成分法的应用。然而队列成分法的优势是很明显的，首先，能够获得预期年份的人口总数和性别、年龄结构，这对于公共设施布局、劳动就业和经济发展等专项规划具有很大的意义；其次，队列成分法不仅能够推导人口，还能够反映出人口的变化动因，说明人口变化主要是源自生育、死亡还是迁移，可为人口变化引导对策提供依据。

与队列模型方法相关的另一项研究进展是人口过程年龄进度的模型化方法。即各年龄队列的人口过程不再依赖于发布的数据，而是根据历史数据构造人口过程（生育、死亡、迁移）的年龄进度模型。相关研究表明，人口过程的年龄进度模型具有较强的稳定性，在一定时期、一定地域范围内具有普适性，特定时空人口的年龄进度模型可将生育率、死亡率（或存活率）、迁出率、迁入率表达为年龄的函数，通过分性别的年龄就可以判断出其人口过程的发生概率，从而为队列成分法提供了更便捷的分析工具。

第 5 节　人口空间分布推导

尽管对不同分区单独使用人口规模、人口结构的预测可解决人口空间分布问题，但这种做法将导致巨大的工作量。因此在人口规模和人口结构已知的情况下，如何预测人口空间分布，对于空间规划具有重要的意义。

规划中的一些人口分析如城镇化水平预测和城镇体系规模结构研究已涉及人口空间分布，只是并未明确全面地考虑人口的空间分布问题。为使人口空间分布预测不仅限于城镇化和城镇体系，真正实现区域整体的人口空间分布研究，本节按照由浅入深、由熟悉到陌生的思路，分别介绍城镇化水平预测、城镇体系规模结构和人口城乡分布的主要方法。

一、城镇化水平预测

城镇化水平实质是人口的城乡分布问题。城镇化水平在人口上体现为城镇人口在总人口中的份额,而城镇、乡村人口的划分又牵涉到城乡地域界定问题。城乡地域界定涉及两个方面:什么样的居民点算城镇?城镇的空间范围如何?关于前者,城镇包括城市和建制镇两种类型,城镇的统计范围根据国家统计局2008年发布的《统计上关于城乡划分的规定》,城市的城区包括市、区政府驻地实际建成区连接到的居委会和其他区域,城镇的镇区包括县、镇政府主导实际建设连接到的居委会和其他区域。此外,将与政府驻地建成区不连接的人口在3000人以上的特殊区域(如独立工矿、开发区等)也视为城镇地域。

由于城镇化水平反映了人口分布地区的类型划分,是城乡居民点规划的基础,因此在城市规划中具有重要地位,城镇化水平预测成为城市规划中的核心内容之一。

城镇化水平预测具有两种路径,以城镇人口为预测对象和以城镇化率为预测对象。以城镇人口为对象运用前述的人口规模预测方法同样可预测出城镇人口,从而与区域人口比较得到城镇化率。以城镇化率为对象进行预测,首先得到城镇化率,然后与区域人口比较得到城镇人口。

在以城镇人口为对象的预测方法中,值得关注的是剩余劳动力转移法,该方法是一种目标导向的因素相关预测方法。通过建立农业土地数量与所需农村劳动力数量的关联,从而根据农村人口推导逆推城镇人口。其公式为:

$$Pu = P - P_r = P - \frac{S}{L}\alpha(1+\beta)(1+\gamma)$$

式中,P_u为预期城镇人口,P为预期区域人口,P_r为预期农村人口,S为预期农用地数量,L为预期单位农用地所需劳动力,α为农村就业数与农业就业数的比例,β为农村劳动力冗余率,γ为农村劳动力带眷系数。如同所有的要素相关法类似,该方法需要大量的参数估计并假设其可延续到未来,不可避免掺杂了较多的主观性。

以城镇化率为对象的推导多采取趋势方法,但在采用趋势外推时需注意城镇化率具有上限,因此在做期限较长的外推时应采用逻辑斯蒂法。因素相关法常用的为经济相关法,该方法建立在如下理论假设上:城镇化发展与经济发展水平正相关。通过人均GDP指标与城镇化率的观察数据可建立回归模型,将预期GDP代入模型公式可得到预期的城镇化率。通常情况下,城镇化率与人均GDP的对数呈线性相关,即$U_t = a + b.\,ln(\underline{GDP})$。

二、城镇人口空间分配

城镇化水平表征的人口空间分布是缺乏空间内容的概念化分布,其中的城镇和农村仅为抽象意义上,并未与任何空间实体关联。城镇体系规模分布则探讨区域城镇人口在具体城镇中的分布问题。

城镇人口空间分布为区域城镇系统研究的核心内容之一。区域城镇系统研究认为,区域中城镇人口规模的分布具有一定规律。该研究存在两种不同的研究视角:连续分布和层级分布,连续分布认为区域内的城镇按其规模大小构成连续的序列,每个城镇的规模都不尽相同;而等级分布则认为不同等级城镇规模差异较大而同等级城镇规模相近。两种视角均捕捉到区域城镇规模分布的部分特征,实际分布通常介于两者之间。

连续分布的规律通常以位序规模公式(Rank-Size)表示。位序规模公式表明,区域城镇的规模与其位序(在规模自大到小排列中的序数)呈反比,城镇规模随着位序的增加而降低。为度量规模随位序降低的程度,引入了 q 值的概念,并认为:$q=1$ 时,规模随位序上升而"适度"减少;$q>1$ 时,规模随位序上升剧烈下降,区域城镇系统呈现高度集聚特征,而 $q<1$ 时,规模随位序上升下降较少,区域城镇系统呈分散化特征。用公式表示为:

$$P_r = K.\ r^q$$

式中,P_r 为第 r 位城市规模,k 为常数,r 为城市位序,q 即 q 值。很明显,当 $r=1$ 时,可得到 $P_1=K$,即 K 值为最大城市的估计值,因此公式也可写成:$P_r=P_1 r^q$ 或 $P_r=\frac{P_1}{r^q}$,但需要注意的是,此处的 P_1、P_r 均为数学估计值而非实际观察值。

在实际应用中,通常进行对数变化以求得参数 K 与 q 的估计值:$\ln(P_r)=\ln(K)+q.\ ln(r)$,对数公式在图形上表现为一条直线,其斜率即 q 值。

从观察数据得到 q 值后,将 q 值(或根据经验判断进行微调)代入位序规模公式可以推导区域内各位序城镇的规模。假定预期区域城镇人口数为 P,城镇数量为 n 个,其位序为 $r=1$, $2,\cdots,n$。则区域城镇总人口可表达为:

$$P = \sum\nolimits_{r=1}^{n} P_r = \sum\nolimits_{r=1}^{n} Kr^q = K\sum\nolimits_{r=1}^{n} r^q$$

因 P、n、q 为已知数据,因此可以求得 K 值即区域最大城市的规模 $P1$,然后根据公式 $P_r=\frac{P_1}{r^q}$ 即可分别求出其余所有城镇的规模。

层级分布的理论基础为中心地理论,中心地理论认为区域城镇按照不同层级进行组织,相同层级的城镇(中心地)规模相同。由于不同等级中心地职能在高等级城镇中呈叠加状态,因此高等级中心地职能同时兼有多个下级中心地职能,导致高等级中心地需要更多的人口为不同等级腹地区域提供服务。如图 6-6 所示,在具有三级城镇的区域中,一级城镇 S1 分别为一个 1 级腹地、2 级腹地和 3 级腹地提供服务,因此需要更多的人口以提供服务。而三级城镇 S3 仅为一个范围小得多的 3 级服务提供服务。2 级腹地则介于两者之间,仅为 1 个 2 级腹地和 1 个 1 级腹地提供服务。显然,1 级城市需要更多的人口提供服务(图 6-6)。

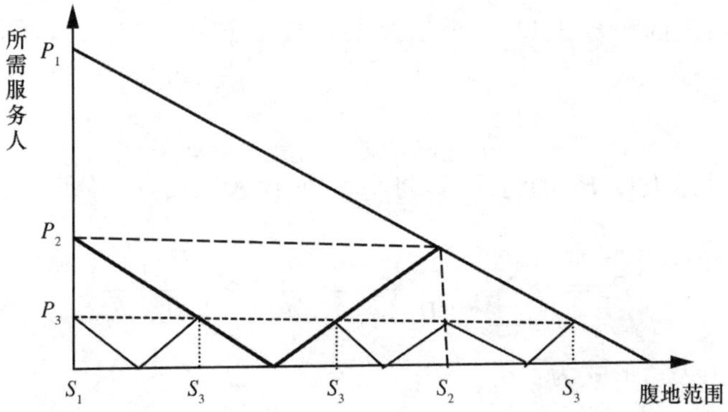

图 6-6　不同层级中心地所需服务人口与市场腹地范围示意图

(来源:作者自绘,其中 S_1、S_2、S_3 为 1、2、3 级中心地位置,P_1、P_2、P_3 为不同层级市场所需服务人口)

假定不同等级职能所需服务人口与腹地人口与比例相同,则可以根据中心地理论推导出中心地城镇的人口数量关系,并根据此数量关系将区域城镇人口分配到各城镇中。

假定区域人口为 P 且在中心地形成前均匀分布,各级服务人口与腹地人口的比例均为 s,

区域存在 n 级城镇，各级市场区的 k 值为 $ki=m_{i+1}/m_i$ 且 $k_0=1$（一级腹地即区域本身），即 i 级腹地包括 k_i 个 $i+1$ 级腹地，则 i 级腹地的数量和人口分别为 $m_i=\Pi_{j=0}^{i-1}k_i$ 和 $p_i=\frac{P}{m_i}=\frac{P}{\Pi_{j=0}^{i-1}k_j}$。则一级城镇的直接腹地为 1 至 n 级腹地各 1 个，其服务人口总数为：

$$P_1=\sum\nolimits_{i=1}^{n}sp_i=\sum\nolimits_{i=1}^{n}sp_i=s\sum\nolimits_{i=1}^{n}\frac{P}{\Pi_{j=0}^{i-1}k_j}=sp\sum\nolimits_{i=1}^{n}\frac{1}{\Pi_{j=0}^{i-1}k_j}$$
$$=sP\left(1+\frac{1}{k_1}+\frac{1}{k_1k_2}+\cdots+\frac{1}{k_1k_2\cdots k_{n-1}}\right)$$

第 2 级城市缺乏一级腹地及其相应服务人口，其人口规模可表示为：

$$P_2=sp\sum\nolimits_{i=2}^{n}\frac{1}{\Pi_{j=0}^{i-1}k_j}=sp\left(\frac{1}{k_1}+\frac{1}{k_1k_2}+\cdots+\frac{1}{k_1k_2\cdots k_{n-1}}\right)$$

依此类推，则最后一级即 n 级城镇的规模为：

$$P_n=sp\sum\nolimits_{i=n}^{n}\frac{1}{\Pi_{j=0}^{i-1}k_j}=\frac{SP}{k_1k_2\cdots k_{n-1}}$$

其通式可写为：

$$P_i=sp\sum\nolimits_{l=i}^{n}\frac{1}{\Pi_{j=0}^{i-1}k_j}$$

根据中心地理论，而 i 级城镇中心地数量为 $n_i=m_i-m_{i-1}=\Pi_{j=0}^{i-1}k_j-\Pi_{j=0}^{i-2}k_j$ 个，将各级城镇中心地人口规模乘以相应中心地数量并求和，可得到区域城镇人口数：

$$P_u=\sum\nolimits_{i=1}^{n}p_in_i=\sum\nolimits_{i=1}^{n}p_in_i=\sum\nolimits_{i=1}^{n}sp\sum\nolimits_{l=i}^{n}\frac{1}{\Pi_{j=0}^{i-1}k_j}(\Pi_{j=0}^{i-1}k_j-\Pi_{j=0}^{i-2}k_j)=nsP$$

对上式做变换可得到 $P_u/P=ns$，这在理论上解释为：若将城镇中心地人口规模视为不同等级腹地提供服务的人口，则在 n 级服务的情况下，每个层级腹地人口之和都是 P，因此每个层级都需要数量为 sP 的服务人口，n 个层级共需要 nsP 的服务人口，因此 $P_u=nsP$ 或 $sP=\frac{P_u}{n}$。

在已知区域城镇总人口 P_u 的情况下，将 $sp=\frac{P_u}{n}$ 代入通式，可得到各等级城镇平均规模：

$$P_i=sp\sum\nolimits_{l=i}^{n}\frac{1}{\Pi_{j=0}^{i-1}k_j}=\frac{P_u}{n}\sum\nolimits_{l=i}^{n}\frac{1}{\Pi_{j=0}^{i-1}k_j}$$

其更直观的通用表达形式为：

$$\frac{P_u}{n}\left(1+\frac{1}{k_1}+\frac{1}{k_1k_2}+\cdots+\frac{1}{k_1k_2\cdots k_{n-1}}\right)$$

其中 1 级城市为完整的公式，即包括所有等级的服务人口，2 级城市则去除括号内最左边项 1，3 级城市去除括号内左边两项 1 和 $1/k_1$，依次类推，n 级城镇规模则只含括号内最后一项 $\frac{1}{k_1k_2\cdots k_{n-1}}$。

但是，上述层级模型是建立在中心地理论基础上，其基本假设为：城镇人口主要是为腹地服务的人口，且各层级的服务人口比例相同。因未考虑工业等城市特殊职能以及城市日益重要的自我服务功能，该模型比较适用于工业化程度较低的传统农村地区，通常用作区域各等级平均规模的判断和校核。

三、区域人口空间分布——多态人口模型

城镇化水平预测和城镇人口空间分布在一定程度上对城镇人口的数量和空间分布进行了探讨，但主要不足在两个方面。首先，对区域人口与外部的关系考虑较少，通常将区域作为封闭系统或仅通过净迁移进行判断，这对于迁入很少的地区尚可适用，但对于人口大量迁入的地区却难以解释，因为迁入人口的潜在群体并非区域人口而是区域外部人口。其次，城镇化水平和城镇人口空间分布对农村人口关注较少，未能从区域整体角度对人口空间分布进行分析。因此本节将通过介绍多区域人口模型以加强区域内部人口整体空间变化的分析与预测，因为区域具有多重嵌套属性，区域内部的多区域分析同样可在更大区域层面上用于区域间分析(表 6-3)。

多态人口模型的基本思想是将人口过程视为具有空间特征的状态转变——无论是留在本区域还是迁往其他区域。模型不仅考虑人口在多个区域之间的迁移，同时将生育、存活(死亡)与空间结合起来，即不仅考虑个体未来的生育、存活可能，同时也考虑在哪里(where)生育、生存，从而将迁移和生育、存活统一为状态转变：以存活为例，区域年龄队列具有 98%的存活率可以分成在不同区域的生存率，90%在本区域存活，其余 1%、3%和 4%分别在 A、B、C 区域存活。同时也解决了不合理的迁入率问题，因为在多区域模型下，所有迁入均源于迁出。总之，多区域人口模型将生育、生存和迁移均视为状态转变，时段期末与初始相比不外乎四种状态：本区域存活，跨区域存活，本地区存活并生育，跨区域存活并生育。

表 6-3　单区域人口与多区域人口的研究视角差异

人口过程	单区域人口	多态人口
生育	区域人口的生育概率	i 区域人口在各区域生育的概率
生存	区域人口的生存概率	i 区域人口在各区域生存的概率
迁移	区域的迁出概率和迁入比例	转化为在异区域的生存概率

多区域(状态)人口模型在队列成分方法的基础上考虑了多区域之间的状态转变，其关键是转变概率系数的构建：i 区域特定性别年龄队列有多大概率在 j 区生存或生育。首先考虑的是生存率，尽管单区域人口视角的生存率与仅死亡有关，但多区域视角的生存率却与死亡和迁移两者相关，死亡和迁移对特定区域而言，均意味着“不生活在 i 区域”这一状态。

以 $u_i(x)$表示 x 岁人口“不再生活在 i 区”这一状态的概率，根据前述分析，很明显 $u_i(x)$ 包括两种情景：$u_{ii}(x)$表示死亡概率，而 $u_{ij}(x)$表示迁往 j 区的概率。由此可以构建多区域人口转变系数矩阵 $U(x)$(假定共有 3 个区域)：

$$
U(x) = \begin{matrix} \sum_{i=1}^{3} u(x)_{i1} & -u(x)_{12} & -u(x)_{13} \\ -u(x)_{21} & \sum_{i-1}^{3} u(x)_{i2} & -u(x)_{23} \\ -u(x)_{31} & -u(x)_{32} & \sum_{i=1}^{3} u(x)_{i3} \end{matrix}
$$

矩阵中的列反映了对应区的人口转变概率。以反映第 1 区人口变化概率的第 1 列为例，

其中的 $\sum_{i=1}^{3}u(x)_{i1}$ 反映了 1 区域人口的减少概率，很明显它是三个转变概率直之和，即死亡概率 $u11(x)$、迁往 2 区和 3 区的概率 $u(x)_{21}$ 和 $u(x)_{31}$。为保证区域间迁移总和为 0，因此各列中扣除了向其他区域的迁移，即 $-u(x)_{21}$ 和 $-u(x)_{31}$。

由于瞬时转变概率 $u(x)$ 和条件（特定时段，此处为 $0-x$ 年）生存率之间存在以下关系：$l(X)=e^{-\int_{a=0}^{x}u(a)\mathrm{d}a}$，则 n 阶瞬时转变概率矩阵 $U(x)$ 对应着 n 阶条件生存率矩阵 $L(x)$，后者的元素 $l_{ij}(x)$ 表示出生在 j 区域个体在 x 岁时位于 i 区域的概率，即条件生存率。通过假定 $L(0)=1$ 和复杂的迭代运算，可以计算出 $L(x)$。

由于人口分析中并非关注自出生以后到 x 岁的条件存活率 $L(x)$ 而是特定时段的状态变化，即 x 岁人口在 $x+t$ 时的条件存活率矩阵 $L(x+t/x)$。通过短时距逐步推导得到以下公式：

$$L(x+t/x)=L(x+t)L(x)^{-1}$$

$$L(x+t)=L(x+t/x)L(x)=S(x)L(x)$$

式中，$L(x+t/x)$ 为 x 岁人口在 $x+t$ 岁时的条件存活率矩阵，在已知 x 岁时存活率 $L(x)$ 和 $x+1$ 岁时条件存活率 $L(x+1)$ 的情况下，可用前一公式计算出。元素 $l_{ij}(x+t/x)$ 表示 j 区域 x 岁人口 $x+t$ 岁在 i 区域的条件存活率。后一公式的意义在于，若已知 x 岁到 $x+t$ 岁时段的条件存活率 $L(x+t/t)$，则可以根据当前状态推导未来人口状态。显然，$L(x+t/x)$ 为条件存活率仅与其年龄有关，可标记为 $S(x)=L(x+t/x)$。

在考虑已存在人口在各区域间的条件生存情况的前提下，多状态模型还需考虑新生人口状况。为简便起见，通常用女性年龄队列分析生育状况，将各区域 X 岁女性人口生育率记为 $V(x)$，将其与条件存活率 $L(x)$ 相乘，得到 $F(x)=V(x)L(x)$ 矩阵的元素 $f_{ij}(x)=v_i(x)l_{ij}(x)$ 表示出生在 j 区域的女性 x 岁时在 i 州生育的概率。

在条件生存率 $S(x)$ 和条件生育率 $F(x)$ 确定的情况下，若假定 t 时刻分年龄性别人口的状态分布状况为 $N(t)$，则在 $t+1$ 时刻的分布状态为：

$$N(t+1)=(S+F)N(t)$$

可见，多区域模型建立在队列成分法的基础上，但考虑的对象并非单区域，而是将多个区域作为一个整体进行考虑，从而不仅有效避免了迁入率的问题以及分类、分区预测与总体预测的冲突，也提供了未来人口空间分布和年龄性别结构的组合状况。

第 6 节　人口的预测

如前所述，推导与预测是有区别的，推导为在特定假设下根据观察数据得到的数学陈述，而预测则是对未来最大可能的选择。采用何种的假设与推导方法，对多种推导结果如何进行选择，则是预测需要解决的问题。因此预测不仅影响推导方法、数据的选择，也影响预测结果的选择判断。正是在此意义上，通常所言的人口预测将人口推导包括在内。

前面已论及推导方法选择选择的影响因素，因此本节主要总结推导方法的要求以及推导结果的选择要求。

推导方法选择涉及数据选择和方法选择，因具体情况十分复杂，此处仅提出若干原则性要求。首先，数据选择需要具有足够的样本量，历史数据的年份不得低于预测年份，如对未来 20 年进行预测则需要有过去 20 年的数据，即采取以现状为坐标的“过去”—“未来”对称策略。其次，尽管历史数据对未来趋势判断的影响权重是不同的，换言之，与过去数据相比，现状数据具有最高的影响力权重，因此需要根据推导模型对现状进行估计检验，若现状估计值与现状观察值相差较大，则需要根据现状观察值进行“校正”，即通过对推导结果增添常量使之与现状观察数据吻合，以确保现状值具有最大的影响力。再次，推导方法尽可能多样化并进行比较分析，分析的重点在于推导方法所用假设的合理性，与观察数据的拟合程度，推导结果差异的原因分析。其中综合增长法与趋势外推法为必选方法，对于存在资源环境约束的情景必须采用承载力方法进行校核，对大型项目主导的发展应采用经济相关法。最后，对于具有多种增长动因不同的亚人口的人口推导，应采取分区、分类方式分别推导，并与总体推导比较分析，检验是否存在较大差异及分析差异原因所在。

推导结果的判断选择。推导结果的判断选择时人口预测的最后关键步骤，面对可能差异巨大的多种推导结果，预测要求列出多种预测结果，在其差异原因分析的基础上给出最大可能性选择的依据，并对多种预测结果进行综合。一般而言，“适中”的选择往往是可能性最大的结果，而极端值可能性较低。因此，在推导结果综合时往往采用二项式系数权重进行加权平均，若有 n 个自高到低的预测结果，则第 r 个推导值的权重为

$$C_{n-1}^{r-1}=\frac{(n-1)!}{(n-r)!\ (r-1)!}$$

因此若有 4 个预测结果，则其权重分别为 1、3、3、1，从而保证中间值具有最大可能，而高、低值的权重最小。将其用于上海的 4 个趋势外推法（假定只有个方法）中，可得到上海 2040 年预测人口为：(1×6083＋3×4730＋3×3452＋1×3278)/(1＋3＋3＋1)＝33907/8＝4238 万人。

第 7 节　用地规模预测

规划的主要目的之一在于空间用途的控制，而城乡建设用地规模作为开发强度最高的用地之一，同时也是最不可逆的用地形式。土地利用按照开发强度和可逆性可大致分为：自然土地、农业用地、建设用地，其随着开发强度的逐步增长不可逆性也逐步变强，例如将森林转变为城市建设用地要比将城市建设用地转变为森林容易得多。因此，所谓土地资源保护的本质在于控制不可逆用地类型的使用量，这也是空间规划的核心内容之一。

城乡建设用地规模通常与人口规模相关，其原因在人口对用地的需求具有弹性小、刚性大的特征，因此构成了城乡建设用地规模的常用依据。人口的生产、生活需要土地作为空间载体，但这种需求在个体之间差异相对较小。不同人口的社会经济特征尽管差异较大，但个体不会因收入高而消费更多的土地空间，也不会因为收入太低而不消费土地，即土地构成了人口的刚性需求，如《庄子》所载：“鹪鹩丛林，不过一枝；灌鼠饮河，不过满腹。”作为对比的是，若从产业发展角度进行土地需求预测，则差异极大，不同行业的生产密度（单位用地产值）可相差数十至数百倍。故此，依据人口预测用地规模为最常用方法。

依据人口预测用地的最常用方法为指标法。国家规范确定根据所处区域、规模状况和现状人均建设用地面积规定了人均建设用地标准及可调整区间界限（可参见相关规范）。在此情况下，根据所处地区、城市规模和现状人均建设用地即可以通过确定规划期末的人均建设用地标准从而得到城市建设用地规模。目前的主要问题在于，相关规范仅确定了城市（城镇）的建设用地标准，对农村居民点的建设用地标准尚无明确规范。与此相似，国外多使用城市增长边

界从空间上限定城市建设用地的规模，其增长边界的划定在很大程度上也主要依据人口。

人均指标法仅从法规的角度为建设用地规模预测提供了依据，但并未解决其合理性问题。从世界范围看，人均建设用地与构成情况差异很大。尽管我国将人均城市建设用地标准设定为100平方米，但对“合理”的人均建设用地指标并无定论，取决于不同的社会经济发展条件、技术水平甚至历史文化传统。例如，与国外相比尤其是发达国家相比，我国城市建设用地表现为生活居住用地紧张而产业用地效率低下，反映了我国产业低端锁定的和“重生产、轻生活”的计划经济传统残留(图6-7)。

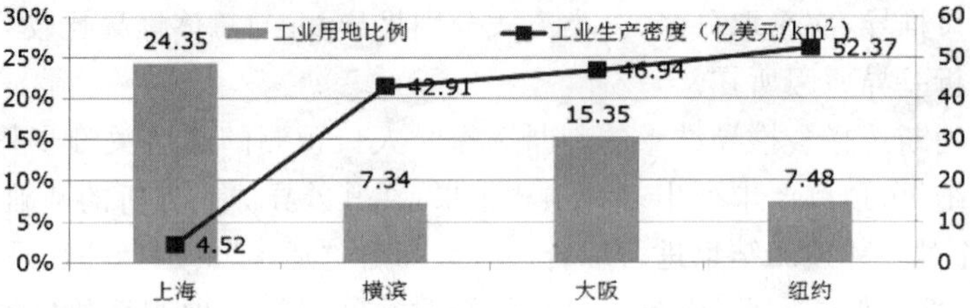

图6-7　2010年若干世界城市工业用地比较

基于上述考虑，一种替代的方法是分析人口规模与建设用地之间的数量关系。研究表明，人口规模与建设用地之间的数量关系并非如人均建设用地那样简单的线性关系，而是“幂律”关系。因为建设用地的度量是二维的，而人类对建设用地的空间利用只有少数是二维(绿地、广场、交通)的，多数建设用地空间利用是三维的(如居住、商业、工业)，但其第三维的发育程度取决于土地开发强度。三维利用的普遍程度及其强度决定了建设用地规模对人口规模的“幂律”即维度，反映了人口与用地的“异速增长”关系。其关系可表达为下述公式：

$$P=\alpha L^{\beta}$$

式中，P、L为人口规模和建设用地规模，α、β分别为水平因子和强度因子。

将其转化为对数形式，则得到$\ln P=\ln\alpha+\beta\ln L$，即人口与用地的对数存在线性关系而非人口与用地之间存在线性关系。

利用观察数据可以得到上述公式的α、β参数估计，将该参数或其调整值代入公式即可根据未来人口预测值得到建设用地规模预测。

中国1978—2011年城市人口与城市建设用地关系明显可分为两个阶段(图6-8)。在1978—1990年，由于计划经济时期高密度发展模式影响以及撤县设市等影响，城市人口增长

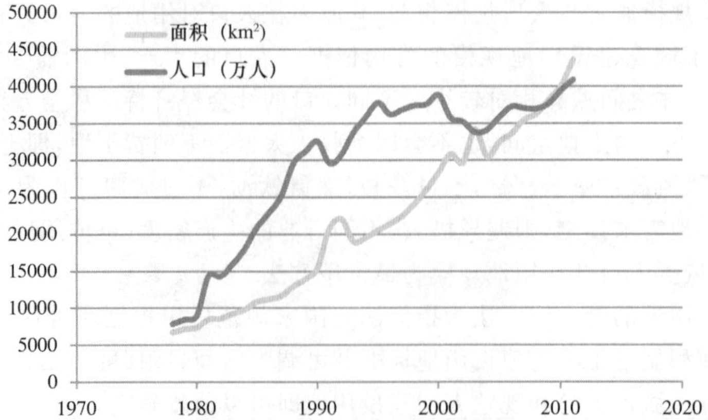

图6-8　1978—2011年中国城市建设用地面积与城市人口增长趋势

远快于建设用地增长，β 值为 2.0；90 年代以后，城市由存量整合转向了空间扩张，建设用地迅速增长并超越人口增长，1991—2000 年和 2001—2011 年的 β 值仅为 0.3 和 0.4。因此，对参数的选择需要综合考虑过去趋势及原因，从而合理选择用于未来推导的参数(图 6-9)。

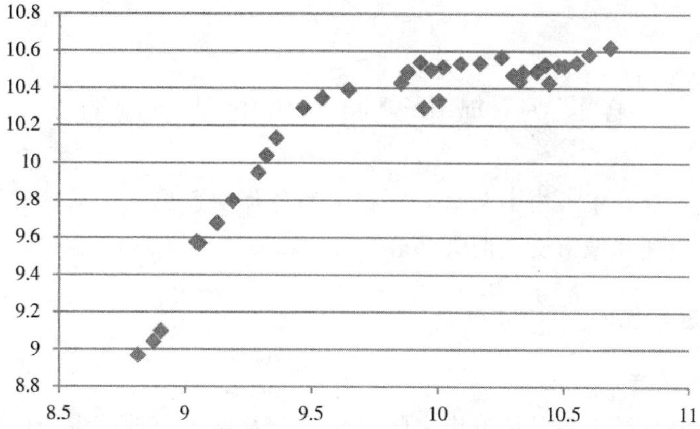

图 6-9　中国城市人口对数与城市建设用地面积的对数

第7章 城市道路交通分析

第1节 城市交通分析的基本内容

城市交通涵盖了存在于城市中及与城市有关的各种交通形式。从地域关系上，城市交通大致分为城市对外交通和城市交通两大部分。

一、城市对外交通分析

1. 交通发展的外部环境

城市对外交通是指城市与其他城市之间的交通以及城市地域范围内的城区与周围城镇、乡村的交通，是以城市为基点，与城市外部进行联系的各类交通运输的总称。它的发展受到城市在区域城镇体系中位置、城镇化发展水平、产业结构、运输化发展阶段等多个外部因素的影响。

城市在区域城镇体系中位置、城镇化水平及发展阶段决定了城市对外的交通方式和交通设施的配置层级。譬如，随着长三角一体化逐步上升为国家战略，作为龙头城市的上海应从水陆空等多种交通方式重新审视如何提升其枢纽型城市的地位，以及设施配置内容和配置层级，发挥其在长三角交通一体化中的核心作用。交通的发展与运输化的发展阶段紧密相关，在铁路运输尚不发达之前，水路、陆路交通方式因快捷灵活、价格便宜是大运量货物运输采用的主要方式。而今，随着“高速”时代的到来，航空和高铁因快速、干净、体验感好成了最受人们欢迎的客货运输的主要方式。

2. 对外交通运输方式

城市对外交通包括铁路、公路、水运、航空和管道等主要运输方式。因技术性能和经济指标不同，每种运输方式都有其适应范围。比如，铁路运输具有运行速度快、运输能力大、通用性能好、到发时间准确性较高、运输过程受自然条件限制较小、成本低、能耗低等特点。因此，铁路适于在内陆地区运送中、长距离、大运量，时间性强、可靠性要求高的一般货物和特种货物；从投资效果看，在运输量比较大的地区之间建设铁路比较合理。水陆运输具有投资省、运输成本低、劳动生产率高(沿海运输劳动生产率是铁路运输的6.4倍，长江干线运输劳动生产率是铁路运输的1.26倍)、平均运距长等特点，适宜于运距长，运量大，时间性不太强的各种大宗物资运输。因此，根据城市对外联系的需要，建立各种方式合力分工而又互相结合的对外交通运输体系，是城市和国家交通运输业的发展重点。

3. 对外交通联系强度

城市间的交通联系强度是反映城市间经济、空间对外联系紧密度、便捷度与分布格局的一个重要指标。通常，城市间的公路、铁路、航空和水运等交通方式承载的客流数据包含着以上信息，具体来看，城市间航空班次、铁路每日经停班次、公路每日发车班次、每班航班的具体运量、每个铁路站点的具体流量、每辆班车的具体载客数等是重要的可以量化的分析数据，而这一数据会受到行政因素、距离因素和经济因素的影响。

二、城市内部交通分析

1. 交通供给与需求

交通需求是经济社会活动在人与货物空间位移方面所提出的有支付能力的需求。交通供给是运输生产者在某一时刻，在各种可能的运输价格水平上，愿意并能够提供的各种运输产品数量。

交通运输需求具有空间特定性或不均衡性，这使得交通运输供给为了满足重载或高峰方向的需求需要配备较大的能力，而由于运载工具必须在双方向间均衡使用，因此会造成供给能力的浪费。同样交通运输需求时间上的特定性或者不平衡性也会增加交通运输供给组织的难度。

2. 城市交通与地域条件

城市交通的形态和类型选择受地形、水文、地质、气候等地域条件的影响较大。平原地区城市交通对交通线路的限制较小；山地丘陵区的交通要尽量沿等高线修筑，应尽量避开地形复杂的地区，避开断层地带和滑坡、泥石流多发区；河谷湿地区的交通线路应尽量避免沼泽地和跨越河流；气候条件恶劣地区注意沿线的暴雨、大风等的强度和频率，以及冻土、积雪的深度等。

3. 城市交通与社会经济

交通运输与经济发展的关系是相辅相成的，一方面交通的存在和发展，完全依赖于经济系统的需求，不同的经济发展阶段，对城市交通的形态、类型产生的需求不同；另一方面交通运输一旦存在，就必然会表现出独立性和主动性，作为社会生产力运动的脉络和神经，以及连接生产和者消费者的媒介，参与生产过程、交换过程及消费过程，其所产生的供给会对一个国家的经济发展产生重大的影响。

4. 城市交通与空间结构

城市交通的发展方式和空间网络的建设是引导城市空间格局演变的主要原因，不同形态的城市所采用的交通结构形式不同。比如，团状城市的交通布局一般采用"环形＋放射"或者"环形＋棋盘＋放射"型，如北京城市总体规划。组团式城市交通布局一般采用"放射＋网络"型，如厦门市总体规划。带形城市交通布局一般采用"带状"，如深圳市总体规划。

第2节　城市交通分析方法

一、对外交通分析方法

1. 交通发展的外部环境分析

1）世界经济发展需求和国家政策背景

世界经济的发展需求将引起国家和区域交通格局的变化。比如"一带一路"方针，国家会在瞄准国际需求的背景下，建设洲际交通运输网络，包括以城市群战略为支撑的交通骨架建设，以城市群交通一体化为抓手的交通密度建设，以综合交通无缝对接为导向的交通衔接建设，优化综合交通运输枢纽空间布局，进而构建"一带一路"现代综合交通运输体系。

国家政策，如区域开发政策、经济政策和交通政策等，也将对城市的对外交通发展产生重大变化。区域开发政策如西部大开发加快了西部地区的高速公路网和铁路网的建设。经济政策会影响到城市生产力的发展和布局，进而影响到对外交通的发展；交通政策对城市的对外交通发展更为敏感，如高铁、港口、机场等大型交通设施和项目的建设，改变了一些城市在区域空间格局中的地位和作用。其他如运输收费和投资政策等也将在一定程度上影响对外交通的发展。

2）社会经济产业发展

区域经济的发展需要一个高效、环保、可持续的交通运输系统，同时它也反作用于交通运输系统。首先是资金供给，区域经济为交通设施建设提高资金支持；其次是技术供给，经济发展越来越受到资源环境影响的制约，这就需要大力发展可持续的交通运输系统，发展新的环境友好、资源节约型交通技术；第三是市场需求，产业结构的升级会不断促使运输业调整其内部结构，现阶段，我国正经历着从劳动密集型产业到资金密集型和技术密集型产业转变，这就要求有安全、快速、便捷的系统来适应；第四是制度供给，经济的发展、市场机制的完善为交通设施建设提供了很多融资方法，比如建设经营转让（Build Operate Transfer，BOT）模式、转让经营权模式和国际投资证券方式。

3）自然地理条件

地理环境及所处的区位则在很大程度上决定了城市对外交通结构，临江或傍海的城市凭借其得天独厚的条件，对外交通中便有了水运这一交通方式。城市所处区位对其对外交通的发展有着重要的影响。例如，珠江三角洲和长江三角洲城市群地处东部沿海地区，是我国对外开放的前沿，因优良的海港条件，对外交通以国际海运和航运为主，随着航运地位的提升逐渐成为我国对外交往的门户和枢纽地位

4）旅游资源

旅游业是一项投资少、收效快、创汇多的重要行业，被称为“无烟”或“白色工业”。颇具特色的旅游资源，不仅吸引国内人民还会迎来众多国外游客。特别是国家假日经济战略的提出，城市的旅游人数极大的增加，刺激和促进城市对外交通的发展。近年来，为了配合旅游业的发展，城市的交通设施，包括机场、高铁、高速公路、跨区域地铁都有了较大的发展。

2. 对外联系强度分析方法

1）对外交通方式分析

一个城市的对外联系强度是由其所在的区域交通网络中的地位和关系密度决定的，这又与其所使用的对外交通方式的线路等级和数量、站点等级和数量以及与其他城市所产生的交通量相关。判断一个城市的交通地位一般分析其在国家铁路、航空、公路、水运网络节点中的作用。判断城市间的交通联系强度一般采用引力模型进行评价。

（1）铁路

① 铁路干线

一个城市在国家铁路干线网络中的位置反映了其对外联系的基础和潜力。目前我国已形成了全国以北京为中心，各省以省会为中心伸展线路的铁路网骨架，连接着许多不同规模的铁路枢纽。我国铁路网骨架的主要干线可概括为三横五纵（图 7-1）。

城市在国家铁路线路网络的位置不同，交通地位和对外联系力不同。北京汇集了京九铁路、京沪铁路、京广铁路、京哈铁路、京包铁路等。在国际铁路运输方面，去往俄罗斯各城市、蒙古都城乌兰巴托和朝鲜都城平壤以及去往越南都城河内的列车均从北京发车，因此，北京是我国铁路网的中心之一，是我国乃至国际重要的铁路枢纽，其与其他国家、城市的交通联系便捷度在国内也是首屈一指。郑州因处在京九线与陇海线的交汇处，而成为区域型铁路交通枢纽，

是我国连东启西、承北接南的重要城市；而处于铁路沿线上的城市仅仅能成为交通节点型城市，对外交通的联系度相对较弱。

图 7-1　中长期铁路网规划调整方案示意图

② 车站等级

车站等级是为衡量车站客货运量和技术作业量大小，以及在政治上，经济上和铁路网上的地位所划分的不同等级。对以单项业务为主的客运站或货运站及编组站，根据《全国铁路车站等级核定办法》铁路等级可分为：特、一、二、三、四、五等站(表 7-1)。铁路站点是人流、物流集散和组织的载体，其等级高低关乎交通流的吞吐能力和城市对外联系的能力(表 7-1)。

以上海为例，已形成由铁路、水路、公路、航空、轨道等 5 种运输方式组成的、具有超大规模的综合交通运输网络。上海目前拥有上海站、上海虹桥站、上海南站、上海西站四个火车站。其中，上海虹桥火车站是上海最大、最现代化的铁路客运站，也是全球范围内首开高铁与机场融合之先河的综合交通枢纽。这也支撑了上海维系江浙沪皖 26 座城市纽带的核心，奠定了长三角未来成为第六大世界级城市群的基础。

(2) 航空

航空运输是当前城市间相互联系的重要物质基础，它直接反映了城市间的交易流和连通度，越来越多地成为国家和国际级城市体系研究中被广泛应用的重要指标。一个城市在区域城市体系中的对外交通地位可以从机场等级、航站业务量规模等级、航班次数等方面进行分析。

表 7-1　　铁路车站等级划分情况表

	具备下列三项条件之一者	具备下列三项条件中两项者	范例
特等站	1. 日均上下车及换乘旅客在 6 万人以上，并办理到发、中转行包在 2 万件以上的客运站； 2. 日均装卸车在 750 辆以上的货运站； 3. 日均办理有调作业车在 6500 辆以上的编组站	1. 日均上下车及换乘旅客 20000 人以上，并办理到发及中转行包在 2500 件以上； 2. 日均装卸车在 400 辆以上； 3. 日均办理有调作业车在 4500 辆以上的	北京站、上海站、广州站
一等站	1. 日均上下车及换乘旅客在 15000 人以上，并办理到发、中转行包在 1500 件以上的客运站； 2. 日均装卸车在 350 辆以上的货运站； 3. 日均办理有调作业车在 3000 辆以上的编组站	1. 日均上下车及换乘旅客在 8000 人以上，并办理到发、中转行包在 500 件以上； 2. 日均装卸车在 200 辆以上； 3. 日均办理有调作业车的 2000 辆以上	兖州站、汉口站、丹东站
二等站	1. 日均上下车及换乘旅客在 5000 人以上，并办理到发、中转行包在 500 件以上的客运站； 2. 日均装卸车在 200 辆以上的货运站； 3. 日均办理有调作业车在 1500 辆以上的编组站	1. 日均上下车及换乘旅客在 4000 人以上，并办理到发、中转行包在 300 件以上； 2. 日均装卸车在 100 辆以上； 3. 日均办理有调作业车在 1000 辆以上	昌黎站、北戴河站、唐山北站
三等站		1. 日均上下车及换乘旅客在 2000 人以上，并办理到发、中转行包在 100 件以上； 2. 日均装卸车在 50 辆以上； 3. 日均办理有调作业车在 500 辆以上	曲阜站、丰城站
四等站	办理综合业务，但按核定条件，不具备三等站条件的站点		燕落站
五等站	只办理列车会让、越行的会让站与越行站		东滩站

① 机场等级

机场等级一般指飞行区等级，是为飞机地面活动及停放提供适应飞机特性要求和保证运行安全的构筑物统称。机场等级共分为六级，表 7-2，飞行区等级越高代表其与其他城市建立航空运输联系的概率和频率越高。2019 年，民航江苏监督管理局批复同意南通机场飞行区等级提升为 4E，这意味着南通机场可以保障大型宽体机的正常起降，机场由此步入“大飞机”时代，也就是说南通将实现从最初的与两座城市到现在与国内外 46 座重点经济和旅游城市实现互联互通，年旅客吞吐量更是实现了 7 年增长 12 倍的跨越（表 7-2）。

表 7-2　　机场等级分级情况表

飞行区代码	代表跑道长度（米）	飞行区代号	国内该飞行区等级机场举例
1	$L<800$	A	
2	$800<L<1200$	B	
3	$1200<L<1800$	C	张家口宁远机场、淮安涟水机场、邯郸机场、长白山机场等

续表

飞行区代码	代表跑道长度(米)	飞行区代号	国内该飞行区等级机场举例
4	L1800	D	西宁曹家堡机场、南通兴东机场、连云港白塔埠机场、西双版纳嘎洒国际机场、兰州中川机场、湛江机场等
		E	上海虹桥国际机场、南京禄口国际机场、石家庄正定国际机场、海口美兰国际机场、郑州新郑国际机场、三亚凤凰国际机场、广东珠海三灶机场、长沙黄花国际机场、厦门高崎国际机场等
		F	北京首都国际机场、上海浦东国际机场、广州白云国际机场、昆明长水国际机场、成都双流国际机场、武汉天河国际机场、天津滨海国际机场、重庆江北国际机场、杭州萧山国际机场、深圳宝安国际机场、西安咸阳国际机场、桂林两江国际机场

② 航站业务量规模等级

一般来讲，按照航站的年旅客吞吐量或货物(及邮件)运输吞吐量来划分机场等级更能反映了机场实际的繁忙程度、经济效益及与其他城市的联系度。一般来讲，城市规模等级越高，其航站等级量越高，航站业务量也越大。当然，一些规模不大，但吸引力较强的旅游城市往往也会有很高的旅游吞吐量。表 7-3 为按航站业务量划分的航站等级参考标准。

表 7-3　　航站业务量划分的参考标准

航站等级	年度旅客吞吐量(万人)	年货邮吞吐量(KT)
小型	<10	<2
中小型	10～<50	2～<12.5
中型	50～<300	12.5～<100
大型	300～<1000	100～<500
特大型	≥1000	≥500

从 2016—2018 年中国航空流数据来看(表 7-4)，中国城市对外联系网络形成了北京-上海-广州三中心结构，这说明三座城市在我国航空运输网络中的枢纽地位以及在我国城镇体系中的位置日益重要。同时，表 7-4 中排名前 8 位的 8 座城市同时也位列我国第一批国家中心城市榜单中，从另一侧面也说明了航空客流量数据指标作为分析城市在区域中的经济地位的客观性和可靠性。

表 7-4　　我国 2016—2018 年主要城市航空客流吞吐量排名　　单位：人

		2016 年旅客吞吐量	2017 年旅客吞吐量	2018 年旅客吞吐量
1	北京首都	9400 万+	9500 万+	1 亿+
2	上海浦东	6600 万+	7000 万+	7000 万+
3	广州白云	5900 万+	6000 万+	6000 万+
4	成都双流	4600 万+	4900 万+	5000 万+
5	深圳宝安	4100 万+	4500 万+	4600 万+
6	昆明长水	4100 万+	4400 万+	4500 万+
7	上海虹桥	4000 万+	4100 万+	4200 万+
8	西安咸阳	3600 万+	4100 万+	4200 万+

③ 航线分布和航班频次

按照航线起讫点及经停点地理位置不同可将航线分为国内航线、地区航线和国际航线。一座城市的国际航线越多，说明其国际化程度越高，反之，则越低。

一定时间内一座城市与另一座城市航班数量的多少，也即航班频次，反映它们之间的对外交通联系度。如成都，已与全国 34 个城市建立航空联系，而在这 34 个城市中与北京、上海之间的航空运输联系最为紧密。2016 年，东航在成都和上海之间设置了 32 个高频次航班，国航在成都和上海也设置了 32 个往返航班“京蓉快线”，是成都两个密度最高的航班班次，基本上反映了成都与上海、北京的之间联系强度最强(图 7-2)。

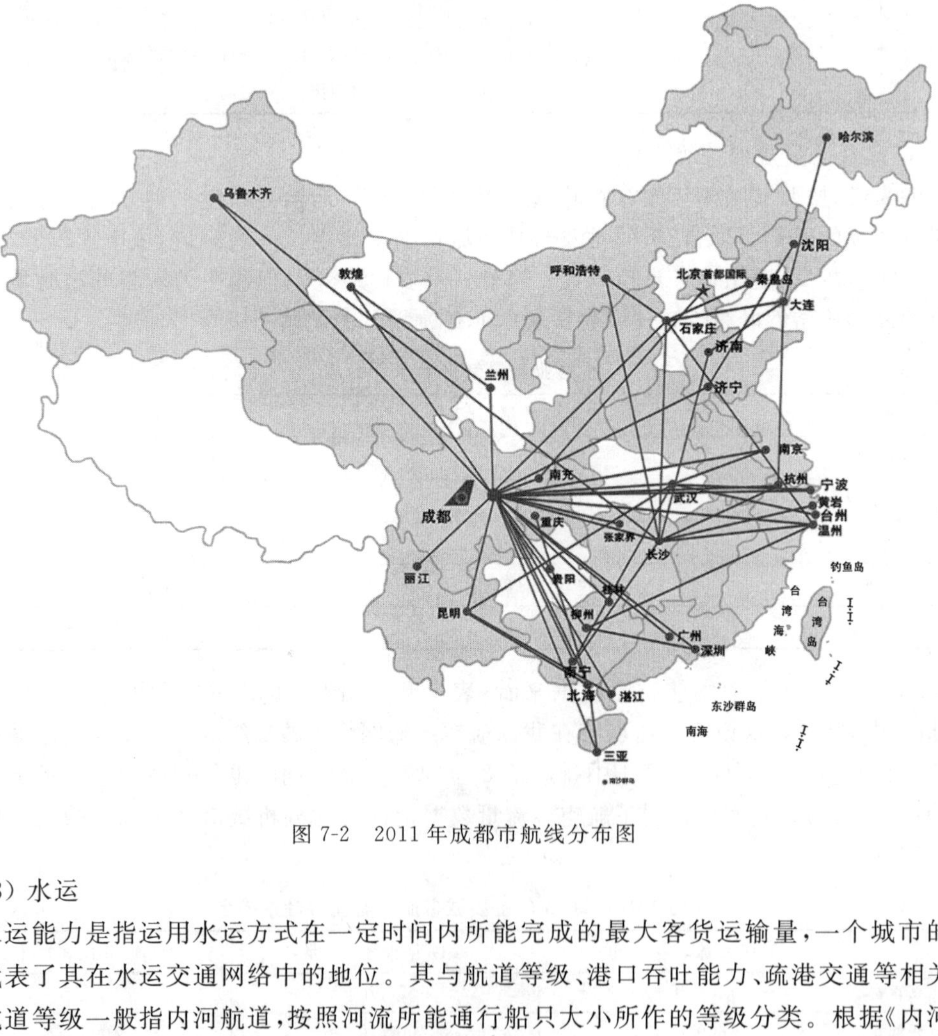

图 7-2　2011 年成都市航线分布图

(3) 水运

水运能力是指运用水运方式在一定时间内所能完成的最大客货运输量，一个城市的水运能力代表了其在水运交通网络中的地位。其与航道等级、港口吞吐能力、疏港交通等相关。

航道等级一般指内河航道，按照河流所能通行船只大小所作的等级分类。根据《内河通航标准》(GB50139－2014)，分为 7 个等级，其中一级航道可通航 3 000 吨，七级航道通航 50 吨。航道等级的提升对提高水运效率和地位至关重要。2017 年苏州内河干线航道从四级提升为三级，通行的船舶从 500 吨级提升到 1 000 吨级，依靠水运的企业交通成本降低 30%，沿线的经济效益明显提升，水运通航能力大幅提升(表 7-5)。

港口吞吐量是指一段时期内经水运输出、输入港区并经过装卸作业的货物总量，计量单位为“吨”或“标准箱(TEU)。其是反映区域经济活跃度和城市经济竞争力的重要指标。从下面全国港口集装箱吞吐量数据可以看出，长三角港口经济最为活跃，2019 年前 10 月上海港在全国港口中集装箱吞吐量体量最大，无愧于全国航运中心的地位。同处长三角区域的宁波舟山港位居第二，仅次于上海港。

另外，疏港交通的发达程度也会影响港口的水运能力。

表 7-5　　2019 年前 10 月全国集装箱吞吐量排行

	2019 年前 10 月集装箱吞吐量(万 TEU)	增速
上海港	3648	4.5%
宁波港	2349	5.0%
深圳港	2144	0.5%
广州港	1882	5.5%
青岛港	1746	9.2%
天津港	1470	8.5%
厦门港	927	4.0%
大连港	741	−11.4%
苏州港	521	−2.1%
营口港	462	−13.4%

(4) 公路

公路是一种最为常见的对外交通联系方式。一座城市通过高速公路、国道、省道及其他级别公路与另一座城市之间联系的线路密度、客运站的数量及等级、客运班次频率是反映城市联系便捷度、联系强度的重要指标。

按照使用任务、功能和适应的交通量，公路可划分为五个等级：高速公路、一级公路、二级公路、三级公路、四级公路。按行政级别分为国道、省道、县道、乡道和专用公路，这也是我们在各类交通地图中经常使用的分类方法。其中，高速公路和一级公路一般连接具有特别重要的政治、经济意义城市；二级公路为连接政治、经济中心或大矿区、港口、机场等地的公路；三级公路为沟通县以上城市的公路；四级公路为沟通县或镇、乡支线公路。

我国现有国家高速公路网形成了多中心放射的路网格局(图 7-3)，基本实现首都辐射省会、省际多路连通，地市高速通达、县-显国道覆盖，区域中心城市、重要经济区、城市群内外交通联系密切。然而，高速公路尚未覆盖的城市，其经济发展一定程度上都会受到影响。

(5) 场站及其附属设施

客运站是适应城市客运量及集散需求的交通设施和场地，根据车站设施和设备配置情况、地理位置和设计年度平均日旅客发送量(以下简称日发量)等因素，车站可划分为五个级别。不同功能、级别的城市应选用与其相适应的客运站(表 7-6)。

城市客车的线路、发车班次及承载的客运量是反映城市之间联系密切度的重要指标。表 7-7 是将昆山 2018 年日客运站汽车时刻表进行统计整理后的表格。昆山客运站每日发出时间集中在 5：45—20：10，共发出 855 次客车，发往长三角各城市的班次占比达 85%，发往苏州的班次最多，其次是周庄、淀东和上海；从线路分布和发出频次上可以看出昆山市的主要联系方向是长三角，与苏州市、昆山周庄、淀东、上海的联系强度依次降低。

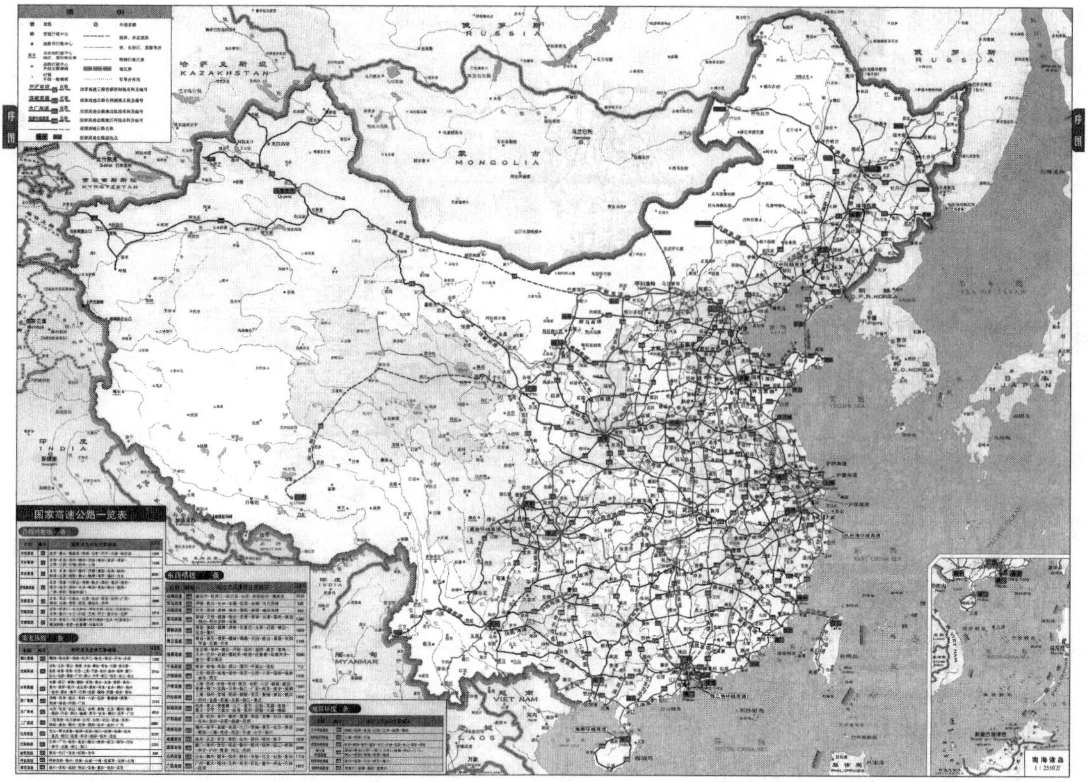

图 7-3　国家高速公路网布局方案

表 7-6　　　　汽车客运站分级

	除设施和设备符合相应规划之外，还应具备下列条件之一	适用城市
一级车站	1. 日发量在 10000 人次以上的车站。 2. 省、自治区、直辖市及其所辖市、自治州（盟）人民政府和地区行政公署所在地，如无 10000 人次以上的车站，可选取日发量在 5000 人次以上具有代表性的一个车站。 3. 位于国家级旅游区或一类边境口岸，日发量在 3000 人次以上的车站	地级以上的区域中心城市、省会城市，国家级旅游景区（如张家界）
二级车站	1. 日发量在 5000 人次以上，不足 10000 人次的车站。 2. 县以上或相当于县人民政府所在地，如无 5000 人次以上的车站，可选取日发量在 3000 人次以上具有代表性的一个车站。 3. 位于省级旅游区或二类边境口岸，日发量在 2000 人次以上的车站	地级城市及重要省级旅游区
三级车站	日发量在 2000 人次以上，不足 5000 人次的车站	较发达的县级城市
四级车站	日发量在 300 人次以上，不足 2000 人次的车站	一般县级城市及较为发达的城镇
五级车站	日发送量在 300 人次以下的车站	城镇及较为发达的旅游特色村
简易车站	达不到五级车站要求或以停车场为信托，具有集散旅客、停发客运班车功能的车站	有集散需求的乡村

表 7-7　　昆山市客运站客车时间表

		班次(次) 5:45(早)—晚 20:10(晚)	车型
1	苏州市	77	大型高一
2	昆山周庄	70	大型高一
3	淀东	68	大型高一
4	上海市	53	大型高一
5	花桥商务城	17	大型高一
6	太仓市	37	大型高一
7	吴江市	22	大型高一
8	常熟市	47	大型高一
9	张家港市	17	大型高一
10	吴中市	18	大型高一
11	嘉定区	16	大型高一
12	杭州市	8	大型高一
13	来安市	3	大型高一
14	南通市	3	大型高一
15	扬州市	3	大型高一
16	郑州市	3	大型高一
17	青岛市	1	大型高一
18	聊城市	1	大型高一

(6) 综合交通枢纽

交通设施只有形成综合性网络枢纽才能真正发挥它的作用。综合交通枢纽是衔接铁路、公路、航空、内河航运、海港和运输管道多种运输方式、辐射一定区域的客、货转运中心。一般来讲，一个城市有两种及以上外部交通重要线路与城市连接，并有相应的场站与城市内部交通联系，称为综合交通枢纽，如郑州、徐州等。

综合交通枢纽的职能级别决定了城市在区域交通网络中的地位。交通枢纽的职能分级主要考虑枢纽城市的区域地位、交通功能和运输强度等因素，可参考表 7-8 枢纽城市分级指标进行评级分析。按照这一分级体系，综合枢纽可分为国际性综合交通枢纽、全国性综合交通枢纽和区域性综合交通枢纽三大类(表 7-9)。我国共有 15 个国际性综合交通枢纽，位于与国际对接的门户和口岸，形成了通达全球、衔接高效、功能完善的交通中枢。我国有 68 个全国性综合交通枢纽，位于综合运输大通道的重要交汇区，依托省、自治区、直辖市的中心城市和口岸城市，与“十纵十横”综合运输大通道共同构成我国综合交通网络骨架，在跨区域人员和国家战略物资运输中集散、中转功能突出，有广大的吸引和辐射范围，对综合交通网络的合理布局、顺畅衔接和高效运行具有全局性的作用和影响。我国共有 22 个区域性交通枢纽和口岸枢纽，位于全国交通枢纽的辐射盲区，在区域城市交通体系中具有一定的带动作用。

表 7-8　**枢纽城市分级指标**

评判项目	测度指标	
	客运枢纽城市分级指标	货运枢纽城市分级指标
区位特征	1.地区生产总值 2.人口规模 3.城市化水平 4.第三产业比重	1.地区生产总值 2.人口规模 3.城市化水平 4.产业园区规模
运输需求	5.客运需求规模 6.客运中转量 7.旅游客运量 8.商务出行比例 9.辐射经济腹地范围	5.货运需求规模 6.货运中转量 7.战略性物资运输比例 8.集装箱物资运输比例 9.辐射经济腹地范围
运输条件	10.公路和铁路建设条件 11.高铁站和机场建设情况 12.综合运输通道交汇情况 13.市域客流走廊分布	10.水陆域、岸线等资源条件 11.附近机场、港口建设情况 12.综合运输通道交汇情况 13.市域客流走廊分布
政策支持	14.城市职能性质定位 15.隶属主题功能区 16.实现国家和区域战略的影响	14.城市职能性质定位 15.隶属主题功能区 16.实现国家和区域战略的影响
发展潜力	17.地区生产总值增长率 18.人口增长率 19.客运需求增长率 20.经济腹地经济发展潜力	17.地区生产总值增长率 18.人口增长率 19.货运需求增长率 20.经济腹地经济发展潜力

表 7-9　**交通枢纽城市功能层级划分**

层级	区域特点	作用
全国性交通枢纽城市	(1)位于国家综合运输大通道的重要交汇区 (2)依托省、自治区、直辖市的中心城市和口岸城市	(1)在国家层面跨区域人员和国家战略物资运输中集散、中转功能突出 (2)具有广大的吸引和辐射范围 (3)在全国综合交通网络的布局、顺畅衔接和高效运行具有全局性的作用和影响
区域性交通枢纽城市	(1)位于区域综合运输通道的重要交汇点 (2)依托省、自治区、地区级的中心城市和口岸城市	(1)在跨区域人员和货物运输中集散、中转功能突出 (2)有较大的吸引和辐射范围 (3)对区域综合运输网络的布局与顺畅衔接和高效运行具有重要作用和影响
地区级交通枢纽城市	(1)位于区域综合运输通道上 (2)依托一般县级城市和口岸城市	(1)在跨区域人员和货物运输中集散功能突出 (2)吸引辐射范围以市域为主 (3)对区域综合交通网络布局、顺畅衔接和高效运行具有一定作用和影响

2）对外联系强度分析

以厦漳泉大都市区、长株潭城市群为例，分别从航空、铁路、公路等方面分析城市间的联系强度。

研究对象为厦漳泉大都市区（包括厦门、漳州、泉州三市）、长株潭城市群（包括长沙、株洲、湘潭三市）与全国 14 个主要城市（北京、上海、天津、重庆、福州、南京、杭州、广州、深圳、大连、青岛、武汉、成都、西安）间的对外客运交通联系。

数据来源，设定各城市对外客运交通基础设施为各个城市的基点，各类分析数据的收集和处理以市域范围为基本空间单元。所选取的客运交通流主要为两个城市群的各城市通过航空、铁路、公路等方式出行的交通流。由于厦漳泉大都市区和长株潭城市群各城市对外客运交通基础设施建设时序和发展水平的差异，单纯以铁路或航空某种指标作为研究数据难以全面反映厦漳泉和长株潭与全国其他主要城市间的功能联系。因此，选择多种交通方式作为对比，可以更全面地评价对外交通的功能联系强度。如具有精确的客流数据则分析结果将更加准确，但其一般难以获取，可以采用其他数据进行替代，即以厦漳泉和长株潭所有城市每日航空班次、铁路每日经停班次、公路每日发车班次等为主要数据。在缺少每班航班的具体运量、每个铁路站点的具体流量、每辆班车的具体载客数等定量数据支撑的情况下，在分析中假设每班航空班机的运量是相同的，铁路在每个经停站点的客流也是相同的，公路每次班车的客流也是相同的。通过调研、网络资源等途径获得相关数据。

数据分析，将城市间航空与铁路两种客运交通流数据处理成表征城市间双向关联的流强度，再运用 ARCGIS 的“点—线赋值分析技术”进行分级，并产生交通流强度图，进而较为直观的比较厦漳泉和长株潭两大城市群与全国主要城市基于多种客运交通流的联系特征。

（1）航空联系。将城市间航空客运交通流数据处理成表（表 7-10），从而将城市间双向关联的流强度，依据数值大小进行分级（图 7-4 和图 7-5）。其中，厦漳泉大都市区的漳州市和长株潭城市群的株洲市和湘潭市没有机场。

表 7-10　　厦漳泉大都市区对外航空班次

	北京	上海	天津	重庆	福州	南京	杭州	广州	深圳	大连	青岛	武汉	成都	西安
厦门	30	47	5	16	1	8	15	21	8	3	9	8	14	8
泉州	5	9	1	5	0	2	3	8	5	0	0	4	2	2
长沙	34	18	6	11	7	8	12	10	9	3	8	0	8	8

① 联系强度。从图 7-4 和图 7-5 中可以很直观地看出，厦漳泉大都市区的航班数较之于长株潭城市群表现出较为明显的优势，从图 7-6 和图 7-7 中可以很直观地看出，厦漳泉大都市区与北京市、上海市、杭州市、成都市、重庆市以及广州市的关联度较高，这些城市分别代表了京津冀、长三角、珠三角等我国经济实力最强的大都市连绵区；反观长株潭城市群，仅与北京市和上海市的关联度较强，与其他城市的关联度一般。仅从航空关联度来说，厦漳泉大都市区的对外交通关联度优于长株潭城市群，高端经济活力较高，外向型明显。

② 分析原因。

A. 地理条件：厦漳泉大都市区具有明显的东部沿海优势，北临长三角，南接珠三角，与台湾隔海相望。但是，由于福建省地处山地丘陵地带，陆路交通较为不便，因此长途出行主要依靠航空飞行；长株潭则地处我国中部，陆路交通发达，航空业受到发展限制；

B. 产业结构与主要职能：厦漳泉大都市区外向性高，其中厦门市是作为我国总部经济的

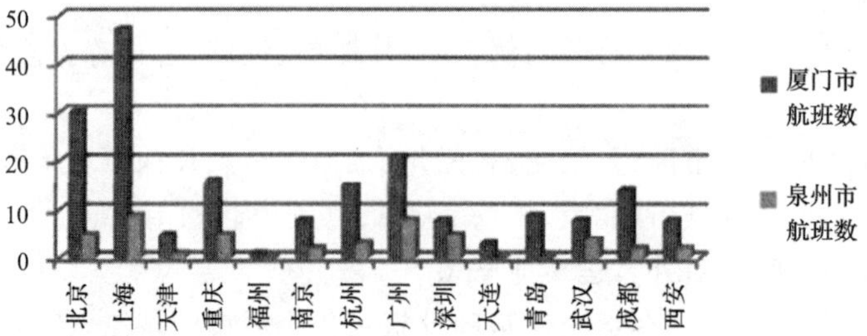

图 7-4　厦漳泉大都市区对外航空班次

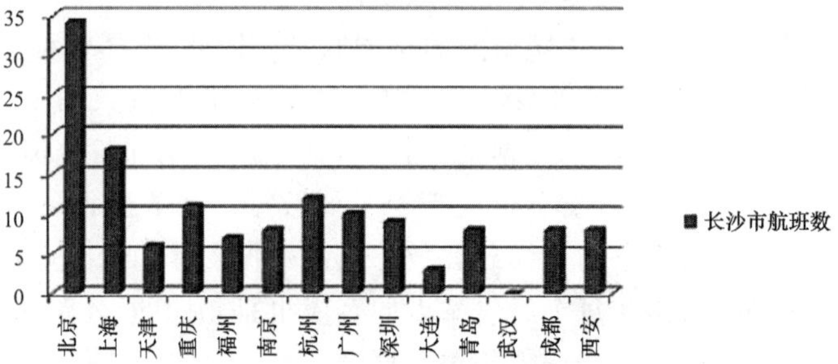

图 7-5　长株潭城市群对外航空班次

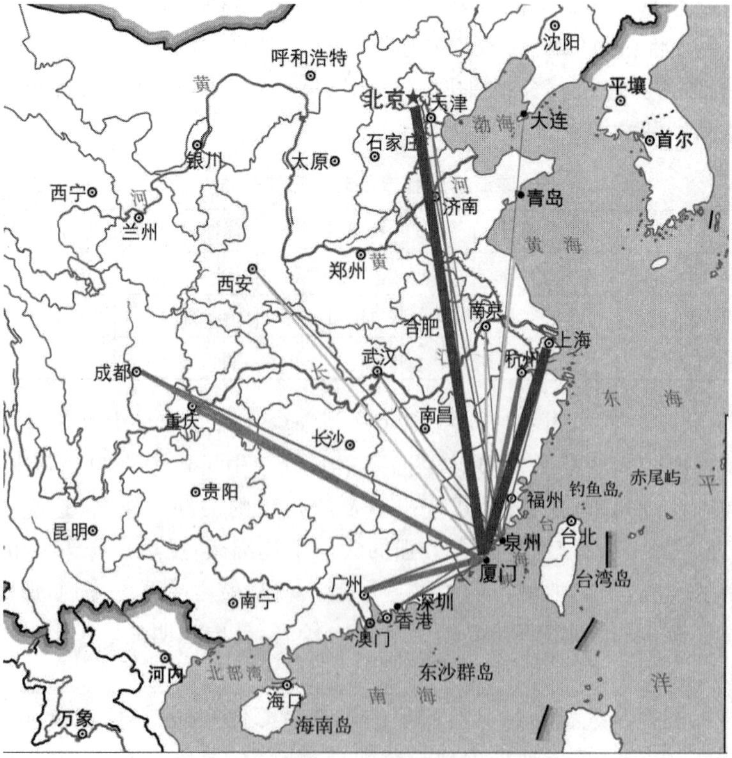

图 7-6　厦漳泉大都市区对外航空交通流强度

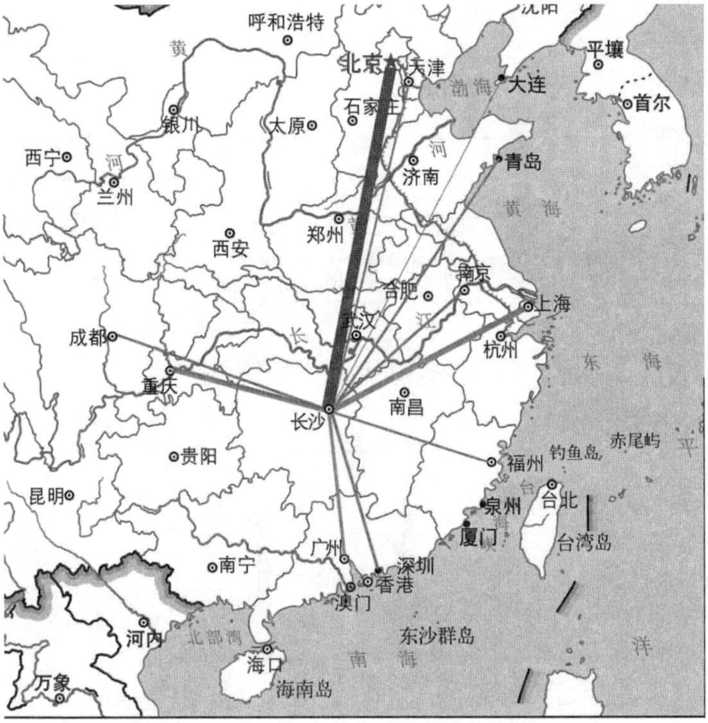

图 7-7　长株潭城市群对外航空交通流强度

集聚点之一，泉州则以服装业、食品业、船舶业等为支柱产业，且九成以上为私人企业，来往洽谈客流较多；而长株潭作为我国重要工业基地与交通枢纽，无论从基础设施还是交通流对象，都不是以航空作为主要发展方向。因此，厦漳泉大都市区则在航空联系方面获得优势。

（2）铁路联系

客运铁路的班次不能像航空客运班次直接使用，因为各种车型的速度不同，因此重要程度也有所差异。因此，可以对所有班次进行标准化，赋予不同权重，具体标准化权重见表 7-11。

表 7-11　　客运铁路列车标准化赋值

车型	高铁(G)	动车(D)	直达(Z)	特快(T)	快速(K)	普快
权重	1	1	0.8	0.7	0.5	0.3

将城市间铁路客运交通流数据处理成表（表 7-12），从而将城市间双向关联的流强度，依据数值大小进行分级（图 7-8—图 7-11）。

表 7-12　　厦漳泉大都市区对外铁路客运班次

	北京	上海	天津	重庆	福州	南京	杭州	广州	深圳	大连	青岛	武汉	成都	西安
厦门	0.5	7	0	0.5	43	0.5	9.3	1	0	0	0	1	0	0.5
泉州	0	6	6	6	38	0	8	0	0	0	0	0.5	0	0
漳州	0.5	0	0	0.5	0	0.5	0.3	1	0	0	0	1	0	0.5
长沙	10.8	2.5	2.1	1.5	0.5	0	2.5	90.9	2.5	0	0	76.5	1	4.4
株洲	2.2	12.1	2.1	6	1	2	14.6	56.1	3.5	0	0.5	32.3	2.5	2.7
湘潭	0	0	0	0	0	0	0	0.5	0.5	0	0	0.5	0	0

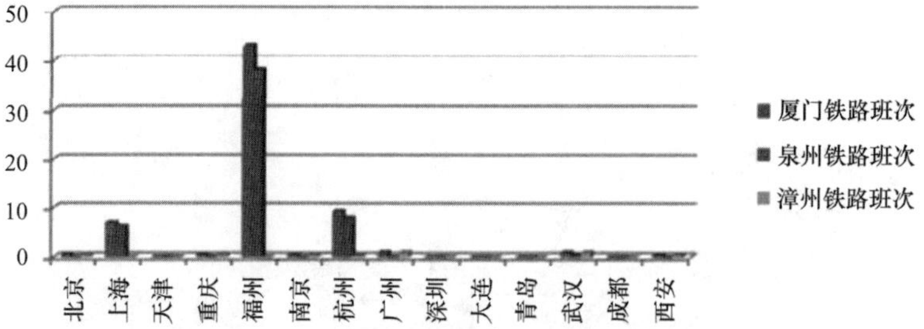

图 7-8　厦漳泉大都市区对外客运铁路班次

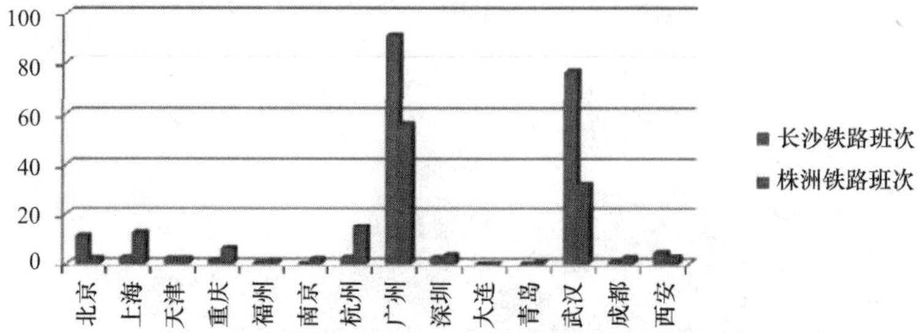

图 7-9　长株潭城市群对外客运铁路班次

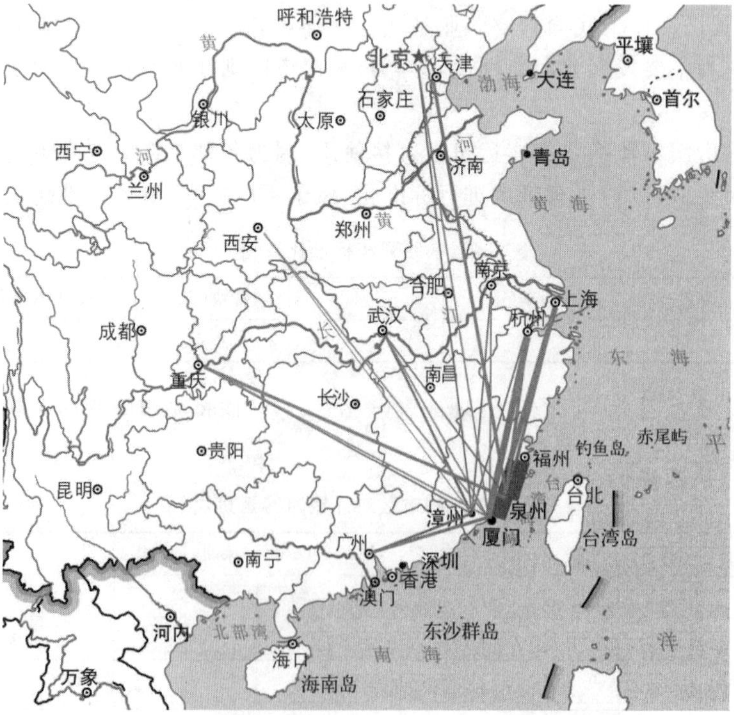

图 7-10　厦漳泉大都市区对外客运铁路交通流强度

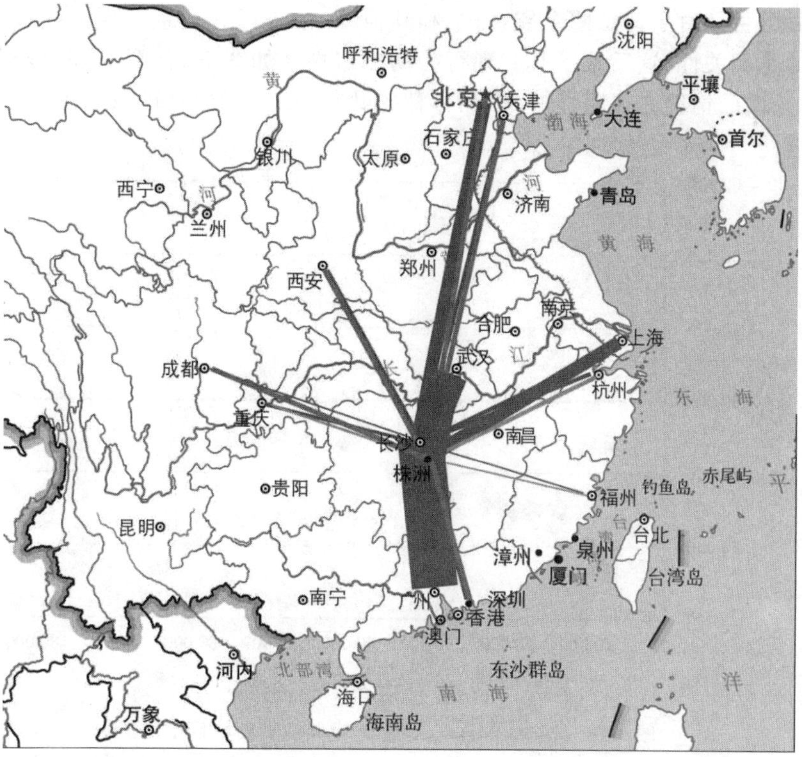

图 7-11　长株潭城市群对外客运铁路交通流强度

① 联系强度

从表 7-11、表 7-12、图 7-8、图 7-9 中可以看出，长株潭城市群的对外客运铁路班次较之于厦漳泉大都市区表现出明显优势。尤其从图 7-10 和图 7-11 中可以很直观地看出，厦漳泉大都市区仅与福州市、上海市和杭州市的关联度较高。

② 分析原因

A. 地理条件：由于福建省属于山区，地理条件对于建设铁路有一定难度，尤其向我国中部和南部地区的铁路连通性很低。这些城市分别代表了京津冀、长三角、珠三角等我国经济实力最强的大都市连绵区；而长株潭城市群，与武汉、广州、北京、上海、杭州、重庆的关联度较强。这主要是由于长株潭位居我国中部地区，且地理条件较好，更是我国京广线、沪杭线—浙赣线—湘黔线—贵昆线两条铁路大动脉的交界处。

B. 产业结构与主要职能：长株潭地区主要以交通运输设备制造、有色冶金等制造业为主体，高度依赖陆运交通，是南中国综合性交通枢纽（铁路枢纽）。因此，仅从铁路关联度来说，长株潭城市群的对外交通关联度明显优于厦漳泉大都市区，铁路交通带来的发展前景广阔。

（3）其他分析方法的校核

有学者研究利用文档中地名的共现（co-occurrence）来分析联系强度。如果两个地名同时出现在一个文档中，通常意味着这两个地名所指代的地理对象或多或少的存在某种联系。共现次数的多少可以用万维网（Web）页面的数目来度量，而包含两个给定地名的万维网（Web）页面数量可以用任意一个搜索引擎得到。一般来说，搜索得到的页面越多，意味着相应的两个地理对象交互强度越大。

利用百度新闻搜索 sina. com. cn 中任意两个中国省级行政区（一共 31 个，除了港澳台）名称共现的页面数目。对于任意两个省，每个和其他 29 个省都有一组共现页面数字，可以根据这两组数字计算相关性，这反映了其共现行为的相似性。如图 7-12、图 7-13，分别描述辽宁和吉林，辽宁和云南的情况。很明显，辽宁和吉林的共现更为相似，这可以归因于辽宁和吉林在距离上的邻近。

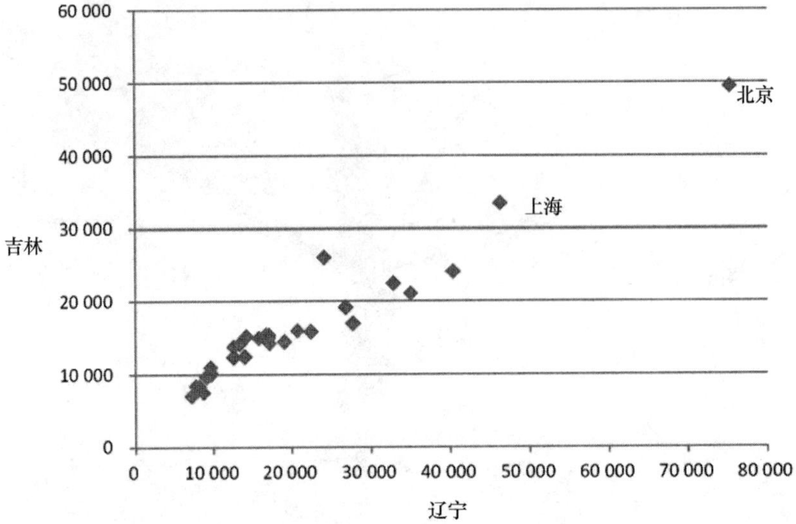

图 7-12　辽宁、吉林与其他 29 省共现页面数目比较

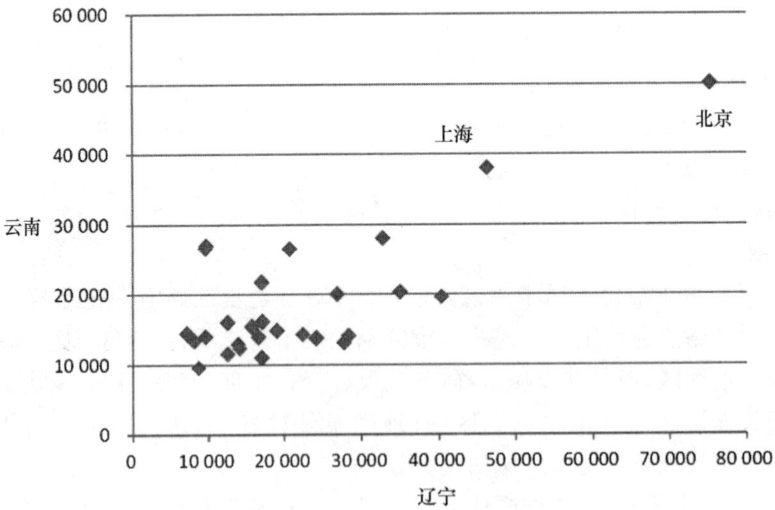

图 7-13　辽宁、云南与其他 29 省共现页面数目比较

用重力模型拟合收集的页面共现数目，发现拟合的很好。利用重力模型拟合也可以估计实际产生的交互强度，每个地理对象所应该具有的规模，这个规模通常与人口、经济总量等正相关。我们得到规模值，基本反映各个省份的发展程度(图 7-14)。利用观察到的省际共现页面数目，对中国进行了区域划分，划分结果和我们的认知是一致的(除了山西被分到西部了)(图 7-15)。

与现有人们的认知的复合型也表明了采用这种方法采集的地名共现页面数据的可靠性，这样的共现数据很容易获取，尤其是在很多社会经济数据不容易获取的情况下，可以采用该种方法进行类似分析，例如分析城市间的联系强度，是对外交通联系强度分析的补充和校核方法。

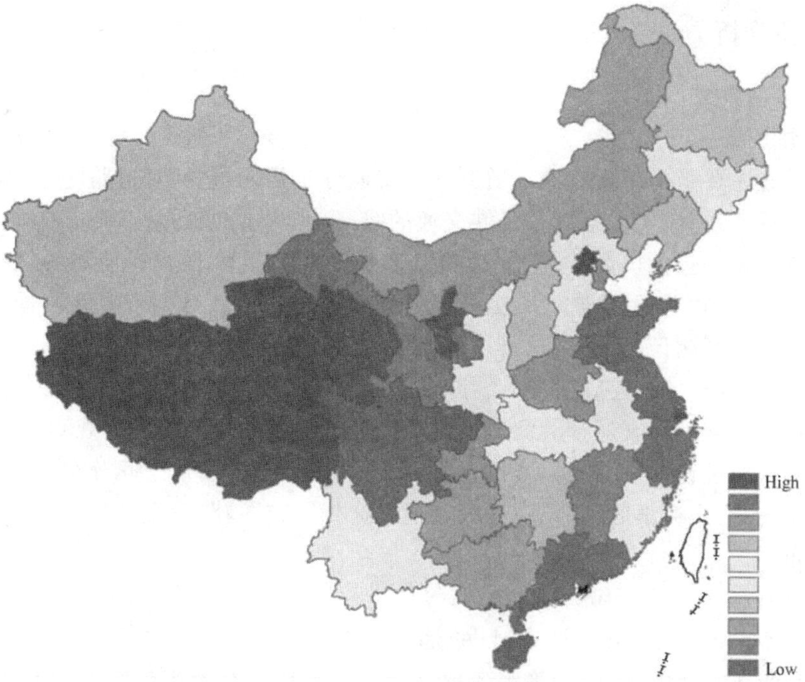

图 7-14　各省份规模值情况

图 7-15　省际页面共现数目的区域划分

二、城市交通分析方法

1. 道路交通调查方法

1) 交通量调查

交通量调查主要是了解现状城市道路网的交通分布状况,包括对道路网、路段、交叉口、交通枢纽等的交通流量、流向调查以及公共交通的线路、客流量、集散量调查。

道路交通量调查包括机动车流量、非机动车流量和行人流量及其流向的调查,速度的调查,交通事故及设施状况的调查。一般选择控制路段和交叉口对全市道路网同时进行观测。国内大多采用人工观测记录的方法,目前也已研制了一些自动观测记录设备。国外多用自动观测记录装置,进行长期的连续观测。

最常进行的是交叉口交通量观测。根据不同的观测目的和要求设计观测记录表格和统计表格。对观测资料进行汇总、分析后,可以得到 2 种成果:①交通量空间分布,城市干道网交通流量流向分布图;②交通量时间分布,路段交通量全年分布图,路段交通量全周分布图,路段交通量全日分布图。

2) OD 调查(Origin Destination Survey)

OD 调查就是出行的起终点调查,目的是为了得到现状出行生成形态、交通设备资料、土地使用动态及影响交通的社会、经济等各项因素。反映城市交通流动特征的 OD 调查主要包括居民出行抽样调查、货运抽样调查两类。根据交通规划的需要还可以分别进行流动人口出行调查、公共交通客流调查、对外交通客货流调查、出租汽车出行调查等。

(1) 交通区(traffic zone)的划分

为了对 OD 调查获得的资料进行科学分析,需要把调查区域分成若干交通区,每个交通区又可分为若干交通小区。调查区应该尽可能包括所有对出行形态发生影响的建成区和在预测期内可能发展的新建区。调查区以外的郊区也要分成比较大范围的外部交通区。

划分交通区应符合下列条件:

① 交通区应与城市规划和人口等调查的划区相协调。以便于综合一个交通区的土地使用和出行生成的各项资料;

② 交通区的划分应便于把该区的交通分配到交通网上,如城市干道网、城市公共交通网、地铁网等;

③ 应使一个交通区预期的土地使用动态和交通的增长大致相似;

④ 交通区的大小也取决于调查的类型和调查区域的大小,交通区划得越小,精确度越高,但资料整理工作会越困难。

在划定交通区后,还要考虑划出一条或多条分隔查核线(screen-line)。查核线是在外围境界线范围内分隔成几个大区的分界线,使每一个出行通过这条线不超过一次,用以查核所调查的资料。在可能的条件下,可选取对交通可以起障碍作用的天然地形(如河流)或人工障碍物(如铁路)作为查核线。

(2) 居民出行调查

居民出行(OD)调查的目的是为了取得客流的出行生成规律以及土地使用特征、社会经济条件等。家庭是居民出行的主要来源,所以一般都采用抽样家访的方法进行调查。调查的内容包括家庭地址(交通区)、用地性质、家庭成员情况、经济收入、出行目的、每日出行次数、出行时间、出行路线、出行方式、车辆停放情况等(表 7-13)。本调查方法可用于掌握城市居民出行特征及变化趋势，可以为城市提供交通方式和交通设施供给结构，以及优化土地使用结构的依据。

表 7-13　　城市居民出行 OD 调查表（个人出行信息表）

姓名		年龄		职业		受教育程度	
常用出行方式				常见出行目的			

基本信息（请依次填写）

类别		当天出行情况（出行次序）					上周日出行情况（出行次序）				
		1	2	3	4	5	1	2	3	4	5
出发地											
目的地											
出发时间											
到达时间											
出行目的	工作										
	学习										
	吃饭										
	购物										
	其他										
出行方式	公交										
	出租车										
	小汽车										
	自行车										
	其他										

（3）货运调查

货运调查常采用抽样发调查表或深入单位访问的方法，调查各工业企业、仓库、批发部、货运交通枢纽，专业运输单位的土地使用特征、产销储运情况、货物种类、运输方式、运输能力、吞吐情况、货运车种、出行时间、路线空驶率以及发展趋势等情况。本调查方法可用于掌握货运流线分布特征及变化趋势，可以为城市提供货物运输方式和运输量供给结构，以及优化土地使用结构的依据。

3）停车（泊车）调查

观测方法：以直接停放的车辆为调查对象来掌握车辆停放状况，或是以汽车保有者为对象，通过卡片、访问调查，预测未来车辆停放的趋势，还可以停车场管理人员为调查对象，对现有停车场进行抽样调查，了解停车场的使用及收费等情况。调查内容包括：

（1）建设状况：停车场种类（配建/公共）、形式（路内/路外）、结构（地面、地下、地上）、经营方式（政府/私营）、容量、收费状况。

（2）使用状况：一定时间内停放的车辆总数、高峰时间停放车辆数、平均小时停放车辆数、进出停车场的车辆数等。停车泊位的周转率（即一个泊位在单位时间内停放的车辆数，它是一个泊位上每辆车停放时间的倒数）。

本调查方法可用于普查停车场供需状况、利用效率及时空分配规律，进而为停车场的规划布局、详细设计和运营管理提供依据。

2. 交通需求预测方法(四阶段法)

交通需求预测是交通规划中的核心内容之一。道路交通网络设计以及方案评价、城市交通设施的配置、土地使用布局的调整、开发强度合理性的判定都与交通需求预测有着密切的联系。

1) 城市交通需求预测的内容

(1) 城市客流交通需求预测:包括城市居民出行预测、城市流动人口出行预测、城市对外及过境客运交通预测三部分。

(2) 城市货流交通需求预测:包括城市市内货运交通预测和城市对外及过境货运交通预测两部分。

2) 交通需求预测方法

交通需求预测共分为交通生成、交通分布、交通方式划分和交通分配四个阶段。

(1) 交通需求生成预测

交通需求生成预测是指根据国民经济发展状况,对规划区域及各交通分区的五大运输方式交通需求总量的发生进行预测。

① 增长率法。增长率法是根据预测对象(如客运量、经济指标等)的预计增长速度进行预测的方法。其步骤是:a. 分析历史年度预测对象增长率的变化规律;b. 根据对相关因素发展变化的分析,确定预测期增长率;c. 进行未来值的预测。预测模型的一般形式为:

$$Q_i = Q_0(1+\alpha)^t$$

式中,Q_i 为预测值;Q_0 为基年值;α 为确定的增长率;t 为预测年限。

增长率法的关键在于确定增长率,但增长率随着选择年限及计算方法的不同而存在较大的差异。所以增长率法一般仅适用于增长率变化不大且增长趋势稳定的情况。其特点是计算简单,但预测结果粗略,较适于近期预测。

② 乘车系数法。乘车系数定义为区域客运量与人口数之比,乘车系数法又称为原单位发生率法,用区域总人口与平均每人年度乘车次数来预测客运量。模型的形式为:

$$Q_i = P_t\beta$$

式中,Q_i 为预测客运量值,万人;P_t 为预测总人口,万人;β 为乘车系数。

乘车系数可以根据指标的历年资料和今后变化趋势确定,但是乘车系数本身的变动有时难以预测,各种偶然因素会使其发生较大波动。此外,人口、职业、年龄的变化也使系数很难符合一定规律。

③ 产值系数法。产值系数法是根据预测期国民经济指标值(如工农业总产值、社会总产值、国民收入等)和确定的每单位指标值所引起的货运量或客运量进行预测的方法。模型的形式为:

$$Q_i = M_t\beta$$

式中,Q_i 为预测期总运量,万人或万吨;M_t 为预测期经济指标;β 为产值系数。

产值系数法的关键在于把握产值系数的变动趋势。

④ 时间序列法。时间序列法是根据规划区域客、货运输的历史统计资料,以时间 t 为自变量建立模型,对客、货运输量进行预测的方法。时间序列法预测技术的基本出发点是利用预测对象过去发展变化的特征来描述和预测未来的变化特征。各种事物的时间序列变化特征一般可以分为趋势形、周期形、不规则形及组合形。在交通生成预测中,一般遇到的是组合形的

时间序列。

时间序列预测技术包括移动平均法、指数平滑法、成长模型等。因其不从因果关系分析入手，省去了变量筛选、自变量预测、参数检验等一系列工作，较为简单、直观。但是，时间序列预测技术本身所要求的数学知识较为深奥，计算复杂，只有借助计算机才能实现。

交通需求生成预测还可以使用回归分析法、弹性系数法、灰色预测法、类比法、经济计量模型等方法。

(2) 交通分布预测

交通分布预测是指根据预测得到的各交通分区的交通发生、吸引量，确定各交通区之间的交通流量、流向，即确定 OD 矩阵。交通分布预测方法可分为增长系数法和综合方法。

① 增长系数法。增长系数法是基于出行起点与终点小区的交通增长特性，利用现状的 OD 分布量推算将来的 OD 分布量。它依赖于各节点间的基年分布情况，并假设区间的出行交通与路网的改变相互独立，或者在预测年限内交通运输系统没有明显的改变。这种方法适用于小地区或区域间出行不受空间阻挠因素的影响而只受地区间交通发生、吸引特性影响的出行空间分布形态，且这种方法不限于某些个别因素的影响，着重总的趋势，适用于交通量的宏观分布预测，但如基年 OD 分布稍有偏差，对未来影响将会很大。属于增长系数法类别的交通分布预测模型主要有平均增长系数模型、弗拉塔(Fratar)模型和弗内斯(Furness)模型。

② 综合方法。综合方法是将出行空间阻碍因素与地区增长特性一并考虑的模拟分析法。该方法对问题的刻画较详细，但对长期趋势的描述往往过分强调某一因素的影响而忽略了总体趋势的正确性，适用于同时受地区发生、吸引特性及空间阻挠因素影响的出行空间分布形态，模型需要标定。综合方法的交通分布预测模型主要有重力模型法、介入机会模型法、系统平衡模型法。其中重力模型，特别是单约束重力模型是现在广泛使用的交通分布预测模型，其主要优点在于考虑的因素较增长系数模型更全面，能敏感地反映交通阻抗参数的变化，即使没有完整的现状表也能进行推算预测，缺点是对短距离出行估计值偏大，因此宜在以交通小区为单位的集合水平上进行标定预测，并且交通小区的面积不宜划的过小。

③ 方式选择预测。让一个出行与一种交通方式相对应，一个地区的全部出行数中利用该种交通方式的人所占的比例叫做该交通方式的分担，或简称方式分担(model split)，其中每个交通方式所分担的交通量叫做该交通方式的分担交通量。方式选择预测方法分为分担率曲线法(转移曲线法)、专家经验法、总量控制法、运输方式分担律法、车辆效率法、交通系数法等。

分担率曲线法的分担比例与其影响因素之间的关系曲线，称为转移曲线。影响因素包括交通小区间的距离，形成时间，或各交通方式所需的时间差等，利用转移曲线法可以直接查到各种交通方式在城市交通小区之间出行量中所占比例，其缺点在于由于该曲线是由现状调查资料得出，无法反映出未来情况，特别是影响因素发生变化时各种交通方式分担率的变化。

3) 交通分配

交通分配是指将已经预测出的交通量根据实际情况按照一定的规则分配到道路网中的各条道路上，并求出各道路的交通流量。国际上通常把交通分配模型分为平衡模型与非平衡模型两大类。

平衡模型发展已有几十年历史，在理论上平衡模型结构严谨、思路明确，比较适合于宏观研究，但由于维数大，约束条件多，这类模型的求解比较困难，尽管有近似方法，但在实际工程中难以应用。相比之下，非平衡模型具有结构简单、概念明确、计算简便等特点，因而被广泛使用，效果良好。表 7-14 为非平衡模型的具体分类形式。

表 7-14　　非平衡模型分类形式

形态 \ 分配手段	有迭代分配方法(动态)	无代分配方法(静态)
单路径型	容量限制——增减量加载分配	最短路(全有全无)分配
多路径型	容量限制——多路径分配	多路径分配

3. 道路网络分析方法

1) 道路路网

(1) 道路网络类型

城市交通路网是由各类各级城市道路所组成,由主次干路及快速路组成的干路网构成城市发展的骨架,城市路网一经形成,便大体上确定城市土地利用发展轮廓,并将持续影响城市的建设与发展。

常见的城市路网可以抽象的归纳为四种类型:方格网式、环形放射式、自由式、混合式。

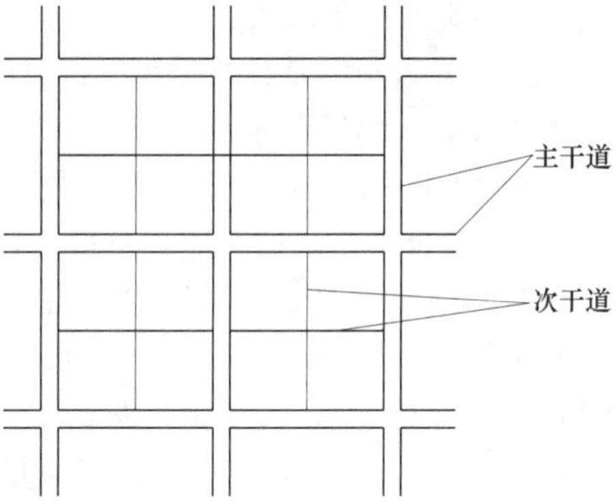

图 7-16　方格网式路网

方格网式路网(又称棋盘式道路网)适用于地势平坦地区的中、小城市(图 7-16)。它划分的街道整齐,有利于沿街建筑布置。这种路网的优点是交通分散,灵活性强;缺点在于道路功能不易明确,交叉口多,对角线方向的交通不便。我国许多大城市的老城区均是此结构形式。

图 7-17　北京路网结构图

环形放射式路网由市中心向四周引出若干条放射干道，并在各条放射干道间连以若干条环形干道(图 7-17)。这种路网的优点是有利于市中心区与各分区、郊区、市区外围相邻各区之间的交通联系，道路功能明确；缺点是容易将各方向交通引至市中心，造成市中心交通过于集中，交通灵活性不如方格网式路网。

自由式路网一般是由于城市地形起伏，道路结合地形变化呈不规则形状而形成的(图 7-18)。其主要优点是不拘一格，充分结合自然地形，线形生动活泼，对环境和景观破坏较少，可节约工程造价；缺点在于绕行距离较大，不规则街坊多，建筑用地较分散。此类路网常见于地形起伏较大的山区与丘陵地带的城市，如我国的重庆、青岛等。

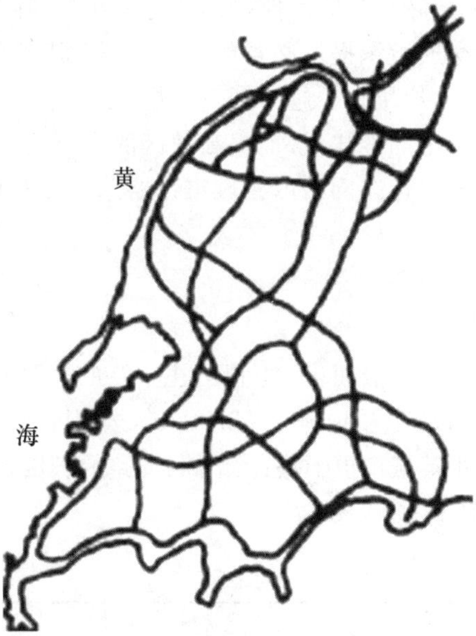

图 7-18　青岛路网结构图

以上三种基本形式常常又组合在一起，即形成混合型(图 7-19)。混合型结构常根据城市发展的实际需要逐步形成，有利于因地制宜、扬长避短、合理组织分配交通，如中心城区布置(或保留)方格网式结构，各分区、郊区、城区及外围可用放射环和(或)自由式结构加以组织。国内许多特大城市历经发展逐步发展成这种形式。

图 7-19　武汉路网结构图

(2) 道路网密度

城市范围内不同功能、等级、区位的道路，以一定的密度和适当的形式组成了网络体系结构。所以，路网密度是衡量城市道路网是否合理的指标之一。对交通而言，路网密度越高，道路长度越长，能提供更多的道路接入空间，也能提供更密的人行和非机动车网络以及公交线路服务空间，同时路网的联通度更好，循环能力更强，增强了道路网承受交通压力的弹性，为单向交通组织提供必备的道路条件，提高交通组织效率。对非工业仓储等城市用地而言，路网越密，地块划分越小，能提供更多的沿街面、更多的开放空间，提升街道邻里的交流机会，提升城市空间趣味，从而提高地区的多元化和活力以及土地价值。

道路网密度是城市道路总长度与城市用地总面积之比。

$$\delta_i = \frac{\sum L_i}{\sum F}$$

一般而言，快速路、主干路的道路网间距为 800～1200m，计算出快速路、主干路合计的道路网密度为 1.7～2.5km/km^2，按照大城市快速路∶主干路∶次干路∶支路的长度比为 1∶2∶3∶6；中等城市主干路∶次干路∶支路的长度比为 1∶1.2∶3 来计算，得出道路网密度(km/km^2)，如表 7-15 所示。

表 7-15　　道路网密度(km/km^2)

	快速路	主干路	次干路	支路
大城市	0.58—0.83	1.12—1.67	1.7—2.5	3.4—5
中等城市		1.7—2.5	2.04—3	5.1—7.5
小城市		3—6	3—8	

在我国，不同区位、形态、规模的城市道路网密度不同。从城市区位角度看，南方城市普遍高于北方城市，南方城市道路网密度平均值为 6.62km/km^2，北方城市道路网密度平均值为 5.07km/km^2；从城市形态来看，呈现"组团形态＞团块形态＞带状形态"的特征。以深圳、重庆等为代表的组团型城市平均道路网密度为 6.33km/km^2，以北京、西安等为代表的团块型城市平均道路网密度为 5.79km/km^2，以兰州、济南为代表的带型城市平均道路网密度为 4.38km/km^2；从城市规模角度来看，城市规模越大，道路网密度相对越高。在全国 36 个主要城市中，超大型城市平均道路网密度为 7.30km/km^2，特大型城市平均道路网密度为 6.06km/km^2，Ⅰ型和Ⅱ型大城市分别为 5.76km/km^2 和 5.39km/km^2。

与许多国外城市相比，中国城市路网密度处于偏低水平(表 7-16)，低密度的路网除了表现为大尺度、稀疏，还表现为城市肌理的不规则和不完整。

表 7-16　　国内外城市建成区平均道路密度比较

国际城市		路网密度(km/km^2)	国内城市	路网密度(km/km^2)
美国	纽约	13.1	北京	6.3
	芝加哥	18.6	上海	6.7
	旧金山	36.2	广州	7.3
日本	东京	18.4	武汉	9.8
	横滨	19.2	深圳	5.7
	大阪	18.1	大连	6.0
	名古屋	18.1	杭州	5.2
	巴塞罗那	11.2	成都	5.9

资料来源：《城市道路交通规划设计规范》(GB50220-95)：5.4-7.1

2016 年 2 月，中共中央国务院发布《关于进一步加强城市规划建设管理工作的若干意见》，《意见》指出树立“窄马路、密路网”的城市道路布局理念，到 2020 年，城市建成区平均路网密度提高到 8 公里/平方公里，道路面积率达到 15%。

(3) 道路面积率

道路面积率又称道路面积密度，是城市各类各级道路用地面积与城市用地总面积之比。城市道路面积率是反映城市建成区城市道路拥有量的重要经济指标。公式为：

$$r = \frac{\sum (L_i B_i)}{\sum F}$$

按照《城市用地分类标准(2012)》的规定，城市道路用地应占城市建设用地面积的 10%～30%，比 1995 年发布的《城市道路规划设计规范(GB50220—95)》中规定的 8%～15%大大地提高，说明从政策层面，我国在不断提高道路用地面积率指标。

与国际上一些城市对比，我国城市的道路面积率较低。更准确地说，是公共道路的面积率不够高。我国普遍存在的大街区开发模式下，有两种属性的道路存在，一种是大街区外的对所有公众开放的道路，系公共道路；另一种是街区内部仅供街区内的住民和访客使用的私属道路，系街区内部道路。尽管在建设标准上与公共道路有所差异，但内部道路所占的用地面积也很大。按现实中超大街区开发模式所构建的街道网络，公共道路和内部道路的综合面积率接近 30%，这甚至超过了小尺度街区、细密路网开发模式下所构建的路网的面积率。

针对道路尺度大、密度偏低、面积率偏低带来的负面影响，在新建城市中心区，首先要按照人性化尺度进行道路网规划；其次是规划小尺度街区，在增加道路密度的同时，降低道路的尺度。对于已建成区，首先按照完整的街道理念，重新优化调整路权，保障和改善绿色交通的空间环境；其次，增加行人、自行车路段过街设施，以减少道路密度不足对行人和自行车可达性的影响；最后，开放超大街区，使内部道路公共化或对步行、自行车部分交通方式开放，打通微循环，使城市肌理更健康、通达。

4. 公共交通分析方法

公共交通是在城市及其辖区范围内供公众出行乘用的各种客运交通方式的总称，包括公共汽车、电车、出租车、轮渡、地铁、轻轨以及缆车等。

1) 公交设施分析

公交设施包括公交停保场、公交首末站、公共交通枢纽站、公交停靠站、公交专用道等的场站设施，这些设施的配置应与公共交通发展规模相匹配，用地有保证。

(1) 公交停保场

公交停保场是具有晚间停放公交车、加油、日常维护和抢修的功能，是集停车、维修保养、车辆安全检测、办公、加油于一体的综合性智能化管理场站。对于公交停保场的规划主要考虑其选址和用地规模。一般情况下，公交停保场应避免在闹市及人员密集地区，宜选择在清静、便利通行的次干道上，建立在公交线网的重心处，以减少空驶里程和司乘人员的通勤距离，保证停车保养的使用方便、经济合理。

公共交通车辆保养场用地面积指标宜符合下表 7-17 的规定。

表 7-17　　保养场用地面积指标

保养厂规模(辆)	每辆车的保养场用地面积(m^2/辆)		
	单节公共汽车和电车	铰接式公共汽车和电车	出租小汽车
50	220	280	44
100	210	270	42
200	200	260	40
300	190	250	38
400	180	230	36

(2) 公交首末站

公交首末站是公交线路的始发站和终点站,部分还是车队的所在地和夜间驻车的主要场所。对于公交首末站的规划主要考虑其选址和土地使用布局。公交首末站的选址应遵循以下原则:①宜选在紧靠客流集散点,尽可能在与道路客流主要方向的一侧设置;②宜在人口比较集中、客流量较大且周围有规划用地或者空地的地方设置。如火车站、汽车站、公园、文化或体育中心附近等;③站点规模要根据规划配置的线路和线路配置的车辆数确定;④尽可能避免在平面交叉口范围内设置首末站点,如果确实需要设置,必要时须在首末站的出入口设置信号控制,减少对交叉口和周边道路交通的干扰。随着土地资源的日趋紧张,深圳的城市已开始规划实施非独立占地的附设式首末站,设于建筑第一层,并制定完善的实施机制。

(3) 公交枢纽站

公交枢纽站是指具有一定路外用地规模的,为乘客提供集中的换乘服务,并为公交车辆提供停靠、上下客、到发,甚至停车、管理调度功能的设施,也可视为多条公交线路汇集、换乘功能较强的公交首末站。对于公交枢纽站的分析,首先要确定其选址,公交枢纽站一般会选择在城市密集地区,考虑公交枢纽站的综合开发模式,宜将公交系统与包括商业、商务办公、酒店、居住等某一种或几种业态的开发部分共同进行设计及建设。其次,分析进入场站的公交线路数量、车辆数及发出频率等,然后根据枢纽站的功能开展需求预测,确定枢纽站各个功能区的规模。再者,开展内外部交通组织分析,根据公交线路运营和现场实际情况,合理组织公交车辆的内外部交通流向,使公交车辆在场地内顺畅通行,又对周边交通影响较小。最后,分析枢纽站内部总体布局方案,以满足场站使用方便、线路运营高效、空间利用高效。

(4) 公交专用道

公交专用道是指在城市道路上,用交通标线或硬质分离的方法划出一定的车道作为公共汽车专用通道,在特定的时段内(或全天候),供公共汽车行驶而不允许其他车辆通行。公交专用道的设计主要考虑公交专用道在道路断面上的位置,每种位置的选择都有其适用性和优劣性,只有结合实际设计,才能实现公交优先。

公交专用道在道路断面上的位置可分为:路中型、路边型和次路边型。路中型(图 7-20)适用于中央实体分隔的两块板道路,公交站距较大的快速道路及主干道路上,在中央分隔岛上设置站台,公交行驶的路线会因站台的偏心设计而较不顺畅,但慢车道部分则完全不受站台的影响,行车顺畅。次路边型(图 7-21)适用于道路资源充分时,道路单向车道大于等于 6 条时,可将公交专用道布设在次外侧车道,最外侧车道作为进出交通流的通行辅道,服务于沿线相交支路及单位进出交通。路边式(图 7-22)公交专用道适宜于设置在停靠站距比较小的路段,可以直接沿边缘车道进出停靠站,不必穿越其他机动车道。但受出租车上下客及道路上进出口车辆影响，其总体运行速度会下降。

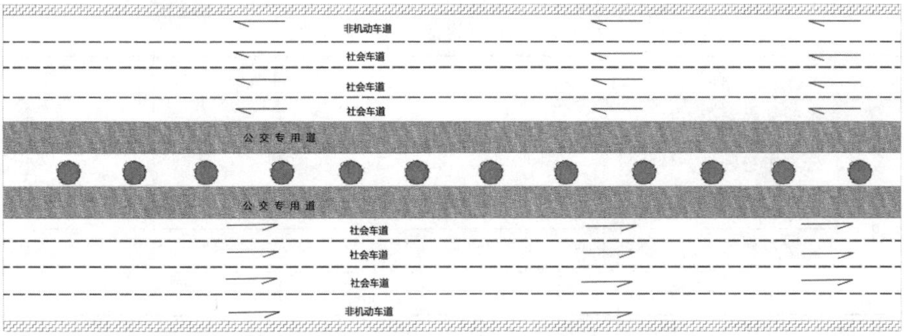

图 7-20　路中型公交专用道

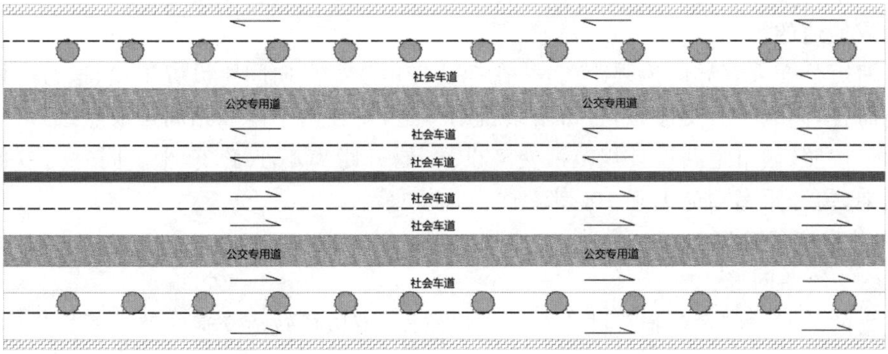

图 7-21　次路边型公交专用道

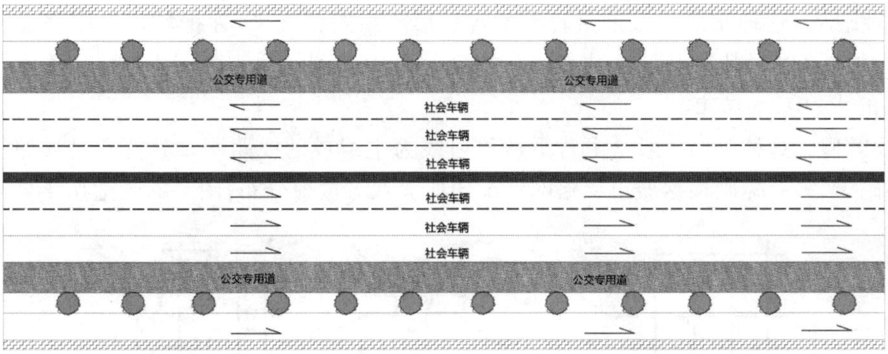

图 7-22　路边型公交专用道

(5) 公交停靠站

根据设置的位置可分为交叉口上游公交停靠站、交叉口下游公交停靠站、路段公交停靠站；根据设置方法可分为沿机非分隔带设置的公交停靠站、沿中央分隔带设置的公交停靠站、沿人行道设置的公交停靠站；根据站台形式可分为直线式公交停靠站、港湾式公交停靠站。随着我们国家城市道路交通流量的日益饱和，公交停靠站已经成为影响道路交通运行以及路段和交叉口通行能力的关键因素。其中，公交停靠站的位置选择、路段上公交停靠站类型选择、路段异向公交停靠站间距是主要的影响要素。

从交通安全性、对交通流影响程度上考虑，公交停靠站的位置设置在交叉口下游的公交停靠站显然优于设置在交叉口上游的公交停靠站，特别是对交通流的影响，下游的要比上游的小得多(表 7-18)。

表 7-18　　公交停靠站位置选择标准比较

标准		交叉口下游	交叉口上游
交通安全性	乘客的活动安全性	大	小
	公交车行驶安全性	大	小
对交通刘的影响程度	公交车、机动车的冲突	小	大
	公交车红灯右转对交通影响	小	大
	公交车对右转车流的影响	小	大

路段上公交停靠站类型多选择非港湾停靠站。港湾式停靠站可在很大程度上缓解公交车停靠时公交车对尾随车辆的干扰;非港湾停靠站容易挤占非机动车道,并对非公交车辆在进出站时造成减加速的影响。

为了缩短公交乘客异向换乘距离,往往把公交停靠站异向间距设置很短,这对一块板非港湾停靠站而言,同时有公交停靠,各占一条机动车道,将在两个停靠站间形成瓶颈,影响路段的通行能力。按照《城市道路设计规范》,交叉设站,错开距离不小于 30 米。同时为方便公交乘客异向换乘,错开距离不应大于 100 米。

2) 公共交通线路网分析

(1) 公交线路网形式

这里指的公交线网主要指公共汽车公交线路网,不包括轨道交通线路。根据道路网形式、城市地形以及连接的城市功能区不同,公交线路网呈现为直线型、放射型、环型、方格对角线型和混合型等形式。

① 直线型。这种布局一般是由若干条直径形成线路相交叉,并把城市外围与城市中心连起来组成的线路网。其特点是从城市的一端穿过市中心到达另一端,图 7-23。适用于道路网呈棋盘状的大、中、小城市。

② 放射型。这种布局一般是由若干条放射线为主组成的线路网。其特点是线路一端集中于市中心附近,另一端则根据城市道路网状况向四面八方放射分布,图 7-24。适用于中小城市。

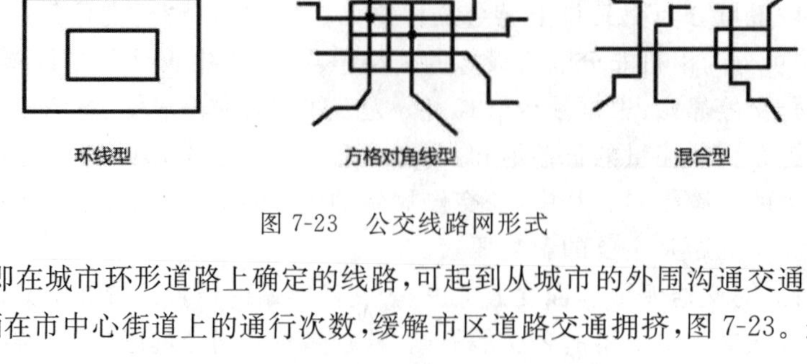

图 7-23　公交线路网形式

③ 环型。即在城市环形道路上确定的线路,可起到从城市的外围沟通交通的作用。其特点是可以减少车辆在市中心街道上的通行次数,缓解市区道路交通拥挤,图 7-23。适用于大城市。

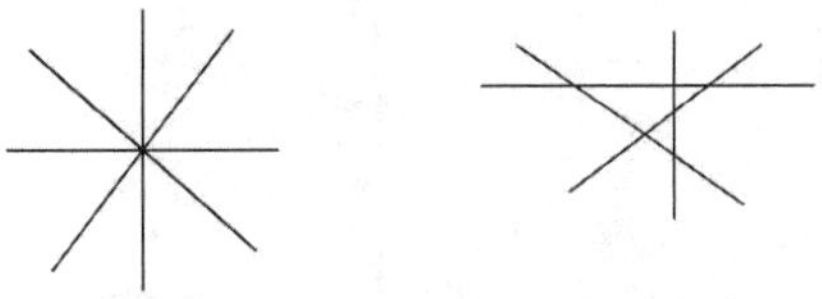

图 7-24　无环放射式线网示意图

④ 方格对角线型。是以纵横交错的直线路网与棋盘形城市中心的对角线型线路网组成，图 7-23。多见于历史遗留下的古城，也适用于一些呈棋盘状线路网的现代化大、中城市。

⑤ 混合型。综合了各种线路网的形态，根据不同地区的主要客流方向、道路网状态，形成不同的线路形式，图 7-23。适用于特大城市或大城市。

(2) 轨道交通线网布局

总结国内外已经建成的轨道交通线路网，基本可以将轨道交通线路分为：无环放射式线网，图 7-24，图 7-25，图 7-26；有环放射式线网，图 7-27，图 7-28；方格网式线路，图 7-29，图 7-30。

图 7-25　捷克布拉格地铁网

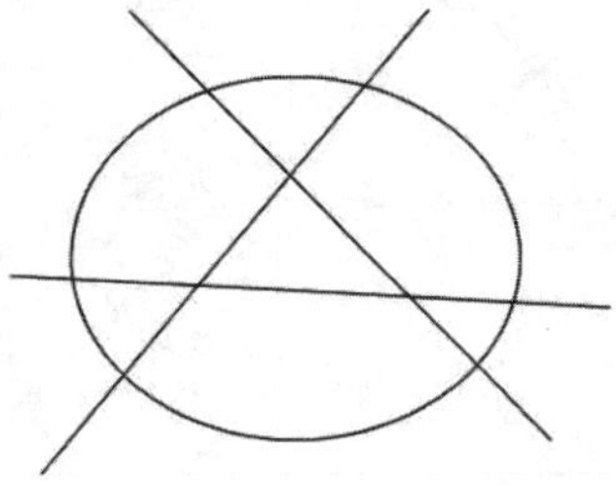

图 7-26　有环放射式线网示意图

① 无环放射式线网。其特点主要有：a. 线网中心区域的可达性好；b. 任意两条线路之间均可实现直接换乘；c. 市郊与市郊之间交通联系不方便；d. 加剧市中心的交通拥挤。

② 有环放射式线网。其特点主要有：a. 具备放射式的所有优点。b. 克服了无环放射式市郊之间联系不便的特点。c. 截流外围区之间的客流，通过环线进行疏解，可减轻中心区的交通压力。

③ 方格网式线网。其特点主要有：a. 平行线路多，线路顺直，易于施工。b. 线网不限均匀，客流吸引范围较大。c. 线路走向比较单一，对角线方向的出行需要绕行，中心与市郊之间常需换乘。d. 平行线间联系较差，换乘不便。

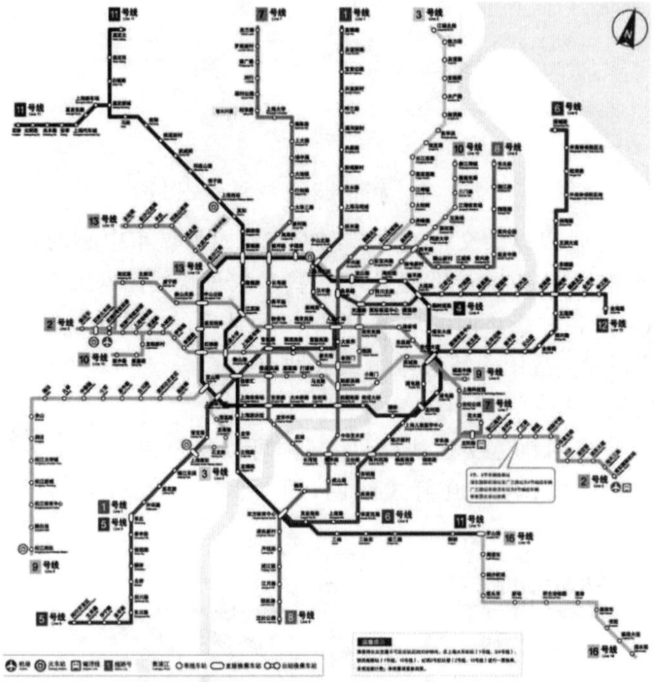

图 7-27　上海轨道交通运营线路图

图 7-28　莫斯科地铁线路网

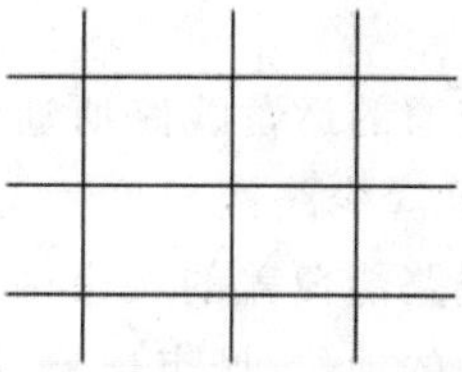

图 7-29　方格网式线网示意图

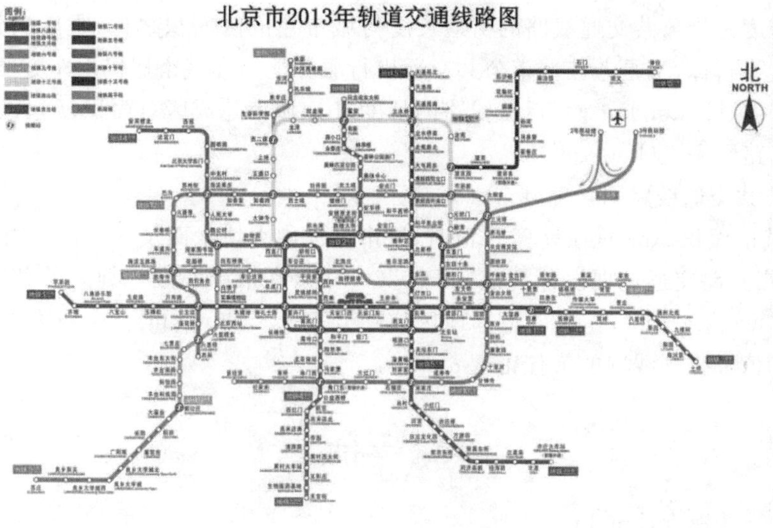

图 7-30　北京地铁线路图

3）公共交通线路网的技术指标

（1）运营线路条数

运营线路条数是各种公共交通固定运营线路条数之总和。包括干线、支线、专线和高峰时间行驶的固定线路。不包括临时行驶和联营线路。运营线路的数量反映了城市公交的发育水平和发达程度。20 世纪 80 年代初，苏州市城市公交营运线路只有 11 条，营运车辆 111 辆，年行驶总里程为 407.4 万公里；到 2018 年 10 月，苏州已拥有常规公交线路 389 条，营运车辆 4 887辆，公共交通机动化分担率达 61.5%，轨道交通最高日客运量达 125 万人次。

（2）运营线路总长度

运营线路总长度是指城市公共交通全部固定运营线路的长度之和。运营线路总长度＝∑（上行起点至终点里程＋下行起点至终点里程＋上下行终点掉头里程）/2＝∑各条营运线路的长度。运营线路总长度是城市公交运量的一个重要指标，反映了城市公交的营运需求和营运能力，与城市的城镇化水平和城市规模成正相关关系。表 7-19 是武汉市预测 2005 年和 2008 年公交客运量需求及运能配置，可以看出随着城市化水平的提高和公交客运量需求增加，城市公交运营线路总长度也在增加。

表 7-19　　武汉市公交客运量需求预测及运能配置

年份	城市化水平	公交客运量(万人次/年)	营运车(辆)	线路长度(km)
2001	31%	231 200	4 740	4 138
2005	33%	259 700	5 323	4 649
2008	34%	348 900	7 152	6 245

(3) 运营线路网长度

运营线路网长度是指城市公共交通的运营线路所通过的道路长度的总和，或是运营线路总长度减去并行重复线路的长度。运营线路网长度＝运营线路总长度-并行重复线路长度。运营线路网的空间分布体现了公交线路能覆盖的城市区域，运营线路网越长表示所能服务的城市面积越大。一般与城市在区域中的地位、城市规模、城市公交的发达程度相关。

(4) 线路网密度

线路网密度是指公共交通线路的街道长度与城市建成区面积之比，是反映公共交通供给水平的一个重要指标，又是考核城市公共交通出行服务能力和城市居民乘车方便程度的指标。

线路网密度(δ)(km/km^2)＝运营线路网长度(L)/城市建成区总面积(F)。

式中，δ——线路网密度(km/km^2)；

L——公共交通线路网长度(km)；

F——城市面积(km^2)，在计算 F 值时，城市用地内大块水面及一些特殊用地不计入。

依据《城市道路交通规划设计规范》GB50220—95，在市中心区规划的公共交通线路网的密度，应达到 3—4km/km^2；在城市边远地区应达到 2～2.5km/km^2。一般大城市取较高值，小城市取较小值。公交线网的最佳密度 $\delta_{最佳}$ 为：

$$\delta_{最佳}=\sqrt{\frac{2V_{营}\cdot W_{行}}{3F_{UV_{步}}}}$$

式中，$V_{营}$——运营速度，km/km^2；

$W_{行}$——运送双向乘客所需的车数；

F——城市面积(km^2)，在计算 F 值时，城市用地内大块水面及一些特殊用地不计入；

u——公交线网营业线路重复系数，全市公共汽车营业线路的重复系数 1.2～1.5；

$V_{步}$——步行速度，km/h。

总的来讲，如果线路密度大、线路多，则每条线路服务面积小；居民由家—站、由站—目的地时间短；每条线路分摊的车辆少；发车、候车间隔长；如果线路密度小，线路少，则路上车辆多、间隔短、候车时间短；但步行到站和车站到目的地的时间长。一般来讲，规划的公交线路网密度，应使两个步行时间和候车时间最小。

(5) 公共交通线路网非直线性系数

非直线性系数＝实际乘车路程/起止点之间直线距离。非直线系数越大，一般表现为线路绕行距离越长；非直线系数过大会造成乘车时间长、局部客流不均匀。非直线系数越小，一般表现为线路越顺直；非直线系数过小会造成换乘不便。依据《城市道路交通规划设计规范》(GB 50220—95 的规定，公共交通线路非直线性系数不应大于 1.4，但中国不少城市的公交车运营非直线系数都大幅高于这个标准。

(6) 线路的长度

公交线路起点至终点的总里程长度。依据《城市道路交通规划设计规范》(GB 50220—95)的规定，市区公共汽车与电车主要线路的长度宜为 8～12km；快速轨道交通的线路长度不宜大于 40min 的行程。

(7) 线路重复系数

线路重复系数等于运营线路总长除以线路网长度。线路重复系数反映城市公共交通线路在一定范围内的重复程度。其数值的大小，直接影响居民的乘车方便程度，反映城市道路网布局是否合理。

在公共交通发达的城市一般为 1.25～2.5 之间；但在我国的城市中基本在 3～4，市中心的高达 6～7。《城市道路交通规划设计规范》(GB 50220—95)的规定一条道路上设置的公交线路不宜超过 3～5 条。一般情况下，线路重复系数越高，说明公交线路重复情况越严重，市民使用公交的效率也就越低。同时重复线路越多，就会大大增加道路负荷，造成交通拥挤，导致线路周边存在公交服务盲区，道路通行效率下降。

(8) 换乘系数

换乘系数是衡量乘客直达程度的指标。换乘系数等于乘车出行人数与换乘人数的总和与乘车出行总人数的比值。

城市公交的发展目标是直达、快捷以及少换乘。依据《城市道路交通规划设计规范》(GB 50220—95)，大城市乘客平均换乘系数不应大于 1.5；中、小城市不应大于 1.3。

(9) 站点覆盖率

站点覆盖率也称公交站点服务面积率，是公交站点服务面积与城市用地总面积的百分比。常规的计算方法是以合理的步行距离为服务半径做圆，计算其覆盖面积。依据《城市道路交通规划设计规范》(GB 50220—95)的规定，公共交通车站服务面积，以 300m 半径计算，不得小于城市用地面积的 50%；以 500m 半径计算，不得小于城市用地面积的 90%。

以土地面积为基础计算出来的站点覆盖率能间接地反映公共交对人们的服务水平。但有学者提出土地面积是静态的、二维的，无法反映包含人的三维城市空间，同时考虑到人口计算的难度，从而提出以建筑面积代替土地面积来计算公交站点覆盖率。也有人提出基于人口及岗位规模来计算站点覆盖率。其原理是利用公交站点覆盖到的人口数或者岗位数占人口数或者岗位数的比例计算站点覆盖率。首先利用城市规划的人口和土地容积率推算居住人口人均建筑面积，利用各行业与土地类型利用关系推算非居住地岗位人均建筑面积。然后根据居住用地和非居住用地的建筑面积计算居住或者就业人数，进而利用公式来计算出公交站点覆盖率。

(10) 公共交通车辆拥有量

公共交通车辆拥有量是指每万人平均拥有的公共交通车辆标台数，这一指标反映了城市公共交通发展水平和交通结构状况，是判断交通发展战略是否明确、公共交通优先政策和措施是否落实的参考指标。

万人公交车拥有量的标准与城市规模相关。一般而言，300 万人口以上城市，万人公交车辆拥有量达到 25 标台以上；100 万～300 万人口城市，万人公交车辆拥有量达到 20 标台以上；100 万人口以下城市，万人公交车辆拥有量 10 标台以上。拥有城市出租汽车规划拥有量根据实际情况确定，大城市每万人不宜少于 20 辆；小城市每万人不宜小于 5 辆；中等城市可在其间取值。

5. 静态交通分析方法

静态交通即为车辆的停放。包括因乘客上下车的短时间停车；在商店、工厂等门前为装卸货物而占用公共交通面积的短时间停车，车辆在交通停车场(库)长时间停车以及停车场(库、点)的规划等组成的总的概念。本书涉及的静态交通分析，主要针对停车设施的规划分析，包括公共交通停车设施和私有汽车停车设施，是在对现有停车供给现状和停车问题进行诊断分析的基础上，预测未来静态交通的需求量，进而提出停车空间的存量优化提升方案与增量合理规划方案。

1）停车设施供给分析

（1）私有汽车保有量情况

汽车保有量主要指一个地区拥有车辆的数量，一般是指在当地登记的车辆。但汽车保有量不同于机动车保有量，机动车保有量包括摩托车、农用车保有量等在内。2012 年底全国机动车保有量已达 2.4 亿辆，其中汽车保有量 1.2 亿辆，占机动车总量的 50%。了解汽车保有量情况计算是为了清楚现状停车泊位供需情况。

（2）静态交通设施状况

停车场的类型多样，从停车设施的所有权（占有权）和使用权的经济属性来看，静态交通设施又可分为共享资源和自享（独享）资源两大类。前者包括对外交通枢纽和商业街上的社会公用停车场（楼）等；后者包括机关大院或企事业单位的内部停车场地、居住小区封闭式物业管理者向居民提供的专用停车位和别墅中的私人车库等；按使用场地可分为临时和固定；按道路位置可分为路内和路外；按占有空间可分为地面、地下、立体，其中立体停车楼包括坡道式和机械式两类。

分析不同类型停车设施在不同时空状态下的供给数量、空间分布，是为了了解不同停车资源利用情况、供需关系、资源分配合理度以及与相应功能区的适配关系。

（3）停车调查分析

停车调查分析包括分析平均停车时间、停车能力、车位周转率、停车场利用率、停车集中指数、现状停车需求、现状停车位需求等反映城市停车总体水平与停车特征的指标。

2）停车需求预测

停车需求预测是在交通发展战略和城市综合交通规划的指导下，以城市用地、人口规模、就业特征及停车调查分析为依据，综合考虑城市经济发展水平进行分析预测。停车需求预测应以停车生成率模型为基础，以城市或区域的机动车拥有水平、城市用地规划、交通特征、道路网络交通状况等因素为参数，预测城市或区域停车需求总量、交通小区停车需求量及需求分布和构成等内容。

（1）静态交通发生率模型

根据停车调查数据汇总可得到各交通小区的日停车数，再根据停放车辆车型比例换算为标准车。利用综合交通规划中社会经济与土地利用现状及发展预测所提供的现状和近、远期规划年的就业岗位数，抽取一定的样本来建立静态交通发生率模型：

$$P_{ij}=a_i L_{ij}\ (i=1,\cdots,m;j=1,\cdots,n)$$

其中，为预测年第 j 交通小区的基本日停车需求，标准车次/d；a_i 为第 i 类用地的静态交通发生率，标准车次/100 工作岗位 · d；L_{ij} 为预测年第 j 交通小区第 i 类用地的就业岗位人数；n 为小区数；m 为用地分类数。把近、远期规划年的预测就业岗位数代入模型，即可得到近、远期的各交通小区的日停车需求（标准车次）。

（2）生成率模型

原理是将土地按使用功能分类与停车需求生成率的关系建立模型：

$$P_i=\sum_{j=1}^{n}(P_{ij})(L_{uij})$$

其中，P_i 为预测年第 i 区高峰停车需求量（标准泊位）；P_{ij} 为预测年第 i 区 j 类用地单位需求量；L_{uij} 为预测年第 i 区 j 类用地单位面积停车需求生成率；n 为用地类型。

该模型作为最严格和科学的方法，其优点是对城市中每类用地均可以得到详细的统计参数，包括需求量、均值、方差、相关系数等；而且针对不同用地，可以根据相关性选择不同自变量进行回归分析，计算结果相当准确。其计算的困难和不足之处在于：①由于建模的基础是单一用地类型，因此在研究土地使用类型多而混杂的城市区域时数据容易受其他因素的干扰；②模型对现状停车需求分析较为准确，但对于规划年各个土地使用类型的停车生成率难以把握，因此预测周期不宜过长。

3）停车场规模与布局

（1）城市公共停车场

城市公共停车场规模应以城市停车需求预测结果为基础确定，并结合现状调查分析和交通发展战略进行合理布局。城市公共停车场宜选址在客流集中的商业办公区、旅游风景区、客运枢纽和娱乐场所；同时，宜在公共交通枢纽、轨道交通换乘站以及城市道路交通走廊处规划换乘停车场。城市公共停车场规划应充分利用城市土地资源，重视地下空间的开发与利用，集约用地，宜结合城市公园绿地、广场、体育场馆及地下人防设施修建。

（2）配建停车场

建筑物配建停车场是城市停车设施的主体，应占城市机动车车位供给总量的80％以上。建筑物配建停车场规模应根据用地指标和各城市制定的建筑物停车配建指标进行确定，机场、车站、码头、公共交通换乘枢纽、轨道交通站点等大型公共建筑物的附属停车设施应进行专项规划研究。

第3节　道路交通分析案例

一、石家庄综合交通体系规划

石家庄是河北省的省会城市，在京津冀协同发展战略中起着重要的衔接作用，因此，石家庄的综合交通发展规划是一个涉及对接区域发展背景、落实省域发展政策，满足城市内部需求的多视角、多层次的分析规划工作。案例通过背景现状分析和需求预测为规划提供基础数据支撑，结合对未来石家庄市交通发展方向和形势的研判，分别从交通通道和交通网络两个方面提出城市交通系统规划策略和布局方案。

1. 石家庄交通发展基础与存在问题

1）发展基础

（1）综合交通网络初步形成。经过多年的建设发展，石家庄市已初步形成集铁路、公路、民航等交通方式于一体，联系京津，沟通东南、西北，辟通港口，支撑经济社会快速发展的综合交通网络。截至2017年底，石家庄市铁路通车里程约697公里，面积密度为4.4公里/百平方公里，公路通车里程18862公里，面积密度为119公里/百平方公里。其中，高速公路通车里程611公里，面积密度为3.9公里/百平方公里；普通干线公路通车里程1853公里，二级及以上公路比例达到87.7％；农村公路总里程为16128公里，实现行政村村村通柏油(水泥)路。

（2）综合交通枢纽不断完善。石家庄市综合交通枢纽建设稳步推进，不同运输方式衔接效率稳步提升，是全国性综合交通枢纽城市。铁路枢纽衔接京广、石德和石太3条铁路干线及京广、石太、石济客专3条客运专线，已形成高速普速“双十字”形枢纽，形成“一主一辅多点”客运站布局和“一主多点”货运站布局。拥有1个运输机场(正定国际机场)和1个通用机场(栾城通用机场),运输机场旅客吞吐能力2000万人次,货邮吞吐能力25万吨,是国内民航运输干线机场。到2017年底,石家庄正定国际机场共开通运营航线137条,旅客吞吐量达到958.3万人次;公路枢纽衔接9条高速公路、4条普通国道、33条普通省道。拥有公路等级客运站43个,公路货运场站(物流园区)14个。

(3) 城市交通供给明显增强。轨道交通建设全面展开,石家庄市迈入"地铁时代"。2017年6月26日,地铁1号线一期、3号线一期首开段开通运营,日均客流量达到21万人次。石家庄市快速路系统已经初具规模,目前已建成了二环路、三环路东西南段、和平路及槐安路,快速网密度为0.38公里/平方公里。公交优先理念得到进一步落实,石家庄市被确定为国家首批"公交都市"试点城市,公共汽车营运线路达229条,营运车辆4 403辆,公共交通机动化出行分担率达到52.8%。同时积极推广低碳交通工具应用,节能环保型车辆占公交车总数比例达到83 %。交通出行品质逐步提升,全部道路均有独立的人行道,快速路、主干路和自行车专用道比例基本达到100%,公共租赁自行车系统投入使用,慢行出行比例达到65.4%。智能化出行不断完善,出行便捷性有所提高。石家庄市政府推进"互联网+"行动,目前在公交、实时路况等多方面进行了整合,开发了APP ,公交智能化处于国内较高水平。

2) 存在问题

站在京津冀协同发展、全面建成小康社会以及全面适应经济社会发展总体要求的高度,审视与先进地区的差距及所处的重要区位应发挥的作用,石家庄市交通运输的发展还存在一些较为突出的问题。

(1) 对外综合运输通道能力不足,布局有待完善。特别是与西北、西南、东北方向便捷联系通道有待进一步加强。

(2) 市域交通网络有待完善。公路网分布不均衡,高等级公路比例相对偏低,专用铁路和铁路专用线布局不尽合理,有效供给需进一步加大。

(3) 枢纽地位有待提升,功能有待优化。2009年后,石家庄站客运量占全国比重随着高铁大规模的建成开始逐步下滑,由1.1%下降到0.9%;正定机场客运保持增长,但货运量逐年下降。

(4) 城市交通建设有待进一步加强,大运量、高服务水平的公共客运系统建设滞后,主城区内快速路规模小、标准低、衔接差,现状快速路网密度0.38公里/平方公里,低于规范值,二环范围内全互通立交仅有8处、多为分离式立交;停车设施总量不足、缺口大;步行设施与环境较差;立体过街设施严重不足,利用率低。

(5) 综合交通运输信息化、智能化服务水平有待进一步提升。交通信息缺乏统筹整合,智能交通系统建设欠账多。

2. 需求分析与预测

1) 客货运输总量预测

采用定性与定量相结合的方法,通过对石家庄市经济社会指标发展进行分析与预测,采用弹性系数法、时间序列法、回归分析法等不同预测方法,对石家庄市客货运输总量进行预测,结合客货运输发展现状与发展趋势,对预测结果进行综合取值。预测结果(表7-20)。

2) 客货运输方式分担率预测

经济新常态下,铁路受区域经济发展、城市化进程以及市场化改革等综合因素影响,客运量份额仍将保持上升,但货运量份额将继续下降;公路客运量所占比重有所下降但仍然保持较高份额,货运量所占比重略有上升;民航客货运量将出现快速增长。石家庄市特征年客货运输方式分担率预测(表7-21)。

表 7-20　　石家庄客货运输总量预测

方法		客运量(万人)			货运量(万吨)		
		年份			年份		
		2020	2025	2035	2020	2025	2035
时间序列法		30048	42143	59108	73902	119019	174879
弹性系数法		24870	31741	38617	57395	83554	111815
线性回归法		27873	37301	49917	64333	98984	142104
推荐取值		26636	33193	39998	62406	91695	122709
年均增长率	2012—2020	5.4%			10%		
	2020—2025	4.5%			8%		
	2025—2035	3.8%			6%		

表 7-21　　石家庄市特征年客货运输方式分担率预测

项目	客运(万人)			货运(万吨)		
	年份			年份		
	2020	2025	2035	2020	2025	2035
合计	26636	33193	39998	62406	91695	122709
公路	75.63%	73.72%	72.15%	94.65%	94.89%	95.01%
铁路	29.01%	21.71%	22.18%	5.33%	5.12%	4.95%
民航	4.36%	5.03%	5.67%	0.02%	0.03%	0.04%

3）各方式客货运量预测

根据石家庄市客货运输总量以及客货运输方式分担率预测结果，计算出各运输方式在特征年的客货运输量(表 7-22)。

从运输总体需求看，预计未来 20 年客货运输量将稳步增长。协同发展带来的区域城际客运(特别是与京津之间)、新型城镇化带来的城乡短途客运需求更加旺盛，舒适、便捷、快速的客运需求越来越多。货物运输过境需求仍将快速增长，传统大宗货物运输需求继续保持较大份额，高附加值货物运输需求呈快速增长态势，快件、电商包裹等创新性物流需求迅猛增长。

从运输方式分担构成看，经济新常态下，铁路客运量份额仍将保持上升，但货运量份额将继续下降；公路客运量所占比重有所下降但仍然保持较高份额，货运量所占比重略有上升；民航客货运量将出现快速增长。

表 7-22　　石家庄客货运量预测

项目	客运(万人)			货运(万吨)		
	年份			年份		
	2020	2025	2035	2020	2025	2035
合计	26636	33193	39998	62406	91695	122709
公路	20145	24470	28859	59067	87009	116585
铁路	5330	7206	8872	3326	4695	6074
民航	1161	1670	2268	12	28	49

3. 布局规划

依托现状、需求分析，充分考虑石家庄市的实际和未来发展需求，按照“问题导向”和“目标导向”的原则和方法，提出石家庄市未来一段时期综合交通运输通道布局、综合交通网络布局等重点领域方案。

1）综合交通运输通道

以现有通道为基础，进一步加密通道，到 2030 年形成石家庄市“两纵、三横”的综合运输通道布局。“两纵”即京港澳综合运输通道、张石邯综合运输通道；“三横”即石津综合运输通道、石太—石黄综合运输通道和青银综合运输通道（图 7-31）。

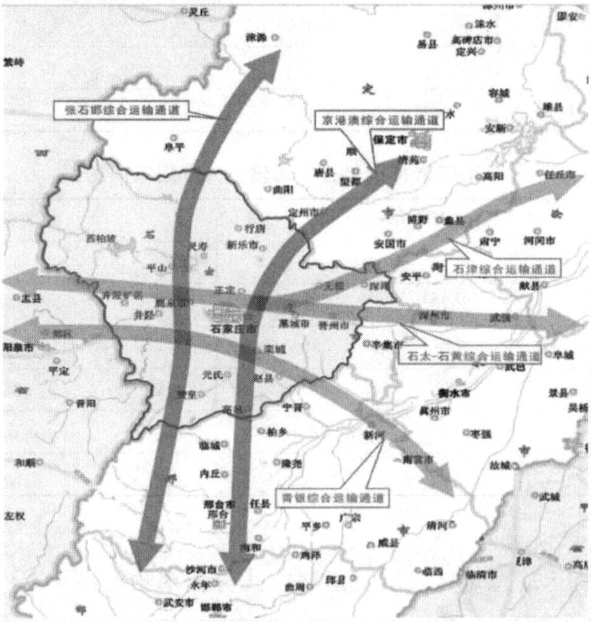

图 7-31　石家庄市综合交通运输通道

2）综合交通网络

以现有市域路网为基础，进一步加强铁路、公路、民航、枢纽等基础设施建设，到 2040 年形成便捷通畅、衔接高效的市域综合交通网络布局。

（1）“米字形”高速客运铁路网。南北向：京广客专及京雄—雄石—石邯城际，东西向：石太客专、石衡沧港城际。东北向：津石城际，东南向：石济客专，西北向：石（张）大客专，西南向：石太昆高铁（图 7-32）。

（2）“三环五横五纵”高速公路网络。一环：南绕城、青银、黄石、新元；二环：青银、张石、北绕城、京港澳；三环：衡昔、太行山、石忻、京港澳、津石、清新、衡昔；五纵：太行山、张石青银、新元、京港澳、清新；五横：衡昔、南绕城石衡、黄石太、津石北绕城石太北线、石忻（图 7-33）。

（3）“六枢三港多站”综合交通枢纽。“六枢”：石家庄机场、铁路石家庄站、正定新区站、石家庄北站、石家庄东站、北乐乡车站 6 个客运枢纽。“三港”：承担货物转运分拨的“一主二辅”物流港。“一主”，即全面建成运营位于正定的国际综合物流基地，包括新安村铁路物流园、正定工业园区和保税区；“二辅”，即行唐的青岛保税区和高邑的冀中南公铁联运智能港。“多站”：合理布局城际铁路站、地铁站、通用机场、市域铁路站、公路客运站、物流配送中心等多层次枢纽站场，加强枢纽转换效率，强化对“六枢三港”主枢纽的分拨枢纽功能，形成分级分层枢

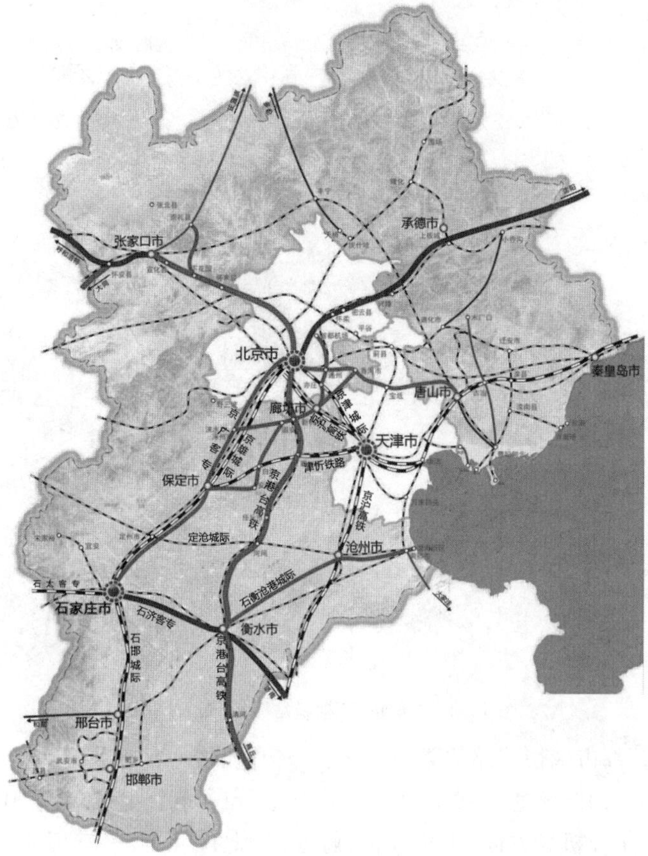

图 7-32　“米”字形高速铁路网

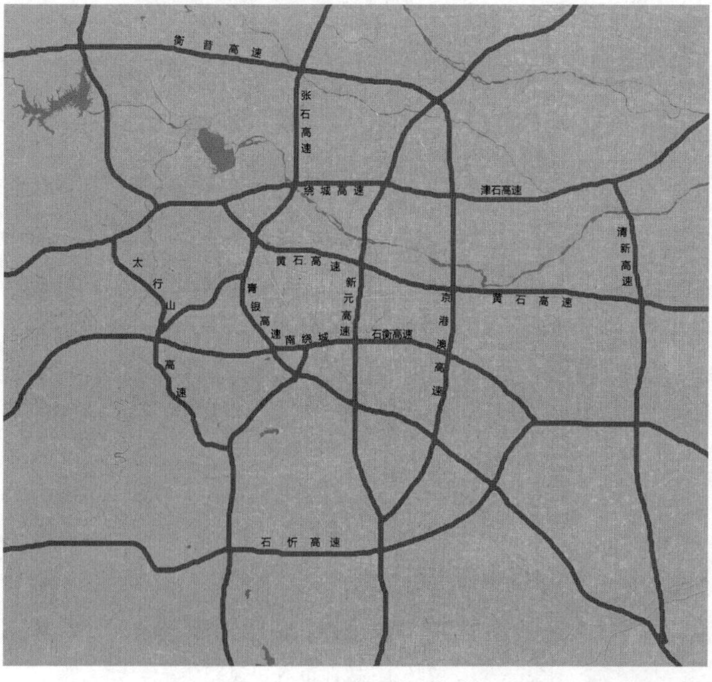

图 7-33　“三环五横五纵”高速公路网

组发展新格局(图 7-34)。

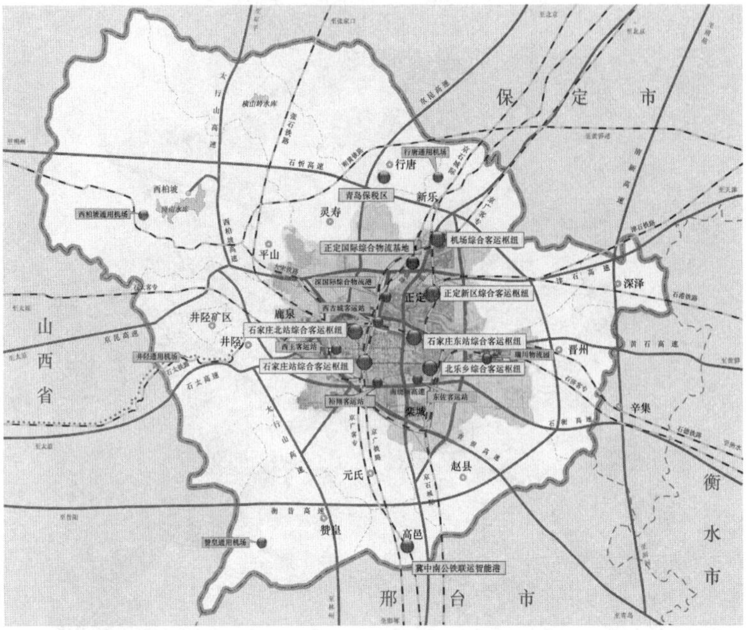

图 7-34 “六枢三港多站”综合交通枢纽

(4)“两环十射”都市区快速路体系。两环:二环作为核心区保护环,组织功能区之间和进出二环内的交通;三环作为疏解通过式交通的重要通道。10 条放射线:承担中心区和外围地区的快速联系。其中:正定及机场方向:中华大街、解放路、太行大街、东三环北延;藁城方向:世纪大道;栾城方向:东三环南延、体育大街、红旗大街;鹿泉井陉方向:和平路、南二环西延(图 7-35)。

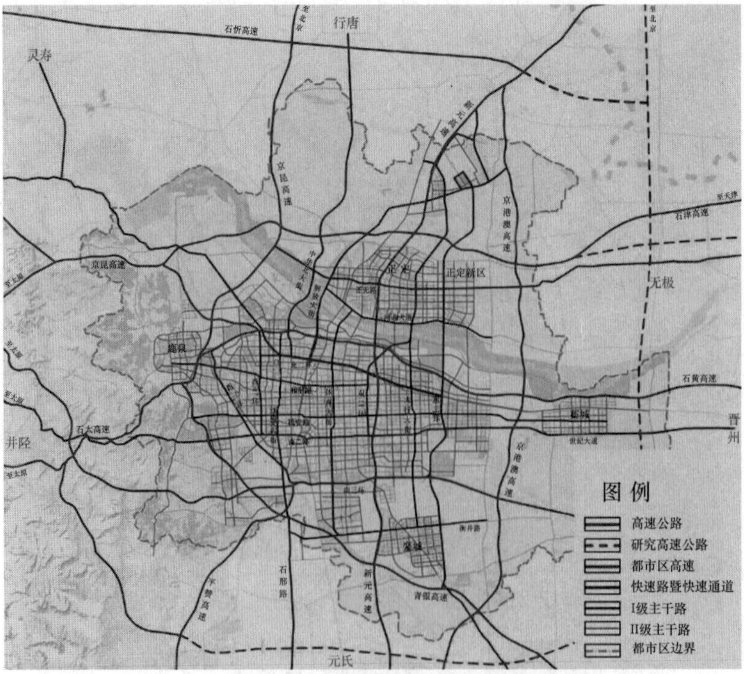

图 7-35 “两环十射”都市区快速路体系

第 8 章　公共服务设施配置分析

第 1 节　公共服务设施配置分析内容

一、公共服务设施及配置相关概念

公共服务设施又称公共设施，是指为社会生产和居民生活提供公共服务的设施，是公共、服务和设施的统称，强调政府的服务性和公民的权利。公共服务根据其内容和形式分为基础公共服务、经济公共服务、公共安全服务和社会公共服务。本书所讲的公共服务设施的配置则主要针对社会公共服务。社会公共服务是为满足公民的生存、生活、发展等社会性直接需求，如公办教育、公办医疗、公办社会福利等而提供的公共服务，对应《城市用地分类与规划建设用地标准》(GB 50137—2011)中的公共管理与公共服务用地(A)。

公共服务设施配置与公共服务设施空间布局或公共服务设施规划相近，是指根据特定的规划目标，依靠一定的技术方法，对一定时期一定区域范围内的公共服务资源进行系统地安排、设计、组合与布局，得到点、线、面、网组成的多目标、多层次的公共服务设施配置体系，以满足社会生产和公民的公共服务需求，其主要包括公共服务设施配置的内容、规模、数量、配置标准、分布和布置方式。因此，公共服务设施的配置与城市性质、区域地位、城市规模、产业特色以及不同发展阶段的居民生活需求等密切相关。

二、公共服务设施配置的尺度和层次

公共服务设施的配置可分为三个尺度层次，宏观尺度——主要针对大尺度地域公共服务设施的配置，如歌剧院、体育中心、会展中心等，涉及城镇体系规划、区域协调发展规划中区域级公共服务设施的配置指标体系、标准与布局；中观尺度——主要针对城市公共服务设施配置，涉及设市城市的城市总体规划及大、中城市的城市分区规划编制中的公共设施的规划；微观尺度——主要针对社区级公共服务设施的配置，涉及不同居住空间层次的公共服务设施配置。

三、公共服务设施的类型和指标要素

公共服务设施的指标要素是对公共服务设施内容配置的具体细化控制条目。各类公共服务设施的指标要素是各类公共服务设施必须强制性遵守并配置的内容。目前国内公共服务设施配置主要参考的国家规范和标准有：《城市公共设施规划规范》(2008)、《城市居住区规划设计规范》(2002)、《城市普通中小学校校舍建设标准》(2002)、《综合医院建设标准》、《城市社区卫生服务机构管理办法(试行)》以及各城市制定的城市公共服务设施配套标准及规定导则。

不同类别的公共服务设施所采用的指标要素不同，通常教育设施采用服务半径、千人指标、生均占地面积和人均建筑面积、学校规模——班级数和班额、学生活动场所、绿化面积等指标要素。医疗设施通常采用每千人床位数、床均建设用地、容积率与绿地率等指标要素。文化娱乐设施通常采用用地面积和建筑面积、千人指标等指标要素。体育设施配置多用千人指标、

用地面积、建筑面积和万人建设标准等指标要素。社会福利与保障设施多用老年人床位数与平均床位建筑面积、儿童福利院床位数等指标要素。

四、公共服务设施配置与相关规划的关系

1. 与区域规划的关系

区域规划，是以跨行政区的经济区为对象编制的规划，涉及城镇体系规划、城镇群（经济区）发展规划等。这一层面的公共服务设施配置主要从区域协同发展的角度根据城市在区域中的职能、等级和规模确定城市应配置的公共服务设施的类型和级别，以从宏观控制公共服务设施体系的完整性和层次性。

2. 与城市总体规划的关系

总体规划侧重于城市性质、规模、定位和发展战略的研究，对公共服务设施只能做原则指导和宏观布局，提出公共服务设施的发展目标。总体规划一般只关注市、区级公共服务设施，这一层面的设施配置分析更强调用地规模、指标、所占比例以及空间布局是否适应相应级别城市发展的需求，无须对全民的公共设施配置做全面的思考和实现。

3. 与城市分区规划的关系

城市分区规划是对总体规划的进一步落实和细化，是对局部地区的土地利用、人口布局、公共设施配置等做的进一步安排，是详细规划编制的重要依据。因分区规划的法律地位不明确，大中城市根据发展需要编制，又因其所涉及范围较小，只能就各个区域做深入细化，不能实现区域整体协调，容易造成设施配置重复浪费和设施盲区。这一阶段公共服务设施的配置除应确定本区域内需要配置的公共服务设施外，还应就根据区域发展特色和总体规划要求有效分解全市公共服务设施的发展目标。

4. 与城市详细规划的关系

详细规划是在总体规划和分区规划的指导下对城市局部地区近期需要建设的房屋建筑、市政工程、公用事业设施、园林绿化、城市人防工程和其他公共设施作出具体布置。这一阶段公共服务设施的配置需根据人口规模明确公共服务设施需要配置的类型和规模以及不同类型公共服务设施的各项用地指标和建筑指标（表 8-1）。

表 8-1　公共服务设施配置与相关规划的关系

规划层次	分析内容	分析方法
区域规划	公共服务设施类型及级别，重点关注区域中心城市公共服务设施的配置	分级配置分析方法
总体规划	公共设施的用地规模、指标及空间布局	分级配置分析方法和 GIS 技术分析
分区规划	除设施配置均衡外更强调城市特色是否落实	分级配置分析方法和 GIS 技术分析
详细规划	运用指标要素控制分析公共设施配置是否便捷、合理	基于可达性、生活圈等的配置分析方法

第 2 节　公共服务设施配置分析方法

一、基于不同尺度的分级公共服务设施配置分析方法

分级配套（配置）是基于不同地域尺度和城市分级体系的公共服务设施配置方法，主要目

的是满足不同范围和不同层次居民基本的物质和文化生活所需的公共服务设施，配置的主要依据是城市规模(人口规模)以及城市的行政级别。公共服务设施的配置原则和方法基本遵循中心地理论。如第 1 节所述，我国的公共服务设施按城市级别和尺度可分为区域级公共服务设施、城市级公共服务设施和社区级公共服务设施(图 8-1)。

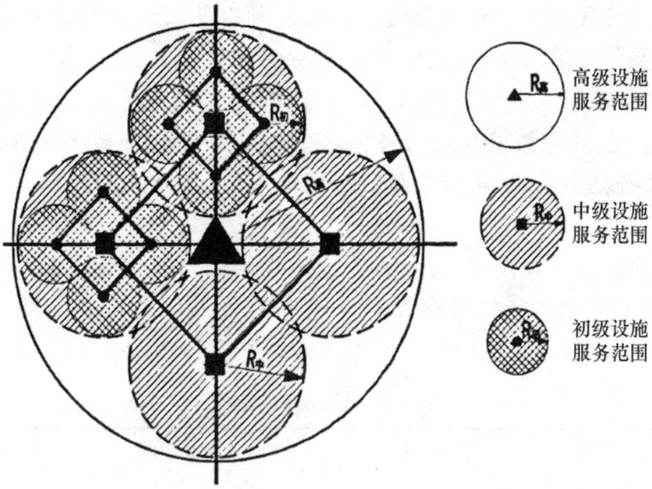

图 8-1　基于中心地理论的分级模式图

(注：服务半径 $R_{高}>R_{中}>R_{初}$　设施规划 $S_{高}>S_{中}>S_{初}$)

1. 区域级公共服务设施配置分析方法

面向区域需求的公共服务设施一般具有城市规模大、涉及人群多，服务半径广的特点；在宏观层面上有完善、控制公共服务设施体系完整性和层次性的作用。区域级公共服务设施的配置需综合考虑区域内多个城市的需求，根据区域内城市的公共服务设施类型和级别确立区域级公共服务设施的类型和级别，一般位于公共服务设施体系中的金字塔最顶层。

2. 城市和区级公共服务设施配置分析方法

城市级公共服务设施配置的控制要素包括不同规模城市各类别公共设施用地指标、建筑面积指标、千人指标等，各项要素指标应依据规划城市规模确定，城市规模与人口规模划分应符合表 8-2 的规定。

表 8-2　　城市规模和人口规模划分标准

<table>
<tr><td>城市规模</td><td>小城市</td><td>中等城市</td><td colspan="3">大城市</td></tr>
<tr><td rowspan="2">人口规模(万人)</td><td rowspan="2"><20</td><td rowspan="2">20～50</td><td>Ⅰ</td><td>Ⅱ</td><td>Ⅲ</td></tr>
<tr><td>50～100</td><td>100～200</td><td>≥200</td></tr>
</table>

城市总体规划和分区规划中公共设施用地指标的配置合理与否关系到城市功能运转效能和服务能力。一般城市规模越大，在区域中的地位越高，人们对其的公共服务配置要求越高，相应的公共设施用地所占的比例相对较高；相反，公共设施用地所占的比例则越少。通常情况下，城市公共设施规划用地至少为 $5.0m^2$/人，占城市建设用地比例控制在 5%～8%，各项城市公共设施用地指标控制见各表。

各项城市公共设施用地布局，应根据城市的性质和人口规模、用地和环境条件、设施的功能要求等综合协调与统一安排，以满足社会需求和发挥设施效益。不同类别的公共设施用地因服务对象和功能作用不同，城市对其的配置指标和空间布局的要求则不同。

1）行政办公和文化设施配置分析

行政办公设施一般指党行政机关、党派和团体等市属机构，以及非市属的行政管理机构和其他办公设施；文化设施一般指图书、展览等公益性文化活动设施，二者一般以集中或分散布局的行政文化中心的形式存在。行政文化中心是一种有悠久历史的公共活动中心类型，一直是地区行政权力和文化形象的象征，在中国有着特殊的地位。《考工记》中“左祖右社，前朝后市”的记载在确定中国都城规划格局的同时，也明确了行政文化中心在中国都城中的位置和重要性。20世纪90年代，随着新城开发的兴起，行政文化中心往往成为主导新城开发的主要形式和空间载体，是改善城市结构、创造大量优势区位土地的策略工具。

（1）用地指标

在城市总体规划和分区规划中，行政办公设施规划用地和文化设施用地指标应满足下表8-3、表8-4的要求。具体设计指标可参考1999年国家发展计划委员会颁布的《党政机关办公用房建设标准》。

表8-3　　行政办公设施用地指标

城市规模 分项	小城市	中等城市	大城市		
			Ⅰ	Ⅱ	Ⅲ
占中心城区规划用地比例	0.8%～1.2%	0.8%～1.3%	0.9%～1.3%	1.0%～1.4%	1.0%～1.5%
人均规划用地（m^2/人）	0.8～1.3	0.8～1.3	0.8～1.2	0.8～1.1	0.8～1.1

资料来源：城市公共设施规划规范(2008)。

表8-4　　文化设施用地指标

城市规模 分项	小城市	中等城市	大城市		
			Ⅰ	Ⅱ	Ⅲ
占中心城区规划用地比例	0.8%～1.2%	0.8%～1.3%	0.9%～1.3%	1.0%～1.4%	1.0%～1.5%
人均规划用地（m^2/人）	0.6～1.3	0.6～1.3	0.6～1.2	0.6～1.1	0.6～1.1

资料来源：城市公共设施规划规范(2008)。

（2）空间布局

行政办公设施因其功能特殊性在城市中一般居于较为重要的位置，《周礼考工记》中“择国之中而立宫”明确了行政办公建筑（多指宫殿）与城市轴线的理想对位关系以及对于“背山面水”等堪舆学的体现，在唐长安城等古代城市的规划中均得以体现。古代行政办公建筑的空间格局和形制体现了对宗教礼法的尊重，随着现代行政机构由重管理和经济建设为重向提供公共服务为重转变，与此相对应的是行政办公机构空间性格以及空间选址影响因素的变化。而文化中心一直以来肩负着展示城市特色和风貌的重任，在空间上除与行政办公建筑抱团布局外，还会选择在城市入口等能较易展示城市形象的区域。

现代行政文化中心选址主要遵循以下原则：

① 辐射半径的区位因素。作为一个承载全市行政文化辐射力核心的重要地区，行政文化中心的选址必须拥有有利于覆盖全市发展建设的区位，提升区域的行政效率。例如北京大兴西城行政文化中心即选址于交通方便的地理中心位置（图8-2）。

② 交通便捷。行政文化中心承载整个区域的社会资源交流和集散，便捷的交通是必不可少的。在国内大多数城市，行政中心往往是区域内的交通枢纽，无论是道路状况还是公共交通

系统的完善程度都是区域内最佳的。

③ 优良的自然环境。行政文化中心聚集了区域代表性的建筑物或建筑群，承担着展现区域形象和风貌的意义。因此，一个优质的自然环境和城市环境，是行政中心选址时考量的重要指标。北京大兴新城行政文化中心的空间布局展现了其与自然环境的融合共生(图 8-3)。

④ 可持续性。行政文化中心要发挥其对城市建设的带动作用，一定要考虑未来周边地区的发展潜力，满足自身发展与城市建设的可持续性。

图 8-2　北京大兴新城行政文化中心选址图

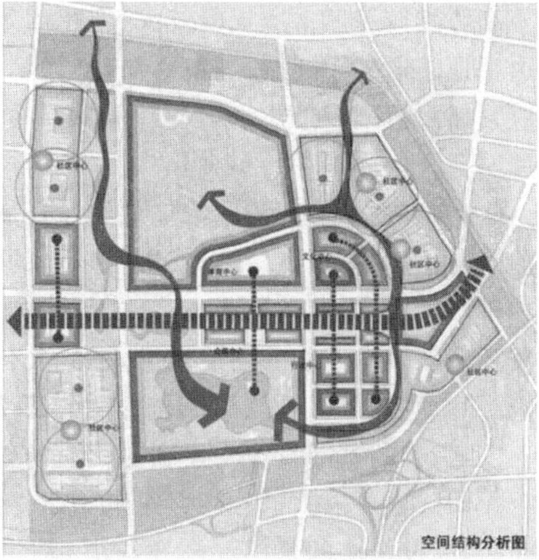

图 8-3　北京大兴新城行政文化中心空间结构

2）教育科研设施配置分析

(1) 用地指标分析

教育科研设施指有固定校址和用地范围的高等院校、中等专业学校、成人高等培训学校、科研事业单位和中小学等。教育科研设施用地指标应符合表 8-5 的要求，生均用地和建筑面积、学校班级和班额等指标应参照《大学校园规划设计规范》、《教育部高等职业学校设置标准(暂行)》、《中等职业学校建设标准》、《特殊教育学校建筑设计规范》、《城市普通中小学校校舍建设标准》(2002)、《中小学校建筑设计规范》(GBJ 99—86)等规范和标准。

表 8-5　　教育科研设施用地配置指标

城市规模 / 分项	小城市	中等城市	大城市		
			Ⅰ	Ⅱ	Ⅲ
占中心城区规划用地比例	2.4%～1.2%	2.9%～3.6%	3.4%%～4.2%	4.0%～5.0%	4.8%～6.0%
人均规划用地(m^2/人)	3.5～4.2	3.9～4.8	4.0～5.0	4.2～5.5	4.6～5.8

资料来源：城市公共设施规划规范(2008)。

(2) 空间选址

① 高等院校、科研院所和中等职业技术学校的空间选址

高等院校的选址事关城市空间发展和人口布局，对其的选址应遵循以下原则：

A. 符合城市发展战略和空间拓展方向

高等院校是集约人口、经济、信息、科学文化的空间地域系统，将推动城市扩展和资源开发，实现城市功能升级和空间重构，在城市空间关系上是城市发展战略的重要载体。因此，其布局应结合空间拓展方向，一定程度上降低了政府基础设施的投资风险。

B. 符合城市产业结构升级的需要

高等院校和科研院所的建设源于城市高新技术产业发展的需要，二者互动发展，高校科研成果的产业化是高新技术产业发展的智力基础。因此，高等院校和科研院所应最大限度一体化融合布局，以高等院校为中心形成集聚型的集教学、科研、第三产业为一体的综合型城市功能区。

C. 土地资源丰富的城市边缘区

高等院校一般占地规模较大，新建高等院校和对场地有特殊要求重建的科研院所，宜在城市边缘地区选址，并宜适当集中布局；如属老校的扩张或合并重构求发展的高校，在选择新址时应紧邻旧校园以形成统一管理和共享资源。20 世纪初各大城市争相建设的大学城的选址多遵循了这一原则。

D. 宜人的自然环境和浓厚的文化环境

“依山林”“择圣寺”是古代书院选址的指导思想。北宋初年的著名六大书院，有五座位于山林僻静之处，如湖南岳麓书院位于岳麓山之下，白鹿洞书院选址位于庐山五老峰下。优美的自然环境能激发人们的创造思维，提升文化涵养。丰富的文化资源是高等院校赖以发展的特质资源和动力，是高等院校选址的重要条件。

E. 完善的基础设施和便利的交通条件

校园选址要求水电、道路、通讯等条件要满足校区发展的需要，有充足的供水、供电和供气的能力，高校配套的基础设施要与城市公共服务设施衔接和协调。校园交通要便捷，且与市区、新老校区间的联系要便利，满足学生疏散、人才引进以及开展教学科研交流研讨活动的要求。

② 中小学校的选址

中小学校的选址和布局应与生源分布和周边交通相协调，其布局应满足：首先，方便学生就近入学。选择在区域中心地段建设，满足完全小学服务半径不宜大于 500 米，初级中学服务半径不宜大于 1 000 米，高中服务半径应小于 1 500 米，以及满足 0.7 万～1 万人配置 1 所小学，1.2 万～2.4 万人配置一所初中，6 万～8.5 万人配置一所高中的要求；其次，环境宜人。学校周围 300～500 米的范围内无影响孩子身心健康发展的娱乐场所，且应远离殡仪馆、传染病院、化工厂等环境污染严重的地方。另外，选择的地段必须保证土质层坚固且地势较高，以减少次生灾害。再者，中小学选址切忌“被商业化”，不可以促进地方经济发展为目的，而忽视了其选址应具备的上述第一、第二条基本条件。

3）体育设施

我国的公共体育设施普遍存在人均体育场地面积少、体育场地与用地布局不均衡、体育设施利用率和开放率有待提高、体育设施结构与需求存在矛盾等问题。未来的体育设施配置应由竞技体育设施转向群众体育设施，由单独设置转向与绿地公园、广场、办公楼宇综合利用，由“单一功能”转向“多功能”，建设规模由大型转向中小型。

（1）用地指标分析

体育设施主要指市级和区级体育场馆及训练场地等设施。城市体育设施用地配置指标应符合表 8-6 的要求，并保障具有公益性的各类体育设施规划用地比例。大中城市宜分级设置市级和区级体育设施，其各级规划用地指标宜符合表 8-7 的规定。

表 8-6　**体育设施用地配置指标**

分项＼城市规模	小城市	中等城市	大城市		
			Ⅰ	Ⅱ	Ⅲ
占中心城区规划用地比例	0.6%～0.9%	0.5%～0.7%	0.6%～0.8%	0.5%～0.8%	0.6%～0.9%
人均规划用地(m^2/人)	0.6～1.0	0.5～0.7	0.5～0.7	0.5～0.8	0.5～0.8

资料来源：城市公共设施规划规范。

表 8-7　**市级、区级体育设施规划用地指标(hm^2)**

级别＼城市规模	小城市	中等城市	大城市		
			Ⅰ	Ⅱ	Ⅲ
市级体育设施	9～12	12～15	15～20	20～30	30～80
区级体育设施	—	6～9	9～11	10～15	10～20

资料来源：城市公共设施规划规范

除此之外，市级和区级体育场馆的建设主要参照《城市公共体育运动设施用地定额指标暂行规定》以及各城市的特色需求适当调整予以配置。市级体育场、体育馆、游泳馆应按 100 万人设一处；区体育场按 30 万人设一处；区游泳馆按 15 万人设一处。具体建设配置指标(表 8-8)。除此之外，公共体育设施的类型应体现城市和地方特色，呈现多功能性；其服务对象应以中青年为基础，重点关注老年人。

表 8-8　**城市级体育设施配置规定一览表**

人口(万人)	级别	内容	规划标准	观众规模(千座)	用地面积(千平方米)	千人指标(平方米/千人)
100 以上	市级	体育场	1 个/100 万～200 万人	30～50	86～122	40～122
		体育馆	1 个/100 万～200 万人	4～10	11～20	5.5～20
		游泳馆	1 个/100 万～300 万人	2～4	13～17	4.3～17
		射击场	1 个/100 万～300 万人		10	5～10
	区级	体育场	1 个/30 万人	10～15	50～63	167～210
		体育馆	1 个/30 万人	2～4	10～13	33～43
		游泳池	2 个/30 万人		12.5	42
		射击场	1 个/30 万人		6	20
50～100	市级	体育场	1 个/50 万～100 万人	20～30	75～97	73～194
		体育馆	1 个/50 万～100 万人	4～6	11～14	11～28
		游泳馆	1 个/50 万～100 万人	2～3	13～16	13～32
		射击场	1 个/50 万～100 万人		10	10～20
	区级	体育场	1 个/25 万人	10	50～56	200～224
		体育馆	2 个/25 万人	2～3	10～11	40～44
		游泳池	2 个/25 万人		12.5	50
		射击场	1 个/25 万人		6	24

续表

人口（万人）	级别	内容	规划标准	观众规模（千座）	用地面积（千平方米）	千人指标（平方米/千人）
20～50	市级	体育场	1个/20万～25万人	15～20	69～84	276～420
		体育馆	1个/20万～25万人	2～4	10～13	40～65
		游泳池	2个/20万～25万人		12.5	50～63
		射击场	1个/20万～50万人		10	40～50
	区级	—				

资料来源：城市公共体育运动设施用地定额指标暂行规定。

(2) 空间选址

城市公共体育设施布局主要受城市空间布局结构、交通条件以及其他公共设施影响。

总体规划和分区规划阶段的体育设施布局应与城市结构、开敞空间、公共功能契合，如上海市总体规划确定“一主、两轴、四翼；多廊、多核、多圈”的空间结构，依托空间发展轴，布置公共体育设施，并结合城市各个中心布置体育中心，依托总体规划空间布局形成“6＋2”公共体育设施布局。

良好的交通条件是促使公共体育设施形成的必不可少的因素，交通模式的改变和升级大大提高了人们的出行距离以及体育设施的辐射范围，也影响了其选址布局，形成了基于轨道交通布置的大型体育设施和基于公交和步行系统布置的社区级体育设施。由于轻轨、地铁能承运大量人流，快速便捷，能疏散比赛期间大量人流，因此大型市、区级体育场馆应依托其建设，并远离城市中心区。

大型体育设施是聚集人气、开展公共活动的平台，可与其他公共设施相互成为吸引点，互相促进，形成公共设施聚落。中型体育设施规模适度、布置灵活，是最有利于与其他设施结合设置的类型，目前已成为一种与其他公共设施结合布置带动新区开发的重要方式(图 8-4)。

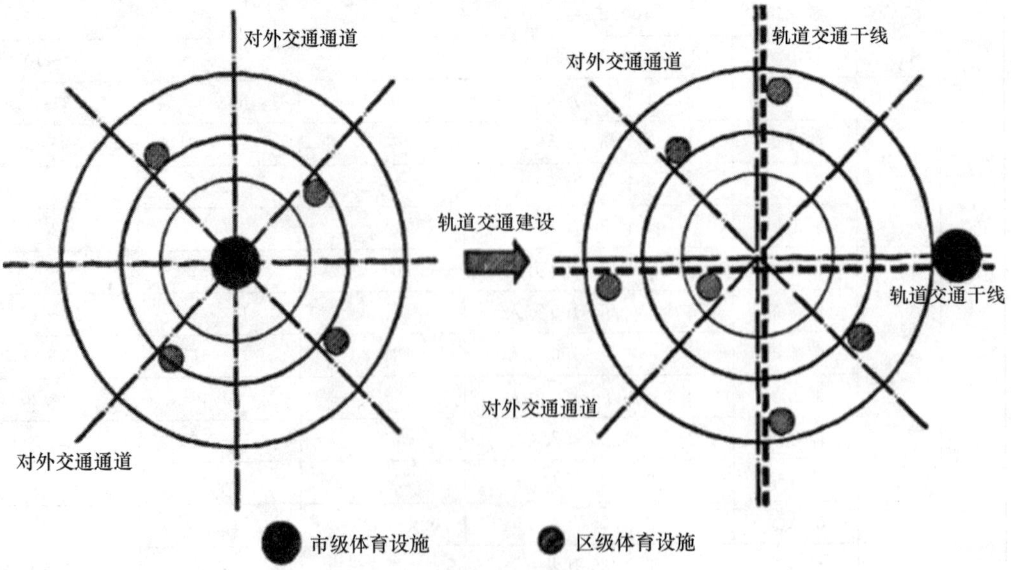

图 8-4　市级和区级体育设施布局与对外交通通道的关系

4）医疗卫生设施配置分析

我国医疗卫生设施存在供求结构矛盾，资源超载利用和资源闲置浪费等现象。主要体现在市级医疗设施过于集中于城市中心区，加重了中心区医疗设施的负担；而社区卫生服务中心的作用又十分有限，致使居民初等医疗服务需求不能得到充分保证。专科疾病防治院相对较少，缺少服务于老年人的医疗机构。在具体配置过程中，应结合用地指标、千人指标，统筹考虑城市未来发展、未来城市人口规模，并引入有效的公众参与机制，加大调研与需求预测，优化医疗卫生设施配置；在建设过程中注重刚性与弹性结合，预留足够用地，严禁用地的占用。

（1）用地指标分析

医疗卫生设施按规模、床位、专业技术人员数分为不同的级别，不同级别的医疗机构有其不同的服务半径，因而医疗卫生设施各项指标的配置应考虑其分级性。

用地指标是医疗卫生设施具体落实空间的关键指标，总体规划阶段一般通过单位用地和规划用地两项指标来确定医疗卫生设施用地的需求量，但在确定上述两项指标之前需先明确千人床位数指标。

千人床位数指标是每千人拥有的床位数，是衡量医疗服务水平的一项重要指标。对其的确定可通过城市居住区规划设计规范、相关城市与区域实际指标、病床总量预测模型以及相关规划指标四个方面综合考虑确定。之后，通过病床总量预测模型计算医院床位总量。

建设部《综合医院建设标准》（建标 110—2008）以 0.7 的建筑容积率为基点规定了医疗设施的单位建设用地面积，床均建设用地指标见表 8-9。根据单位用地指标的规定，可得出各规模医院的最低用地要求（表 8-9）。

表 8-9　　不同规模医院单位床位用地面积和最小用地面积指标

类型	床位数	单位用地面积（平方米/床位）	最小用地面积（公顷）
综合医院	200	117	2.34
	300		3.51
	400	115	4.60
	500		5.75
	600	113	6.78
	700		7.91
	800	111	8.88
	900		9.99
	1000	109	10.90

资料来源：综合医院建设标准．建标 110—2008。

规划过程中，通过与其他城市单位床位用地面积的比较，以及医院在城市中的区位，城市用地的供应情况，可根据开发建设强度适度调整优化单位床位用地面积标准和最小用地指标。

（2）空间选址

医疗卫生设施一般选择在交通便利、环境安静、位置适中的地方；同时应避开污染和危险等不利因素，并与学校、食品生产加工企业保持一定距离。其他医疗设施用地，如医疗废物处置及管理机构等，应根据医疗用地的使用特点安排。一般应遵循以下原则：

① 选址地点要求所在的区域符合城市总体规划，环境功能区划和其他相关的规划要求；

② 考虑医院各科室尤其是具有传染病的诊室的总平面布置，防止病毒和病原体对人群的

传染影响；

③ 疗养院性质的医疗机构选址应远离喧嚣的环境，环境空气区域属于一类区；

④ 交通方便、便于周边公众就医；

⑤ 医疗垃圾和废物处置对附近环境敏感目标的影响小；

⑥ 具有冬季取暖锅炉的医院要处于城市主导风向的下风向为最佳。

5）社会福利设施

（1）千人指标

我国社会福利设施存在配置规模小、床位数严重不足、空间分布不均等供需不平衡和发展滞后的问题，随着老龄社会的到来和儿童福利建设需求的增长，其已经严重影响了城市居民特别是老人、儿童、残障人士的生活水平和生活质量。这与我国整体社会福利设施配置的千人床位数标准偏低、规划实施执行不力有关（表 8-10）。

表 8-10　国内外不同城市化水平所对应的每千人拥有床位数指标一览表　单位：个

日本		瑞典		德国		法国		中国	
床位数	老龄化水平	床位数	老龄化水平	床位数	老龄化水平	床位数	老龄化水平	床位数	老龄化水平
50	23%	80	23%	60	20%	55	18%	20	12.5%

总体规划和分区规划中，城市千人床位指标近期参考城市的“国民经济社会发展十三五”或“国民经济社会发展十四五”社会养老服务体系专项规划，远期以城镇化水平为标准参考不同国家和城市的千人床位数，并以总体规划确定的总人口数作为计算参考值。在具体配置过程中，除了以计算结果为依据增加社会福利设施的数量还应结合当地紧缺型养老服务设施床位建设指标进行综合衡量。

（2）用地指标

我国 2008 年制定的公共服务设施规范（表 8-11、表 8-12、表 8-13）中对社会福利设施用地做出了配置，但因社会福利设施配置缺乏经济利益驱动，对其的配置出现虽设施齐全、级别高却距离远，或距离较近却服务功能和水平却较弱。因此，为了使社会福利设施资源利用最大化，总体规划和分区规划中对社会福利设施的配置标准除应参考国家颁布的《公共服务设施规范》（2008）、《城市居住区规划设计规范》以及城市内部制定的公共服务设施建设标准或导则外，还应研究现状以及未来老年人空间的分布，重点关注其分布密度的大小，通过多类型与级别设施服务体系去营造老年人良好的生活医疗环境。

表 8- 11　社会福利设施规划用地指标

城市规模 分项	小城市	中等城市	大城市		
			Ⅰ	Ⅱ	Ⅲ
占中心城区规划用地比例	0.2%～0.3%	0.3%～0.4%	0.3%～0.5%	0.3%～0.5%	0.3%～0.5%
人均规划用地（m^2/人）	0.2～0.3	0.2～0.4	0.2～0.4	0.2～0.4	0.2～0.4

注：老人年人均用地指标宜为 0.1～0.3m^2。

表 8-12　　残疾人康复设施规划用地指标

城市规模	小城市	中等城市	大城市		
			Ⅰ	Ⅱ	Ⅲ
规划用地(hm^2)	0.5～1.0	1.0～1.8	1.8～3.5	3.5～5	>5

表 8-13　　儿童福利设施规划用地指标

标准类型	一般标准	较高标准	高标准
单个规划用地(hm^2)	0.8～1.2	1.2～2	>2

注：1. 一般标准指中小城市普通儿童福利设施。

2. 较高标准指大城市设施要求较高的儿童福利设施。

3. 高标准指 SOS 国际儿童村及其他有专项要求的儿童福利设施。

资料来源：《养老服务设施用地指导意见》

(3) 人口现状与预测

目前老年人口数据一般从统计局获得，空间数据(主要指老年人口的统计单元界线，如镇界线、社区界线等)主要从规划局、国土局、测绘局等相关部门获取，因为两种途径获取的数据存在时空不统一等问题，可能不能形成科学合理的老年人空间分布特性分析，因此，规划中应注意统计数据与空间数据的紧密性。

(4) 空间选址

空间布局上，老年人设施布局宜邻近居住区环境较好的地段；残疾人康复设施应在交通便利，且车流、人流干扰少的地带选址；儿童福利院设施宜邻近居住区选址。在一些数字城市发展较好的地区，可依托基于矢量数据的网络分析功能进行养老服务设施选址工作。

3. 社区级(居住地区级—居住区级—居住小区级—居住组团级)公共服务设施配置方法

社区级公共服务设施主要服务于社区内部，其服务半径根据设施类别变化，一般在 1000～1500 米以内。社区级公共服务设施配置应结合专项规划，根据社区用地的主导属性和功能进行统筹安排，并能适应社区未来发展需求。社区级公共服务设施的控制要素包括社区公共设施用地指标、建筑面积指标、千人指标等，具体配置时应遵从规划社区所在城市的公共服务设施配套标准及规划导则。

(1) 配置指标

城市居住区规划设计规范(2002)(表 8-14)对社区级公共服务设施控制指标、配建项目作出了明确规定，具体配建项目应与社区居住人口规模相对应，且不应少于城市居住区规划设计规范(2002)与千人总指标。然而，由于我国各地区城市地位、规模及发展水平、定位不同，尤其在涉及旧区改造和城市边缘居住区的公共服务设施配建时，受土地空间等因素限制，设施配置水平很难达到国家城市居住区规划设计规范(2002)中的标准。因此，在具体实施时应结合专项规划，根据规划社区所在城市的公共服务设施配套标准及规划导则配置公共服务设施项目(表 8-15)。

表 8-14　　公共服务设施控制指标(m^2/千人)

居住规模		居住区		小区		组团	
类别		建筑面积	用地面积	建筑面积	用地面积	建筑面积	用地面积
总指标		1668～3293 (2228～4213)	2172～5559 (2762～6329)	968～2397 (1338～2977)	1097～3835 (1491～4585)	362～856 (703～1356)	488～1058 (868～1578)
其中	教育	600～1200	1000～2400	330～1200	700～2400	160～400	300～500
	医疗卫生(含医院)	78～198 (178～398)	138～178 (298～548)	38～98	78～228	6～20	12～40
	文体	125～245	225～645	45～75	65～105	18～24	40～60
	商业服务	700～910	700～910	450～570	100～600	150～370	100～400
	社区服务	59～464	76～668	59～292	76～328	19～32	16～28
	金融邮电(含银行、邮电局)	20～30 (60～80)	25～50	16～22	22～34	～	～
	市政公用(含居民存车处)	40～150 (460～820)	70～360 (500～960)	30～120 (400～700)	50～80 (450～700)	9～10 (350～510)	20～30 (400～550)
	行政管理及其他	46～96	37～72	—	—	—	—

资料来源:城市居住区规划设计规范(2002)。

表 8-15　　公共服务设施项目分级配建表

类别	项目	居住区	居住小区	居住组团
教育	托儿所	—	▲	△
	幼儿园	—	▲	—
	小学	—	▲	—
	中学	▲	—	—
医疗卫生	医院(200～300床)	▲	—	—
	门诊所	▲	—	—
	卫生站	—	▲	—
	护理院	△	—	—
文化体育	文化活动中心(含青少年活动中心,老年活动中心)	▲	—	—
	文化活动站(含青少年老年活动站)	—	▲	—
	居民运动场、馆	△	—	—
	居民健身设施(含老年户外活动场地)	—	▲	△
商业服务	综合食品店	▲	▲	—
	综合百货店	▲	▲	—
	餐饮	▲	▲	—
	中西药店	▲	△	—
	书店	▲	△	—
	市场	▲	△	—
	便民店	—	—	▲
	其他第三产业设施	▲	▲	—

续表

类别	项目	居住区	居住小区	居住组团
金融邮电	银行	△	—	—
	储蓄所	—	▲	—
	电信支局	△	—	—
	邮电所	—	▲	—
社区服务	社区服务中心(含老年人服务中心)	—	▲	—
	养老院	△	—	—
	托老所	—	△	—
	残疾人托养中心	△	—	—
	治安联防站	—	—	▲
	居(里)委会(社区用房)	—	—	▲
	物业管理	—	▲	—
市政公用	供热站或热交换站	△	△	△
	变电室	—	▲	△
	开闭所	▲	—	—
	路灯配电室	—	▲	—
	燃气调压站	△	△	—
	高压水泵房	—	—	△
	公共厕所	▲	▲	△
	垃圾转运站	△	△	—
	垃圾收集点	—	—	▲
	居民存车处	—	—	▲
	居民停车场、库	△	△	△
	公交始末站	△	△	—
	消防站	△	—	—
	燃料供应站	△	△	—
行政管理及其他	街道办事处	▲	—	—
	市政管理机构(新)	▲	—	—
	派出所	▲	—	—
	其他管理用房	▲	△	—
	防空地下室	△	△	△

注:1. ▲为应配建的项目;△为宜设置的项目。

2. 在国家确定的一、二类人防重点城市,应按人防有关规定配建防空地下室。

(2) 空间选址与布局

公共服务设施的空间选址与布局对城市人居环境的可持续性有非常显著的影响。公共服务资源往往集中在已建成的中心区域,且分布不均。社会经济条件较好的社区往往都拥有更多、更便捷的公共服务设施资源,而社会经济条件较差的社区所能触及的公共服务设施资源非常有限,且非常不便。因此,社区级公共服务设施的选址应基于“以人为本”“公平公正”“方便可达”的原则，选择在交通便利区域，采用相对集中与适度分散相结合的方式合理布局，最大化发挥设施效益，方便设施经营管理和使用，减少对居民的干扰。

公交站点是聚集人流的重要场所，也是社区对外联系的主要途径。公共广场、绿化、体育、商业公共服务设施围绕站点布置，形成以公交站点特别是快速公交站点为核心的社区活动中心，可以最大化发挥社区公共服务设施的效应，减少部分区设施超载利用、部分区设施闲置浪费的现象。图 8-5 为结合公交和步行系统布置的社区活动中心，一般选址在快速公交站点与步行通道的交汇处，方便周边居民便捷到达，享用服务。

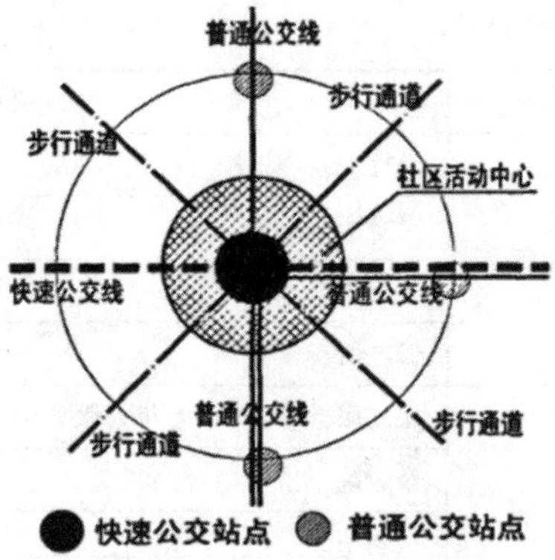

图 8-5 基于公交和步行系统布置的社区级体育设施图

二、基于生活圈理论和可达性研究的公共服务设施配置方法

传统居住区的规划方法和社区行政边界，影响了社区设施的服务水平和质量，部分城市社区出现了公共服务设施供需失衡、社区活力丧失等问题。在此背景下，在城市公共服务设施特别是社区公共服务设施布局选址中还常用生活圈理论、可达性研究等分析方法。

1. 基于生活圈理论的公共服务设施配置布局

“生活圈”指根据居民生活所涉及区域，中心地区和周边区域之间根据自我发展意志、缔结协议所形成的圈域。“生活圈”概念最早源于日本，其背景是为针对日本在二战后快速城市化和工业化发展过程中出现的城乡发展不均衡，农村基础设施落后，生活环境恶化等一系列问题，把居民活动空间划分为几个有关联性的圈层，在各个圈层内配置满足居民需求的公共服务设施，促进各生活圈层内设施服务水平和服务范围的提高。“生活圈”概念在提出后被一些国家所接受，并在日本提出的“生活圈”概念的基础上作出符合国情的调整，重构中心城市规模。2016 年，我国在“十三五”规划中提出“15 分钟生活圈”的概念，在原有“生活圈”概念的基础上，更进一步建立以家为中心、15 分钟步行距离为半径的生活圈，配备居民日常生活所需的公共服务设施(图 8-6)，改善城市公共服务设施发展不均衡、生活环境恶化等一系列城市问题。

“生活圈”分析法对规划区内居民生活、出行习惯、居民需求进行数据收集和分析，根据各级生活圈层不同需求采取差异化策略进行资源配置，促进各区域协调发展。基于“生活圈”分析可以直接了解居民多元化的需求，对各类需求做出合理预测，并有助于完善公共服务设施的配置内容，优化配置，提高公共服务的效率，确定合理的选址和布局。

2. 基于可达性研究的公共服务配置

“可达性”可被定义为某一区位被接近的容易程度。“可达性”的评价与交通成本、区位吸引力、区位需求有关。“可达性”作为一项社会经济指标，影响着居民经济生活、政治生活、社会生活的参与，能够用于揭示居民的生活质量、社会融入状况等。“公共服务设施的可达性”通常是指公共服务设施的使用者通过某种交通方式到达目的公共服务设施的便捷程度，常用距离、时间和费用等指标来衡量。“可达性”常用于公共服务设施空间选址和布局的研究中。“公共服务设施的可达性”可以较为直接地反映公共服务设施选址和布局的公正性与合理性，对不合理的公共服务设施选址和布局提出建议。

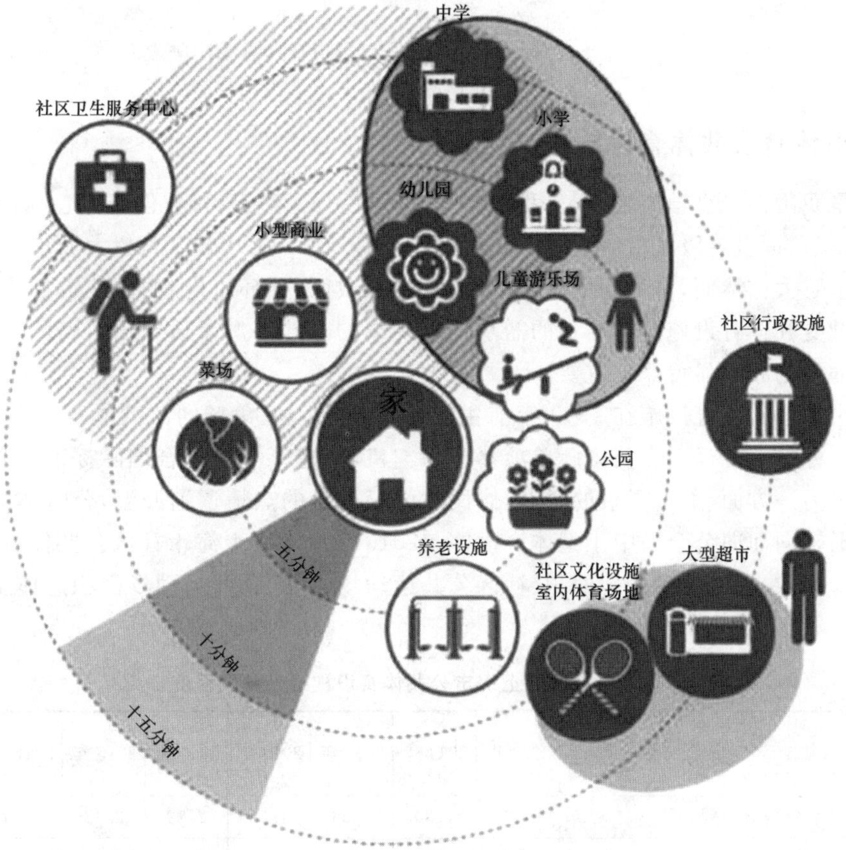

图 8-6　15 分钟生活圈示意图

“可达性”的测量方法较多，不同的测量方法的应用范围也有所差异。基于区位的可达性测量方法在设施可达性中应用较多，对公共服务设施的可达性测量则主要采用了重力模型与累积机会方法。在测算“公共服务设施可达性”并将测算结果可视化表达时，可使用ArcGIS平台的协助，通过基于GIS采集的道路数据，分析计算居住点与备选地址点间的距离，定量分析综合距离成本，以交通效率最高为原则，精确计算出最优选址地点，并提出空间布局建议。

基于“可达性”方法建立的规划模式及其衍生有很多，我国目前最流行的“TOD”模式可以被视为基于“可达性”规划的一种衍生。“TOD(Transit Oriented Development)”是指以公共交通为导向的发展模式。TOD模式是以公交站点为中心，400～800米(5～10分钟步行路程)为半径建立城市中心，并布置商业、文化、居住及公共服务设施。TOD模式的目的在于集中工作、商业、文化、教育、居住等用途，从而鼓励居民选用公共交通、步行或者骑行的出行方式。其充分利用了公共交通站点的便捷性，将可达性发挥到极致。基于TOD模式布局的公共服务设施能为居民提供便利可达的公共服务设施，最大化地发挥公共服务设施的效益。

第3节 公共服务设施配置分析案例

一、上海市体育公共体育设施布局规划

上海是我国四个直辖市之一，是我国经济、金融、贸易、航运、科技创新中心，国家历史文化名城，长江三角洲世界级城市群的核心城市。作为拥有2400万人口的超大城市，对公共服务设施的需求巨大。然而，作为超大型城市，上海中心城区（外环以内）的土地资源十分稀缺，市民对体育健身和体育设施日益增长的需求量与稀缺的土地资源矛盾突出。因此，合理的公共体育设施的规划布局显得非常重要。

上海市的公共体育设施在1949年前主要是依托位于五角场的江湾体育场。1949年后，上海市以举办综合性运动会及国际单项赛事为契机，兴建了一批符合国际标准高水平的大型体育设施。另一方面，通过赛事的举办，居民对体育健身的热情逐渐升温，公共体育设施的建设重点逐渐转向面向公众的中小型体育设施。2010—2016年上海市社区公共体育设施数、社区体育健身点数、社区健身场地面积、社区公共运动场、社区公共运动场面积总体上有不同程度的增长。

表8-16　　2010—2016年上海市公共体育设施建设发展程度

指标	测度指标	2010年	2011年	2012年	2013年	2014年	2015年	2016年	年均增长率
总量指标	社区体育健身设施数	1.00	1.30	1.33	1.35	2.79	2.48	2.77	18.47%
	社区体育健身点数	1.00	1.00	1.00	1.00	2.42	2.16	2.42	15.88%
	社区健身场地面积	1.00	1.39	1.42	1.45	1.49	1.50	1.52	7.25%
	社区公共运动场	1.00	1.03	1.03	1.03	1.12	1.23	1.23	3.57%
	社区公共运动场面积	1.00	0.18	0.19	0.19	0.20	0.22	0.24	−21.33%
均量指标	万人拥有社区体育健身设施数	1.00	1.28	1.28	1.29	2.65	2.36	2.63	17.50%
	万人拥有社区体育健身点数	1.00	0.98	0.97	0.95	2.30	2.06	2.30	14.93%
	人均社区健身场地面积	1.00	1.36	1.37	1.38	1.42	1.43	1.45	6.36%
	万人拥有社区公共运动场数	1.00	1.01	0.99	0.98	1.07	1.18	1.17	2.72%
	人均社区公共运动场面积	1.00	0.18	0.18	0.18	0.19	0.21	0.23	−21.97%
密度指标	社区体育健身设施密度	1.00	1.30	1.33	1.35	2.79	2.48	2.77	18.47%
	社区体育健身点密度	1.00	1.00	1.00	1.00	2.42	2.16	2.42	15.88%
	社区公共运动场密度	1.00	1.03	1.03	1.03	1.12	1.23	1.23	3.57%

从上海市现有公共体育设施的空间分布上来看，中心区域的公共体育设施密度大于外围地区公共体育设施密度；在空间上呈现“中心—外围”特征，形成了“市—区—街道”三级空间尺度的公共体育设施空间布局，基本符合“中心地理论”。为建设具有国际知名度和影响力的国际体育强市、打造更富魅力、更可持续的人文之城，上海市公共体育设施规划布局采用了“生活圈”概念与“千人指标”、“城市居住区规划设计规范(2002)”相结合的方法。基于“生活圈”概念，上海市公共体育设施布局规划(2012—2020)提出的“30分钟体育生活圈”是指导上海市公共体育设施建设布局的核心思想。“30分钟体育生活圈”是指以市区步行30分钟、郊区骑行

30 分钟“体育圈”为服务半径，市、区体育中心为骨干、街道（乡镇）中型市民健身中心为枢纽、社区（行政村）小型市民健身中心为重点、社区健身苑点为基础，形成体育设施网络。从布局规划形态上来看，三条主要绿道环线形成三个大圈层——中心圈层（上海市中心区域，外环绿道以内）、外围圈层（上海市市郊，外环线以外，上海市以内）、环岛圈层（崇明岛），全市公共体育设施串联在三条主要绿道上，由次级绿道与社区相连接，形成公共体育设施网络（图 8-7）；在社区尺度上，社区级别的公共体育设施是以社区体育中心为轴心，1 000～1 500 米（覆盖 10 万人）为服务半径覆盖全区，健身苑、健身点各自为圆心，分别以 800～1 000 米（覆盖 5 万人）、500～600 米（覆盖 1 万人）为半径服务于辐射范围内居民。（图 8-10）。从新增体育设施配置上来分析，由于上海市内环区是第三产业非常发达的核心区，密度大、土地资源紧张，新增体育设施应以小型、室内、商业型为主；中环区以商业、居住为主，土地资源相对宽松，新增公共体育设施布局应结合人口、用地指标等，按级别布置；外环区配合环城林带，建设绿色公共体育设施，提高体育设施可达性（图 8-8、图8-9）。

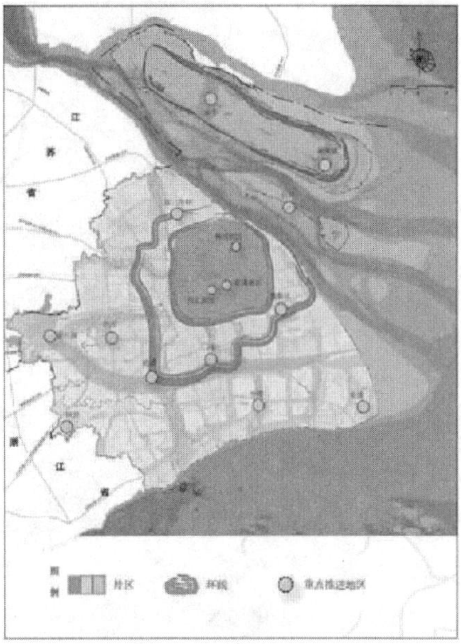

图 8-7　上海市规划自行车绿岛

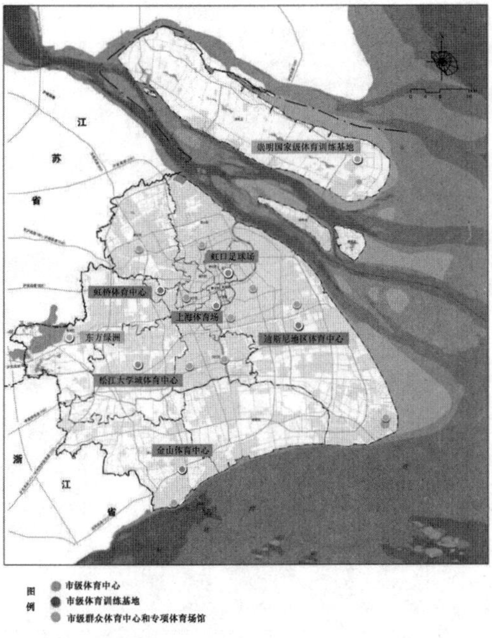

图 8-8　上海市市级体育设施规划布局

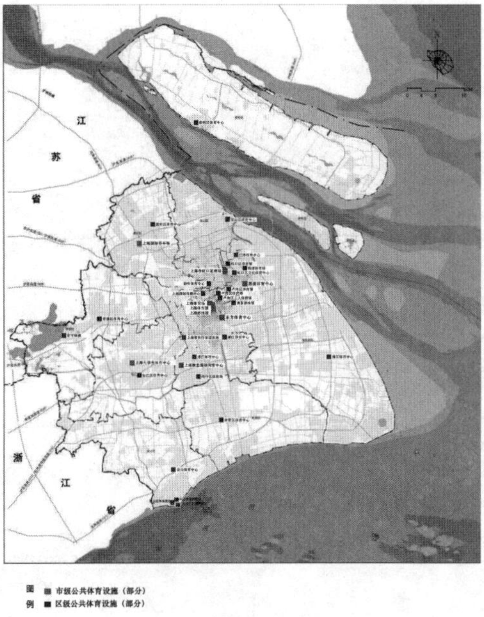

图 8-9　上海市市民健身活动中心规划布局

［来源：上海市公共体育设施布局规划(2012—2020)］

校园内部的体育设施作为上海市“30 分钟体育生活圈”中对各级公共体育设施的补充，有不可忽略的作用。校园内部的体育设施，因其不对外开放、不独立占用用地指标等原因，经常

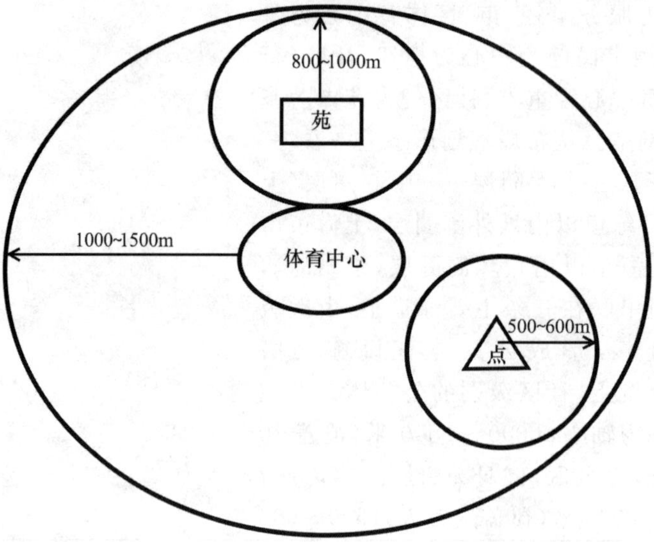

图 8-10　上海市公共体育设施布局辐射

（来源：卢耿华. 上海城市生活体育设施功能形态布局研究[J]. 体育科学）

容易被忽略，造成大量校园内部的体育设施闲置。上海从 2018 年开始全面对公众开放校园体育设施，并将校园体育设施列入专项体育规划，既可以满足居民多样化运动需求，又缓解了土地资源紧缺与民众锻炼需求的矛盾，提高了体育设施的利用率，使土地利用更经济和集约，减少了大量兴建公共体育设施的成本。

第9章　城市空间分析

意大利学者赛维在《建筑空间论》一书中指出："所谓空间，不仅仅是一种洞穴、一种中空的东西；空间是一种活跃而积极的东西，是我们生活在其间的一种现实存在。"

第1节　主要的城市空间类型

一、居住空间

《雅典宪章》认为，居住、工作、游憩、交通构成了城市的四大活动。作为人们的生存与交往空间，城市居住空间构成了城市最主要的空间结构单元。由物质空间、社会空间及其相互作用，再加上自我识别理念和社区服务等就构成了城市居住空间。

二、滨水空间

城市滨水空间指城市中陆域与水域相连的一定区域形成的场所。它既是陆地的边缘，又是水体的边缘，包括一定的水域空间和与水体相邻近的城市陆地空间，具有自然山水景观和丰富的历史文化内涵，是自然生态系统和人工建设系统相互交融的城市公共的开敞空间。

三、商业空间

商业是现代城市最重要的功能之一，现代商业空间也是城市整体空间体系中的重要部分。城市社会经济的不断发展促使城市商业地域空间不断变化，反过来，城市商业空间的变化最终会影响城市整体的空间结构。

四、广场空间

城市广场起着当地居民的"起居室"、外来旅游者的"客厅""城市会客厅"的作用。它可以组织起建筑群，成为建筑之间联系的纽带，也可以作为与人民生活最贴切的居住区中的场地。概括地讲，广场空间为人们提供了一个享受自然和社会生活的聚集场所，对于增进人们之间的交往，联结城市文化生活，改进城市环境质量等方面，都起到了十分重要的作用。

第2节　城市空间分析方法

一、居住空间分析方法

本节对城市居住空间分析包括构成要素分析、要素关系分析和形成动因三个层面。

1. 构成要素分析

1）固定特征要素

固定特征要素是指建筑、节点、道路（街道）、边界、区域等居住空间中的实体要素。

建筑物和节点是点状要素。建筑物主要是居住空间中的住宅。住宅形式和布局方式反映了不同文化群体居民的审美取向和生活需求。节点是指居住空间中的广场、绿地、公共服务设施、交叉口等居民活动的连接点,起到连接和转换的作用。

道路(街道)和边界是线性要素。道路(街道)是居民生活的重要载体,是联系各居住片区、居民活动场所的通道,或者本身就是居民生活的场所。道路(街道)是一个引导性空间,可以是机动车道、步行道、商业街、绿化通道等空间,起到引导居民视线和联系居民活动的重要作用。边界起到界定区域的作用,可以是道路、河流、水面、绿化等。边界使具有不同文化特征的居住区区别开来,形成鲜明的特色,前提是边界并不是将不同文化群体的居住片区隔离开来,边界在界定区域的同时应该起到联系和衔接的作用。

区域是面状要素,指各个不同文化群体的居住片区,具有明显的可识别性,能够产生让人进入或者不可进入的场所感。

2) 半固定特征要素

半固定特征要素是指依附在固定特征要素上的冗余信息,在居住空间主要是指建筑符号、色彩、装饰、建筑材质、建筑高度、绿化等。这些因素对环境的意义特别重要,它们往往能表达比固定特征要素的更多的意义。

3) 非固定特征要素

非固定特征要素是指不同文化群体的居民及其生活方式等,是居住空间规划的主体要素之一。固定、半固定要素是非固定要素的物质表现。不同文化群体居民使用空间的方式最终决定了固定和半固定要素的意义。

2. 要素关系分析

城市居住空间中各要素之间存在错综复杂的关系,并最终在空间形态上表现出来,如隔离、竞争、和谐等。通过交叉分析各要素之间的关系,理清城市居住空间中的社会脉络和空间脉络。

隔离关系包括空间隔离和社会隔离。社会阶层(级)的分化、社会极化以及社会隔离等最终会导致居住空间的隔离。居住空间隔离又通过自然要素,如河流、山体、绿化、农田等,以及人工建设要素,如围墙、道路等造成空间相对封闭的状态。

竞争关系体现了城市居住空间拓展过程中,政府、市场和社会力量三者之间的博弈。政府通过出台一系列的政策措施,平衡三者之间的利益关系。政策措施得当则形成三者之间的合作竞争的关系,否则形成非合作竞争或恶性竞争。

城市居住空间内部也会表现出和谐的空间关系,如文化社区内部。通过文化引导、社区组织、公共设施建设等措施促进居民群体的交往,营造和谐的社会、空间关系。

3. 形成动因分析

1) 政治制度

在中国,政治制度因素对城市居住空间形成和演变具有决定性的影响,主要包括户籍制度、土地制度和土地政策、住房政策等。

(1) 户籍制度。户口政策改革将为人口自由迁移创造条件,从而引起城市居住空间结构的重组。

(2) 土地制度和土地政策。1949 年后,中国实行土地所有制体制造成了城市空间拓展中的众多矛盾和问题,如城市建设占用农民大量赖以生存的土地,城中村现象等。市场经济的发展、土地有偿使用制度和住房市场化改革,导致城市居住空间分异显现并迅速发展。

(3) 住房政策。住房政策和土地政策如影相随。我国全面实行住房货币化分配制度后,改变了住房的获取途径，单位大院式的居住空间单元被居住小区、住宅楼盘逐步取代，出现居民同类相聚的居住空间分异等。此外，国务院、建设部等部门出台一系列房地产政策，如经济适用房政策、中低价配套商品房政策、动拆迁政策等，调整住房供应结构，保护广大中低收入群众的利益。

2）经济技术

经济技术的发展是城市居住空间拓展的最直接动力，主要表现为经济全球化、住宅市场化和交通通讯技术的发展等。经济全球化带来全球城市产业结构的重组和城市空间结构的深刻变革；住宅市场化使住房作为商品在市场上流通，人们住房的选择遵循经济规律的调节；交通和通讯技术的发展同土地经济结合起来，改变了城市土地利用的模式和居住空间的拓展方向。

3）社会文化

相对于政治制度、经济技术等城市居住空间拓展的外部力量来说，社会文化力量属于内生力量，属于城市居住空间形成和拓展的主观要素。中国城市化的快速发展，造成大规模的城乡人口流动，从而引起城市规模的扩大、城市居住空间的拓展。相同的文化认同（包括地域认同、宗教信仰认同等）因素，是迁移者在城市中集聚的重要线索。城市居住空间的塑造最终要落实到其使用者。在社会经济发展趋于稳定、住房市场消费趋于理性的前提下，社会文化方面的因素在城市居住空间塑造中将起到更为重要的作用。

4）历史成因

拥有历史文化积淀也是人类社会的魅力之一。由于历史的因素而形成的特殊的城市居住形态和居住区域，可以解释城市居住空间中土地利用的非经济性，如历史地段、历史文化保护区、历史文化名城等。

二、滨水空间分析方法

城市滨水空间由于其所处的特殊边缘位置，往往具有城市门户和窗口的作用。在城市规划中，城市滨水空间往往被作为城市的景观轴、生态轴和文化轴，对于提升城市形象起到关键性的作用。滨水滨地段以其景观、环境、情趣上的优势为人们所向往。滨水空间作为城市中极具活力的经济社会载体和独具吸引力的环境载体，正成为全世界的规划设计和城市建设的热点，其潜在的巨大社会、经济价值是这一地段得以蓬勃发展的内在动力，一项成功的滨水开发工程，在赋予滨水崭新用途的同时，往往能增加政府税收、创造就业机会，促进新的投资，并获得良好的社会形象，进而带动城市其他地区的发展。如巴塞罗那的奥运村建于海港的东面，形成崭新的滨海区。本节城市滨水空间主要从自然生态环境、社会文化环境、人工物质环境三个方面进行分析。

1. 自然生态环境

1）水体特征

(1) 河流宽度

河道的天然形态是自然力动态平衡的产物，河道的平面设计要求在满足防洪的基础上，尽量保持河道的自然弯曲，不必强求平行等宽。避免过分直线型的河道形态；避免断面形状的单一化使流速单一化，应恢复和形成有深河槽、浅滩变化的河床横、纵形式；避免河床材料的单一化。

自20世纪60年代以来，美国、澳大利亚、加拿大、英国等通过制定相关条例法令和建设导则，明确规定了河岸带宽度范围，给出了最大宽度和最小宽度的参照值范围（表9-1）。

表 9-1　　不同国家不同目标的河岸带宽度推荐值范围　　单位:米

国家	河岸带宽度推荐值						
	削减污染	减少河岸侵蚀	提供良好水生生物栖息地	提供良好陆生生物栖息地	防洪安全	提供食物来源	维持光照和水温
美国	5～30	10～20	30～500	30～500	20～150	3～10	
澳大利亚	5～10	5～10	5～30	10～30		5～10	5～10
加拿大	5～65	10～15	30～50	30～200			

(2) 河流水质

水质的好坏是滨水空间开发成败的关键,直接关系到滨水区吸引力的大小。许多城市滨水空间的开发都是从河道清污、净化水质开始的。如成都的府南河、南京的外秦淮河、上海的苏州河等综合整治工程,都将河流水质的净化作为滨水景观整治的首要工作。

2) 河岸特征

(1) 河岸坡度

河岸的坡度影响着人在滨水空间中的活动、视线、心理感受;植物的种类设置、形态间接的影响河道的宽度,边缘形状等,可以说,河岸的坡度和水位涨落有着紧密地联系,岸边的坡度直接影响水面的涨落位置,这是设计护岸的重点注意要素之一,它是决定采用哪种水边护岸形式的基础,考虑人的赏景视线、亲水参与的同时,更重要的前提是结合当地水域的水位高度来设置护岸,保证水边安全和满足防洪的要求才可能让人接触到水。

由于滨水用地日趋紧张,目前很多滨水空间存在护岸角度过大的问题,有些甚至接近垂直,这在维系滨水空间与水体的联系方面起了很消极的作用。因为人的亲水行为首先是从观水开始,而正常情况下,人眼观察到的空间具有方向的稳定性、深度、远近,并且没有边界的,是360°的广阔空间,但在眼睛凝视某一固定点时,所看到的空间范围是有限的,这一范围被称为视野,在水平范围内能观察到120°的范围,滨水空间在这一范围内视线通常都是比较开敞的。在垂直范围内能观察到130°的范围,向上为60°,向下为70°。

垂直的河岸,会对人的心里产生较为消极的影响。当人站在护岸边向水面眺望时,由于人的视觉心理原理,人往往对边界比较关心,人在正常的姿态下无法找到水的边界,就会低头向下看,由于高度和水体流动带来的眩晕都会使人产生恐惧(图 9-1)。这种护岸的断面形式拉开了人与水的心理距离,垂直的堤岸使人们对下到水边失去兴趣和信心,因为这种断面形式没有引导人的作用,空间因此而断开。同时,这种坡度对于在水中泛舟或在近水步道上走动的人的感受也有影响。深陷的河道使人产生下沉、跌落的惶恐;陡直的两岸形成挤压之势,很自然地使人形成了被两岸行人注目的焦点,从而产生类似于被围观的心理压力。

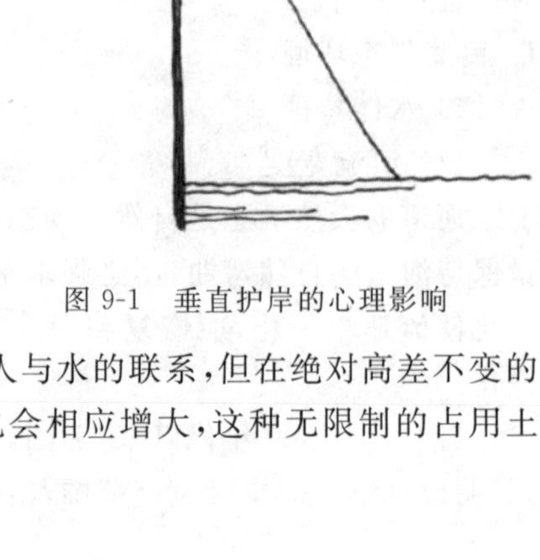

图 9-1　垂直护岸的心理影响

平缓的河岸意味着人们更能方便地接近水边,促进了人与水的联系,但在绝对高差不变的情况下,坡度越小意味着水平投影面积越大,而河岸占地也会相应增大,这种无限制的占用土地在城市规划中也是难以实现的。

日本的河岸设计者在实践中总结的最佳坡度为 1:2.5，而当护岸垂直高度超过 2m，或坡面长度超过 6m 时，护岸坡度的过度平缓化会加剧其外观的单调感，并给人以巨大的压迫感。

自然平缓的河岸，视野开阔，亲水性好，当人走在最低标高的近水处时，视线也可以顺着斜面飞出，使水域空间在临水和靠岸两个向度都具开阔感，可在满足人的观水愿望后，进而还能引导人们顺着台阶更接近水面。

还可以通过将护岸顶部倒圆角的方法，将断面做成曲率较大的弧面，在斜坡的表面大面积铺设草皮，坡面稍微有些起伏，并在适当的地方种植乔木群，一整片绿地从水面一直连续到岸上，沿曲线形蜿蜒伸展，可以造成与水、岸浑然一体的效果。这种做法能够创造一种与城市硬质景观形成优美对比的"柔性"堤坝，形成一道既壮丽又富有自然情趣的风景线。

但这种形式的弊端是，在垂直距离一定的情况下，会造成较大的水平投影面积，即需要占用更多城市用地，这在城市用地日益宝贵的情况下往往难以实现。

多级平台的河岸，逐级下落，保证在每级平台人的视野范围内都能看到水面，并能使人在正常的姿态下越过每一级平台而看到水体的边缘(图 9-2)。这样的断面形式还能使人在不同的高度观水，产生不同感受。水面与水平视轴的俯视倾角随着观点高度的降低而减小，倾角越小，开阔感越强，如图 9-2，从 A 到 C，开阔感逐渐加强，在 C 点人与水面具有整体感。这种人与水之间的空间是连续的，使人下到水边在心理和行为上都成为可能。

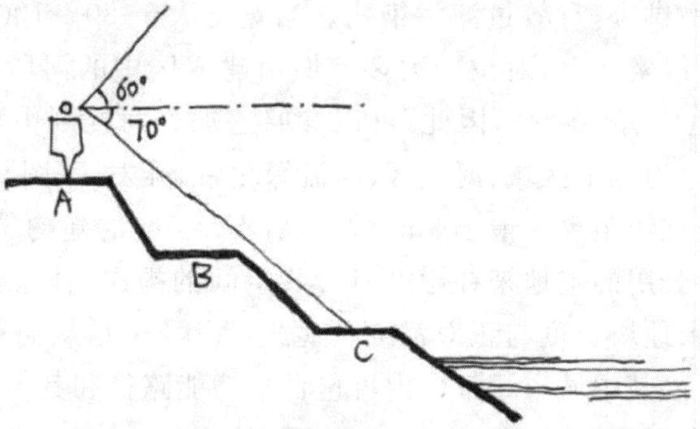

图 9-2　分阶递降的护岸断面形式

在水位变化的时候，这种分级斜坡式的护岸能适应水位的涨落，还能吸收和消散波浪的力，使水面趋向平静。斜坡提供的层次较丰富的景观成为泛舟者与岸上行人共同关注的焦点，从而缓解了泛舟者被"特别关注"的心理压力，也缓解时间注视大面积空荡水面带来的视觉疲劳。

分级式的斜坡还有一个好处是可以分解护岸的体量，使走在近水步道的人们也不会感到护岸体量的过于庞大，可以创造令人愉快的小尺度景观。如果有条件的话，可以加大斜坡的水平宽度，使泛舟者与岸上行人更加体验到水域空间的广阔，或加宽平台步道，并根据洪水水位、平常水位和枯水水位来设置每个平台的高度，为岸上行人提供更多的活动空间和观景场所。

如果在各级平台之间灵活采取不同的坡度加以组合，往往可以得到良好的效果。

(2) 河岸类型

河岸的形式按材料和结构的不同大致可以分为两大类型。

① 非结构性河岸。这类河岸是完全由自然界物质形成的坡度较缓的护岸形式，如果自然坡小，则不需过多的人工处理，按土壤的自然安息角(30°左右)进行放坡；而对于岸坡超过自然安息角或土质不够稳定时，可以运用生物工程技术对护岸进行加固。这种自然护岸对于河流

与滨水空间的生态联系影响最小，又是自然的软质景观，但其结构强度不足，只能运用在防洪要求不高的河段。

② 结构性河岸。针对较高洪水设防标准，按照力学原则，运用木材、石材、土木织物及水泥、混凝土等材料形成的河岸，这种形式的河岸在我国大多数滨水城市中更为常见。但这些人工材料的运用，犹如为河流加了“铁底”，其对水陆生态交换产生破坏，只能通过生态化改造的方法加以补救，为河流生物提供可供附着的表面和一定厚度的自然土壤，以使水生植物能够扎根生长，恢复河流生态系统。

3）滨水绿化

（1）滨河植被类型

不同植被类型对河岸带功能的作用效果不同。如草能拦截61%的硝酸盐、72%的磷和44%的磷酸盐，草与乔木混合能去除92%的硝酸盐、93%的磷、85%的磷酸盐。组合型植被比单一植被河岸带能更有效地拦截污染，其所需宽度也更小。植物设计应根据立地环境条件，参考水滨自然植物群落结构，将地被花草、低矮灌丛、高大乔木等进行组合搭配，形成立面层次丰富、平面稀疏错落的植物景观。

（2）绿地廊道宽度

根据国外厄尔曼(Erman)等学者的研究，当沿河植被宽度大于30m时，能够有效地降低温度，增加河流生物食物供应，有效过滤污染物。当宽度大于80～100m时，能有效地控制沉积物及土壤元素流失。但实际上，对位于大多数城市建成区中的河段而言，要求30m以上的空间建立滨水绿地廊道则有些牵强，因此，可以参照芝加哥河规划中对于沿河绿带的规划要求，将临近河流的用地分为三个区域：河岸区、河流绿化带、开发区（图9-3），该规划建议滨河新建建筑后退芝加哥河的红线距离为最小9m。对退后不足9m的建构筑物，必须在邻近退后区和城市绿带的地方提供公用的空地来补偿沿河公共空间的损失，补偿数量应为占用退后区土地面积的2.5倍，并要求地块长度与正对河面的宽度比为2∶1，从而避免过于狭长的地块没有任何实际利益或用途。其中城市绿带区内可包含多功能路径和其他休憩用地。

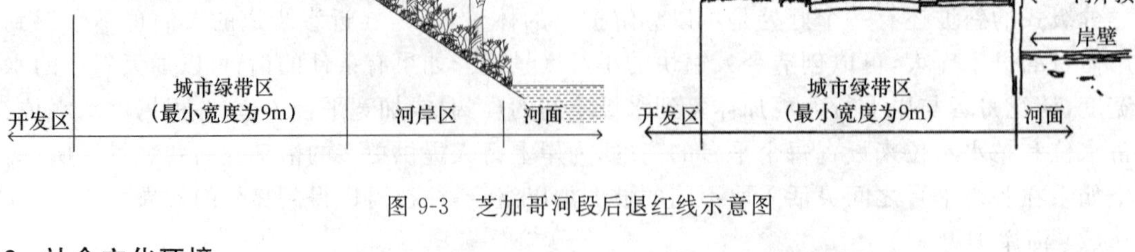

图9-3　芝加哥河段后退红线示意图

2. 社会文化环境

1）休闲娱乐

滨水空间作为城市公共空间的一部分是为人服务的，具体地说是为人的活动服务。要创造滨水空间场所感，最重要的是以公共活动吸引公众的参与。增加吸引人参与其中的活动和与其他人沟通交流机会，滨河空间不是工厂、学校里的通勤道等。

2）管理机制

（1）管理机制

在遵照相关法律法规的前提下，由政府直接或者成立综合开发机构进行开发管理的组织工作，然后在分散式管理机构（职能部门）对现状长期调查研究的基础上，由专门式管理机构（专职机构）在城市总体规划指导下进行决策控制，针对特定的设计任务，组织有关部门和专家（规划设计单位）组成临时性机构，同时积极考虑公众的意见，最终实现科学决策的目的。工程结束后，继续由分散管理机构进行深入的研究，由专门机构进行管理维护，规划设计单位进行技术支持。

（2）公众参与度

公众参与是平衡市场与规划主管部门关系，对城市滨水空间规划过程实施制约与监督的有效途径。在城市滨水空间规划的前期调查、中期编制和后期反馈三个时期，都要明确公众参与的重要性。规划编制过程中引入了公众的意见，更加符合社会发展的公共利益，同时也使公众对规划有了深切的认识，这样可以使公众自觉遵守规划，减少规划推行的阻力。

3. 人工物质环境

1）滨水用地

滨水用地应尽量避免和尽量减少土地在时间和空间上的使用低谷，综合全面的使用滨水空间的土地，对用地进行地上、地下、地面的综合开发，以提高土地使用效率。

按城市滨水区的功能划分，大致有滨水居住区、滨水文化博览区、滨水娱乐休闲区、滨水办公商业及金融区、水产养殖及港口航运等，由于滨水地区功能繁杂，故滨水空间规划多采用分段、分层布局的手法。城市滨水区用地布局应以公共性、多样性、延续性、层次性、立体化、综合性和生态性为原则。公共性是指滨水区对城市开放，用地形态公共化，使其成为城市公共空间的有机组成部分并融为一体；多样性是指在城市滨水区进行综合性社区建设，形成多样的用地平衡，土地使用的时间性和空间性是这一策略的基础；延续性是指综合原有的建筑和城市空间，形成城市生活景观的延续性；多层次是对滨水区自然景观潜质的充分利用；立体化的开发充分利用地下空间，是解决土地开发强度和生态平衡的有效手段；综合性是将传统的城市滨水空间的职能与地区经济发展、环境保护等进行高度交叠，从而给需要综合解决多种功能的使用者带来方便；生态性是指以生态、人居要求为首，兼顾经济效益，开发使用滨岸土地和水域，滨水地带沿岸的规划，既不能纷繁随意，各取所需，也不能统一规划成绿地或公园，失去必要的土地利用经济效益。

2）道路交通

滨水区应突出滨河机动车系统与步行系统、游船码头与陆路的衔接，即将道路交通、公共交通、站点、步行交通、水上交通及码头有机的结合起来，尽量减少和控制路夹河的局面，增强河道的可达性，加强水体与周边绿地和服务性设施的联系，以便市民最大限度地接近水面。

（1）滨水车行道

滨水空间的利用率与道路的可达性具有强相关性，为加强滨水空间的可达性，应消除影响滨水空间联系的物理性障碍，同时注意防止新的物理性障碍的产生。

在滨水区，许多城市修建高等级快速车道，解决了交通问题，但对生态、亲水性等方面考虑较少，而且快速道路严重阻隔了滨水空间的可达性。美国波士顿市就经历了建设滨水高速道路，再将这条道路拆去迁入地下，以打通市区和滨水区的发展过程。

(2) 滨水步行道

滨水步行道应强调亲水性、易达性、安全性、舒适性和整体性等。使道路近邻水边或留出易达水边的通道,让漫步河边的人们意识到河流的存在,从而具有回归自然的感受;在临水空间的布局上,应留出能够快速容易到达滨水绿带的通道,便于人们前往活动;尽量减少车行交通对步行道路的干扰,确保步行系统的畅通和行人的安全;滨水步行空间应结合廊架、景亭、雕塑等景观设计,注重步行系统的整体性,加强行为连续,使人们在其间随时能欣赏到水景与城市景观。

3) 建筑空间

水边的建筑物是滨水景观的基本构成相对于河流这种水平开放式的空间,建筑物的垂直形态显得尤为醒目,其布局、体量、色彩、高度等是决定滨水建筑景观优劣的重要因子,适宜的建筑高度和布局形式能造就开敞、丰富和具有美感的视觉空间。滨水建筑应以低密度为宜,单体建筑以点式为主,也可将群体建筑底层架空,使滨水空间与城市内部空间通透,不仅有利于形成视线走廊,而且形成了良好的自然通风,有利于滨水空间自然空气向城市内部的引入;建筑外形、色彩以及挑檐和线脚等细部构造上体现历史特征和地域风格,并与周围环境相协调;建筑的高度应进行总体的城市设计,由临水向腹地渐次升高,不仅要使滨水的建筑、还要使纵深的建筑也有良好的观水视线,体现滨水景观的层次感和宽广的视域范围。

4) 环境设施

服务配套设施数量、体量、间距、尺度、位置等应按照人的生理和心理需要在滨水空间或到达其途中的空间中进行设置,特别是对行动不便者,处处体现以人为本的思想。比如标志指示牌等设施的颜色应明快,能刺激人的视觉特别是能引起行动不便者的注意;照明设施在方便市民夜间步行及各种活动的同时,要极力控制产生炫光现象。

三、商业空间分析方法

这里研究的商业空间主要为空间结构呈多级分散格局,各级商业中心发展的集聚与扩散趋势并存的商业空间,有别于通过电脑网络进行虚拟商业交换的新兴商业,具有特殊的空间分布特征。

现代商业空间多极分散网络式的商业空间格局是由城市传统商业中心与新崛起的众多城市分区商业中心、郊区商业中心共同构成的,各个商业中心之间以及商业中心与顾客住地之间通过便捷快速的交通网络相联系,形成一个高效运转的网络式商业空间体系。在这种格局中,城市商业中心的等级差异依然存在,但差距有很大程度的缩小。传统商业中心在城市商业网络中仍居于重要地位,并且其职能在不断加强,集聚性同时增强;但城市分区商业中心与郊区商业中心的崛起,使城市商业布局更朝向多极分散的方向发展,向外扩散性发展成为新的趋势。

商业是城市物质文明和精神文明的窗口,是城市的名片。现代商业具有购物、休闲、文化、旅游等多种功能。商业网点本身就是城市景观的组成部分,它是否体现城市的历史文化特征、环境是否舒适优美、与其他景观搭配是否协调,直接反映着城市风貌。

1. 商业空间的业态与分类

1) 商业空间的不同业态

不同的商业业态,其对应的选择地址、规模、经营方式等都有较大的差异,直接影响商业空间的塑造(表 9-2)。

表 9-2 各类型零售业态自身特征及选址要求一览表

业态	选址	目标顾客	规模	停车设施
便利店	地区中心、居住区、交通要道以及车站、医院、学校、娱乐场所、办公楼等公共活动区	居民、单身、年轻人为主	营业面积在100平方米左右	
超市	地区中心、居住区	经营服务辐射半径0.5km，以居民为主	营业面积在 $500m^2$ 以上	
大型综合超市	城郊结合部、交通要道和符合城市规划的大型居住区附近	经营服务辐射半径3km以上，以居民、流动顾客为主	营业面积在 $5\,000m^2$ 以上	设置与商店营业面积相适应的停车场
仓储商店	城乡结合部的交通要道	经营服务辐射半径5km以上，以中小零售店、餐饮店、集团购买和流动顾客为主	营业面积在 $10\,000m^2$ 左右	设相当于营业面积的停车场
专业店	市级中心、地区中心、专业街以及百货店、购物中心内	以有目的选择某类商品的流动顾客为主	营业面积根据商品特点而定	
大型专业店	地区中心、城郊结合部、交通要道和符合城市规划的大型居住区附近	经营服务辐射半径5km以上，以有目的选择某类商品的流动顾客为主	营业面积在 $3\,000m^2$ 以上	设置与商店营业面积相适应的停车场
专卖店	市级中心、地区中心、专业街以及百货店、购物中心	以中高档消费者和追求时尚的年轻人为主	营业面积根据商品特点而定	
百货店	市级中心、地区中心、新城（县城扩大）以及历史形成的商业集聚地	目标顾客以流动顾客为主	营业面积在 $5\,000m^2$ 以上	根据销售面积设置相应规模的停车场
大型购物中心	市级中心、城乡结合部的交通枢纽交汇点	经营服务辐射半径10km以上，以流动顾客为主	营业面积在10万 m^2 以上	根据销售面积设置相应规模的停车场

2）商业空间分类

根据商业空间的形态可分为以下四类。

（1）带状——商业街

① 单一线性商业街。沿街布置的各种商业设施具有较均等的人流接近机会，流线和空间形态清晰。但单一线型使得人流活动流线较长、空间较单调、街面缺乏变化。因而需控制单一线型商业街的无限延伸，考虑人流活动的舒适性、方便性等因素，应控制在600～1 000m。如有扩大的需要，可向商业街两侧纵方向发展。对过长的商业街要采取一定的处理，如分段、增加休息开敞空间，增设交通设施（如公交旅游车、地铁、公交等）。

② 复合性商业街。以干道交叉口或交通枢纽为中心，商业设施沿几条道路方向呈带状沿街布置，延伸“复合”而成的商业中心构成L形，T字形和十字形格局。交叉口交通聚集，人车矛盾突出，要采取相应的规划手段（人行天桥或地下通道等）解决交通问题。

③ 单面商业街。主要商业设施沿道路布置，人流与车流分开，有利于交通组织。人流活动舒适、安全、流线简洁，但流线过长，缺乏空间围合，应向一侧纵向发展。

(2) 块状——商业区

① 商业街区。街坊式布局的块状商业中心,商业设施在外围道路围合的街坊内组织布局,城市交通与商业设施联系便捷又相对独立,街坊内可形成良好的购物空间。

② 广场式商业中心。以广场为中心,商业设施沿周边布置,形成广场式商业中心。

(3) 立体式商业中心

立体式商业中心在三维空间上组织交通和商业设施。人流、车流、货流在三维空间上分离,商业设施与竖向功能分区相结合,改变了传统商业中心仅在地面组织交通和设施的局限,可有效解决土地紧张、商业中心外部空间不足的问题。但立体式商业中心也存在造价昂贵、技术复杂,以及消防、安全、卫生,并使消费者远离自然等一系列的问题。

(4) 混合式中心

① 二维空间混合式中心:如商业街与广场式商业中心的结合。

② 三维空间上的混合式中心,即综合了带状、块状和立体式空间组织形式的商业中心。

2. 商业空间的适应性

凯文·林奇在《城市形态》中指出:“一个聚居地是否适宜,是指其空间和当时的肌理是否与其居民的行为习惯相符。”商业空间作为城市空间的重要组成部分,也应与人的生活适宜,它表现在新建和改造空间之中。如在加拿大的蒙特利尔,由于城市用地紧张及恶劣的气候条件,使人们出行购物行为及由此带来的社会活动受到一定的影响,而这些都因地下空间的开辟得到解决,它把旅馆、办公楼、百货商店和火车站等交通枢纽连结起来,满足了当地人对商业空间数量及质量的要求。

从哲学角度讲,功能以时空的形式出现,社会生活的多样性要求具有多样性的空间与之相适应;从时间角度讲,社会生活的发展要求空间历时性的延续变化,动态地保持循序渐进的持续发展。现代商业通过多样性、动态性体现其适应性特征。

1) 多样性

适应不同的使用者以及使用者的不同的、灵活的需求。大型商场作为公共场所,现在已融入社会结构,它不仅是零售商店,而且是人们休闲活动和社交的聚集场所。

商业空间之所以能吸引人,在于其功能空间具有社会生活的多样性和消费的可选择性,能提供丰富多彩的社会生活和服务内容,人们闲暇时间需要购物、闲逛、娱乐消遣、公共交往等,创造了丰富的社会关系与互动作用,产生群体效应,诸如人看人,使人与社会保持心理上和精神上的联系,它所提供的空间环境能够服务于多层次的消费休闲人群,充满生活气息,满足人们对环境丰富性、复杂多样和趣味性等多层次的心理行为需求。

简·雅各布斯认为,空间的多样性是提供功能多样性的物质支持,多样的空间可以激发人们产生一些创造性的、随机性的社会活动,促进人们参与公共空间中不同形式的交往活动,从而强化空间的活力与吸引力。另外,多变的购物方式和空间可以减少顾客的疲劳感,创造宜人的空间环境。

2) 动态性

商业空间不是一成不变的“死空间”,它随着市民的消费行为和方式的空间需求的不断发展与变化,也在相应地改造与发展。空间系统是动态的系统。例如,人们一度接受的空间突然变得使人不满意或厌恶了,这是因为一个新地方使原有的期望发生了变化,或这个新地方开启了新的希望,如新的购物方式的出现引发人们新的购物欲望,旧的商业空间如始终如一不变,必然导致空间的不适应而逐渐被淘汰。

商业空间原有结构具有内在的和潜在的多种功能，有着充分的弹性，当外部变化动因引起内部结构发生变化时，可以在结构不变的情况下，通过自发地调整空间组织内容和发挥多种功能潜能，取得与新功能相互适应的关系。

3. 商业空间的景观性

商业空间景观建设不能脱离城市本身，景观应当力求与当地的自然条件和文化相渗透，形成具有自身特色的商业空间，使其景观成为城市的一个重要窗口，能够直观地反映城市的自然环境、文化内涵及历史传统。

1）基于地域环境

我国城市有南北、东西地域的不同，不同地域的城市有不同的气候条件、文化背景，生活习惯、行为方式、建筑形式、乡土材料。表现出适应不同气候条件的建筑、水体和植物景观和户外活动景观。另外，不同的地域文化背景，也塑造了反映不同地方文化的景观。因此，气候条件和文化背景是形成具有地域特色景观的主要决定因素。

（1）适应气候条件的景观

① 建筑。为了适应不同的气候条件，建筑及空间的风格上各个城市截然不同。北方城市建筑体量厚重敦实，在空间的处理上为抵御冬季寒冷和夏季多风沙而形成封闭景观；南方建筑为适应炎热气候，外观开敞、通透、轻巧、纤细、玲珑剔透。营造具有地域特色的城市商业建筑景观，要从城市所处地域的自然条件出发，通过建筑形式和建筑空间的变化来适应当地的自然气候。

② 植物。位于不同区域的城市商业景观设计，可利用植物的生态性和季相性来营造特色景观。植物具有调节城市生态环境的作用，在炎热的夏季长势茂盛的乔木可以给人提供荫凉的环境；在寒冷的冬季落叶的乔木又能透过缕缕阳光，给人送来温暖。南方的城市商业空间植物景观应做到四季常青，三季有花。而北方则以常绿树为主，突出春季及秋季的景观。

③ 户外活动。由于南北方的气候条件不同，导致人们对环境使用的时间以及使用的频率不同。北方冬季寒冷不适合户外活动，而南方除了雨雪及大风的天气，一年中绝大部分时间都适合户外活动。因此，南方城市户外空间的使用率比北方高。为了满足人们对户外空间的使用需求，南方城市商业空间比北方更加注重户外活动景观的营造。应根据前面所述的商业空间内人的行为特点和心理特征，营造满足人各种需求的景观。

（2）融合地方文化的景观

城市商业空间与城市外部公共空间之局部与整体的有机联系，决定了城市商业空间景观与城市景观应当协同发展。一个好的商业空间景观不仅是一个功能的产物，同时反映出一个地区或国家的历史文化特点。

2）传承城市文脉

营造特色景观已经得到越来越多人的共识成为发展趋势。对城市文脉的传承既有历时性的纵向传承关系，也有共时性的横向环境联系。城市商业空间城市商业空间是人类文化传承的驿站、交汇的节点、创新的生长点，文脉的传承主要体现在对历史景点的保护与延续，对传统规划风格及建筑风格的延续，从传统文化中挖掘灵感，赋予各景观要素以文化内涵。

① 总体布局。在特定历史时期形成的一些老商业区，或者是中西合璧的规划形式，或者是中国传统的布局形态，或者是反映地域文化的规划形式。这些特殊的形式都成为现代城市商业空间独特的景观。

② 历史景点。历史悠久的城市商业空间在布局形态、风貌特点、文化底蕴等方面有突出

的优势，具有强烈传统的景观特征，它已不单单是特定场所的财富，更多的是整个城市的宝贵物质和精神财富。有些历史遗存，几经沧桑，在市民心目中已成为该场所的象征之一，其形象已超出纯视觉形象的范畴。因此，保护好尚有较高价值的历史景点是对历史文脉的一种尊重，是设计时应高度重视的问题。

③ 特色建筑。在城市商业空间进行改、扩建过程中，由于很多城市经过较长的历史，已经形成了自身的风格和传统文脉。在这种空间中营造新建筑，必然存在新建筑与周边群体相适应的问题。可以在设计新建筑时应注意与老建筑相协调，领会传统建筑的设计精髓，提炼原有建筑的比例、符号、风格、材料、色彩、尺度来营造新建筑，使新老建筑表现出统一的风格；还可采用与老建筑不同的设计手法，表现出不同的建筑形式，但是最终表现出的作品却又与老建筑和空间景观有异曲同工之处；还可以在场地内展示不同时期的建筑，并将它们按建造的时间排列，通过建筑材料的变化、建筑风格的变化展现城市的历史。

3）依托地形地貌

地形是整个景观的骨架，直接联系着各种环境要素，决定着景观效果。改变基地的自然特性会导致全世界各城市的街道看来越来越相似，从而失去其自然特性。在设计和表现文化的差别上应考虑对自然条件的利用和尊重。

四、广场空间分析方法

下文结合蔡永洁所著的《城市广场》将广场空间内涵分为非物质要素和物质要素两个方面，分别进行分析。

1. 非物质要素

城市广场是城市里事件的发生地，而事件由人的活动构成，这些活动赋予广场空间以性格，而城市广场便因此而获得它的社会价值或品质。人在广场上的活动主要包括政治性活动、宗教性活动、经济性活动、军事性活动、社交性活动、休闲性活动等。一个受市民喜爱的城市广场会引发众多市民的长时间的逗留，而市民对一个城市公共空间的喜爱程度则反映在由这个空间所引发的并由它提供了行为支撑的活动的强度和复合度上。

1）活动的强度

人活动的强度反映着市民对于一个城市广场的接受程度。活动强度越高，市民对广场的喜爱程度就越高，反之则越低。活动的强度同时也反映着一个城市广场对城市公共生活的贡献。活动的强度可以从活动参与者的数量以及活动的持续时间这两个指标中得到体现，而这两个指标又明显受活动类型以及方式的制约。

2）活动的复合度

活动复合度越高，广场对市民活动的支持程度就越高，反之则越低，活动复合度可以从不同活动种类的数量中得到体现。古希腊和中世纪集市广场一般都是城市中心广场，也是城市里唯一的广场，在城市社会生活中扮演着综合性的角色，它们既是政治广场，也是市场和社交广场。随着城市公共空间的多元化，一个中央大广场已满足不了现代城市生活需求，但建造支撑前文提到的政治性、宗教性、经济性、军事性、社交性和休闲性全部活动的广场是非常困难的，所以在土地高度紧张的今天，设置活动复合的城市广场应是设计者的追求目标。

4. 物质要素

构成城市广场空间的物质实体主要分为基面、边围、家具三大类。每一种元素都以自己的方式影响着广场上事件的发生，在空间造型上不可分离，但可以逐一感知。

1）基面

基面是建筑空间造型的基础性元素，也是建筑构成的基石。人们在想象边围或家具这些垂直元素时，自然离不开与水平基面的联系，缺少了基面，广场的边围将无法定义，家具将漂浮在空中。

(1) 尺寸

基面的尺寸即是广场的大小。过大的广场空间会使人失去方向感和归属感；过小的广场则会产生压迫感。绝对的尺寸大小并不太重要，重要的是适度。

2004 年建设部、国家发改委、国土资源部、财政部联合印发了《关于清理和控制城市建设中脱离实际的宽马路、大广场建设的通知》，通知规定：自当年 2 月 16 日起，各地城市一律暂停批准红线宽度超过 80m（含 80m）城市道路项目和超过 $2hm^2$（含 $2hm^2$）的游憩集会广场项目，各地城市游憩集会广场的规模，小城市和城镇不得超过 $1hm^2$，中等城市不得超过 $2hm^2$，大城市不得超过 $3hm^2$，人口规模控制在 200 万以上的特大城市不得超过 $5hm^2$。由此可以看出，政府对广场的规模越来越重视，今后广场的规模将更加趋于合理化。

空间效果的感知还取决于广场的宽度与深度的相对关系，视觉科学发现，如果眼睛不转动，视宽只有 10°，在这个视角以外，图像不再清晰，人的观察通常以不断移动的视线，因此获得一个 60°的视宽，这个范围的视野城市通常的视角，在这个范围以外直到 120°的视角还存在一个不太清晰的视野。但事实上，人的视野基本上局限在 42°的视角范围内，清晰的视野范围介于 20°与 42°之间，到 60°开始变得模糊，在 60°到 90°之间逐步消失。

这一科学认识说明，空间的效果随广场的宽度与深度关系的变化而改变，这事实上涉及广场基面的长宽比例。关于基面比例的分析一四种情形展开，并且以矩形为基础。

广场宽度∶广场深度＝1∶3

观察者的视角为 20°，视野内的对象非常集中，观察范围非常狭窄，空间具有强烈的压迫感，小于这个视角的空间将缺少广场特征，难以作为广场被感知。

广场宽度∶广场深度＝2∶3

视角为 40°，观察者拥有非常清楚的视线通向边围，观察对象在这个视野内显得比较适度，空间略显局促，广场效果比较封闭。

广场宽度∶广场深度＝6∶5

视角为 60°，视野内的两个边沿区域已开始显得模糊，但观察者还能准确地把握边围，边围显得宽松大度，但广场空间还整体上被边围所限定。

广场宽度∶广场深度＝2∶1

视角为 90°，视线已不在能把握整个边围，边围在这种情况下显得异常模糊，广场空间变得非常开放（图 9-4）。

适宜的广场基面的长宽比例介于 3∶2 与 1∶2 之间，即观察者的视角从 40°至 90°。

广场规模的适度在很大程度上取决于广场基面的比例，即空间宽度与深度的关系，对于矩形基面的广场来讲，短边的意义非常重大，因为它将人的视线引向空间的深处。短边以及与之相关的长短边比例是广场设计重要的考虑问题。

(2) 形态

没有形态的空间将无法被感知，而空间创造出距离，使我们对形态的感知成为可能。主要包含的基础性形态有正方形、圆形、三角形、矩形、梯形。正方形所有轴线都汇集到中点，空间体现出明确的向心性，这对广场空间的封闭性非常有利；圆形较正方形具有更鲜明的向心性，

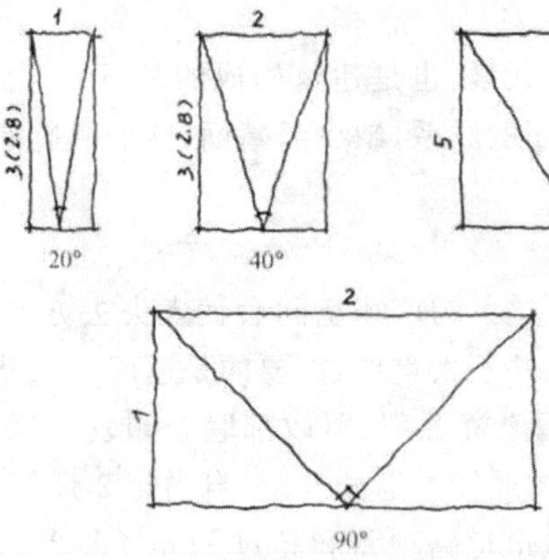

图 9-4　广场基面的四种比例关系

适宜于人的聚集以及展示，广场的中央特别适合设置纪念物；三角形空间是安稳和动力、轴向性和向心性的结合；矩形是应用最为普遍的基础性形态，比正方形更具动感，纵深广场强调长轴，适用于展示较高的建筑物，面阔广场强调短轴，适用于在长边展示市政厅这样面阔较大的建筑；梯形也具有明显的轴向性，平行两边相对于斜边具有较重的分量。

上面列举的基础性形态又可以通过转折、切断、叠加、穿过和变异等方式产生变形，然后可通过角度变化、长度变化以及角度和长度的同时变化而改变，图 9-5 以正方形为例表达了这些转变过程。

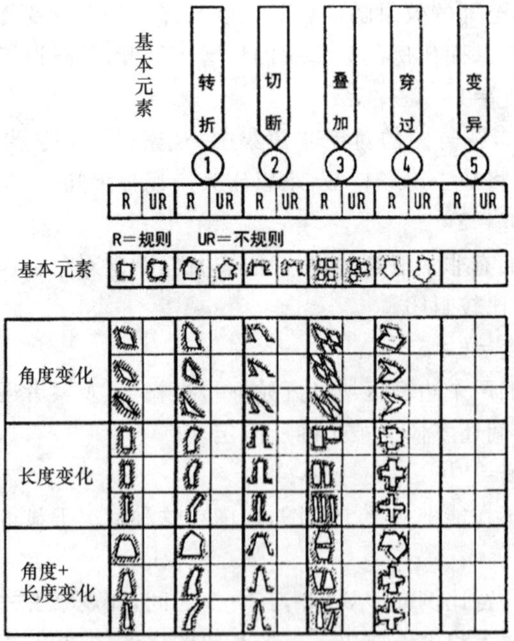

图 9-5　形的转变（以正方形为例）

(3) 肌理

肌理指表皮的造型，它包括材料的选择、材料表面的处理方式、色彩，还包括基面上图案造型，基面的肌理可以细化或强化空间的效果。

大面积的广场基面常常被图案造型所分隔，通过采用不同的材料和色彩以及设置装饰物来减小基面的尺度感，是基面的结构更加细腻。例如圣马可广场基面的图案则带有明确的引导性，它本身具有轴向特性，并且与基面形态所产生的轴线体系基本吻合，它将视线以及活动引向圣马可教堂(图 9-6)。

图 9-6　圣马可广场

(4) 地形

地形指广场基面在竖向上的变化，它一般产生于现有的自然因素，也可能被有目的地设置。人对于斜面的感知强于对水平面的感知，较高的一方的重要性相对较强，抬高基面有益于展示纪念物，从高处还可以获得广阔的视野，非水平基面的广场会因观察着进入的方向不同而显现出不同的空间效果。林奇发现：如果广场的坡度低于 1% 时，它的地势变化完全无法被感知；坡度接近 4% 时，它几乎还像水平的一样，这样的坡度适用于几乎所有的活动；4%～10% 之间的坡度可以清楚地被感知，这样的广场还仍然适用于各种不同的活动，人的活动基本不受阻碍；坡度超过 10% 时，人会感到非常陡，它只能适用于一些特殊类型的活动。所以，基本坡度在 10% 以下的广场通常是可以接受的。

2) 边围

边围通常包含了建筑的立面或者整个建筑实体，一般被看成是两维的元素或三维的实体，对广场空间的围合性及方向性都有着重大影响。

(1) 高度

一般而言，边围的高度越高，广场空间的封闭性约好，但这种感受是与基面的大小联系起来观察，取决于广场的深度以及边围的高度的比例关系。梅尔滕斯将前人的研究作了系统的归纳，得到如表 9-3 所示结果。

(2) 形态

边围的造型包括与基面的平行边界、垂直边界和边围组成部分自身的几何形式。平行边界可以呈现出水平轮廓线、折线性轮廓线等形式；垂直边界可以是由柱或半围合实体所组成，芦原义信总结出三种基本的空间类型：角柱限定的空间、边封闭角开放的空间、角封闭边开放的空间。第一种情况的空间显得非常开放，第二种情况的空间显得封闭，但相对第三种情况仍较为开放，第三种情况空间封闭效果最为明显；边围组成部分的对称造型可以对该方向上的轴线进行强化。

表 9-3　　不同观察距离的视觉感受

边围高度：基面深度	视角	视觉感受
1∶1	45°	观察者只能看到广场边围的一部分，他会趋向于观察广场边围的细节，空间的视觉感受更像一个建筑物的前广场
1∶2	27°	观察者看到整个边围的高度，整个边围成为视觉的整体，空间显得非常封闭
1∶3	18°	观察者除看到整个边围的高度外还收紧一部分天空，单个的建筑物以及各种细节融进边围变成整体，广场显得不再完全封闭，这样的观察距离使广场的大小与边围高度的关系非常理想
1∶6	9°	观察者看到的天空与广场边围正好颠倒过来，边围的作用主要通过其轮廓，广场空间显得非常开放，如果视距继续加大，广场空间的围合印象将逐步消失

(3) 肌理

边围肌理指边围表面造型，一般是建筑的立面，所以它不可能是光滑的墙面，即使在现代建筑中也难以出现，建筑立面拥有色彩、材质等两维特性以及窗洞、阳台和装饰物等三维元素，使广场空间在原有的关系上获得一种新的尺度。

连续和重复的建筑肌理会使广场空间效果得到进一步强化，利于形成空间的完整性，例如圣马可广场的主体建筑是圣马可教堂和总督宫，但整个广场的其余边围完整统一，都是两层或三层的带底层拱柱回廊的等高建筑，与主建筑形成鲜明对比，从而突出教堂的重要地位。

(4) 开口

人会进出广场，有时机动车也会驶进驶出，广场的开口不可或缺，是广场城市公共性以及社会交往的象征，是内外联系的桥梁，开口的位置对广场空间而言至关重要，其决定了进入广场后行动路线的开端，影响对于广场的感受。如一个矩形广场来讲，从长边进入时，广场显现出面阔广场的特征，从短边进入时，更像一个纵深广场；如果开口的位置不对称，应在广场内某个地方设置一对应物，以建立起空间的动态平衡；若开口设在广场的中轴线上，由于人的视线将直接通向广场的对面，有必要在那里设置物体作为对景。

(5) 重音

重音是空间里具有突出意义的构筑物，或是造型平凡但社会意义突出的建筑，属于一种点状的特殊元素，一般设置在开口的视线方向上，构成广场空间的内聚点。重音的位置可以相对自由，它可以在广场内，可以在广场的边围上，也可以再边围以外，随着其位置的变化，它的影响变化极大，其高度对视觉感受的影响可以参考前文的文梅尔滕斯总结。

(6) 功能

随着城市的发展，广场周边一般为不同功能的建筑，其建筑物在一定程度上决定了广场上人的活动方式，如边围主导是纪念性建筑，广场将被笼罩纪念色彩，适宜开展纪念活动，例如天安门广场；边围主导是教堂建筑，则宗教色彩浓重，适宜举行宗教仪式活动，例如圣彼得广场。

3) 家具

家具主要包括路灯、座椅、售货亭等常见类型，可以限定人的活动区域，也可以将完整的广场划分成不同的活动区域，使广场的空间尺度显得更加宜人，同重音一样，家具也可以赋予广场一种特定的象征意义。

(1) 尺寸

根据芦原义信的研究，家具的空间影响按照其高度可以分成以下几种类型：低于 0.3 米，家具的空间效果可以与地形变化相比拟；高度到 0.6 米时，它开始产生空间影响，直到 0.9 米，它对空间的影响变化不大；在 1.2 米至 1.5 米之间时，它超过了人体高度的一半，这样的家具开始拥有划分空间的能力；当高度达到 1.8 米时，它与人体基本等高，它的空间影响快速提升，从这个高度开始，梅尔滕斯的视角关系与前面阐述的边围高度关系基本一致。

当视角为 18°时，被观察对象表现出与其周边环境相融合的趋势，它尽管不再独立，但成为整个画面的控制中心；当视角为 27°时，对家具的观看显得非常舒适，它充满了眼睛的整个视野，并从环境中脱离出来成为独立的个体；当视角为 45°时，眼睛的观察主要集中在细部上（图 9-7）。

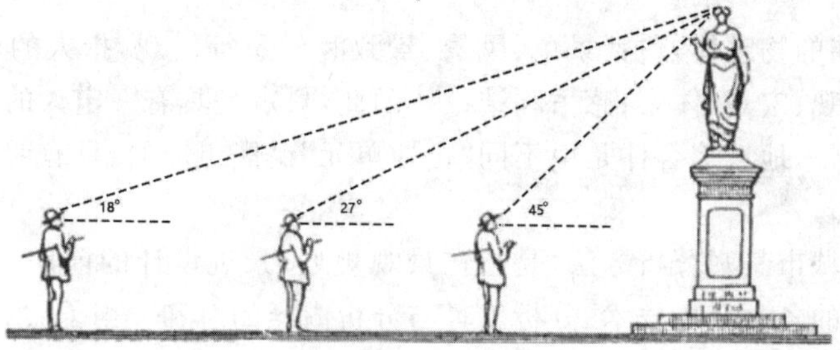

图 9-7　观察家具的三种距离关系

(2) 形态

家具可以以一个实体的形式单独出现，每一种实体周围都拥有一个与自身形态相应的场；也可以是实体的叠加，以点、线、面的形式存在，围绕点布局的家具可以创造出一个中心或副中心，线性布局的家具可以具有方向性，也可以划分广场空间，面性扩张的家具可以形成一个无方向的面。

(3) 位置

家具在广场中的位置对于空间的方向性有加强或干扰的作用，当家具的轴线与广场基面的轴线吻合时，则强化空间的方向性。

(4) 功能

除边围外，家具也是广场活动重要的行为支撑，几乎所有的家具设置都具有明确的功利目的：路灯的设置是为了解决广场的夜间照明，座椅的设置是为了活动中的歇息，售货亭可以方便来往行人，绿化小品给广场空间带来生气。家具的设置在一定程度上也是影响人在广场空间内活动时间长短的直接因素之一。

第10章 景观分析

第1节 城市景观分析的基本内容

一、概述

景，是客观存在的物理体，包括景色、风景、景致和景象等。观，指人的观察、感受、评价的过程，包括微观、中观、宏观、体察、感悟和结论。因此，景观是具有一定人的观察、感受、评价的自然地域综合体，这一地域综合体是由不同"土地单元"镶嵌组成的、具有明显的视觉特征的地理实体。

本章所探讨的城市景观分析方法，是指在景观规划、景观设计的前期分析阶段，为深入认识研究对象所采用的各类分析技术、分析工具与分析内容的总和。当前，景观学与各学科间的交叉使得景观学思想呈现多元化发展，在景观规划设计的操作过程中，所采用的景观分析方法也多种多样。现代景观环境规划设计一般将环境生态绿化、视觉景观形象、大众行为心理作为景观设计分析的三大基本内容。

二、城市景观分析基本内容

1. 基于生态保护的自然景观要素分析

"自然是最好的园林设计师。"随着"人与自然和谐共生"的观念逐渐深入人心，自然景观要素(包括土地利用类型、山体、水体、地形、植物、动物)在景观设计中扮演越来越重要的角色，尊重和保护自然景观要素及其运行规律是创造和谐景观环境的基础。

1）土地利用类型

不同土地利用类型拥有不同的生态价值，对区域开发的敏感程度也不同。自然特性很强的土地，如森林、水域等，一般具有很高的景观价值，景观敏感度较高，一般列为不适宜建设用地。建制镇、农村、生产建设用地景观价值一般，景观敏感度不高，一般列为较适宜建设用地。不同土地利用类型的敏感性分级可参考(表10-1)。

表10-1 土地利用类型敏感性分级表

土地利用类型	分值	敏感度特点
水域	0	对保障河流水质有重要意义
自然保留地		对自然保护有重要意义
基本农田	1	具有观赏、游览价值，是区域内的主要特色资源
一般农田	3	具有观赏、游览价值，是区域内的主要特色资源
山林地	3	
建制镇、道路、村庄、生产建设用地	5	与区域内居民生产生活关系密切
其他未利用地	7	开发对环境影响较小，同时有些区域处于待开发利用状态，能够用于开发

根据因子权重图 10-1 给出各土地类型因素叠加影响下的不同适宜性区域分布。

➤**土地利用类型因子评价**

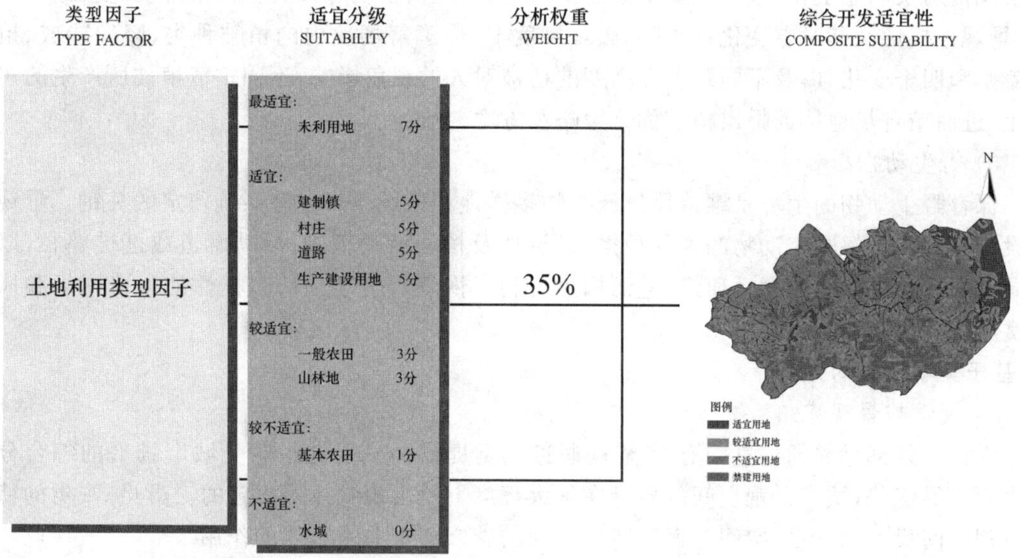

图 10-1　各土地类型因素叠加影响下适宜性区域分布

2）山体

山地具有地势高、地形构造丰富以及良好的观景视域等优势。对于山体景观的分析，不仅要充分利用和凸显山体原有的自然景观形态和山地风貌，尽力保留和恢复自然痕迹，彰显生态和野趣等本底的自然生态特性，还要找到最佳视点、视线廊道控制山体景观空间层次。

控制山体景观空间层次主要有三个决定要素：山体制高点、山体景观视线和山体轮廓线。山体的制高点一般位于凸地形的顶部，由于山顶面积以及生态敏感性的限制，无法满足大量的观光客，也不能建设大规模的建筑，因此需因地制宜布置观光建筑或构筑物，一般常见的有观光塔、观光亭、观光台等。与空间组织紧密相关的是视线限制，在垂直面中，山地地形影响可视目标和可视程度，可构成引人注目的透视线，同时创造出景观序列和“景观层次”，可以屏蔽不悦的因素。山体轮廓线构成了景观的背景层次，对人观景时候的心理影响很大，以其为背景构建城市天际线，体现了人与自然的和谐共生。

3）水体

水是自然景观要素中最为灵动和为人类所喜闻乐见的景观形式。设计类型上，水体可分为四大类型：自然生态型（河南境内的沙颍河）、防洪技术型（黄浦江）、城市空间型（苏州护城河）、旅游服务型（杭州西湖、济南大明湖）以及复合类型。根据滨水区域生态敏感性的不同形成不同开发强度的滨水活动分区：水体蓝线区，即江河、湖、水库、渠和湿地等城市地表水体保护和控制的地域界限，应严格控制，不能进行任何城市建设活动；绿线区，即水体周边控制一定的区域作为城市建设区与水体之间的缓冲带，绿线区内侧重于动植物（包括陆地和水上的动植物）生境的保护与保育以及低冲击影响的人类活动；灰线区，是在绿线以外控制一定范围的城市建设区，此区域内城市建设活动类型和强度受到限制。

4）植被

植被是覆盖地表的植物群落的总称，是在公园、校园、广场、道路、农田等地表形成的森林、花坛、草坪、树木绿篱的总和，是生态系统的重要组成部分，在光能效应、碳氧平衡效应和净化环境等方面的表现尤为明显。对于植被的分析，需从不同尺度去考虑。宏观尺度上，应了解植被景观格局及动态变化，包括主要植被的景观构成、斑块密度、边缘密度、聚集度、蔓延度、多样性、景观连接性及其时空变化；中观和微观尺度上，需了解场地内的植被种类、竖向构成、植被覆盖率和四季变化，以及不同距离和高度的植被对人的视角影响，不同季节植被所产生的树影变化，进而结合场地特征提出植被优化策略和方案。

5）野生动物

保育野生动物的生境是维持风景区生物多样性和区域景观生态系统稳定的关键。景观规划设计中需要了解野生动物的物种种类、栖息地及核心活动范围、活动廊道或迁徙路径，以及不同动物栖息地之间的联系通道，进而构建有利于恢复野生动物的多样性的生境网络和风景游赏网络。

2. 基于美学视觉的分析

1）视觉与景观感知

人认识外部世界的信息中有 80％是通过视觉提供的。视觉在感受城市景观的综合分析中占有主导优势，城市景观空间的质量在很大程度上是由视觉效果决定的。可见，视觉的特性对景观空间尺度的衡量、空间界面和特征方向的感知起着非常重要的作用。

（1）人眼的视角范围与景观感知

人单眼的水平视角最大可达 156°，双眼的视觉范围是 208°。在两眼中间有 124°的中心区域，这个角度内物体能呈现立体感（图 10-2 中的∠cyg 范围），形成有深度感觉的视景。单眼舒适视域为 60°，在这个视域范围内人眼才能聚焦，看清事物（图 10-2 中的∠bxe 和∠azf 范围）。人眼的垂直视线约 120°，以视平线为准，向上 60°，向下 70°，一般视线位于向下 10°的位置，在视平线至 30°的范围内为常规比较舒适的视线（图 10-3）。

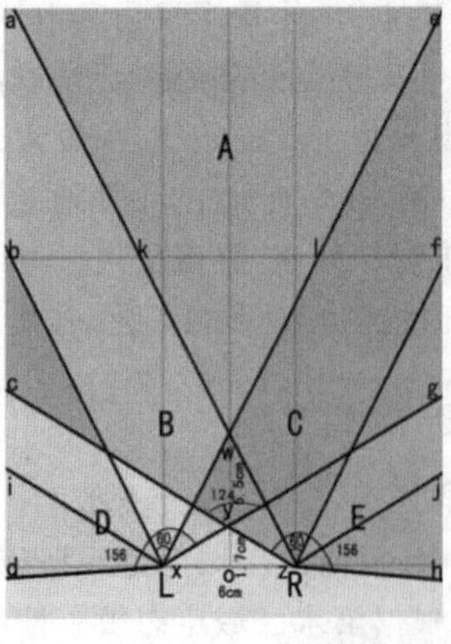

图 10-2　人的水平视线范围

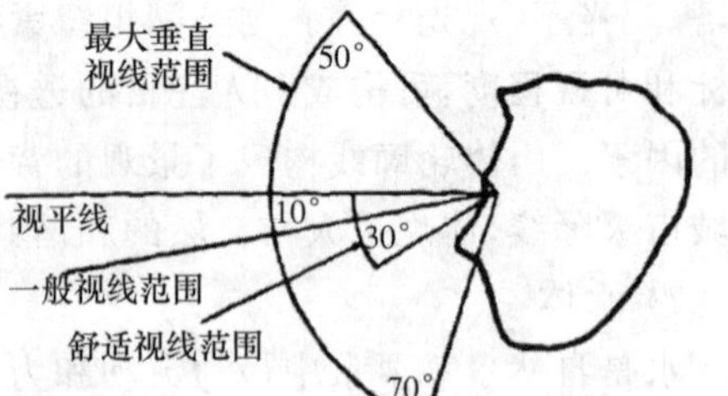

图 10-3　人的垂直视线范围

（2）视距与景观感知

视距可作为创造空间尺度感的依据，不同的视距对外界事物的辨知和心理感受不同。对多个学者关于视距研究的总结（图 10-4），可得出以下结论：

① 20～25m 见方的空间，人们感觉比较亲切，超出这个范围，人们便很难辨出对方脸部的表情和声音。这是创造景观空间感的尺度。

② 距离超过 110m 肉眼就认不出是谁，只能辨出大略的人形和大致的动作。这个尺寸就

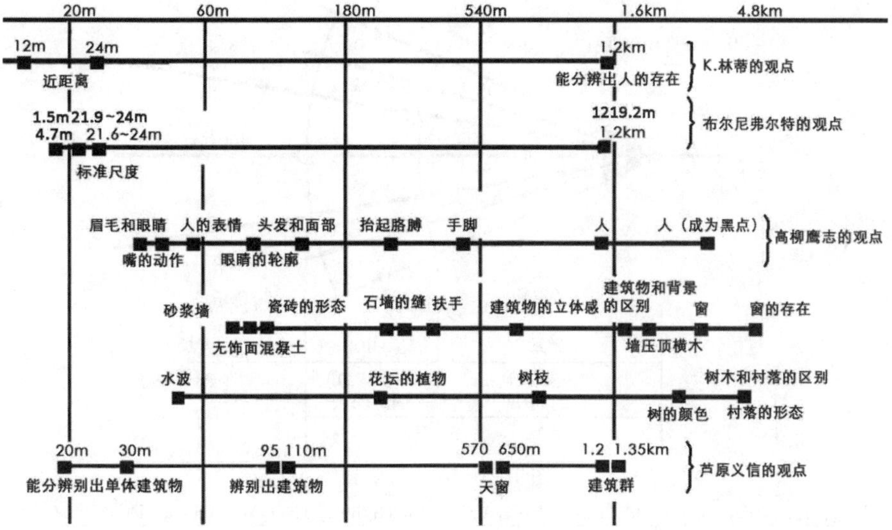

图 10-4　视距研究

（资料来源：日本土木学会著，城市滨水景观设计．大连：大连理工大学出版社，2002：124）

是广场的尺寸，即超过 110m 之后才能产生广阔的感觉。这是形成景观场所感的尺度。

③ 超过 390m，就是视力 1.5 的眼睛也看不清东西，如果要创造深远、宏伟的感觉，要用这一尺度形成景观领域感的尺度。

（3）视觉敏锐度

视觉敏锐度是人眼分辨物体细节的能力。视觉角度是标识视觉敏锐度的主要指标。物体的大小与视觉距离常用视觉角度 B 来代表[$\tan(B/2)=S/2d$，d 为视距，S 为物体高度。在眼睛适应的情况下，人眼到景观物距离的 2/3 处是前景景观的范围，后 1/3 是中景景观的范围（图 10-5）。

前景是指可以清楚的辨识物体表面质感与颜色。在这一范围内，人体尺度在判断空间关系中扮演重要角色。中景是指可以辨识物体表面特征，例如树林、建筑群、小地貌等。背景是由地平线控制，由于大气的影响效果，天空转成灰蓝色，使得景观特征不易分辨，这时候人的视觉注意力会落在视觉对比较强的轮廓线上。

不同的地理区域对于前景、中景与背景的距离区分是不同的。由于光线与环境条件不同，人眼的分辨能力也会有所不同。因此，设计应视具体条件而定前、中、背景的距离。

（4）错视觉

错视觉包括有物体或图形大小和形状的错视、角度和方向的错视、色彩的错视、运动的错视、反转图形的错视等。如图 10-6 上图景观元素正常地位于矩形框架内；图 10-6 中图景观元素向前收缩，主要显示拉近；图 10-6 下图景观元素向后收缩，主要显示变远。新西兰惠灵顿有一些给人留下深刻印象的壁画作品。一块闲置的地皮因墙体上部空间和漂浮的海贝引起幻觉呈现一派海洋景观，图 10-7。

2）视点组织与视觉景观

（1）俯瞰视景分析

俯瞰视景是能反映城市整体空间结构和城市风貌的视觉观景方式。现进行的区域性或规模较大的城市设计和景观设计成果中多进行俯瞰视景分析或效果展示，对它的分析可以借助

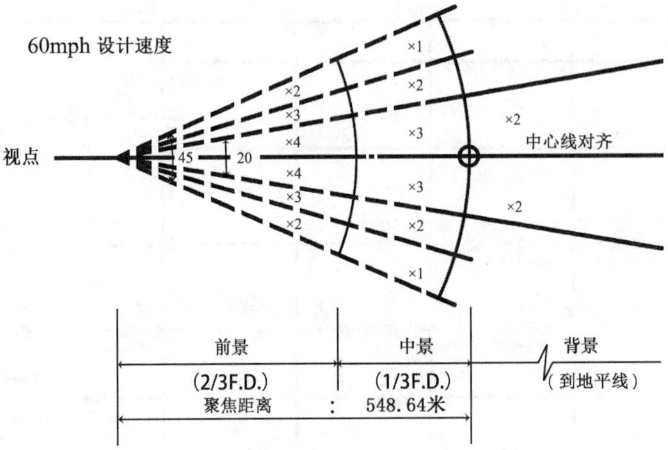

图 10-5　有效视觉锥

（资料来源：Hornberk，p. Okerlund，G. A，. Visual Values for Highway User，Washington，DC，U. S. Governmet Printing Office，1973：115）

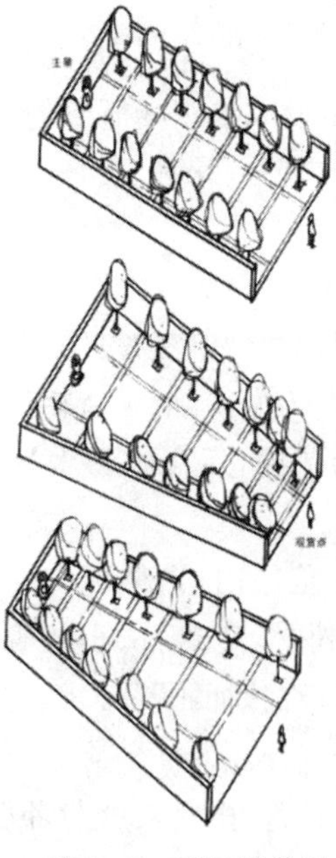

图 10-6　透视错觉图

图 10-7　新西兰惠灵顿的印象壁画

于飞机俯瞰、E 都市地图、谷歌(google)地球、航片和卫星遥感图像以及草图大师等绘图软件等。主要分析城市或基地的整体空间结构、绿地景观系统和空间形态。

① 整体空间结构。不同地形地貌和自然景观要素的城市所呈现出来的路网结构和建筑群落组织不同，因此，平原城市、山地城市、丘陵城市和水城所呈现出来的景观空间组织逻辑和空间结构的特征迥异。

平原城市，地面视景层次少，俯瞰视景的视觉变化主要依靠城市中绿地系统与建筑街区的有机结合为画面交替出现在视觉序列中；或者通过公共建筑或其他重点地段的建筑高度、体量、色彩或形式的变化丰富建筑群的景观层次。其路网结构多采用方格网、方格网—环形—放射式、方格网与扇形或星座组合式。

山地城市，拥有变化起伏的地形、茂密的植被和层峦叠嶂的造型，具有丰富的景观层次和内容，山体本身就是参照物、主体景观，依托其所产生的路网多曲折多变，布局自由。

丘陵城市，略有起伏的地形增加了景观层次和景观内容，形成了多个有特征的对景，而且在城市中形成了鲜明的参照物。路网布置结合地形设置，形成了规整和不规整的有机结合，由此形成的街道景观也各有特征。处于城市中的山丘成为城市中的绿心公园和核心景观，有机融合，而位于城区边缘的山丘自然地成为城市有序增长的边界。

水城，城水特征明显的城市在俯瞰视景中多能被明确辨识。根据城与水的关系，可分为滨海城市，如波士顿、深圳；滨湖城市，如无锡、合肥；滨河城市，如上海黄浦江、巴黎塞纳河等；河网城市，如威尼斯、苏州。

(2) 绿地景观系统

对城市绿地景观系统主要分析其分布形式、服务覆盖面以及其系统性。城市绿地分布的模式有点状、环状、网状和楔状及几种模式的综合，如上海 2020 年总体规划中的绿地系统(图 10-8)，以大量基本农田为基础，与分布在郊区的森林公园、体育公园以及市内的公园，通过楔形加放射的绿带将各级绿地串联起来，构成点、线、面结合的绿地网络系统，实现 300m 见园，500m 见绿，更大范围可满足近距离的郊野游憩的需求。

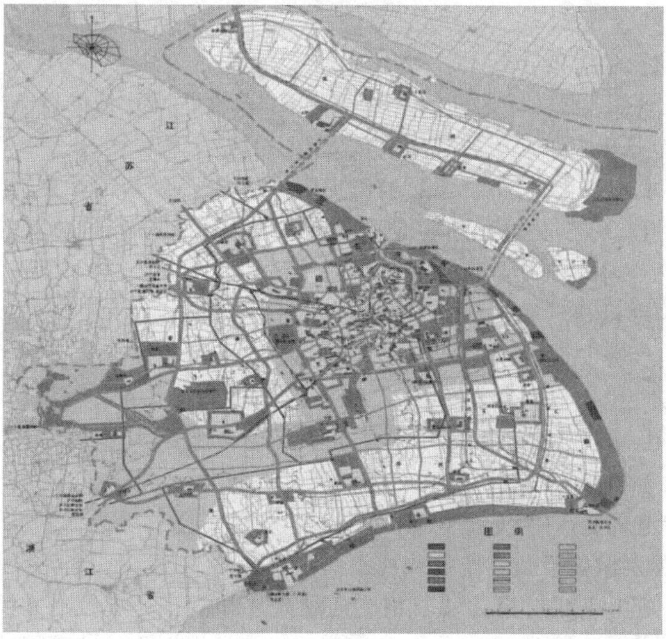

图 10-8　上海市城市总体规划土地利用规划

(3) 空间形态

空间形态的分析包括形体和色彩。城市形体主要分析城市的平面形状、边界轮廓和高度分布等。现阶段，大多数的中国城市处于无序蔓延的空间增长过程中，高层建筑无规律地拔地而起，增长边界因缺视觉要素限定，轮廓模糊。对城市总体色彩的分析首先要进行色彩取样，对于过于复杂的色彩进行简化，概况出整体色彩模型，通过图表色谱的方式分析城市的主色调、点缀色、环境色以及各色彩之间的数量关系。

2) 地面视景分析

地面视景是分析人在局部的空间环境中对产生视觉影响的空间元素及外部条件进行分析。主要包括空间、建筑、植被、活动等方面。

(1) 空间,地面视景的空间主要包括线性空间(道路空间)和面状空间(广场空间),一般受视线所及距离和视域范围的限制。

道路空间的分析多从道路的性质和类型、道路的平面形式、道路的断面空间构成和空间层次、道路空间的方向性等方面入手。其中,从道路空间的方向性来讲,道路的对景及其特征对方向的确认和对地区标识性的形成作用明显。

广场空间多从在城市中的位置、使用性质、空间尺度、周边建筑的围合界面等方面分析。

(2) 建筑,是地景景观中的主要构成。主要分析建筑群落空间布局、建筑风格、建筑高度、建筑色彩等。其中,建筑群落布局包括平面和立体两个方向的视觉特征。平面特征与视点的路径有关,视点路径是连续、断续、平直还是凹凸变化,所呈现的建筑平面特征不同;立体特征指建筑的立面构成,主要分析其立面构成的层次性以及细部构成、色彩、肌理和构图。

(3) 植被,主要分析植被的树种、高度、分布、树冠大小以及其在不同季节、不同组合方式下表现出来的季相变化和搭配效果以及对空间环境的塑造和表现出的景观特征。

(4) 活动,城市空间中各项活动内容是视觉的焦点。对其主要分析活动的性质、人群的构成、密度和分布以及活动状态等。如老人晒太阳和儿童嬉戏所营造和呈现出来的空间特征是不同的。

3) 固定视点的视景变化分析

固定视点的视景变化是关于时间因素的函数。以天为周期形成的视景变化主要是各种活动和光线的变化,节日里人工环境的装饰变化成为主要的变化要素;以季节为周期形成的视景变化主要是自然环境的变化,植被的色彩经历了明媚的春天,墨绿的仲夏,金黄的秋天,白雪皑皑的严冬的系列变化。从变化过程和速度看,视景中人的活动和人工环境装饰变化程度大、速度快,自然环境和人工环境变化程度小、速度慢。

4) 运动速度与移动视点的视景变化分析

视点的运动速度是描述视点的重要参数。现代城市中视点运动速度包括,步行速度(5km/h)、自行车速度(8～15km/h)、公交车速度(10～25km/h)、小汽车和轻轨速度(30～100km/h)等,不同出行方式速度各不相同,也即视点运动速度,从步行到乘机动车速度级差在急速拉大。视觉对事物的感知能力与视点移动速度成反比,与事物的规模和尺寸成正比。要使快速移动的人看清景物,一种是把景物尺度放大,一种是使景物能有一定的重复量。以道路景观感知为例,外界刺激留下整体印象的视觉阈限一般不少于 10～15 秒,则道路两侧绿化种植单元的尺度控制应为速度与视觉阈限相乘的结果。如汽车速度控制在 60km/h,则相似肌理的景观要素的尺度应控制为 160～240m 之间,如为 20km/h,则相似肌理的景观要素的尺度控制在 50～75m 之间,这样可以保持车行景观的连续性和序列性,形成丰富有趣的整体视觉印象(图 10-9)。

3. 基于人的行为心理和活动需求的景观分析

1) 景观空间中的基本行为及心理需求

人类的户外行为规律及其需求是景观规划设计的根本依据。一个景观规划设计的成败、水平的高低以及吸引人的程度,归根结底是看它在多大程度上满足及符合人类户外环境活动的需求。因此,景观规划设计的分析应从分析人类的户外行为的需求规律开始。在人类的行为中,动机是个中心角色,动机有许多而且各异,不仅依赖于个性和文化,还会随着时间和情况的变化而变化。A. H. 马斯洛关于人类动机的层级理论将人的需要分为 6 个层级:生理的需要、安全保证需要、爱的归属需求、尊重的需要、自我实现的需要、学习与美学的需要。其他学

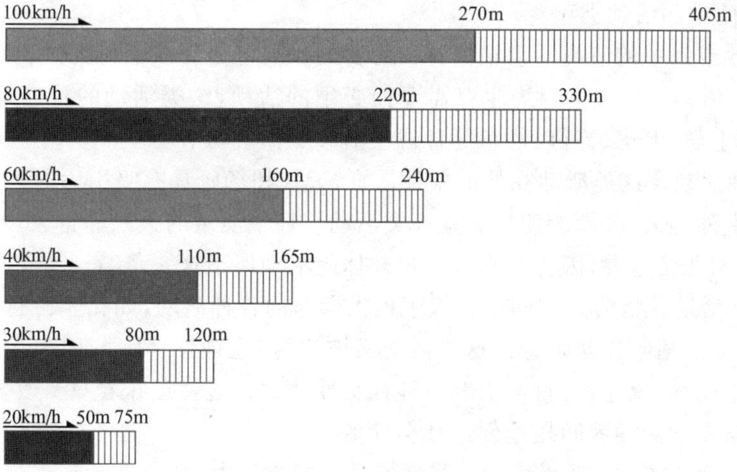

图 10-9　不同车速下视觉单元尺度的控制

者也从不同的角度得出一套心理需求层次构成，但总体上来讲，可归纳为三类最为基本的要求：安全、刺激、认同，这三类要求是融合在一起的（表 10-2）。

表 10-2　　不同学者研究的人的基本需求总结

罗伯特·阿追	亚伯拉汉·马斯洛	亚历山大·赖敦	亨瑞·毛瑞	佩格·皮特森
			依赖	避免伤害性
				加入社会团体
	生理需求	性满足	尊敬	教育
				援助
安全		敌视情绪表达	权势	安全
				地位
		爱的表达	表现	行为参照
	安全保证需求			独处
		获得他人的爱情	避免伤害	自治
				认同
		创造性的表达	避免幼稚行为	表现
				防卫
刺激	爱的归属需要	获得社会认可	教养	成就
				威信
		表现为个人地位的社会定向	地位	攻击
				拒绝
			拒绝	尊敬
	尊重需要	作为群体一员的保证和支持		谦卑
			直觉	玩耍
				多样化
认同		归属感	性	理解
				人的价值观
	自我实现需要	物质保证性	救济	自我实现
				美感
			理解	

资料来源：刘滨谊.现代景观规划设计（第二版）.北京：中国建筑工业出版社。

2）景观空间中的活动类型

人类在开放空间中的诸类活动根据它被需要的程度可分为以下三类：

（1）必要性活动。指人类因为生存需要而必须的活动，这类活动的特点是外界环境对它的影响不大，如上学、上班、等待、候车等日常生活和工作事物活动。

（2）选择性活动。这类活动在外部条件适宜，天气和场所具有吸引力时才会发生，包括饭后散步、溜冰、室外聊天、公园游憩等。这一类活动与环境质量的关系非常大，对于景观规划设计来讲，这种关系非常重要，因为大部分的户外休闲活动属于这一范畴。

（3）社交性活动。指公共空间中有赖于他人参与的各种活动，如花车游行、路人间的擦肩而过、相识人之间的招呼或寒暄等。这些活动又被称为"连锁性"活动，因为在很多情况下，人们在同一空间中徜徉、流连，就自然引发各种社交性活动。这就意味着只要改善公共空间中的必要性活动和自发性活动就间接地促进社会性活动。

从表 10-3 中可以看出，选择性活动受环境品质影响最大，社交性活动也受一些影响，必要性活动基本不受影响。随着游憩需求的不断增长，城市环境品质的不再停留在满足必要性活动的阶段，而是不断创造优良的环境品质以促进选择性和社交性活动的产生。

3）景观行为构成的基本要素

（1）景观行为的交往强度

景观规划设计更关心的是社交性活动，而对社交性活动的分析中交往强度是一个非常关键的指标。交往可以分为高强度交往和低强度交往两类。与家人、亲密的朋友之间的交往属于高强度交往；徜徉于回家小道上路人间的不经意一瞥和擦肩而过，以及与熟识人之间的寒暄与招呼属于低强度交往。将这两种方式落实到空间场地，比较狭小的空间适合高强度的交往，相对开敞的空间适合低强度的交往。所以，在景观规划设计中更加强调对低强度交往需求的满足。

（2）景观行为构成的基本要素

除了交往强度（容量），景观行为的意向（需求）、人群行为背景（组群的人员构成）、行为的动静状态（性质）、行为环境（规模）、景观行为视觉欣赏（感受）共同构成了景观行为的基本元素和格局（表 10-3）。

表 10-3　　各类景观行为与场所空间环境质量相关关系表

行为类型	场所空间环境质量	
	差	好
必要性活动	●	●
选择性活动	·	⬤
社交性活动	●	●

需求是这块场地被确立的主题、景观行为意向以及由此所产生的需求；容量是场地所能容纳的人口规模，这与行为的性质有关，同样的人数，站立和跳舞两种不同性质的行为所产生的容量不同；对组群的分析主要是满足不同年龄、文化背景、性格的人对景观空间的需求；性质是行为的性质，是静态还是动态，是内向聚集还是外向离散，规模涉及关于时间和空间两方面的内容，苏州园林的"以小见大"、俞孔坚提出的"大脚革命"是对两种不同景观规模表达；最终由不同景观元素的构成组合决定了社交活动、选择性活动以及必要性活动的空间分布。

（3）景观行为构成与建筑空间构成的异同

景观行为构成侧重于考察、分析、理解人们日常活动的现象、行为、空间分布规律及其成因，侧重于人们行为的构成（表 10-4）。首先是人类行为分析，其次是人类行为的组织策划，最后才是赋予人类行为以一定空间范围的布局。而在建筑设计中，"空间构成"是极为必要的。广义的景观由于尺度扩大和材料的自然化，空间性往往趋于淡化而难以明确规定。与景观行为对应的不是"空间"、而是"场所"、"领域"。正是因为从"空间"到"场所"再到"领域"，有一个明确实体的有形限定到非实体无形化的转换，所以，景观规划设计的核心不再是"空间构成"，而是"行为策划"（表 10-5）。

表 10-4　　景观行为构成的基本要素

景观行为	基本元素
意向	需求
强度	容量（人数）
文化	族群（根据年龄、文化背景、性格等确定）
动静	性质（内向聚焦、外向离散、静态、动态）
环境	规模（占据空间和花费时间）
欣赏	感受（好、中性、恶）
分布	空间格局

表 10-5　　建筑空间行为和景观环境行为区别

差别因素	建筑空间行为	景观环境行为
使用性质	• 室内、空间为主	• 户外、场所为主
	• 使用空间所限定的功能内容较确定	• 使用空间所限定的功能内容不确定
	• 使用者活动内容较为确定，空间易于确定	• 使用者活动内容变化较大，难以单一化，空间难以限定
	• 空间强化，场所淡化	• 空间淡化，场所强化
空间/环境平均规模幅度	数百平方米至数公顷	• 数百平方米至数公顷
		• 数平方千米至数十平方千米至数百平方千米
平均容纳人数规模	数十人到数千人	• 数十人到数千人到数万人到数十万人至数百万人

（4）五官与景观感受

感官构成了设计的尺度，人类感官有五类：视觉、听觉、嗅觉、触觉与味觉。视觉心理原理有以下两个结论：①人处于直立状况下，他的器官感觉基本上是以向前以及水平方向为主导。应用到景观设计中，就需要对地面的处理格外仔细。因为景观空间中上面往往是空的，四周是树木，因而对铺地的感受量就比较大，这也是铺地在景观设计中为什么这么重要的原因。②人在直立状况下，可同时瞥见左右各 90°范围内的事物，而人向上或向下看时，所见范围要比左右看得范围狭小。当人被引导步行时，为了要看清行走的路线和视轴，其向上看的视野会减少，因此希望被察觉的事物会发生在观看的前方偏下，并且几乎在同一水平面上。反映在景观设计上，例如剧场和礼堂，楼上的票价之所以比较低廉是因为坐在这些观众席上的观众无法以正确的方式去欣赏表演，同样也没有人愿意坐在比舞台低的座位上。

人类的嗅觉通常在 2～3m 的距离内发生作用。而人的耳朵在 7m 以内是相当灵敏的，超出这一范围人们就较难进行正确对话，人在 35m 的距离内仍可听取演讲或建立一种问答式的谈话关系。因此,7m是开派对聊天的合适距离,35m是演讲的层次。一般大阶梯教室的长度不会超过35m。

第2节 城市景观分析方法

一、面向生态保护的GIS分析方法

1. 概念综述

1) 概念

地理信息系统(GIS)分析最早由麦克哈格在《设计结合自然》中提出,主要运用地图叠加技术,将地下水层、土地利用、气候、植物、野生动物等要素的单独分析综合成整个景观规划的依据。GIS的空间分析功能可以为景观规划师提供基于自然资源保护和用地适宜性评价的景观分析方法,增加了规划的科学性和合理性。

2) 适用范围

GIS因技术受限,其所采集数据的精度不高,因此,较适用于大范围的、数据资源种类较多,数据存在变更的大型的景观规划和单凭人的主观设计难以保证其科学性和合理性的工程项目。如刘滨谊用GIS技术完成了杭州"西湖西进"可行性研究;徐建刚,王全等运用GIS对南京莫愁湖公园景观环境进行了分析与规划。

3) 工作步骤

GIS技术分析主要包括三个步骤:第一阶段为基础数据的收集和数据库建立,不同尺度的场地所要求收集的资料及侧重点不同(表10-6);第二阶段为分析评价,主要依据GIS原理及其技术支持;第三阶段则为模拟预测,主要借助于计算机、多媒体、模型窥镜等技术。

2. 面向生态保护的GIS分析

1) 基础资料收集

GIS技术的分析建立在对地形、水文、土壤、生物多样性以及社会经济信息等资料的调查基础上,一般是通过各政府部门收集,加上实际调查定点,获得数据资料。但不同尺度的空间、不同研究对象所需要重点收集的资料以及对资料的精度要求不同。从空间尺度来讲,细部和空间尺度对精度要求相对较高,因此其资料需求也要求高,表现在地形数据需求为场地测量1:500等高线,对水文数据的需求为现有水体和季节性径流;对土壤数据的需求为现场土壤样品;对生物多样性的需求为生物数量;尺度不同,对规划资料的需求也不同,GIS在其中的应用也不同(表10-6、表10-7)。从研究对象的因子选择来讲,综合对用地的影响,资源、道路、土壤等因素的影响较大,而小气候、风向等的影响则较小。因此,在选择因子时,要对能够准确或比较准确描述对土地利用方式影响较大的因子进行充分调研。

2) 空间数据库建立

(1) 图形的输入

根据基地资源的调研,将各个环境因子的位置、形状等图形特征输入到AUTOCAD中,然后将卫星航拍图叠加在AUTOCAD地形图之下进行信息的修改与补充,并将绘制后的AUTOCAD地形图以.dxf为后缀进行保存并调入ArcView软件中,再存储为Shape文件类型,从而对地理要素的几何关系及要素属性的数据进行GIS管理。

表 10-6　　适用于不同尺度要求的常见资料实例

	资料	细部和空间尺度	场所和邻里尺度	片区和城市尺度
自然要素	地质	建筑物对地基承载力的要求以及地震基本烈度	地表组成物质的承载力和建筑物对地基承载力的要求;地震地质背景、地震基本烈度以及地质灾害易发区域的确切位置	地表组成物质的承载力;地震地质背景、地震基本烈度以及地质灾害易发区域的确切位置
	地形	场地测量 1:500 等高线,或者 0.5m间距等高线及高程	场地测量 1:1000～1:2000 等高线,或者 1m 间距等高线及高程	场地 1:5000～1:10000 等高线及高程,或者相应的 5～10m 间距数字地形模型
	水文	现有水体和季节性径流、河流湖泊的洪水位线、常水位线和枯水位线	场地现有水体,季节性径流和周边水系、河流湖泊的防洪标准 、洪水位线、常水位线和枯水位线	区域主要流域、干支流水系、大型水体;城市的地上地下及过境水资源量;河流湖泊的防洪标准
	土壤	现场土壤样品	场地土壤类型分布信息	区域土壤类型分布资料,以及土壤之间的联系
	小气候	空气流通、风压、涡流情况	空气流通情况、雾、霜、太阳辐射和地面辐射	雾、霜、太阳辐射和地面辐射
	动植物	植物物种清单植物种类的组成和分布、植物外貌剖面、动物数量和种类及构成	植物物种清单、植物种类的组成和分布植物单元、动物的种类及构成	植物组合和群落植物单元动物的种类及构成
社会要素	土地使用现状	土地的用途和场地安排、开发建设现状、已开发地块的可持续发展情况	土地的用途、开发建设现状、已开发地块的可持续发展情况	土地的用途、开发建设现状
	道路交通	人流/车流来向、交通便捷情况、道路等级和道路断面形式	人流/车流来向、交通便捷情况、与周边地区的联系	道路结构和形式、与周边地区的联系
	历史文化	需要保护的历史文化资源点、建筑的风貌、风格	需要保护的历史文化资源点、周边建筑的风貌、风格和建设情况	需要保护的历史文化街区、历史文化建筑、城市整体规划风貌、建筑风格和建设情况
	人口分布	访问和观察活动人群的年龄构成、文化程度和主要来源	观察和调查人口数量、年龄构成、文化程度和主要来源	社区调查和人口普查资料,人口数量和分布、人口年龄结构、文化程度

表 10-7　　适用于不同尺度要求的主要 GIS 应用

规划阶段	细部和空间尺度	场所和邻里尺度	社区和区域尺度
前期	地形模拟、地表水文和径流评估、土壤和工程地质评估、植被和用地现状评估、微气候和声环境评估	区域地形评估、地表水体和潜在径流分析、植被和用地多样性分析、场地微气候分析、视线景观分析	地形地貌评估、地表水文和流域关系评估、土壤和土地利用评估、植被和景观格局评估、生态系统结构和功能评估

续表

规划阶段	细部和空间尺度	场所和邻里尺度	社区和区域尺度
中期	地形改造和土方评估、径流改造和雨水径向分析、植被和土壤改造分析、竖向好视线效果分析、景观用水水量分析	景观用地综合适宜性评估、景观水体需水量分析、植被和土壤修复需求、可利用能源潜力分析	景观用地适宜性评估、景观生态承载力分析、现存和潜在生态廊道分析、景观节点和功能区分析
后期	景观用地平衡表、材料用量估算、景观造价测算、景观方案坐标和索引配套	节点空间分布分析、景观线路联通性评估、景观总体效果模拟、景观承载力评估	景观用地变化评估、流域和水资源压力评估、整体景观效果和视觉分析、环境和生态系统压力评估

(2) 对象属性

① 名称、面积。在 shape 文件中对应的表格会在图形绘制结束后自动产生一些属性，如 Shape 主题下一系列多边形图形属性 Polygon，Area 主题下对应的面积大小。同时，可以通过对表格的编辑来增添新的内容，不同的因子需要被分为不同的主题，如水、道路、植被等，每个主题对应的表格属性中包含不同的对象内容。

② 特性、权值。不同的要素因子对应的特性不同，在 Shape 文件中对应的表格中，通过添加特性内容来实现对因子的描述。如对保护区的重要程度进行描述包括观赏性的强弱、历史价值的重要程度；水文资源的描述包括清澈程度、生物生长状况、规模大小等。而具体到每个具体因子的情况的评价，即现有场地中因子条件的优劣程度相对应的数值则为权值，根据需要不同，现场因子的条件越好或者影响越大，权值也就越高。权值选取的不同，直接影响到最终的分析结果。由于评价目标与参评因素之间的相互关系十分复杂，理论上难以用严密的数学逻辑关系表达，因此，规划中一般采用专家辅助决策法将非定量的信息定量化表达，以保证评价结论的可靠。

对城市空间的认识，抽象的结构体现是多样的。其中，地形图是最主要的一种形式，目前也是建立城市空间地形数据库的最主要的依据和数据来源。一般选用矢量地形图为基础，应用 AutoCAD 建立数字高程数据空间模型(DEM)和其他现状建筑、河流水体、植被状况、道路交通等专项矢量数据模型，即用点、线、面三种主要的图形元素来抽象表示地理对象。然后用 Arc-View 的软件 CAD Reader 模块将矢量数据导入，形成 Arc-View GIS 空间数据库。

3) 资源量化

(1) 基于权值上的因子分析

根据对各个环境因子对应表格属性的权重值大小不同，可以在 ArcView 软件中根据需要的不同以渐变色或不同色系输出颜色不一的图纸，通过对资源的量化使得图纸的输出成果更具科学性和合理性。同时，如果场地的资源有所调整，如堆土造山、挖土成湖等，则可以通过表格属性的修改进行及时调整，从而更新图纸内容，使分析成果更具时效性。

(2) 山地资源量化

① 高程图。高程图的生成一般是先在 AUTOCAD 中将地形图中的每一根等高线赋以不同的高度数值，然后在 ArcView 中生成山体模型，这种模型称为不规则三角网(TIN)模型，在 TIN 的基础上生成 DEM，并在此基础上进行各项分析。

高程图是 DEM 的一项基本属性，即显示出山体的高度，并可以通过图例编辑器的编辑来产生颜色深浅不一的效果。图纸上不同的颜色对应不同的高度，在对象属性中对高度进行修改，则高程图的颜色也会有相应变化。

② 坡度。在 ArcView 中的 DEM 的模型基础上，可以显示并提取不同的坡度范围。地面上某点的坡度表示地表面在该点的倾斜程度，有坡度和坡度百分比两种计算方式。坡度为水平面与地形面之间夹角的正切值，坡度百分比为高程量与水平增量之比的百分数。

分析坡度，一般可根据坡度起伏变化，确定崩塌、泥石流区域或严重的土壤侵蚀区，进而作为确定非建设用地范围的依据；提取平坦区域，作为建设用地选址的依据；基于坡度的土地利用、活动类型的适宜性分级见表 10-8。

表 10-8　基于坡度的适宜性分级

坡度/°	土地利用	建筑形态	活动类型	道路设施	水土保持
0-5	适宜各种土地利用	适宜各种建筑形态	适宜各种大型活动	适宜建设各种道路	不需要
5-10	只适宜小规模的住宅建设	适宜各种建筑和高级住宅	适宜非正式活动	适宜建设主要和次要道路	不需要
10-15	不适宜大规模建设	高级住宅	适宜自由活动和山地活动	小段坡道	不需要
15-25	不适宜大规模建设	适宜阶梯式住宅和高级住宅	适宜山地活动	山地道路	种植矮灌木和防沙草本植物
25 以上	不适宜大规模建设	不太适宜建筑	不适宜活动	不太适宜建设道路	随坡度上升量力而行，种植防沙固土植被

资料来源：袁飞，赵鹏祥，杨延征．三维 GIS 技术在城市景观规划设计中的应用[J]．北方园艺．2012(14)：92-95。

③ 坡向。坡向是山地资源量化的另一个重要指标，分为东、西、南、北、东南、西北、东北、西南八向。建筑朝向以南向和东南向为佳，景观绿化中，不同的植物对光的要求不同，喜阳植物宜种在向阳地带如南、东南坡向，喜阴植物宜种在背阴地带如北、西北坡。

坡向可在数字高程模型 DEM 或 TIN 数据的基础上提取。

④ 山体阴影。分析或模拟地面的光照情况，产生山体表面的阴影图。山体阴影（Hillshade）可测定研究区域中给定位置的太阳光强度和光照时间，并且对实际地面进行逼真的立体显示，增强地面的起伏感。Hillshade 采用 DEM 或 TIN 数据计算得出。

另外，GIS 应用费用距离 costdistance 建立的阻力面还可进行动态模拟分析，包括对地表径流的分析、流域分析、洪水过程分析、视觉过程分析（可视度、视域分析）、可达性分析等资源量化研究。

4）景观规划适宜性分析

（1）用地适宜性分析

目前，GIS 技术在用地适宜性评价中得到普及和应用。其工作原理是：确定水文、植被、道路、土壤等适宜性评价因子，在 ArcView 中根据各个因子重要程度确定其权重，然后对各个单因素作适宜性评价，统一划分级别，并转换成栅格数据；之后，进行栅格加权叠加运算，最后对综合后的栅格数据重新分类定级，一般分为最适宜建设区域、较适宜建设区域、基本适宜建设区域、不适宜建设区域和不可建设区域，得出用地适宜性综合评价图。

这种基于因子量化基础上的 Arcview 分析使成果分析更具科学性和合理性，而且可以针对不同的景观规划目标来改变评价方式，从而得到满足不同需要的适宜性分析结果。根据用地适宜性因子分析，结合景观规划区域的整体情况及规划目的，为确定土地开发适宜方向、环境保护与建设的适宜方向、土地利用配置选择、土地开发顺序、功能布局、结构形态以及环境功能区划等提供科学依据。

(2) 环境廊道分析

环境廊道概念是由著名景观规划师菲利普·刘易斯(Philip. H. Lewis)提出，他认为，可持续发展的城市必须对对环境敏感的区域实施保护，并建立一套图纸及资源目录档案，以使其免遭未来开发的影响。他将景观类型划分为地区性坡地、湿地、地上水、矿产资源、植被等。将这些景观绘制成图，叠加得到环境廊道，建立起有关指导未来发展研究的重点区域。

整个环境廊道由 4 方面变量定义：地表水、湿地、陡坡(12.5%)及其他(森林、野生动物栖息地)。

① 建立水体层　使用 GIS 缓冲区分析功能，在 GIS 数据化的线条图中建立环境廊道。即将原有数据信息构成点、线、面，按一定距离扩展成相应的多边形。比如建立距某条河流 100m 的缓冲区，以控制建筑项目、保持水土、保护植被。

② 建立湿地层　使现有的数字化的湿地系统图与其他主题图层相吻合，包括投影方式、坐标系统、单位、精度等。

③ 建立陡坡层　利用正相图像产生该区域地表模型，并将地表模型转化成光栅文件，然后计算出坡度。利用 GIS 的空间分析功能创建栅格网络文件，分析计算栅格网络中的每个格，从而确定相邻栅格的平均坡度。利用坡度图，使用质疑功能，建立新的栅格网络表示具有某一坡度范围的区域(如坡度在 12.5%以上的区域)。

④ 建立环境廊道　将三个主题层叠加，重叠部分构成了特征多样且鲜明的线形环境廊道。

(3) 植被优化分析

高质量植被最明显的特征是物种丰富、结构合理、功能协调，能够充分发挥各项生态服务功能，同时还反映地域特色、强调美学效果。地带性植被是经过长期进化和自然选择保留下来的，适应本区域环境条件，并具有最大的生态功能和环境效益的植物群落，因此，植被优化的原则应以形成地带性植物群落为主的植被类型，并遵守三向地带性规律，即纬向、经向和垂直向的分布规律。确定一个地区的植被性质时，既要以植被区划为依据，还要注意到植物种类，尤其是优势种类的组成，以及小区域生境条件的变化等，这些信息主要靠野外调查经验的积累。

GIS 可以对不同的植被种类进行分类编辑，以不同的颜色显示出来。首先可以比较清晰地看到基地中植被的分布状况；其次可以通过不同地形条件下各种植被的统计分析来确定最能反映这个区域地域和气候特色的地带性植被类型和植被群落特征，为用地植被优化提供科学依据。

(4) 交通选线分析

GIS 为选线提供了三维可视化的选线环境、多种空间数据结构(矢量、栅格、TIN)及其转换功能、准确的空间与属性数据(地形、地质、水文、城市、已有道路管线等)和数据操作方法，并在此基础上集成越来越丰富的选线应用模型，提供了最适宜的道路选线方案。基于 GIS 的道路选线适宜性方法形式多样，功能不一，从基本空间分析方法的角度可将它们分为互为补充的三类：

① 基于数字高程模型的线路设计方法：该类方法出现在基于 GIS 进行道路选线发展的初期。地形因素始终是道路选线中需要优先考虑的因素，在 GIS 中利用数字高程模型进行线路设计，是传统人工地形选线在 GIS 选线中的延伸。GIS 提供的数字高程模型 TIN 是工程设计中较为理想的数字高程模型。基于数字高程模型的选线，有多种工作模式，可以先人工定线（初始线路平面设计），再利用集成的线路计算程序模块、数字高程模型数据和相关的技术指标与参数等进行线路纵横断面设计与优化以及土石方计算与调配等，也可以直接进行自动的控制点加密、放坡、计算样条曲线等平面设计。单纯的基于 GIS 数字高程模型的选线模型，并没有完全考虑地质、水文、交通需求、环境影响等因素，没有很好利用和发挥地理信息系统的优势，设计的线路也往往不能满足实际的选线工作，需要与其他模型与方法结合使用。

② 基于叠置分析的线路优选方法：该类方法主要用来对已经拟订的多条初选线路方案进行综合评价与优选，其基本思路是根据设计道路的类型、技术等级和具体要求，将线路设计方案综合优选的评价指标体系层次化；在 GIS 中，按照公路等级对初选线路做一定距离的缓冲区，在多层地理数据的支持下，将线路缓冲区与其他要素图层做叠置分析，提取并计算指标信息，再利用一定的数学方法获取各方案的理论评价值，为优选决策提供依据。线路优选是复杂的多目标决策问题，运用恰当有效的现代数学方法使问题的解决成为可能，同时要求 GIS 系统中采集和输入完整的分层数据，具备灵活强大的数据编辑和空间分析功能，并具有良好的二次开发接口。

③ 基于空间分析与模拟的综合选线方法：道路选线由最初的地形选线到后来的地形与地质选线相结合再发展为综合考虑地形、地质、生态及已有道路管线网络等因素的多目标空间决策过程，体现了重视道路本身乃至交通运输、区域社会经济可持续发展的核心思想。基于空间分析与模拟的综合选线方法是指充分利用 GIS 的空间分析、空间模拟、空间决策支持功能与技术，将道路选线各环节步骤在完备的空间数据和空间可视化基础上归于一体，试图实现 GIS 选线自动化和集成化的一类方法。

（5）景观视线视域分析

视域是从一个观察点或多个观察点可视的地面范围。景观的视域视线对于规划设计十分重要，不同的视觉范围会带来不同的景观感受。对于视线开敞的设计，通透的视觉给人心旷神怡的平和感觉，有益于舒缓心情；而对于有适当障碍遮挡的设计，“犹抱琵琶半遮面”的感觉能激起游客探索景区的好奇，增加游玩的乐趣。只有将两者运用得当才能满足规划的需求。

GIS 中对视线视域的分析一般通过三维拓展模块（3D Analysis）完成，将生成不规则三角网（TIN）的模型与该功能结合，他从不同视点观察表面，从某一观察点查看到另一个点的可见情况，还可将栅格和矢量数据贴在表面以创建一幅真实的透视图。

3. 现存问题及应用展望

GIS 虽有强大的数据管理、空间分析和建模功能，但在逻辑判断和推理方面尚存在缺陷，且缺乏对水平生态过程的分析。现阶段只能作为人工规划设计的一种辅助手段，并不能起主导作用，在进行景观规划设计中需要辅助一些 3D 建模等其他软件。同时，在数据采集、更新方面也存在较大的障碍，数据收集、输入任务重，成本高，数据共享困难。因此，发挥 GIS 在景观规划设计中的分析能力的同时还应进一步探讨其与其他分析方法和软件的结合。

三维 GIS 是近年来 GIS 发展的新方向。与二维 GIS 相比，三维 GIS 以立体造型技术给用户展现了三维空间的地理现象，它不仅能表达空间对象间的平面关系，而且能描述它们间的空间关系，形象客观描述世界。以三维 GIS 辅助景观规划，不仅可以准确预测、模拟出景观项目建设对拟建区域(地段)各景观要素的改变和影响，而且具有研究数据准确、数据模型丰富科学、图像化的表达直观可视的特点。尤其是与虚拟现实技术的结合，将成为 GIS 在不同尺度景观规划中的应用新方向。

二、景观美学分析方法

1. 概念综述

基于视觉的分析方法源于西方传统园林阶段，这一时期的园林景观仅仅用来满足审美要求，因此在进行景观设计前期分析时，更多的是视线和平面构图等方面的分析，从而形成一定的秩序对空间进行控制。

眺望景观视觉分析，是基于对城市内外重要的风景资源进行保护而在眺望点与眺望景观之间控制建筑高度的一种方法，体现了将城市同时作为观赏点和观赏对象的趋势。

2. 眺望景观视觉控制分析

1) 眺望景观视觉控制分区

眺望景观是城市景观最具象性的一部分，正如人们谈及桂林就联想到甲天下的山水，说到上海就想到拥有百年历史的外滩建筑群和优美的滨江建筑轮廓线。对其的规划控制和保护一直是城市景观规划中的重要组成部分。眺望景观视觉控制分析是利用视觉生理学原理，建立视觉模拟模型的基础上进行的。

通过对眺望点和眺望对象间的建筑高度控制进行风景保护，具体来说，将各景观设定为 3 个组成和分区，在各分区中实行不同的高度、色彩、风格控制管理。

(1) 景观视廊

景观视廊指眺望点与眺望景观的保护范围之间的连接区域。眺望点标高与眺望景观标高所构成的楔形平面为建筑高度控制平面(图 10-10)。原则上禁止建设超过控制高度面的建筑，不符合要求的现状建筑则在改造时使用。此外，在不符合要求的现状建筑投影地区开发时，同样严格控制建筑高度。一般采用眺望景观视锥控制法进行控制。

(2) 周边景观协调区

周边景观协调区指在各眺望点设定的眺望边界两端点与对象地标左右两端连接构成的内侧区域。设定周边景观协调区的目的在于，不只是应从高楼大厦的夹缝中窥见对象地标，而是能有相对开阔的视野进行观赏。该区域虽无严格的开发高度控制，但如某项开发有可能影响景观时，一般不应得到批准。

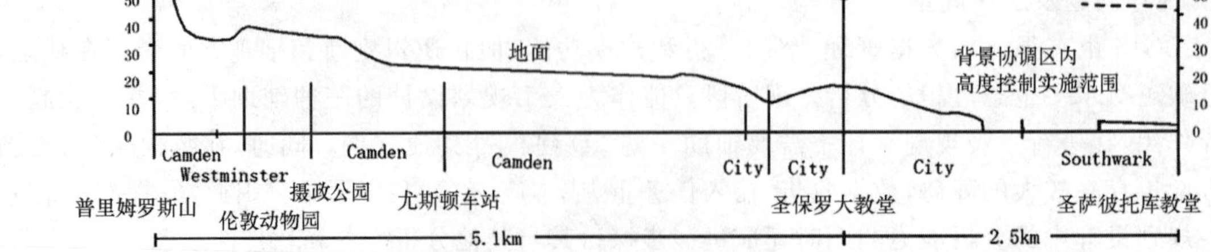

图 10-10 建筑高度控制分析

(3) 背景协调区

背景协调区指从眺望边界点所看到的对象物背景的所在区域。距离背景的深度依各眺望景观有所不同,一般设定为2.5～4km。设定背景协调区的目的在于避免在地标景观后建造类似屏风一样的建筑,维持地标本身所构成的天际线。

2) 眺望景观视锥控制法

一般来说,眺望景观视锥控制主要由眺望场所(眺望点)、景观视锥、眺望景观三部分内容组成。

(1) 确定眺望场所和眺望景观

① 眺望场所(眺望点)

眺望场所是指包含眺望点在内的公共观景场所。一个眺望场所内可能包含一个或多个眺望点。眺望场所通常是公共的,易到达的,在市民中具有一定知名度或认同感的场所,如景区制高点、城市中的广场、公园等开放空间、公共建筑等。也可以是城市主要通道的对景点或视线转折点。在很多情况下,眺望场所可能本身也可作为一个眺望景观,如某些自然山体景观、历史性建筑等。

② 基于眺望点的视觉分析确定眺望景观

眺望景观是眺望景观控制体系的目标和最终成果。眺望景观的确定一般可采用三维数字技术模拟、实景观测和照片模拟、ArcGIS可视度分析等视觉分析方法。三维数字模拟分析经常会受到城市空间数据质量以及精确的模型数据的限制;实景观测和照片模拟很难划定景观视锥的具体边界而无法实现量化;因此,确定眺望景观的视觉分析经常采用ArcGIS与照片拍摄、实景感知相结合的方法(图10-11)。

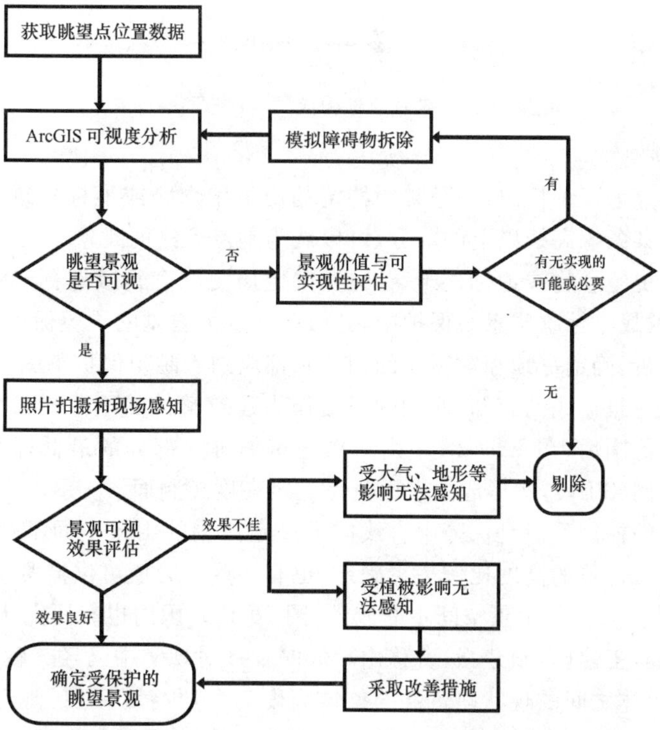

图10-11 基于眺望点的视觉分析确定的眺望景观技术路线

ArcGIS 的视域分析可得到特定眺望点观赏到的眺望景观的可视度和可视范围，结合照片拍摄和现场感知将视域分析的结果与实际情况比照，可得眺望景观的保护列表。对于众多眺望景观资源采用多因子综合评分方法进行品质评估，甄别筛选，最终确定进行控制和保护的眺望景观。

(2) 眺望景观视锥控制

① 景观视廊控制区控制原理与要求

景观视锥控制是阻止障碍物进入眺望点和眺望景观之间形成的景观视廊而进行的控制。对于城市的意义是保护“景点、视点、视廊”这些城市景观结构系统。

为了使该控制一般化或数字化，须在视锥形的各地点内给出建筑不可突破的高度。如图 10-12 所示，在纺锤形的上部平面以直线表示出等高线，且建筑形式、色彩、风格应与眺望景观相协调。

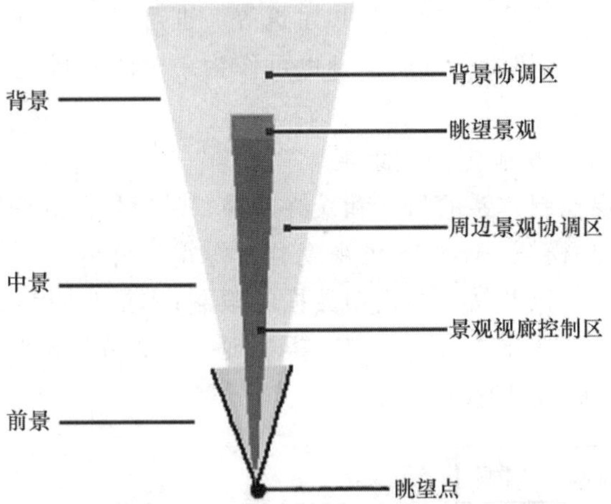

图 10-12　景观视锥构成(资料来源：自绘)

② 固定视点眺望

固定视点眺望分为两种情况：一是眺望特定的历史纪念物或地标建筑，即点对点的眺望；二是眺望山体景观某条等高线以上的部分，可以认为是点到线的眺望。

眺望特定的历史纪念物或地标建筑，首先要确定历史纪念物或地标建筑需进行眺望保护的部分。如，在伦敦战略性眺望景观保护中，针对圣保罗大教堂的眺望保护部分进行了细致的比例研究和现状分析，确定穹顶和穹顶下的列柱廊都应列入眺望保护范围。此外，为了保障对圣保罗大教堂整体建筑形式的感知，西侧的塔楼作为建筑整体的重要元素也被列入眺望保护范围。确定了眺望范围后，在 ArcGIS 中由对象建筑物可视部分的最低标高和眺望点标高共同构筑不规则三角网(TIN)，所形成的平面就是建筑高度控制面。

眺望山体通常的控制手段是保障山脊线以下一定比例的山景空间不受遮挡，这一比例通常要根据背景山体与建筑的高度比例关系确定，也有一些经验值可供借鉴，例如香港城市山脊线保护标准为 20%～30%的山景空间不受遮挡(图 10-13)，国内也有研究认为至少应保障 1/3 的山景空间(王俊宴，王建国，阳建强，费移山，2009)。针对现实中已经突破 1/3 山景空间的建筑，则以眺望点和山体之间的现状建筑群的整体高度为参照高度，控制新建项目建筑高度，既尊重了市场经济规律，也能有效避免山体景观前出现难看的“墙壁效应”。

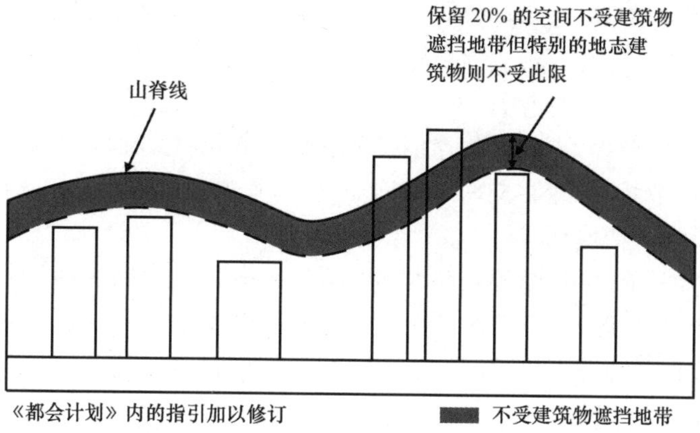

图 10-13 香港山景控制示意

(资料来源:《香港城市设计指引》摘要,2002)

③ 动态视点眺望

与静态视点眺望相对应,动态视点眺望根据眺望对象的不同可分为两种情况:一是沿路径眺望特定历史纪念物或地标建筑,二是沿路径眺望山体景观。前者可视作线到点的眺望,获得建筑高度控制面的具体做法是在 ArcGIS 中将观景路径位移到地面以上 1.1 米处(人坐在小汽车中的视高),形成视点路径,再由该路径和对象景观(需事先确定可以眺望到的部位)一起构筑不规则三角网(TIN)。而后者是最复杂的一种情况,此时的视点和眺望对象均是动态的,由于山体眺望景观一般控制其某一等高线高度以上可视,因此,沿路径眺望山体景观可以简化为线到线的眺望。同理,在 ArcGIS 中可以利用视点路径和等高线共同构筑不规则三角网(TIN),获取眺望景观保护的建筑高度控制面。

快速行进中,当距离足够远时,视线观赏更多的是对景观概貌的把握,因此在建筑开发中,还应注重其整体性、组团性的轮廓效果,减少体量过于突兀单体建筑对整体轮廓与景观的破坏与遮挡。

④ 多重景观视廊交叉控制下的地块开发

在地块开发中经常会遇到同一地块受多重景观视廊交叉控制的情况,此时对于景观视廊的重合部分,规划只需参照最为严格的景观视廊的控制要求即可;而其他部分的建筑形体设计可根据不同的景观视廊要求灵活调整。

3. 景观构成美学分析

1) 平面构成分析

平面构成是景观设计的风骨。景观平面布局,简单地讲就是秩序,是平面构图原则在景观设计中的运用。除了分析分析点、线、面的含义及其关系,以及点线面的基本美学原则,还要分析平面构成的形态、色彩、质感、节奏和韵律等美学要素。

(1) 造型要素的视觉美学和平面构成分析

① 点

A. 点的内涵点,以其位置为主。现代景观设计对点的定义除了形态描述中具体的形状外,作为景观要素的树石、亭塔、台凳、汀步、石矶、雕塑等都占有一定位置,无论它的形状在一定条件下都可以视为点。

B. 点的视觉感知点,可以独立地构成形象。任何形状的物体在特定的环境中都可当做点来理解。点可以理解为节点，是一种具有中心感的缩小的面，通常起到线之间或者面之间连接体的作用。点容易引起人的注意，成为视觉中心，丰富造型，打破单调，在园林景观要素中最典型的点的应用就是观赏树木的使用。不同形状的点的聚散变化，会使人产生不同的视觉感受，点的规则排列呈现美的秩序，点的非规律的反复和聚散变化，也会使不规则的形与空间产生运动的节奏感。而点的数量、位置在空间中来回变化时，其视觉效果则有很大的差异。

C. 点在景观设计中的应用

作为点景的景观小品根据点的聚焦特性，可在十字路口中间，在绿地或建筑的一角，在道路轴线的尽头，或在广场中央等，成为人们目光的落点(图 10-14)。点还可以有线化和面化等应用方法。

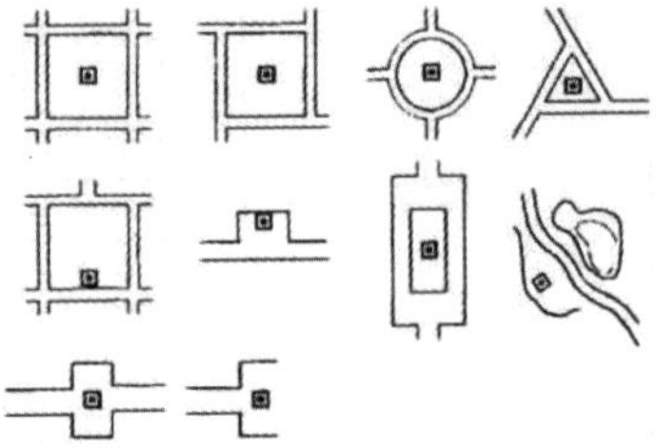

图 10-14　点景布局

点的线化就是沿一条基准线连续排列，在视觉上给人以线的冲击，就像一条虚线。点的线化应用比实线的直接应用来的有美感，有层次感，有韵律感，也更加动人。点的线化可起到线的作用，避免了视线在道路两侧一览无余，平铺直叙的景观直白感，同时也可形成立面上的绿化，尽量满足增加绿量的生态要求(图10-15)。

点的面化就是多数点的集合，易产生面的感觉：点的疏密不同的排列，会产生明暗的变化：点的均匀排列，会形成一种严谨的结构，具有严格的秩序性(图 10-16)。

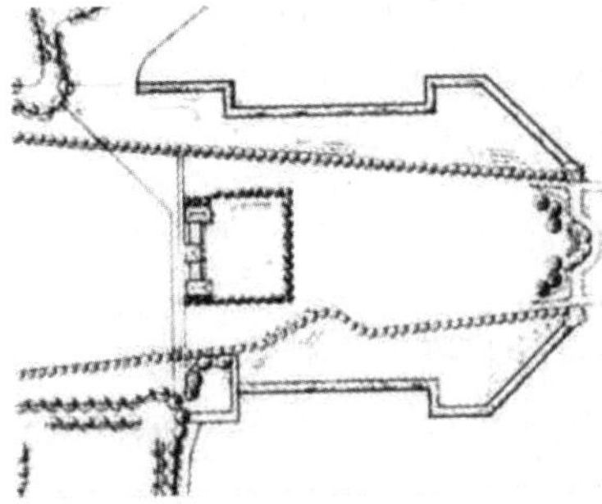

图 10-15　点的线化

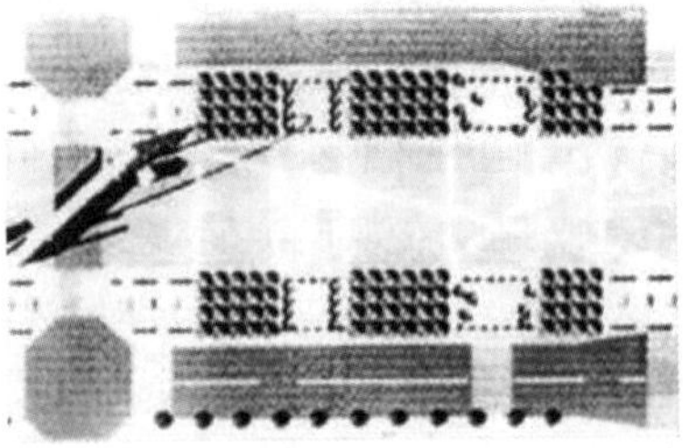

图 10-16　点的面化

② 线

A. 线的形态与视觉功能线是造型要素中构成视觉形象的基本条件，点、线、面造型三元素中，“线”最具方向和力的蕴含。线条除具有方向性、表现性和分割画面间隔作用外，还能塑造不同的情景氛围。直线显得强劲有力、大方。凡尔赛宫(图 10-17)有一条自宫殿中央延伸长达两公里的中轴线，两侧大片的树林把中轴线衬托成为一条宽阔的林荫道，交错的直线路网系统有一种无以名状的威严感，它所显示的恢宏的气魄，是法国绝对君权的象征。平行线能够产生安定、柔和的气氛；斜线能使线条随着人体的运动产生变幻与活泼之感；自由曲线因其形态自由、流畅、优雅、浪漫，具有动感，有抒怀诗般的特质。通常被用于以娱乐、游憩为主的休闲景观中，营造一种“曲径通幽”的情绪(图 10-18)。

B. 线在景观中的应用

直线给人以坚硬、刚直、单纯、冷静、硬朗、顽强、明快的感觉，具有速度、力量、男性美的特征。直线最容易与建筑物的线相融合。岐江公园直线路网的再生设计，既看不到中国传统园林强调的“园无直路，步移景异”的景观，也看不到古典西方园林所强调的几何对称这种美的形式。在这里，你只能看到一个看似混乱的直线路网。而正是这个直线路网，引导体验工业时代

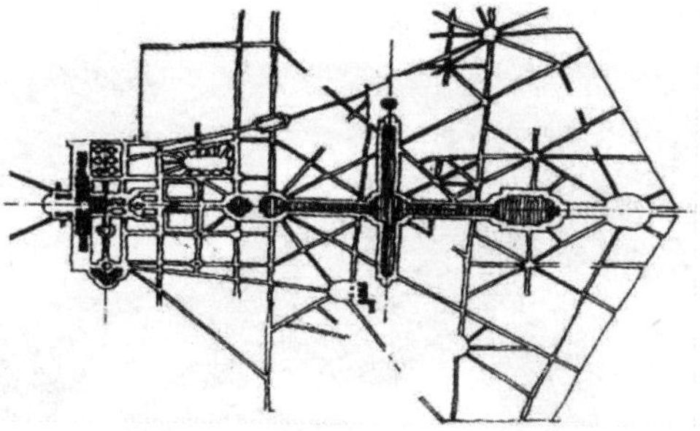

图 10-17　凡尔赛宫

图 10-18　广州市草暖公园

切割机的无情，钳机的一丝不拘。随后，它又将人引向 21 世纪的时代体验：简洁高效，人性的舒展，个性的张扬(图10-19)。

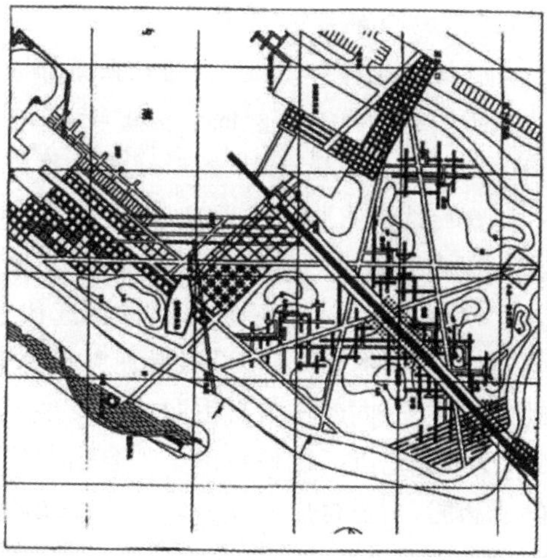

图 10-19　广州岐江公园

斜线是直线的一种，它的应用与传统对称、稳重的构图形成了鲜明的对比。斜线条带来了很多尖角的部分，给人们强烈的刺激之感，引发人们的注意力，在人们的心中自然也会留下深刻的印象，更会给整体空间带来丰富的变化。斜线运用的经典之作当属法国巴黎的安·雪铁龙公园(图 10-20)，对于在这样大型的用地上建设公园设计师没有囿于一种风格，特别是很多城市公园所追求的自然风景园的模式，而是将传统的园林与现代设计语言的形式综合起来。法国几何图案式园林的对称、平坦与巨大尺度在公园整体结构上有所体现，反映了设计师对法国皇苑凡尔赛宫的一种眷顾。但是，在一些局部环境中也不难见到英国自然风景园和东方园林的影响，而最具传神之处要属于一条沿对角线布置的宽阔线型斜路，它使原本因横平竖直而会流于平淡的构图，一下子变得活泼而具有动感，并且将原本看似松散而漫不经心的结构，变得精致，并起到将黑色园与系列庭园紧密联系起来的特殊功能。

折线也是直线的一种，是把原本在同一方向上的线改变一个方向延伸下去。由于方向的改变产生的折线，形成了线的曲、直对比。不同的转折角度和转折方式使线的动态极大丰富，既可使人在行走过程中体会到韵律感，又可改变视线方向真正获得行动的自由。折线使这个有限的空间形成许多小的空间，使有限的空间具有了多层次的空间感(图 10-21)。

曲线的流动性比直线大得多，而且自由曲线比几何曲线(抛物线、弧线、双曲线)更灵活，通常给人以优雅、流畅、轻快、丰满、活泼、柔软的感觉。曲线则与自然景观能够取得最好的协调。美国建筑师波特曼说："人们对曲线形式感到更有吸引力，因为它们更有生活气息，更自然。无论你观看海洋的波涛、起伏的山岳，或天上的朵朵云彩，那里都没有生硬笔直的线条。"人们的感情与大自然的曲线相联系。

几何曲线一般具有理智、柔和的美感，通常呈对称分布，均衡、稳定又富于变化，使人体验到一种理智、弹性、单一性和规律性，给人明快流动的感觉，具有极强的生命力。

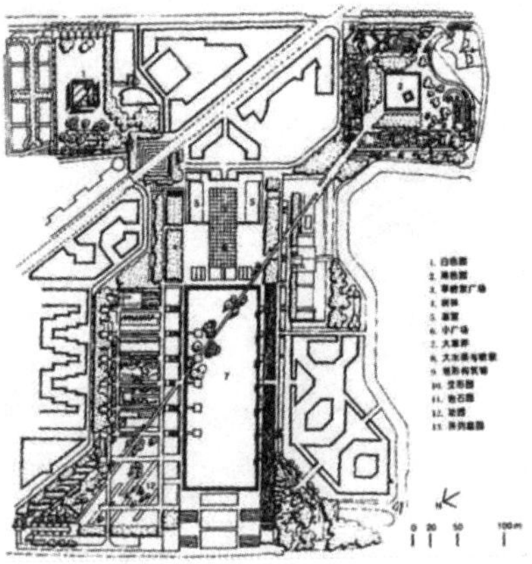

图 10-20　安・雪铁龙公园

图 10-21　折线的特殊功能

蛇形线也称S形线，英国画家荷加斯在《美的分析》一书中称其为最美的曲线。蛇形线一波三折的起伏富有强烈的节奏感与韵律感，同时又充满柔和、秀美的气质。它不像直线那样流于生硬。在景观设计中，蛇形线经常被用来塑造水形或花带等的轮廓。

螺旋线具有强烈的上升感，将重复性和创造性结合完美，从中可以领略到一种幽默的趣味。螺旋线的运动感特别强烈，但并不紧张，且具有一种疏缓、逐步延伸的优雅美(图 10-22)。

自由曲线大多数能使人体验到起伏变化的流动性、多样性和生命的活力，给人以柔软、流畅、自由奔放的感觉，它可以呈现秀雅的美，也可以呈现雄壮的美，这取决于自由曲线力度感及动感的差异，同时也与自由曲线和其他形态搭配后的效果有关。自由曲线具有随机性和偶然性，没有规定因而也最自由。如自由曲线与几何曲线搭配往往能增强其优美感；自由曲线若与斜线相配，则显得更有气势。自由曲线不易掌握，用得不好则给人一种散乱、无序、缺乏美感的印象。面对道路的一层交流广场，利用象征濑户内海波浪的曲线图案，为了强调空间上下一体化设置的跌水，通过不同质感的花岗岩饰面处理，创造出自然光中发生各种变化的跌水效果，被称为“光的水面”，这种曲线的应用大胆而强烈(图 10-23)。

图 10-22　鄂黄长江大桥南岩桥头公园

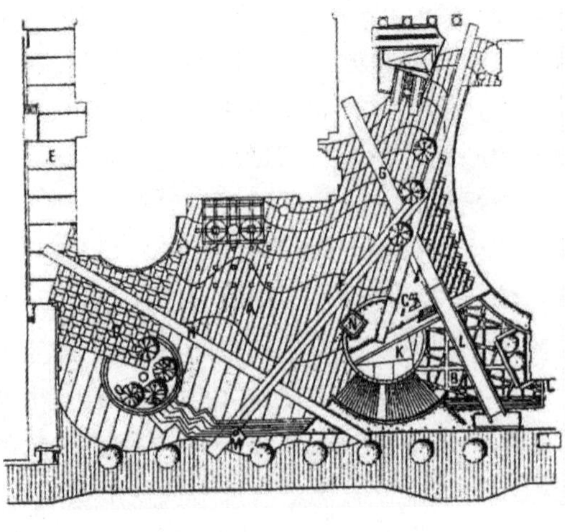

图 10-23　交流广场平面

③ 面

A. 面的视觉功能特征

人的意识在知觉到个别部位之前，总倾向于“观看”有组织的整体，或作为一个整体的形式，而我们的意识也倾向于固执的以相关因素来创造形式。这就是说，形是许多视觉部分的来源，是观察者潜在的视焦点。面一般由形来确定，视觉和触觉也是用面来规范。因此，面有一定的限度和边界。

面在形式构成上有规则和不规则之分，如圆形面、方形面、自由形面等。

B. 面在景观设计中应用

“圆”在平面上是由无数切线构成的外围封闭的几何图形，具有完整、均衡、对称、张力和内守的形象特征，同时能吸引人的视线、引人注目和容易形成视觉重心。圆形在景观中的应用古已有之。钱钟书在《谈艺录》中说，“圆为贵”“圆为神”，认为“形之浑简完备者，无过于圆”。儒家不偏不倚的中庸之道，道家有无相生的哲学思想，都或明或暗地指向一种圆形美论。圆形因其过于神圣完美，往往会使设计略显呆板，而椭圆形则弥补了圆形带来的缺憾，使原本安静的广场、图案、装饰物有了动态的趋势。

矩形是迄今为止最简单和最有用的设计图形，特别是与建筑物相配时，这两种图形易于衍生出相关的图形。以直角构成的正方形给人以大方、庄严、稳定的感觉，但四边相同的特征同样会产生乏味单调感。因此，在景观设计中长方形面的应用更广，特别是以符合黄金比例的矩形更富于美感。大都应用于纪念性质的景观中。如天安门广场、南京中山陵广场等，由于直线形的组合平面，造成一种肃穆、秩序、宽广的庄严气氛，使人们油然升起敬慕感和肃穆感，实现了广场的政治功能与集散功能(图 10-24)。

三角形带有运动的趋势能给空间带来某种动感，随着水平方向的变化这种动感会更加强烈。但在景观设计中，对角度的选取是要谨慎而又有原则的，一般避免使用 30°、60°、45°这些锐角，它们都是实际施工和将来使用中难操作或危险的角度。

自由形是由不规则的曲线及直线组合而成，审美属性差异较大，灵活感大于几何形。自由形的存在使现代景观设计拥有了除规则形以外的更丰富的设计语言。自由形平面易与建筑、道路等整齐规则的线形环境协调一致，产生秩序、稳定、舒适的美感，通常应用于气氛比较自由的景观中，有时在严肃的景观氛围中起到衬托作用(图 10-25)。

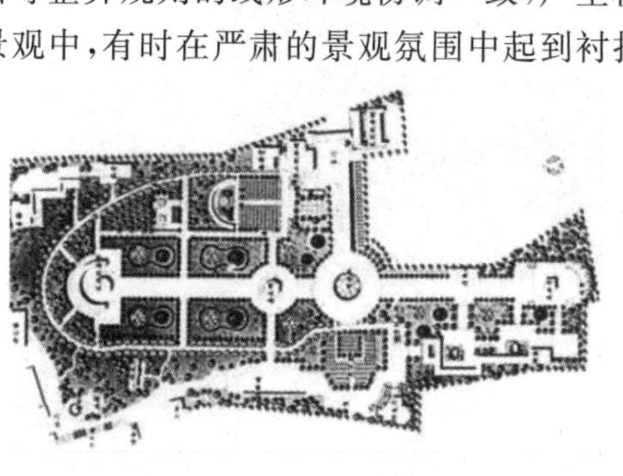

图 10-24 抗日阵亡将士陵园

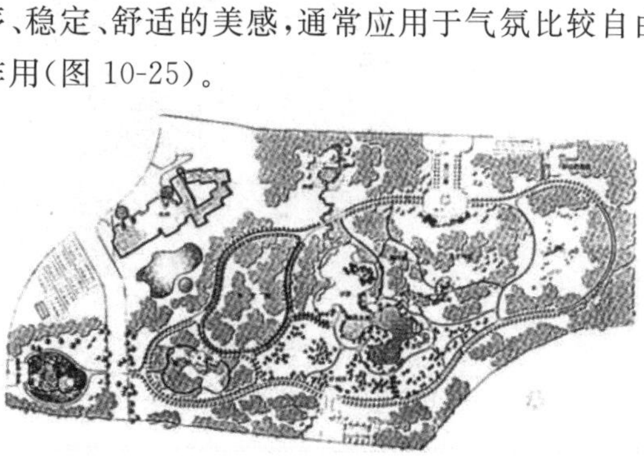

图 10-25 珠江公园

(2) 形式法则的美学分析

对称与平衡、重复与群化、节奏与韵律、对比与变化、调和与统一等美学艺术法则应用于点、线、面等形态构成元素中，通过有序的排列、分解与重构出无数新的图形，满足不同的应用要求。

① 对称和平衡

A. 对称

对称是点、线、面在上下或左右，相对于对称轴线或对称中心，两侧的形态呈现同形、同量的、完全对应重合的“镜像反映”，可以表现稳固、平衡和完整的完美形态(图 10-26)。由于其中心位置使之与其他构图元素更居主导地位，往往引起视觉停留与关注。但不足之处是过于相同而缺乏变化，给人以呆滞、静止和单调的感觉。对称是在法国园林景观设计中应用较多的一种形式法则(图 10-27)。

图 10-26　印度泰姬陵的对称永恒

图 10-27　法国园林

B. 平衡

平衡是对称在结构形式上的发展。即由形的对称转化为力的对称，是杠杆原理在艺术美学中的体现。在景观设计中，平衡不是实际的形象、色彩的均等构成，而是形态运用的大小、多少，色彩分量的浓淡冷暖，空间的虚实，以及疏密的分布与安排，较对称增添了一份自由、多样、感性和抒情的特点，表现出一种内在美的秩序和平衡。

② 重复与群化

群化是基本形重复构成的一种特殊表现形式，重复是加强图案的节奏，以使造型表现具有变化魅力。它们的特征是形象的连续性，使形一次又一次再现眼前，增强视觉刺激作用，且感觉井然有序，增强了景观的吸引力，提高了观众的欣赏情趣(图 10-28)。

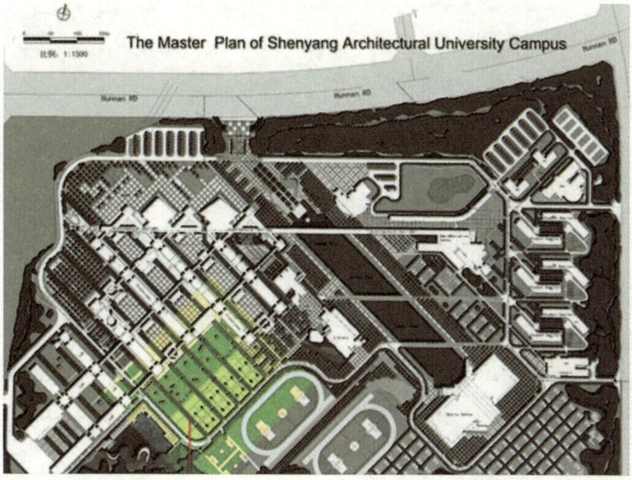

图 10-28　沈阳建筑大学建筑要素和景观要素的重复与群化

③ 节奏、韵律

节奏和韵律指同一图案在一定的变化规律中，重复出现所产生的运动感。节奏能给人平稳、肯定、持久、明快和极有规律的心理感觉。景观设计中常以点、线、面作有条理、有规律、有反复的变化和配合，以及平面中虚实、强弱的交替节奏，构成空间关系的平衡和呼应秩序。如园林中的廊柱、林荫大道上栽植的树木都具有韵律的节奏感(图 10-29)。

图 10-29　林荫大道

④ 对比、变化

对比是矛盾与差异的呈现，由两个以上性质相异的形态、色彩等要素并置在一起造成的显著不同的感觉。形、色、方向、位置等加以改变，都可以构成对比，如：方圆、大小、宽窄在一起能产生形状的对比；浓淡、明暗、冷暖在一起能产生色彩的对比；高低、长短、疏密、曲直能产生排列上的对比等。如布达佩斯中心由停车场变为多用途的 Madách 广场(图 10-30)。

图 10-30　布达佩斯中心的 Madách 广场

⑤ 调和与统一

“美就是各部分的和谐,无论是什么主题,这些部分都应该按照这样的比例和关系协调起来,以致不能再增加、也不能减少或变动什么,除非有意破坏它。”这句话足以说明调和、统一在设计中的重要性。

统一并不是只求形态的简单化,而是使各种多样变化或强烈对立的因素趋向缓和,具有条理性和规律性,达到统一的艺术效果。这种融洽、相安的和谐性构成了设计统一性的形式美。统一通过关联、呼应、衬托达到基本关系的协调,使相互间的对立从属于秩序的关系中,即统一中求变化,变化中求统一(图 10-31)。

2) 立体构成分析

立体构成是一门研究形态创造与造型设计的学科,其以点、线、面、体 4 个空间要素为基础,创建形状和空间之间的关系,是使用一定的材料、运用一定的色彩将各种造型要素组合成新的立体形态的过程。

(1) 高度和体量

园林景观是一个复杂的空间概念,这个空间既可以是一简单的实体空间形态,也可以是一实在存在的“虚空”状态。在园林景观设计的领域中,景观实体空间更多地体现在各种空间的造型、尺度、功能、所使用的材料及呈现的色彩属性等方面。而景观“虚空”空间则依附于实体空间中各表达因素之间纵横交织的关系,更多表达的是一种视觉审美、心理需求、文化意识和精神需求。这样复杂的实体、“虚空”空间往往又需要建立在由构成空间组成的形态进行更深入的园林景观空间组合基础上,对最终所需要达到的景观设计效果的影响是非常深远的。

三维空间形态的设计基础要建立在解决除二维以外的三维立体造型问题上,注重对立体

图 10-31　北京朝阳公园

空间要素的思考和探讨。立体构成的基本元素依然是由点、线、面、体组成，但与平面构成中元素有所区别的是，所呈现出的是更深层次的复杂空间关系。

设计师在进行景观空间设计时宜将更多的切入点放在对空间的形态、功能需求、尺度的考虑上，只有将这些都考虑到空间效果中才能更好地达到"以人为本"的设计目标，真正实现从平面规划到立面设计的整体丰富性。

(2) 材料和肌理

在立体构成中，材料和肌理也是主要因素，不同的材料，其肌理也有不同。在造型艺术中，肌理起着装饰性或功能性的作用，不容忽视。一般来说，植物树形有圆形、圆柱形、垂直形、尖塔形、卵形等。在立体布局群体景观时，应注意树形结构间的对比调和以及轮廓天际线的变化，才能构成优美的图画。而植物枝、叶、花、果的肌理，是人们可直接感知的对象，如枝干的光滑与粗糙，叶片的蜡质与绒毛，单叶及复叶等，给人的视觉效果均有差异，在设计中都应考虑。利用植物的各种天然特征，如色彩、形态、大小、质地、季相变化等，本身就可以构成各种各样的自然空间，再根据园林中各种功能的需要，与小品、山石、地形等的结合，更能够创造出丰富多变的立体空间类型。

3) 色彩构成分析

城市色彩是人第一视觉的关键，也是一个画面表现形式的重点所在。每一个城市的色彩景观是不同的，这种色彩的个性，由两个方面的因素决定，一方面，是城市的文化因素；另一个就是城市的纬度因素，也就是不同的自然环境背景(图 10-32)。凡是有着明显色彩特征的城市，这两方面的因素也是突出的。如具有浓烈色彩的墨西哥城(图 10-33)。

自然环境色彩由城市的总体自然背景色彩和自然要素类色彩构成。其中，城市的总体自然背景色彩是指由地理纬度、山水格局、气候特征、特别是光照云雾等构成的一个地区或城市的大面积环境底色；自然要素类色彩主要包括自然环境中的土壤、岩石、水系、植被、花卉、果实等具体类型的自然要素色彩。

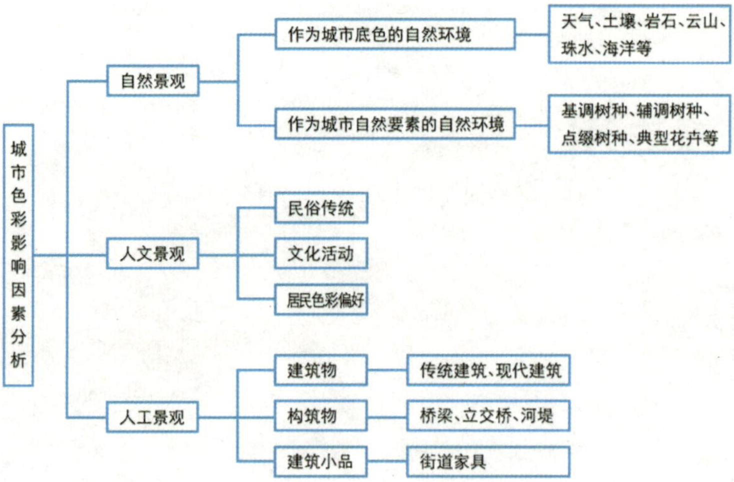

图 10-32　城市色彩影响因素分析

图 10-33　浓重绚丽的墨西哥城城市色彩景观

(1) 自然环境色彩资源的解读和提取

温湿度、光照、云、雾、霾天气可以决定一个地区的自然景观，特别是色光源，会决定性的影响着一个城市或地区的色彩景观。通常，柔和的光线使色彩的鲜艳度增加，而强烈的光线使色彩的鲜艳度减弱。例如，在南北回归线之间的区域，日照时间长，阳光入射角度大，城市建筑阴影区域少。由于光照强烈，需要在城市色彩环境中减少高明度色彩的使用，以降低耀眼的反射光线的刺激，同时强光照也会降低色彩的彩度，需要使用彩度较高的色彩。位于阳光强烈、日照较长的地方的新疆轮台地区，传统特色的建筑多选取黄色、灰黄等低明度、高彩度的建筑色彩(图 10-34)。

土壤和植被对色彩特征的影响在城市色彩的形成中具有重要的基底作用。“大美新疆，色彩缤纷”，地处干旱沙漠地区，属阳光普照、蓝天烈日的新疆在缺少丰富植被的自然地理背景下，漫漫沙海与岩石的土黄色和太阳光辉的金黄色，是自然环境色彩的基本色调。与地方性的沙漠环境色彩极为相近的土黄色(中明度、中低纯度的 Y)石材、涂料是该地区常用的建筑色彩，从而铸就了与沙漠环境色彩高度统一的城市建筑色彩环境(图 10-35)。

图 10-34　新疆轮台县自然环境色和传统建筑色彩提取

图 10-35　苏州市城市季相色彩设计

(2) 自然环境色彩在城市色彩形象塑造中的应用

① 基于自然环境的城市环境色彩体系确定，需要从自然环境色彩中寻找色彩的基因，包括分析自然环境的色彩特征，提取自然环境色彩色谱等，将自然环境色彩的形成与变化规律，作为城市色彩塑造的重要依据，以遵循自然之道，营造城市色彩环境。

新疆轮台县北部的天山余脉、从北向南穿越的虹桥河、地表遍布灰黄色沙砾石块的戈壁和沙漠色彩，共同为城市色彩构筑大面积的背景色，秋天金黄色的胡杨林，又为轮台自然环境色彩增添了几分绚烂和亮丽。在轮台城市色彩规划中，我们提取雪山、碧水、戈壁、沙漠、胡杨的色谱样本，整合出“基色典雅灰黄，缀色鲜亮跳跃”的自然环境色彩总谱(图 10-36)，并以此作为城市环境底色，通过比色融合剔除等方式，选择与自然环境色彩相契合的建筑推荐色谱，形成具有“金色灿烂的油画”特点的轮台城市色彩体系，以加强城市色彩体系的独特性和本土性。

② 季相色彩提取。对于季相分明的城市来说，把握自然环境色彩的变化和差异，是强调本地自然环境色彩特征的重要方式。例如在苏州城市色彩规划中，通过四季气候特征下季相色彩的变化，提取季相色彩的典型色谱(图 10-35)。苏州地处温带，属亚热带季风和季风性湿润气候，四季分明，冬夏季长，春秋季短。冬季的苏州，日照量较少，早晚雾霭浓厚，大气透明度低，植物景观为香樟、广玉兰等常绿乔木和银杏、榉树、垂柳等落叶植物，少有花卉植物，色彩景观呈低纯度中低明度的蓝绿灰调；春季迎春、海棠、杜鹃等百花烂漫，新绿初绽，植物色彩丰富，色相分布广泛，呈生机盎然、明快鲜亮的多彩基调；夏季的苏州，绿色沉郁浓厚，紫薇、夏荷、紫叶李、凌霄、石榴等典型花卉和彩叶植物色彩主要集中在红到红紫(中高纯度中高明度的 R、RP、P)，而且因为 6、7 月“梅雨”天气的雨水雾气，降低了色彩的明度与纯度，呈现出“烟雨江南”的朦胧感；秋季的苏州，是银杏、梧桐等植物黄叶飘舞的季节，也是金菊怒放的时节，加之秋高气爽、万里无云的天气，自然景观色彩呈中明度中纯度的黄绿色调。在苏州城市色彩规划中，通过对上述典型季相色彩特征和色谱的分析，为苏州确定能凸现地方季相景观的城市色彩体系，用遵循自然色彩变化之道的方式，塑造“浓墨淡彩、写意江南”的城市色彩形象。

③ 植物色彩景观设计。近年来，已有一些城市结合绿化景观工程，通过配置各具色彩特征的乔木、灌木和花卉，取得了较好的植物色彩景观效果。在安康城市色彩形象规划中，规划以营造城市整体色彩形象为目标，在研究确定安康城市色彩体系和推荐色谱的前提下，为安康提供分层次、分系统的色彩形象塑造策略。植物景观的塑造是其中一个重要的色彩系统工程。植物色彩景观的色彩范围和配色指引，是从属于城市色彩整体环境引导中的一部分，与建筑色彩、城市标志色和城市标识系统色彩等，共同构成丰富、立体的城市色彩形象。因此，规划针对安康季相变化的特点，选择本地景观植物类型，创造符合“水润彩绘、诗意田园”的城市色彩形象(图 10-36)。

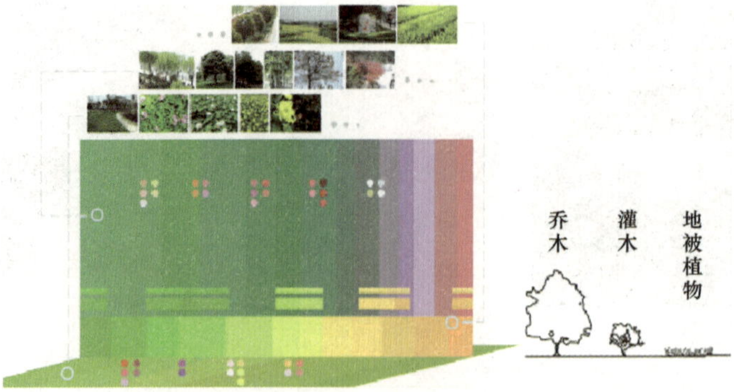

图 10-36　安康市植物色彩设计

(2) 人文色彩

① 人工环境

人工环境的色彩包括建筑物色彩、园林绿地色彩、道路色彩、广告招牌色彩和标志标识色彩等。建筑物是最能影响城市景观环境的因素，建筑物群体构成的整体色彩对城市的鸟瞰景观与个性构成具有十分重要的意义和作用。人工环境分析的重点主要是对现状建筑物、街道的色彩进行分析。例如：朱家角建筑物色彩分析主要通过对朱家角传统商业街、传统建筑单体、现代建筑、现状道路进行色彩文脉梳理，分析建筑色彩空间构成、城市建筑色彩演进等，充分剖析城市色彩的结构与内容，寻找最适合朱家角的色彩谱系。

从调研中可以发现，朱家角城市色彩以灰色系为主，尤以暖灰绿色系和红褐色系为主。工业建筑和公共建筑色彩的艳度最低，教育类建筑次之，住宅建筑的色彩艳度有所提高，古城区和商业区的建筑色彩最艳。可以发现朱家角整个城市色彩呈现出一种多元、新老不和谐的状态，其建筑色彩景观整体呈现出暖灰色的基调（图 10-37）。

图 10-37　朱家角现代街道色彩

② 人文历史与民俗传统

城市色彩是人的深层次精神在长期自然环境中形成的原始本质。不同的地区、民族以及国家由于在文化、地域环境、风俗习惯等方面存在差异，对色彩有不同的喜好。中国古代和古罗马的皇帝对黄色特别的尊宠，认为黄色是皇权和尊贵的象征，而伊斯兰国家则认为黄色代表死亡。每个地区和每个民族由于不同的地域环境和历史文化演变发展而来，对不同的色彩赋予了不同的寓意，城市色彩设计运用应予以考虑。同时，又由于不同的地域在色彩运用方面有着不同的处理手法，造就了一个城市独特的风貌。

③ 城市特色

城市色彩最直接地体现着城市的个性。独特的色彩特征可以让城市的面貌大为改观，并在众多城市中显得出类拔萃、独树一帜。北京以灰色调为主的复合色，既映衬着皇城根儿的独有气质，又体现着政治文化中心的恢弘气势；哈尔滨以米黄、黄白为代表色，彰显其历史建筑色彩；广州中明度、中纯度的色调彰显了它的地理环境、自然山水、文化内涵以及人工环境现状，也决定了广州城市色彩的复合与多元；成都的复合灰体现出了其休闲从容、兼收并蓄的城市性格；西安整体灰色主打的色调，体现出其浓郁的文化气息，符合西安的古都特色。

三、基于人的行为心理和活动的分析方法

一个人的心理因素能够影响空间感知，空间经验和空间说明。由于每个人的生活背景，文化背景以及他们的性格、爱好不同，造成了不同景观给个人带来不同的心理感受；同一个景观对不同的人的心理感受不同。基于人的行为心理和活动的分析方法，包括行动观察法、问卷调查法、动线观察法、心理实验法、认知地图法、内容分析法等。

1. 行动观察法

1）概念综述

（1）基本概念

行动观察（Action Observation）是指根据研究课题的需要，调查者有目的、有计划地运用自己的感觉器官或借助观察工具，对空间环境的使用者处于自然状态下的行为活动进行观测而获取数据的方法。这一方法在社会学、心理学、文化人类学等领域有广泛的应用，用于景观和环境设计中主要着重从环境行为关系角度去研究人群主观环境取向和行为方式。是通过对已投入使用的建筑或规划环境进行效用评价分析，指出在人的使用过程中设计对象所呈现的优缺点，以指导后续的设计或进行建筑环境改建等。观察法的成功与否取决于观察的目的与任务是否明确，观察和记录手段是否适当，以及观察者的经验和态度。

（2）优势与不足

空间环境只有符合使用者的行为模式，才能经得起时间检验。观察法可以直接观察到被观察者在自然状态下的行为表现，可以实地观察到行为的发生、发展，能够把握空间环境的全面情况、特殊的气氛和情境，所取得的数据和结果也才比较生动、真实，及时性强。但也有其不足之处：因研究者总是处于被动地位，往往只能等待行为的发生，因而难以观察到所需要研究的行为，同时收集资料颇费时间。另外，对观察的结果难以精确地分析，观察可能受到主观因素影响，难以完全客观公正，不适用于大面积的观察。在研究中，观察法还要与其他方法进行配合方能取得较为理想的效果。

（3）适用范围

日本建筑学会《应用于建筑・城市规划的调查分析方法》一书，总结了行动观察主要应用的五大研究方向：人体动作、空间占有、行动轨迹、群体行动和时间研究。与景观规划设计相关的主要有：①行动轨迹主要是进行空间使用者活动轨迹的研究，如特定公共空间环境中哪些地方是人流聚集的场所，公共服务设施是否充足及管理维护是否充分。②群体行动主要是研究群体的行为活动特征，比如规划设计交通集散地站前广场或商业中心时观察群体流动线路、步行速度、控制方式等。③时间研究主要是研究空间环境使用者的停留时间、排队队列、集中现象等。④空间占有的研究在诸如公园绿地等公共活动空间的规划设计时有着广泛应用。空间占有的研究包括使用者的领域感、空间分布或集中现象、休息座位的选择等，这也是本章重点

讲述的内容。

(4) 观察的视点

依据研究目的需要,从观察者的视点来看,动作观察主要有鸟瞰和虫瞰的方法。鸟瞰的方法指通过从空中或较高的地方观察。这个方法适合观察使用者行为活动的整体面貌,特别是群体流动的模式和分布模式等。该方法可以使被观察者不被观察者干扰,有利于观察结果的客观准确。但是由于距离较远,该方法难于观察到行动产生的原因和诸多细节问题。

虫瞰指密切接触被观察者的行为活动,甚至可以观测到身体语言、表情等丰富细节内容的方法。该方法的不足在于观察者容易对被观察者的行动产生干扰。为了避免这种负面影响,需要通过时间的流逝抵消被观察者对观察者存在的潜在意识。

2) 调查框架

行动观察的调查框架主要涉及 5 个方面:行动的种类、观察场所、观察方法、分析角度和数据形式,它们之间的关系如图 10-38 所示。

(1) 行动的种类

当人们的这种自然行动发生频率很低,采集不到足够的样本数据时,或者当某种空间条件下观察困难,甚至日常情形下观察不到,只有在非常时期才会出现的行为活动时,往往采取实验来观察行为活动。比如火灾发生时的避难行动,现场观察原则上几乎不可能,只有依靠实验的方法。而与实验行动相对应的就是自由行动。操作中应注意尽可能减少观察者对被观察的影响,使被观察者不受干扰地处于自然状态。

(2) 观察场所

观察场所依据空间环境的类型大体可分为室内和野外两种。建筑专业的行动观察经常在室内进行,风景园林专业则更多地使用野外调查。

观察场所选择的关键在于判断何处能有效地采集到足够多的典型样本。因此,应尽量选取有代表性的且发生事件率高的场所,在典型时间内进行集中观察。除了考虑场所的区位和空间条件等因素外,有的调查还需要考虑被观察者的属性。比如,在高龄化趋势下研究老年群体使用城市公共活动空间的特征,考虑到老年群体出行距离不会太远且很多集中于早晨活动的特性,所以选择靠近居住区的公园绿地往往效果会比较好,而且清晨也是一个不可缺少的调查时段。

(3) 观察方法

观察方法可分为直接观察和间接观察两大类。直接观察法中可进行定点观察和移动观察两种方式,定点观察主要有目测、测量、摄影等多种方式。移动观察主要通过在不被观察者发现的情况下尾随调查,并记录对方的行动或轨迹。间接观察指通过对物化了的对象进行的针对过去行为活动情况的观察。间接观察的手段有很多,如足迹观察、人数统计、计时调查、访问调查等。因为直接观察的数据更为丰富而客观,所以在行动观察中被普遍使用。间接观察则更多地作为辅助手段,与直接观察的数据结果相互校验,或者在直接观察较为困难时被采用(图 10-38)。

(4) 分析角度

行动观察的分析角度可以从时间轴或空间轴切入。

从时间轴切入,操作方法是在某个固定的场所进行调查,捕捉被观察者的行为活动在不同时间段的表现特征。比如,在旧城改造中被开发建设的城市广场,由于周边人口密度高,土地的综合使用、广场中游人的活动方式在不同时段将体现不同的行为特征。早晨以健身运动为

- 直接观察
  - 定点观察
    - 目测 —— 用肉眼观察行动
    - 测量 —— 测量人们的空间分布
    - 摄影 —— 用相机拍下人们的行为活动，然后绘制成图
  - 移动观察 —— 尾随调查 —— 在被观察着和周围人们不注意时尾随，并记录下对方的行动或轨迹
- 间接观察
  - 足迹观察 —— 在沙滩、草地等场所从踩过的足迹观察人们的行动轨迹
  - 人数统计 —— 在出入口或通过点等主要节点处，记录通过的人数，从统计结果推测人们的行动
  - 计时调查 —— 使用计时器等记录人们的通过时刻，从统计结果推测人们的行动
  - 访问调查 —— 在行动实验困难，且预期与行动实验结果误差不大时，有条件可以进行问卷或访谈调查，通过提问了解行动

图 10-38　观察方法

主，中午以观赏景观、休息为主，晚上以散步娱乐为主等。因此，只有经历了不同时段的完整观察，才能将广场使用的特性全面地表达出来。如果仅依靠某一时段的观察，就容易产生片面印象而导致很大的误差。

从空间轴切入，操作方法是在空间形态或地域特征各异的多个调查空间进行行动观察，分析被观察者在不同空间的行为活动特征。比如，位于居住区的公园绿地与位于商业区或办公区的公园绿地，游人的行为活动特征会有差异。在前者的公园绿地里老人的健身活动、儿童的游戏活动等都有可能进入主要活动方式之列，需要考虑健身区、游戏区等布局和设施的安排。而在后者的公园绿地里游人的活动方式可能会以散步、休憩为主，良好的景观和充足的休息设施将会受到欢迎。

（5）观察记录

行动观察采集到的观察结果有两种形式。一种是可以运用统计软件进行分析计算的定量数据。比如观察每种活动方式的人数，可以得到该处各主要活动方式人数构成比例及从多到少排序的定量数据。另一种是表现行为活动模式的定性数据。比如有研究观察人们在古典园林的长廊中或走动或停留的行动模式，分析停留处所见的景观视线特征，得出周边园林的景观构成方式与长廊中理想观赏点的位置关系。

进行行动观察，需要对观察结果进行记录。常用的记录方式有观察记录表、调查图示、拍照摄像等。观察记录表适合得到统计分析的定量数据。行动观察的记录表通常包括三大部分的内容：游人性别、年龄等基本属性，主要活动状况，调查的时间、地点、人员等附属信息。调查图示的形式多种多样，适合反映被观察者所处的空间环境要素和表达行为活动的方式和位置（图 10-39，图 10-40）。拍照摄像则因为记录快速便捷，所以作为辅助手段被广泛地使用。

实际操作中，上述三种记录方式可以同时使用，发挥各自长处，相互校验。比如在某处高楼鸟瞰观察附近一个城市广场的游人活动特征。调查设定每半小时观察记录一次，调查员仅一名，且在广场活动的游人较多，移动较快。这种情况下，适合每半小时先用相机拍照，然后依据观察结果和参考照片信息填写观察记录表，并将游人的位置和行为活动方式反映在调查图示中。

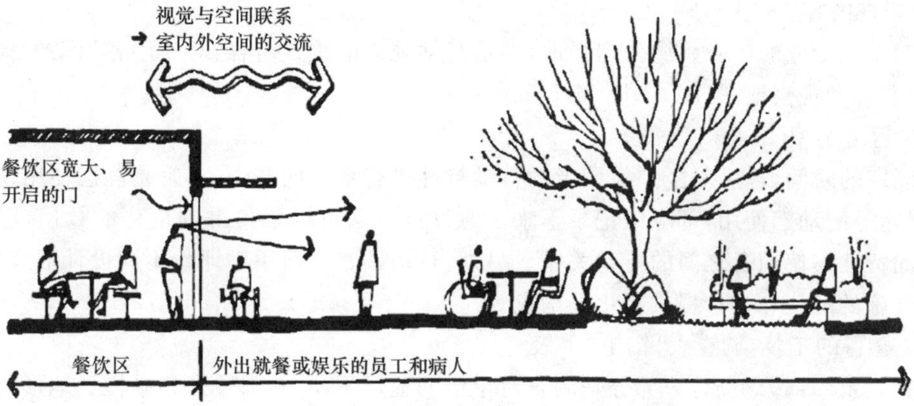

图 10-39　剖面图反映靠近餐饮区的户外空间常会被频繁地使用

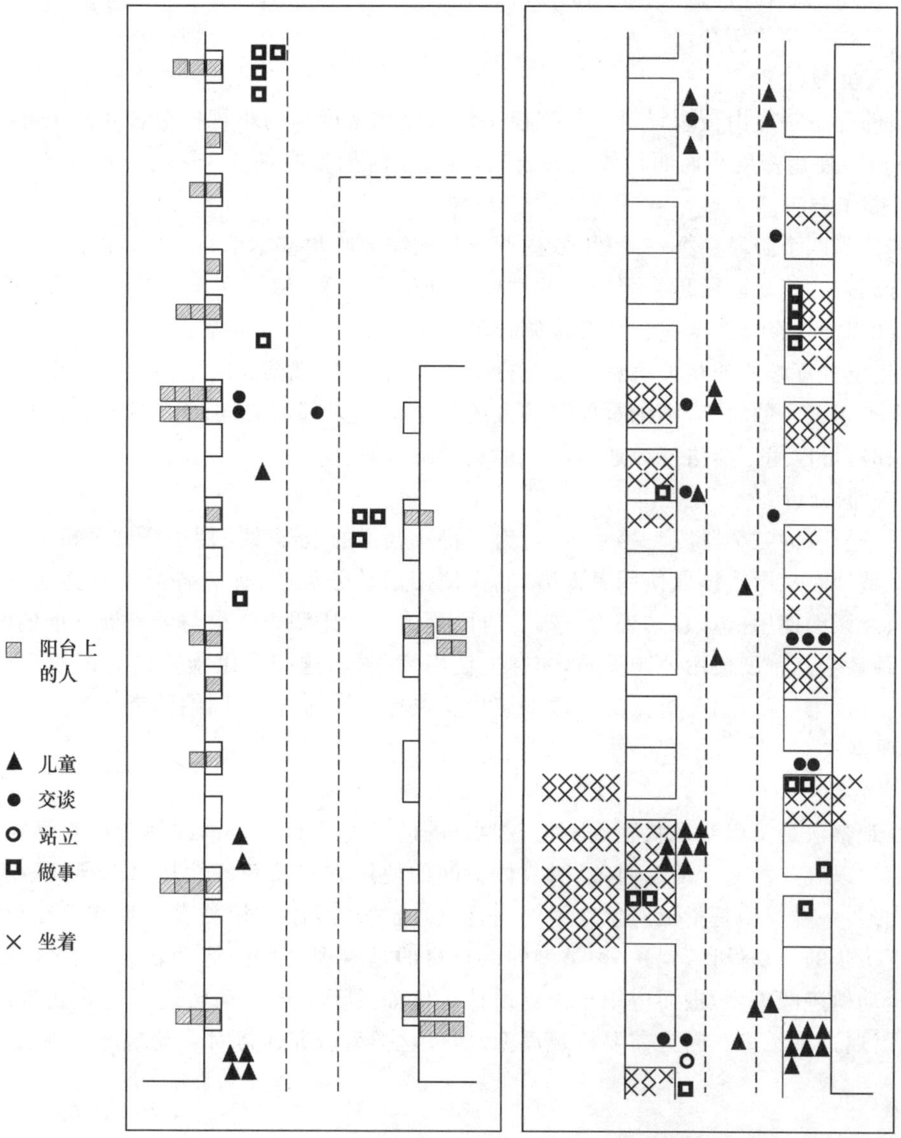

图 10-40　平面图反映右边街区带有前院，为户外逗留创造了很好的条件

3）调查内容

针对景观专业的核心领域公园绿地，揭示行动观察的重点内容：对使用者活动方式进行观察，并绘制行动观察地图(Activity Mapping)的操作方法。

（1）行为类型

在既定的时间段里，对公园使用者的行动特性进行系统的调查，不管是静态使用还是诸如散步、慢跑等的动态使用，都应该记录下来。通过该方法可以采集得到量化的数据，以分析公园的空间特性与使用者之间的行动关系。另外，行动调查也适用于评价不同设计形式的公园，为公园设施的配置和设计提供有用的信息。

（2）必备的工具：调查表、铅笔、手表

调查表由两部分组成，一部分是调查对象地的地形图，另一部分是记录栏。地形图里需要有树木、公园设施、喷泉、椅子等反映场地特征的信息。记录栏中通过综合观察给出被限定分类的游客活动列表，并包括游客的基本属性信息。另外，调查者还需要在旁边提供空白栏，以记录其他的调查相关信息。

（3）人员配备

人员的配备一般由被调查对象的规模决定。使用密度高的小规模公园可以安排 1 天 1～2 名调查员。使用密度小而面积较大的公园，可以平时配备调查员 3～4 人，周末 8 人左右。

（4）操作方法

调查分为四个阶段。第一阶段，依据调查目的需要收集基本信息，并决定是否需要在整个公园进行调查。第二阶段是将公园里的主要活动进行分类，编写在记录栏中。第三阶段决定观察需要的时间，将公园全体分片安排调查员。第四阶段，调查员站在各片区观察，在调查表中将时间、位置等必要的相关信息在空白栏中记下，既定的观察时间中出现的使用行为必须全部记录下来。记录的时候，不论是停留的人还是走动的人都需要同时记下。走动的人很多或步速很快时，可以用记测法统计通过同一地点的游人数。

（5）数据分析

数据分析分为三个阶段。第一阶段：为了将所获得的全部数据用于详细分析，需要进行数据的补充整理。从图上读取使用者人数，制作使用活动分类图，计算各类型行为活动的比率，不同公园片区的使用活动总结表等。第二阶段是检验对比调查结果与调查展开前的假设。比如，当初预计会高密度使用公园设施，实际上使用率很低，这样可以检查既定的管理维护措施是否合适等。第三阶段，分析得出的数据结果反映什么样的含义，归纳调查结论。

2. 动线观察法

1）概念综述

动线观察法是指以对现状正确地把握为目的的动线调查。与单纯地看或观察相比，动线调查是通过以人与物的运动为对象，对具体空间的使用方式及其特性从事的研究。动线研究有两种类型：一种类型是指出对象空间的问题点，通过动线图或相关表等形式总结研究成果，以指导下一步的规划设计。另一种类型的调查目的是再现人们的运动轨迹，通过研究形成关于人们运动轨迹的模型，进而应用于规划设计。比如关于群体运动轨迹或避难轨迹的仿真模型研究，就属这种类型。因为需要构筑模型，所以这类型研究通常对运动轨迹再现的精度要求比较高。

2）调查方法

（1）调查内容

概括而言，动线观察的内容可以涉及表 10-9 所列各项。第一大类的移动量中，通过次数指基准点的通过次数，或单位空间的进出次数；移动次数指两个单位空间之间的移动次数或移动频率；搬送量指物品或信息传送的数量。第二大类的时间中，停留时间包括等待时间、活动时间等；移动时间指两个地点之间移动所需要的时间。第三大类的动线中，距离指平面图上移动的距离；路线选择指两点间移动的路线选择倾向及理由；轨迹指在平面图上表现的运动轨迹。第四大类——典型的运动属于典型动线的观察。运动的路线指从哪里来，流向哪里。例如工厂、医院等的规划设计中，调查运动的路线相当于寻找各自业务的平面流线图（图 10-41）。完成上一项业务再进入下一项时所需的移动，对象为物品时称为运动的过程，对象为人时称为业务的流程。

表 10-9　　**动线观察的项目内容**

调查项目	1）移动量	（1）通过次数 （2）移动次数 （3）搬送量
	2）时间	（4）停留时间 （5）移动时间
	3）动线	（6）距离 （7）路线选择 （8）轨迹
	4）典型的运动	（9）运动的路线 （10）运动的过程 （11）业务的流程

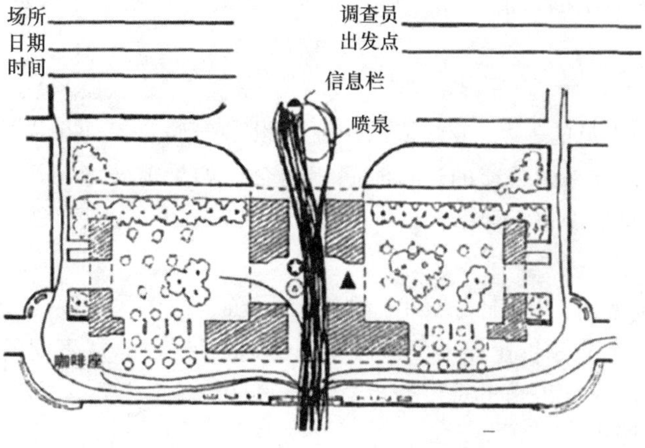

图 10-41　调查表案例——关于对象者经过路径的调查

（2）操作方法

通过实际操作得到动线观察的数据结果并不是一件容易的事情，特别是在大量的移动发生时，准确把握就更为困难。在实际操作中，需要依据调查项目内容的特点，尽量设计选择简单而实用的操作方法，准确充分地获得数据信息。定点调查指记录通过固定地点的调查对象或在固定地点记录视野内人的运动的操作方法。上述调查内容的①通过次数、③搬送量、④停留时间和⑤轨迹等项都可以通过定点调查的方法获得数据。而定点调查往往适用于调查对象人数众多的情形。追踪调查指调查员追踪记录调查对象的操作方法。上述调查内容的②移动次数、⑤移动时间、⑥距离、⑦路线选择、⑧轨迹等项都可以通过追踪调查的方法获得数据。尽管这种方法采集的数据精度最好，但是因为原则上调查员与调查对象为 1:1，在调查对象人数众多、调查空间狭小或干扰调查对象的活动等情形下不易采用。进行实际操作前还需要做好充分的准备工作。比如，制作打印多份包含平面图的调查表，用铅笔做记录。另外，还可利用一定的工具做记录，比如摄像机、记录动作的照相机等，近年来利用 GPS 做动线观察记录的研究也不断涌现。

3）公园利用研究的应用

动线观察在分析公园设施利用过疏或过密状况时，经常被使用。设施没有得到充分利用或完全没被利用，都属于设施利用过疏。与之相反，公园设施或广场因为利用强度太大而导致破坏或损伤的问题称为利用过密。

（1）调查内容

对作为研究对象的公园，有调查游园者在公园内经过路线及出入公园状况的，也有调查游园者选择哪条园路以及选择理由的。调查者在调查开始的阶段明确作业假设，会使调查更为有效。依据这个方法的调查结果，排除不同调查者价值判断的差异，是比较可靠的数据。在这方面，仅仅记录出发地、途经路线、到达地的数据，可靠性更高。

（2）必备的工具：调查表、铅笔

调查表有两种。如果想要调查关于追踪对象途经路线的情况，使用平面图比较好。如果仅仅想知道调查对象在公园内的出发地、到达地，可以使用统计表或平面图。

（3）调查人员

出发地数量较多的情形下，为了追踪调查或者一个人追踪要花较长时间的情况下，需要的调查人员数量较多。但是如果能够在看到公园全体的地方观察每个人的动线，即使 1 名调查员也足够了。

（4）操作方法

调查频率以及调查员的人数，最好依据作业假设事先确定。如果需要考虑来园公共交通的情况，调查时间应该与来园公交的运行时间相吻合。如果需要考虑游园设施间来回使用的情况，调查频率在平时最少也需要每小时 1 次，周末则需要更高的频率。

（5）数据分析

数据分析有两个方面：一个是分析平面图上表示游人群体的游线，依据这个分析能够明确游线选择模式。另一个是分析比较出发地点和到达地点。例如，从不同的入口进入，有可能向同样的出口集中，这样的分析结果对设计也有着重要的影响。

第 3 节　城市景观分析案例

一、基于 GIS 分析的岳西县天仙河风景旅游区规划设计

选取安庆市岳西县天仙河风景旅游区规划为案例，通过运用 GIS 的景观规划方法，重点

介绍运用 GIS 进行视觉敏感度分析和游憩设施适宜性评价的方法和步骤。

1. 安庆市岳西县天仙河风景旅游区现状特征

天仙河风景旅游区位于安庆市岳西县天堂镇以南 35 公里处，距天柱山风景名胜区 3 公里，是安庆市三山两水旅游战略的重要组成部分，位居潜水河中游，长 19 公里，北起王岭，南至菱角洲袁家渡，呈西北—东南走向，总面积 28 平方公里。天仙河作为潜水河的中游，是安庆市三大河流之一，是长江水源保护地的重要组成部分，也是大别山生态恢复区的组成部分，具有重要的水源涵养和水源保护价值。天仙河的审美特征主要是水秀（水清石明）、石奇、峡幽、山旷（眺望山体连绵、层峦迭嶂、烟雾缥缈）、居稀（民居分散、隐于山林）。因此，天仙河生态系统与自然资源保护、视觉敏感区的保护是其旅游业发展和持续繁荣的基础。

2. GIS 分析方法的应用

1）视觉敏感度评价

（1）视觉敏感性分析概述

视觉敏感性分析主要目的是为识别沿河漂流游赏时，两侧地形和景物对视觉质量产生的影响程度。通常视觉敏感性的评价以人的视线为主要标准，即位于河上视线直接所及之处为最敏感的区域，此区域内对地形、植被、建筑等的任何改造与利用及人类活动都能立即被河流上漂流的人看到。因此，此区域的空间环境、植被、地形、建筑等特质直接影响到对河流视觉质量的评价。次级敏感的区域为视线受一定阻挡后显露的山体、植被及更远层次的山峦、天空等。这个区域相对于最敏感的区域而言范围更大，但敏感度则有所降低，由于距离和视线的关系不可能对此区域内的细部特征观察得十分清楚，通常作为丰富视觉层次的背景。不敏感区域则是由于视线受遮挡而看不见的区域。由于人在观赏两岸景观环境时是处在运动的状态中，并且可以在每个视点作 360 度全方位的观察，因此完全受遮挡而看不见的区域范围应当很有限。在丘陵地区沿固定的流线观察周围环境时不敏感区域可能略有增大，其主要限制因素是两段山坡的坡度比，如果位置较低的山坡缓于位置较高的山坡，则位置较低的山坡将不可见，反之，位置较高的山坡就不可见。

（2）分析方法

运用 GIS 软件，描出河流路径，分析沿路径前进途中向四周观察的视野，区分出可见和不可见区域。在此基础上叠合由河岸向两侧退界 110 米形成的河岸区，由此形成一级敏感区（河岸 110 米内可视区）、二级敏感区（河岸 110 米外可视区）和不敏感（不可视）区（图 10-42，图 10-43）。

对应每一个敏感区域形成一套管理导则以控制和管理视觉质量。一级敏感区是应受到最严格控制的区域。为提高视觉质量，原则上不应有植被、山体的破坏和人为设施的存在。但是由于该区域临水，从坡度、高程、交通可达性方面存在建设的优越性，同时人类普遍有亲水的需要，在河岸滩建立设施，产生活动在所难免。应对河岸边建筑物、构筑物的数量、高度、层数、外观、颜色、材质、用途等做严格的限制和统一的规划，筛选在河岸边的游憩活动，尽量避免产生较大污染、噪声的活动。同时在该区域内严格实行景观恢复，建立多层次的景观体系，尽量采用乡土树种，经济树种和郁闭度较高、常绿、阔叶的树种，如板栗、毛竹等，保证一定的绿视率。二级敏感区范围较大，做大规模的改造和限制几乎不可能。同时，由于相隔一定距离，处于中景到远景范围会产生形状和颜色的透视，对于视觉质量不可能也不需要作精确的描述和控制，可以对建筑物的规模、颜色作适当限制，进行小规模的林相改造。应着重于生态保育和恢复，实行封山育林，控制和严防火灾，以自然作为恢复的主体。三级敏感区尽管在河上不能直接看

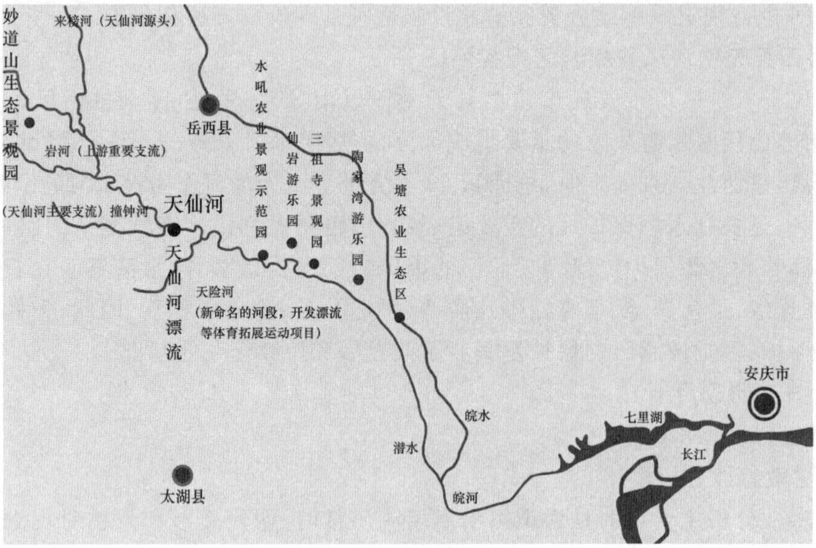

图 10-42　天仙河区位图

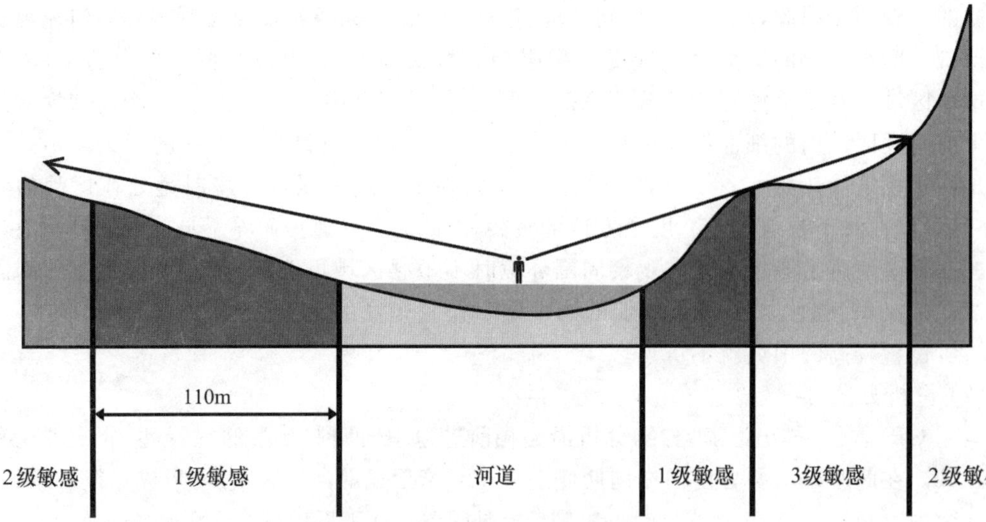

图 10-43　天仙河两侧视觉敏感度评价分区

到，但为求得与周边整体环境的协调，也应作一定的控制。建筑密度和层数高度应有一定的标准和限制，游憩活动及人类活动以不影响到一级敏感区为前提。

(3) 分析结果

运用GIS分析技术，建立分析框架，天仙河两岸视觉敏感度分为三级。一级敏感区主要分布于河道两岸一定范围内，是水上活动直接的环境区；二级敏感区是视线所及的山地远景区；三级敏感区是视线看不到的地域(图 10-44)。

2) 游憩设施适宜性评价

(1) 评价因子选择

游憩建设用地适宜度评价是建立在高程分析、坡度坡向分析、敏感度分析、交通分析等的基础上，对规划区域内游憩设施用地的适宜性程度的综合考察，目的是识别出对环境影响最小、可达性最高、综合成本最低、最适宜建设的区域。即将上文分析方法中提到的高程、微地形

图 10-44 基于 GIS 分析的天仙河两岸视觉敏感度分级

(坡度、坡向)、视觉敏感度、交通可达性等一一识别,并分别单独做出其对土地利用的影响,通过叠合的方法寻找出最适合的区域。

(2) 因子权重与权值的确定

土地的开发利用方式与各因子之间存在不同程度的制约关系,因子对项目的影响越大,其权重也就越大;而具体到每个因子的评价,即现有场地中因子条件的优劣程度相对应的数值则为权值,现场因子的条件越好,权值也就越高,权值的满分为 100 分。权重和权值选取的不同,直接影响最终的分析结果。通常采用专家打分法,即德尔菲法,这种方法很大程度上依赖于专家,包括以下三个步骤:

① 陈述研究的问题,将内容分为若干问题,规定统一的评估方法,并要求用数字表明结果。

② 选取数名专家,一般要超过 5 名,不多于 10 名,要求专家对当地情况有所了解,并对基地现状进行实体踏勘,使得所得数据误差小,针对性强。

③ 确定问题的最初定位,专家意见回收后,对各项因子进行统计归纳,并制作成表格(表 10-10)。

表 10-10　　影响游憩设施适宜性因素权重分配表

因子	分级	权重
高程	9	0.5
坡度	7	0.8
坡向	8	0.7
视觉敏感度	3	0.8
交通	10	1

(3) 综合评价公式

根据项目内容的不同，各项目关联因子的公式也有所区别，需建立综合评价因子集，即 $U=(U1,U2,U3,\cdots,U_n)$，其中 $U1,U2,U3,\cdots,U_n$ 代表各个影响因子，U 即为其因子综合评级计算后的结果；

评价公式为：$A=\sum(SK\times WK)$，其中：A—综合得分值；K—因子编号；SK—第 K 个因子的权值；WK—第 K 个因子的权重。

(4) 分析内容

① 高程分析。高程对建设的影响主要产生于交通的可达性及与水的接近。近水处高程较低，便于开展亲水活动，位置较高的点通常只能通过徒步和长距离的盘山路通达。高程的影响由低到高分为 9 级，从 60m 至 500m，颜色越深表示高程越低，即越适宜建设(图 10-45)。

② 坡度分析。坡度对植物生长和建筑物的建设均产生较大影响。通常坡度大于 25°时只能生长灌木和小乔木，坡度大于 45°则连草皮都难以生长。对建设而言，超过 25%的坡度就难以建设。坡度的影响从 0°到 62°分为 7 级，颜色越深表示坡度越缓(图 10-45)。

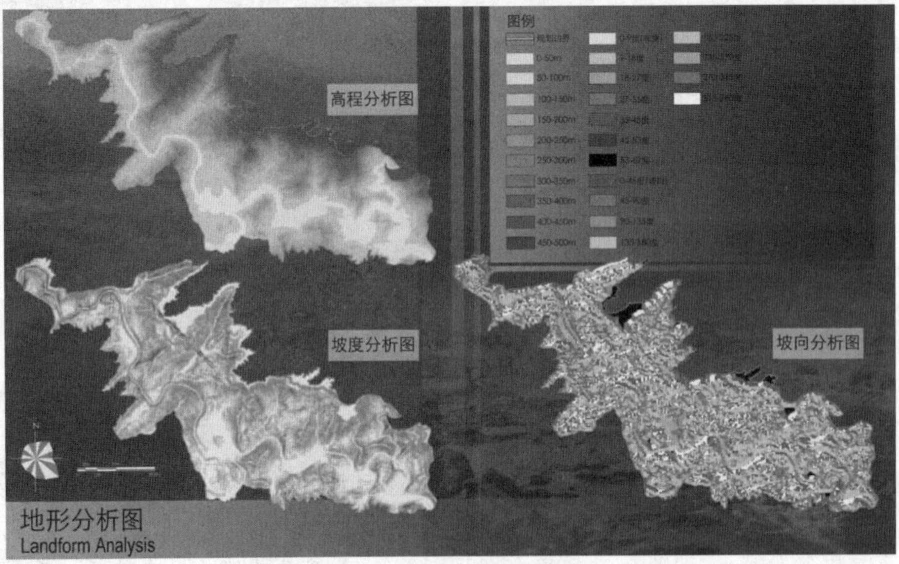

图 10-45　天仙河旅游区地形分析图

③ 坡向分析。坡向是小气候的重要组成部分。就建设而言山的南坡优于北坡，最优越的坡向是南偏东，能充分接受光照和通风，也有利于植物的生长，其次依次为南偏西、东偏南、西偏南、东偏北、西偏北、北偏东和北偏西。坡向的影响共分 8 级，颜色从南偏东向北偏西依次递减(图 10-45)。

④ 视觉敏感度分析。视觉敏感区内的建设受颇多限制(体量、用途、色彩、材质、高度、层数等)，加大了建筑设计和施工的难度，同时敏感区内对人类活动和游憩使用也有一定的限制，一定程度上降低了敏感区内建设用地的吸引力。敏感度的影响分为三级：敏感区、次级敏感区、不敏感区，色彩越深代表敏感性越低。

⑤ 交通影响。接近道路的地区可达性高，便于开发，由于现状道路基本是沿河绕行，因此河流沿岸最易开发，高程越高，开发越难。交通影响共分 10 级。

⑥ 分析结果。叠合后的结果显示，最适宜游憩建设开发的地区依次为溪沸村、1 号码头、

东渡村、水车畈、撞钟村、菱角洲及对岸(图 10-46)。

图 10-46　游憩建设用地适宜性评价图

(资料来源:上海同济城市规划设计研究院,同济大学景观科学与旅游系.安庆市天仙河旅游区规划设计)

二、基于视觉美学的鄢陵鹤鸣湖景观分析

1. 鄢陵鹤鸣湖概况

鹤鸣湖位于鄢陵中心城区西北部,是城市新区的中央绿心和未来城市空间拓展的重要引擎。鹤鸣湖现状湖面面积 1900 亩,南北长 330～990m,东西阔 2170 米,规模相对偏小,岸线平直,长宽比例有失协调导致水域视觉景观单调、缺少层次和变化等问题。下文从视觉审美角度分析鹤鸣湖的景观构成以期对其水域规模和岸线形态提出调整建议。

2. 视觉美学分析方法的应用

1) 鹤鸣湖水岸视线分析

(1) 观赏点的分类及选取

按照人的行为观景的特点可将观赏点分为三类:点状、线性和面状。点状通常为制高点或能够获得特殊视觉感受的观赏点。线性视点主要指以人的行进路线为特征的多视点线性组合,拥有连续的视觉感受,并随着观赏者的行进不断变化,最终形成景观的整体形象;面状视点是指在较大面域范围内多观赏点的集合。

鹤鸣湖的视线分析根据现状调研情况,分别从东南西北四个岸线方向上选取 1、2、3、4、5 五个具有代表性的点状观赏点,根据水平视角 45°～60°的视域形成的景观清晰平和、最适宜静态观景的视觉原理,四个视点所看到的近、远景景象如图所示(图 10-47)。视点 1 位于湖的西岸,近景看到距离视点 450 米的湖中岛,远景看到距离视点 840 米的堆土区;视点 2 位于湖北岸堆土区的南部,近景看到距离视点 300 米、450 米的湖中岛和南岸突出的半岛,远景看到距离视点 900 米的西岸线;视点 3 位于湖北岸堆土区的北部,近景可看到距离视点 330 米的伸入水中的亲水平台,远景看到对岸的南侧岸线;视点 4 位于湖南岸的亲水平台,近景看到距离视点 350 米的北岸的堆土区,远景可看到距离视点 800 米的北部岸线;视点 5 位于鹤鸣湖的北部人工堆砌约22米高的鄢山，是观鹤鸣湖和城市的最佳视点。根据人的视觉敏锐度对前、中、远景的划分，大致可以分为视点至360米处为前景部分，360～540米为中景范围，540以及更远为远景范围。当然，具体的近中远景的划分还要根据空气质量、景观构成而有所差异。5个观赏点视线所及范围基本上都有远景，而缺少中景或前景。另外，在每个观赏点所看到的近景和远景的景观效果接近，虽然岸线曲折有变化，但所形成的沿湖观景时空间感基本没有变化；沿湖7800米岸线只有750米的岸线可以看到纵深1000米以上的水面，占整个岸线的10%，使得游人在观景时感觉湖面小、景观层次少，纵深感不强。

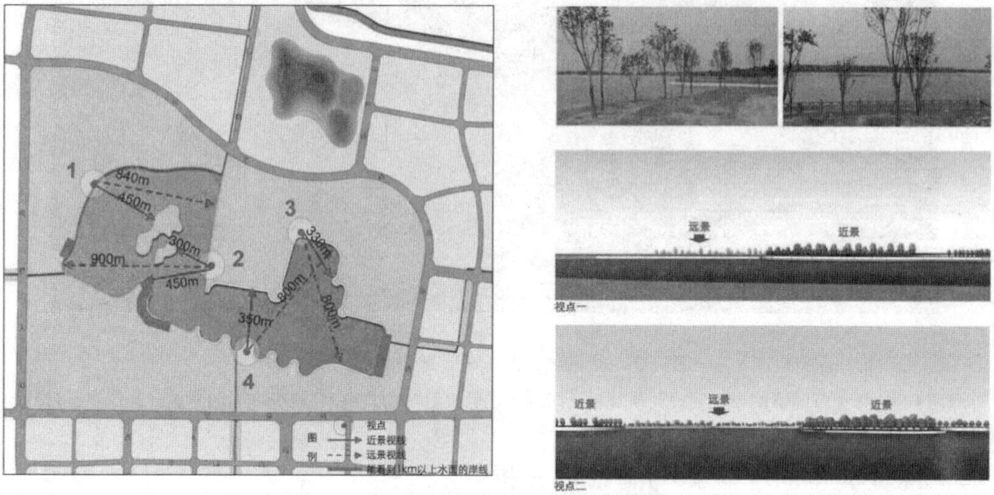

图 10-47　鹤鸣湖沿水岸视线分析

视点5离水面较远，主要视线廊道与水体短边一致，因此站在山顶点上观景，首先映入眼帘的是城市道路和公园绿地，相对来讲水景进深短浅，形态狭而瘦。而且由于人静止观景时，最佳视域范围为60°，因此实际上看到的仅仅是鹤鸣湖三分之二的水面宽度，观景视域面小(图10-48)。

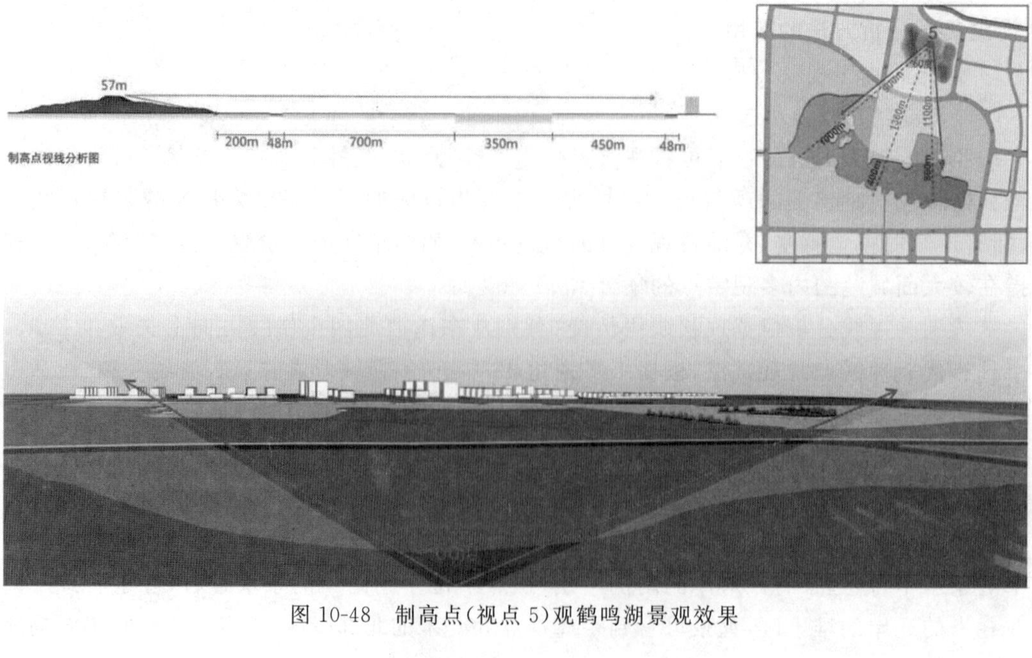

图 10-48　制高点(视点5)观鹤鸣湖景观效果

（2）与西湖滨湖景观视线的对比

在我国，拥有较大尺度开敞水体空间的城市有很多，但最为著名的是杭州西湖。自春秋以来，西湖历经千百年的自然演变和人文营建，自然景观与人文景观交相辉映，成为诸多城市湖泊景观设计和建设的典范。

对杭州西湖滨水景观视线的分析亦是以点状观赏点为主，分别选择苏堤上的压堤桥（视点 1）、望山桥（视点 2），西湖东岸的六公园（视点 3）3 个视点，3 个视点均有能塑造纵深感强的远景，距离视点的距离为近景的 4-6 倍左右，并且中间层次有多个近景或中景，观水视线丰富。大部分岸线可以看到纵深 1 000m 以上、色阶连续变化的水面（图 10-49）。并且南北山岳互为对景，山在水边，在山上能看到南北向的纵深水面（约 2 000m），在山岳观景视线廊道间，有孤山，白堤和湖中三岛，塑造了丰富的景观层次（图 10-50）。

图 10-49 杭州西湖沿水岸视线分析

图 10-50 杭州西湖山岳视线分析

因此，从景观美学角度分析，若想塑造优美、风景制胜的景观效果，从“景”的角度，应扩大鹤鸣湖的水面规模、增加景观层次和纵深感，从“观”的角度，应确定和引导最佳视点，将设计与人的感受紧密结合表达。

2）鹤鸣湖规模扩大和形态调整后水岸视线分析

在前面分析的基础上，在保留鹤鸣湖原有形态和岸线的基础上，对鹤鸣湖采取往南、北两个方向扩大水面面积，原环湖路成为湖中堤，在岸线的东西南北四个方向分别选取 a、b、c、d 四个视点重新评价形成的新景观(图 10-51)。

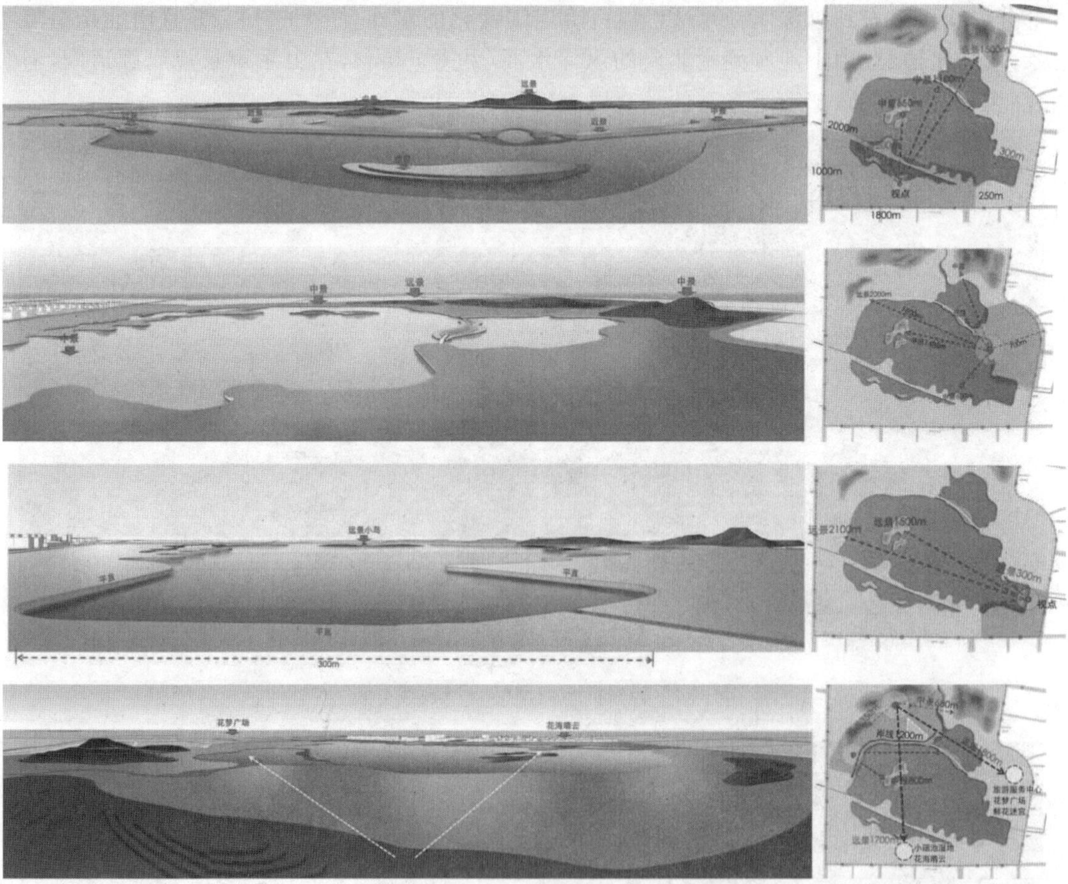

图 10-51　设计水面线视线分析

视点 a 位于南部新拓湖面的南岸，视线所及范围形成包括湖中岛、长堤等近景，中景现湖中岛，远景鄢山及其余脉，景观内容类型多样，层次丰富，且水面扩大后拉长了南北景深；视点 b 位于鹤鸣湖的东北，东西向本就有较深的纵深感，中远景内容丰富，但缺少近景景观层次，因此建议在接下来的设计中增加近水岸的景观内容；视点 c 位于鹤鸣湖的东岸，远景视线辽阔，但近景视线受限，多看到平直的岸线，因此，为减弱岸线对视觉的影响建议在近景的岸线种植挺水植物以软化边缘；视点 d 位于西部新增山体的较高处，远处色彩绚烂的花梦广场和花海晴云通过明亮的色彩丰富远景内容，而弱化了近景不足的问题。

三、基于行动观察调查的日本皇宫外苑景观提升改造

1. 日本皇宫外苑现状特征

选取日本皇宫国民公园部分作为例子。日本的皇宫被称为皇居，外苑原属于皇居的一部分，于 1949 年被确立为国民公园，免费对外开放，面积约 $47hm^2$。皇居外苑位于东京市的地理中心，四周为护城河所包围，一侧通向皇居，另一侧比邻丸之内中央商务区。皇居外苑是日本的标志性景观场所，以草坪、广场为主，并在园路和广场上铺上白砂，种植松树，形成具有日本传统景观特色的白砂青松(图 10-52，图 10-53)。

图 10-52　皇居外苑的白砂、松树

图 10-53　皇居外苑另一侧的中央商务区

因为皇宫外苑的空间布局、公园设施和对游客的限制管理规则等，在 1949 年确立为国民公园后基本没有变化，所以该研究旨在解决皇居外苑无法应对时代变化需求的问题，通过对游人使用的行为活动状况的调查，检讨作为硬件设施的空间环境和作为软件设施的管理规章。因此，调查从三方面展开：①空间环境状况，包括地形、植载、设施等；②游人的行为活动状况，包括使用方式、人数密度、基本属性、景观视点等；③使用管理状况，包括使用限制规则、游人服务项目等。

2. 行动观察分析方法的应用

对于重点部分的游人行为活动调查，采取了行动观察的方法。首先，调查将 $47hm^2$ 的皇居外苑依据地形、园路、铺装等特征划分为 24 个片区进行定点观察。在 2002 年 7 月 10 日，天气晴朗，从早上 9:00 到下午 5:00(皇居的开园参观时间)，每隔 30min 取样观察记录一次。游人的行为活动方式被分为 3 种：观光散步、休息、马拉松等。记录的主要内容包括依据这 3 个分类统计各自活动方式的人数和位置，各片区活动人数与密度，拍照留念的人数与密度等(图 10-54，表 10-11)。综上所述，该研究使用的行动观察属于“自由行动—野外—定点观察—时间轴—定量数据”的模式。

调查结果将便于观察操作的 24 个小片区数据合并，归纳出 7 个空间独立分区的游人行为活动特征。研究进一步提出了今后公园改造的具体指导意见，以优化提升皇居外苑 50 年前形成的空间布局、园区设施、管理措施等，使之适应现今国民公园的使用需要。

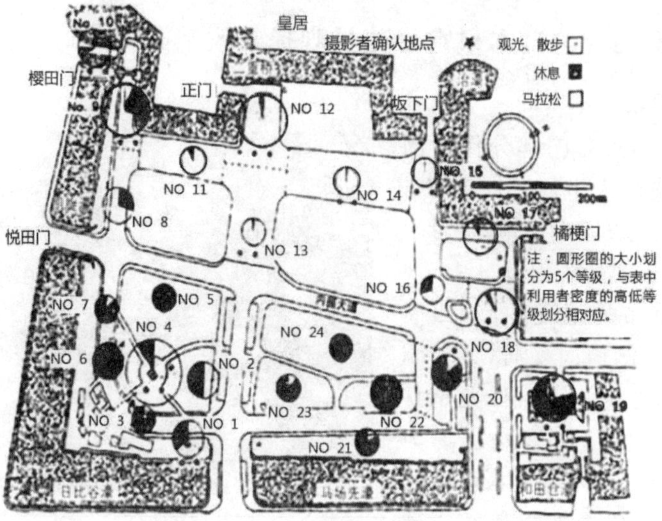

图 10-54　调查地点利用形态和利用者人数密度

表 10-11　　　各调查地点的利用状况一览表

地点编号	利用者数/人	各种利用形态比例			利用密度		团体利用者率/%	拍照	
		观光、散步/%	休息/%	马拉松等/%	利用者人数密度/(人/m²)	利用者人数密度的等级划分		拍照人数/人	拍照人数密度/(人/m²)
1	216	64.8	34.3	0.9	0.05	Ⅱ	54.2	5	0.01
2	210	50.5	49.0	1.0	0.05	Ⅱ	45.2	0	0
3	25	16.0	84.0	0	0.02	Ⅰ	0	0	0
4	218	90.8	9.2	0	0.17	Ⅴ	82.6	41	0.03
5	258	2.7	96.9	0.4	0.02	Ⅰ	0	0	0
6	71	1.4	98.6	0	0.04	Ⅱ	0	0	0
7	61	11.5	88.5	0	0.01	Ⅰ	0	0	0
8	147	2.7	24.5	72.8	0.04	Ⅱ	54.4	0	0
9	306	5.6	24.8	69.6	0.11	Ⅳ	53.9	4	0.01
10	58	67.2	8.6	24.1	0.04	Ⅱ	0	8	0.01
11	38	92.1	7.9	0	0.01	Ⅰ	0	0	0
12	543	96.3	3.7	0	0.11	Ⅳ	64.5	230	0.05
13	228	97.4	2.6	0	0.01	Ⅰ	83.3	23	0
14	143	99.3	0.7	0	0.01	Ⅰ	60.8	2	0.01
15	27	100.0	0	0	0.01	Ⅰ	0	8	0.01
16	34	70.6	29.4	0	0.01	Ⅰ	29.4	0	0
17	136	91.9	8.1	0	0.04	Ⅱ	0	0	0
18	218	89.9	4.1	6.0	0.06	Ⅲ	73.9	22	0.01
19	349	21.5	74.2	4.3	0.06	Ⅲ	0	23	0.01
20	180	15.6	83.9	0.6	0.03	Ⅱ	0	0	0
21	138	16.7	82.6	0.7	0.01	Ⅰ	0	0	0

续表

地点编号	利用者数/人	各种利用形态比例			利用密度		团体利用者率/%	拍照	
		观光、散步/%	休息/%	马拉松等/%	利用者人数密度/(人/m^2)	利用者人数密度的等级划分		拍照人数/人	拍照人数密度/(人/m^2)
22	194	4.1	95.9	0	0.03	Ⅱ	0	0	0
23	149	12.8	86.6	0.7	0.02	Ⅰ	0	0	0
24	256	2.7	97.3	0	0.01	Ⅰ	0	0	0

注：Ⅰ不足 0.03 人/m^2；Ⅱ0.03 人/m^2 以上，不足 0.06 人/m^2；Ⅲ0.06 人/m^2 以上，不足 0.09 人/m^2；Ⅳ0.09 人/m^2 以上，不足 0.12 人/m^2；Ⅴ0.12 人/m^2 以上。

第11章　历史文化保护分析

第1节　历史文化保护分析的基本内容

历史文化资源，指的是在人类历史文化遗存的诸多实体当中具有独特的功能、现代资产价值、能够进行科学合理的开发利用，甚至扬弃升华的资源。它所承载的历史信息、历史材料、历史文化内涵、历史地位作用是不可再生的，无可替代的。本章所讨论的历史文化资源主要包括历史建筑、历史文化街区、历史文化名城及城市文化与特色。

一、历史建筑

历史建筑是有一定历史、科学、艺术价值的，反映城市历史风貌和地方特色的建(构)筑物。通过历史建筑的保护可以帮助人们在繁华都市中寻找精神与文化上的定位。

1. 历史建筑与城市的关系

历史建筑是构成城市文化和风貌的重要组成部分，很多历史建筑都还在正常使用，与居民生活密切相关，承载着城市记忆和多维价值，是塑造差异化城市风貌的重要因素。克里斯汀·博耶指出，历史建筑是唤起人们对城市记忆的特殊符号，不同时期的建筑能使人们获得多样性的城市体验，促使人们重新思考和评价其所生存的城市的存在意义。

历史建筑在城市中形成大小不一的点、斑块，与城市均质面形成差异性。小体量单体建筑对城市沿线景观起到良好的调节作用，体量大的历史建筑会成为城市的重要地标，成为人们对某个城市印象的标志记忆。

2. 历史建筑的周边环境

历史建筑周边环境包括人文环境和自然环境。其中人文环境包括其周边相邻建筑、所处区域的文化经济特征等；自然环境包括地质特点、气候环境、水土资源等特质。历史建筑的保护不能将历史建筑看成唯一需要保护的对象，而是要将其周边环境纳入整体考虑范围之内。对周边环境的破坏会对历史建筑的价值体现带来很大的负面影响。例如，遵义会议会址的保护中，其周围1.5平方公里内近4万平方米民居全部被拆光，留下该旧址像纪念碑一样突出。当整个历史故事的特定情节被破坏时，历史建筑就失去了原真性、整体性，其价值也就降低了(图11-1)。

3. 与历史建筑相关的历史事件及历史人物

1964年通过的《保护文物建筑及历史地段的国际宪章》(也即《威尼斯宪章》)中关于历史建筑的阐述为：历史古迹以及能见证某种文明或历史事件的城乡历史环境。历史建筑价值的体现离不开历史人物及历史事件等这些人文属性。人文属性与物质属性息息相关。每一时期的历史建筑都有其特点。历史建筑的功能、形态、布局总是与所处的政治、经济背景相联系。我国现存大量历史建(构)筑物都是一些脍炙人口的历史事件发生地，如襄阳古隆中的三顾堂，就是刘备三顾茅庐、诸葛亮作隆中对策时的纪念堂。通过了解历史建筑经历的有关政治经济背景、社会人文信息资料，有助于理解历史建筑的发展过程。

图 11-1 遵义会议会址及其周边环境

4. 历史建筑自身分析内容

历史建筑自身分析内容包括大量与该历史建筑相关的信息，例如：建筑最初的修建年代、建筑用途、相关的建筑师、建筑的变更信息、建筑产权、建筑的门牌号、建筑朝向、布局、层数、进深、高度、院落形式、建筑面积、占地面积、使用单位、主体结构、建筑构造及建筑材料、建造技术、建筑质量状况、立面形态及细部装饰、建筑设备、建筑构筑物及陈设、绿化等调查。同时，该自身分析内容还包括建筑使用者数量、性别资料、家庭收入、教育水平、平均年龄、职业统计等。

二、历史文化街区

历史文化街区是指经省、自治区、直辖市人民政府核定公布应予重点保护的历史地段。历史文化街区内涵丰富，是城市生活的一个重要组成部分。它以整体的环境风貌体现其历史文化价值，展示着某历史时期的典型风貌特色，反映着城市历史发展的脉络。

1. 历史文化街区与城市的关系

随着人们日益增长的精神需求，目前各地对历史街区的保护越来越受到重视，处于核心地位的历史街区被誉为“城市历史的活化石”和“城市名片”，引领城市品位和地位的提升。

2. 历史文化街区的周边环境

历史街区的形成并发展总是基于一定的自然环境和人工环境。

1）自然环境

自然环境、地方性环境会对历史街区的形成产生很大的影响，也必然会促使其形成相应的特征和面貌。因此不同地域的历史街区总会呈现出深深的地方性烙印，如北京的四合院、陕西的窑洞等(图 11-2、图 11-3)。

2）人工环境

街区周边建筑情况、用地性质、道路系统、开敞空间等都对历史文化街区的保护有着重要的影响。如上海新天地广场就拥有位于淮海路及太平桥地区旁边的优势区位，通过对旧式里弄再开发与生活形态重建，不仅促进了历史文化的保护工作，而且还取得了丰厚的经济回报。

3. 民俗、文化内涵

历史街区中一般都蕴含着民间艺术、民俗精华等无形的文化内容，在保护有形物质文化的

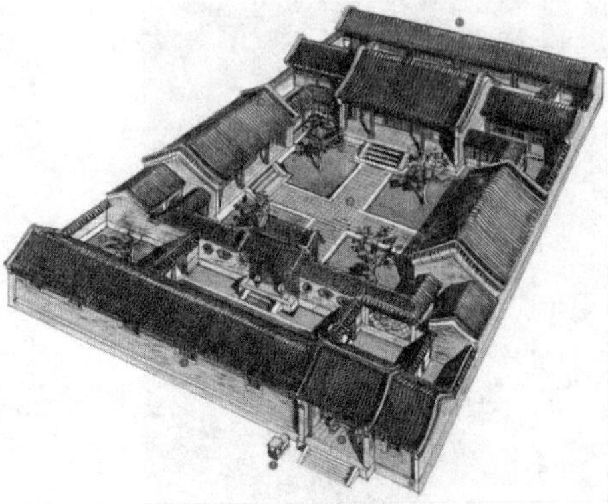

图 11-2　北京四合院

图 11-3　陕西窑洞

同时，还要注重保护蕴含的民俗文化遗产，如饮食文化、雕刻文化、客栈文化和民间艺术文化等。

4. 历史文化街区本身

1）空间肌理

空间肌理是历史街区的规模和呈现出的组织规律。从建筑密度的角度来说，历史街区的图底关系直接反映了其空间肌理；从空间尺度上来说，空间各要素组成的结构所表现出来的形态也是空间肌理的表现。

空间肌理的组成要素主要包括路网和水网、建筑实体结构、公共空间等物质及人文地貌、生活习俗、历史文化等精神层面内容。其中，路网和水网作为重要骨架，是空间肌理的关键元素之一，影响街区的整体格局、建筑肌理，也是人们对一个街区意象感知的直接来源。保留街区内特殊的路网肌理，不仅能保护和延续城市空间肌理，同时还能表达一种特殊的文化蕴涵。例如上海老城厢的路网正是典型例子（图 11-4），它拥有数百年城市发展的历史痕迹，蕴藏着各个城市发展时期丰富的物质与非物质的历史遗存，集中体现了清末民国初以后上海的传统城市生活文化。

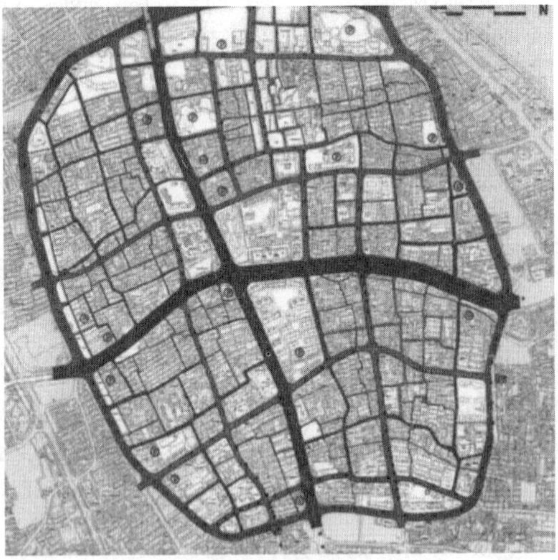

图 11-4　上海老城厢路网

2）景观界面

就视觉景观形象而言，景观界面是构成空间的物质实体，因此景观界面对于历史街区环境形象有重要作用。景观界面包括主要景观视线所及的建筑、自然界面以及街道界面和开放空间周围的界面。它展示着历史街区的文化，是体现街区风貌特征的重要部分，也是组成街区文脉的重要要素。

3）街巷空间

街巷作为一种基本的城市线形开放空间，既承担了交通运输任务，同时又为居民提供了生活的场所，是旧时人们生活环境中重要的组成部分。在中国的北方平原地区，街巷仍是突出的城市骨架，一般表现为一种规整的几何形态，体现了理性秩序的原则；南方广大地区则是以自由形态的街巷为主要特征。

传统小尺度街巷的空间，与街巷宽度和围合它的建筑或围墙也有着直接联系。芦原义信认为，当街道的宽度与两侧建筑的高度比值 $D/H=1.5\sim2$ 时，是比较合理的比例关系，空间尺度比较亲切。同时，他进一步提出：$D/H=1$ 是空间性质的转折点。随着 $D/H>1$ 时，空间会产生扩大远离之感；随着 $D/H<1$ 时，空间则越来越产生紧迫感；当 $D/H=1$ 时，构成空间的实体的高度与间距呈现协调匀称之感(图 11-5)。

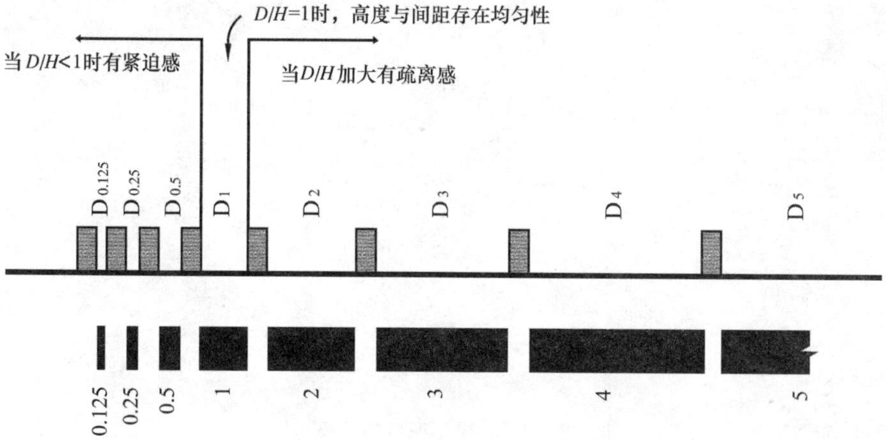

图 11-5　街巷尺度对心理的影响

4）其他

除包含历史建筑本身需要分析的内容之外，还包括历史街区内部的构筑物种类、数量、分布及状况：如古井、桥、古树等，以及对街区土地利用、道路街巷系统、管网管线、绿化、社会经济等内容。

三、历史文化名城

历史文化名城是指“保存文物特别丰富并且具有重大历史价值或者革命纪念意义的城市”。除上述历史建筑及历史文化街区分析内容之外，历史文化名城更注重整体性分析，将城市与环境的关系整体考察、将历史与现在整体考察、将城市的物质形态和文化形态整体考察，据此获得准确和全面的分析。

1. 城市的历史、社会、经济背景和现状情况

对历史文化名城的历史沿革、社会、经济背景的分析，是历史文化名城保护的重要组成部分，通过分析“无形文化”形成的来龙去脉，有利于对历史文化名城特色的诠释。不同的历史、社会、经济背景，都能在一定程度上反映在城市建筑、风貌之中。例如我国传统建筑侧重群体塑造出的空间美，而西方传统建筑更突出单体建筑的形体美。

2. 城市的演变

掌握城市的演变过程对于全面而整体的保护历史文化名城是十分有益的，例如坐落在渭干河与库车河绿洲之上的新疆库车县，城市建设的演变过程表现出了明显的与河流水量变化相适应的趋势(图 11-6)。

3. 历史文化名城格局

影响历史文化名城格局的因素包括自然地理环境、文物古迹分布格局和街巷路网格局等。

1）自然地理环境

城市周边的山川河流、植被地貌等自然地理环境，对城市历史和文化的形成有重要的作

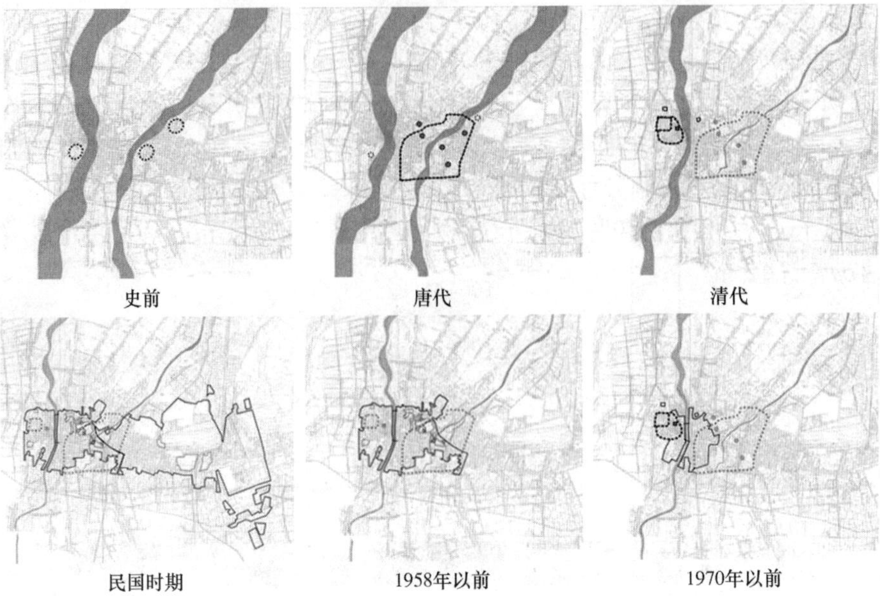

图 11-6　库车城区的演变

用，通常是历史文化名城格局的重要组成部分。例如福州古城四周有“左旗、右鼓、南五虎、北莲花”的四象砂山环绕，有“二送龙水、九水环束”的水网滋润，因此其历史文化名城保护的格局就为构筑“一城七镇(村)、一江二湖、百河润邑、群翠绕城”的空间网络保护结构(图 11-7)。

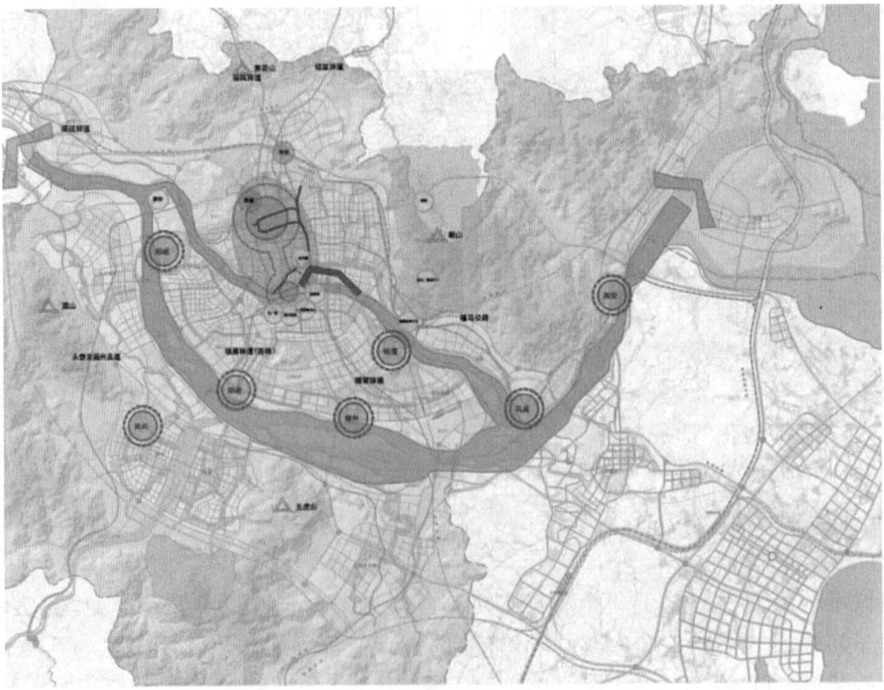

图 11-7　福州城市空间格局保护示意图

2）文物古迹格局

对历史文化名城内部文物古迹划分片区，并进行年代划分和类型划分，形成不同类别，从而简单明了的提出文物古迹的分布规律、空间格局。

3）街巷路网格局

街巷路网格局也是影响城市格局的重要组成部分，分析多样化的街巷路网，有助于确定历史文化名城格局。

通过分析历史建筑与自然环境的内在关系、各级历史建筑间的内在关系、各历史阶段的街巷路网人居环境关系等确定整个历史文化名城应该主要彰显哪些元素，这些元素之间的联系如何，在此基础上，确定历史文化名城的格局。

4. 历史文化名城风貌

风貌是一种城市形态的反映。北京南城北城的建筑风貌，体现了近代史的思想交融；一百年前的王府井作为中国商业活动的开始，成为历史发展中间思想交融的产物。政治地位、经济、文化与重大事件，对建筑形式、城市风貌都产生重大的影响。如古代屋顶的翘角，在福建就翘得很高，在北方就翘得平一点；到了皇宫屋顶就是黄色的，其他地区就是白墙黛瓦，有鲜明的等级观念，如果等级观念打破了，风貌就破坏了。

5. 民俗精华、传统工艺、传统文化

历史文化名城的价值除了文物古迹、历史文化街区、自然环境等，还包括其具有的传统民俗、工艺等的文化地位。

四、城市文化与特色

城市是文化的载体，许多专家和学者对城市文化进行了研究；但在概念的界定上，还没有形成完全统一的共识。吴良镛先生《中国建筑与城市文化》中，定义广义的城市文化包括：文化的指导系统，主要指对区域、全国乃至世界产生影响的文化指挥功能、高级的精神文化产品和文化活动；社会知识系统，主要指具有知识产生和传播功能的科学文化教育基地，以及具有培养创造力和恢复体力功能的文化娱乐、体育系统等多种内容。艾伯亭等学者认为，城市文化是指具有城市特征的文化模式，是城市在发展过程中形成的生活环境、生活方式、生活习俗和价值观念结合而成的复杂整体，以及其在城市物质空间和社会活动中的反映。城市文化是变化的，它随着城市的发展而变化，但它的变化相对于城市的变化是缓慢的，是一种相对稳定的表现形式。

城市文化是形成城市特色的源泉。城市的标志性建筑、代表性景观、城市格局和风貌，城市的名人、名作、著名的文化事件，独特的民俗风情等各个时期的文化遗产诉说着这个城市的历史，是城市的文脉和灵魂，也是城市的特色，是城市知名度和吸引力的源泉。城市特色空间体系是城市文化的空间映射，只有具有相当丰富的文化底蕴的城市才能称得上具有独特的景观风貌，而城市文化的发展也只有依托当地独特的自然、社会、人文景观风貌才具有旺盛的生命力，可以说，城市特色空间和城市文化在根本上是统一的。

城市文化与特色主要体现在以下几方面。

1. 文化基因

文化基因是相对于生物基因而言的非生物基因，是指那些与普通人日常生活关系最密切的，具有鲜明特色的基本文化因素。文化基因主要表现为信念、价值观、思维方式、行为方式、习惯等。一座城市内在的生命力，在很大程度上取决于城市历史文脉的延续和发展。任何一种文化都有其遗传性，不论社会如何发展，文化的遗传基因通过潜移默化的作用和自觉的传承进行传递，最终促进了城市文化的发展。

2. 城市空间布局与街区特色

城市的总体布局,到局部景观,再到建筑风格,都要体现城市文化和城市特色,是城市特性和特征的物质表现。作为城市中最易识别、最易记忆的部分,城市的整体布局是城市特色的魅力所在。

城市街区是城市的肌理,是历史沉淀下来的物质空间布局,包含丰富的自然资源与人文资源。通过保护其空间格局、自然环境及历史建筑,城市历史文脉、人文生命、城市的历史感得以延续,城市历史、城市精神的传承、城市文化生命的完整性得到保护。城市空间布局体现城市文化,展现城市特色。

3. 山、水空间格局

山川、水系反映城市的自然、历史文化特征,是组成城市整体架构的主要因素,对城市的产生和发展起着举足轻重的作用。山川、水系还具有旅游娱乐、文化教育等社会功能,是城市特色和历史文化的载体,是城市风韵和灵气之所在。

4. 城市色彩

城市色彩,是城市公共空间中所有裸露物体外部被感知的色彩总和。不同区域的城市由于地理位置、气候和历史文脉形成自己的城市特点。每一个城市有着一个固定的地域颜色氛围,随着我国城市化进程的加快,对城市色彩规划的需求越来越大。但有关城市色彩规划的法律规定和技术标准尚属于空白,满足不了城市建设发展的需要。

5. 街道景观

街道景观在城市的发展和更新过程中既是外部形态、城市形象的展示主体,又是城市空间、城市文化的载体。街道景观是城市的重要组成部分。人们对城市最直接最经常的感受来自街道;街道蕴含着城市文化,更是一个城市发展变迁的缩影,所以有人把街道比喻为“没有屋顶的城市客厅”。街道格局展现了城市形态的演变过程,记载着重要历史事件和故事。富有特色的街道景观规划,对于深入挖掘城市文脉,抽象、凝练、强化城市文化,促进街道景观多元化发展,营造赋有传统文化、地域风格和时代精神的街道景观具有十分重要的意义。

第 2 节　历史文化保护分析方法

历史文化资源是城市重要的不可再生资源,是城市的名片和象征。对其进行合理的评价和分类是做好历史文化资源保护与再利用的前提。

一、历史文化资源调查与评价方法

历史文化资源调查是对城市辖区范围内的历史文化资源进行全面系统的实地调查、记录、整理,力求形成较为完整的资源名录。通过对发现的历史建筑和历史文化名城的价值与保存现状进行评估,进而认定其保护等级,调查与评价是历史文化资源获得保护的第一步。

1. 历史文化资源调查方法

历史文化资源基础资料的获得、收集、汇编的深度,直接影响到后续的资源价值评估、保护与更新、资源的再利用等方面。既要重视显性的物质形态,也要注重隐性的历史生活环境;重视资源本体资料的收集,也要对资源周围环境的调研;注重文化研究,也兼顾社会、经济问题的研究。主要的调查方法包括文献收集与解读、实地调研、走访和座谈会、问卷调查及测绘等。

1) 文献收集与解读

(1) 建筑本体信息的收集及汇编。包括建筑最初的修建年代、建筑用途、相关的建筑师、建筑的使用者、建筑布局、建筑主要结构体系、建造技术、建筑材料、建筑设备、室内陈设等。

(2) 历史文化资源变更信息收集。通过查阅历史文献或者不同年代照片对比等手段了解历史文化资源的变更信息，可以弄清历史文化资源哪些部分是原先建造的，哪些部分是后期建造的，从而为后期的修缮保护提供可借鉴的资料。

(3) 历史文化资源所处环境信息收集。包括人文环境和自然环境。人文环境包括周边相邻建筑、所处的区域的文化经济特征等；自然环境包括地质特点、气候环境、水土资源等特质。

(4) 相关政治经济背景、社会人文信息资料的收集。每一时期的历史建筑都有其特点，历史建筑的功能、形态、布局总是与所处的政治、经济背景相联系的。

(5) 相关建筑类型的研究及比较分析。相近年代或者相近区域的历史建筑总是具有某些共性，这包括建筑风格、建造技术、建筑材料等。反之，通过上述因素的研究可以判定建筑的建造年代、建造背景等史实。

优点：帮助调查者建立对历史文化资源的初步印象。

缺点：文献资料收集存在一定困难。

2) 实地调研

(1) 历史文化资源本体信息调查。包括建筑布局、层数、高度、面积、区域位置、使用单位、主体结构、建筑构造及建筑材料、建筑质量状况、立面形态及细部装饰、建筑设备、建筑构筑物及陈设、绿化等调查。还包括与历史风貌相关的构筑物种类、数量、分布及状况：如古井、桥、古树等，以及对街区土地利用、道路街巷系统、管网管线、绿化、社会经济等内容。

对建筑的现状调查依据建筑现状调查表进行调查，对每幢建筑物进行各立面和院落拍照；对与历史风貌相关的构筑物调查时按点状地物来对待，在调查图上绘出这些构筑物的位置，并进行编号和拍照，相关的属性数据调查按与历史风貌相关的构筑物调查表内容填写。

(2) 历史文化资源周围环境状况调查。为历史文化资源的原真性信息保护提供依据；找出现状环境对于历史文化资源再利用的有利因素和不利因素。

(3) 历史文化资源使用者及其社会经济状况调查。包括人口数量、性别资料、家庭收入、教育水平、平均年龄、职业统计等。如在历史街区调研中，除人口的数量、年龄结构、性别结构情况外，更需要知道每一个院落和独立建筑单体的具体人口分布信息，因为在历史街区的保护规划中，保护与整治方式最终是具体落实到每一个院落和独立建筑单体，每种保护与整治方式下，影响的人口数，以及为了提高历史街区的居住生活质量，需要迁出部分的居民，均需要实现院落和独立建筑单体与人口信息的关联。为了保证人口信息的权威性，有关人口资料应从当地公安机关获取。

优点：获得的资料准确，详实。

缺点：对于规模较大的历史街区或历史文化名城，调研工作量较大。

3) 走访座谈会

走访是指规划者深入需要调研的历史文化资源内部，进行入户走访，或是根据需要，划分年龄段、类别等进行随机采访。根据情况的需要，有时还需要以普通人的身份融入被采访者中，从而获得更加真实的资料。

座谈会是指邀请历史文化资源使用者、有经验的专家或相关主管部门，针对调研对象进行相关问题的讨论，需要控制讨论的内容围绕调研探讨的问题上，在轻松的环境中，使大家表达自然真实的想法。

走访和座谈会调研的方法在开始进行之前，调研人员宜事先对历史文化资源通过文献收集与解读、实地调研的方法进行一定程度的了解，从而设计好各种需要补充了解的问题，具备专业素质的同时还需要具备一定的访谈技巧。调研的过程可根据被采访对象接受的程度，采用书面、录音、视频的方式进行记录，提高记录的可靠性，以便日后查看分析。

优点：可以了解历史文化资源发展的过程、文化内涵、使用者的亲身感受，了解到人们的内心想法。

缺点：基本为被采访对象的自身感受，不代表全部使用者；多为口头流传的事件，很多内容缺少文献的记载考证，可信程度需要进一步鉴定。

4）问卷调查

随着互联网络的普及，问卷调查已不仅仅局限于传统的纸质问卷调查，还可以通过在线进行网络问卷调查。

优点：调研范围较广。

缺点：被采访者的责任心不同，调研结果存在一定程度的失真性。

5）测绘

测绘包括建筑形态特征测绘以及现场材料记录两部分，测绘记录成果包括测绘图纸、数据表格、相片资料、视频资料、相关文史记录、3D 模型、残损报告等多种信息，可通过文字说明（包括表格数据）、摄影摄像、测绘图等表达方式呈现出来。图纸测绘可通过 GPS 卫星定位技术采集各处文物古迹的经纬度坐标，然后直接采用坐标映射的手段在专业地形图上定位，防止了传统人工手绘制图的主观性，而且便于与 GIS 数据库、各类其他资料衔接。

历史渊源资料的收集与汇编、现状调查与分析、测绘等相互关联或者对应的几部分，且需要相互对照比较，找出其中的差异，以确保历史文化资源信息的原真性。

2. 历史文化资源分类

历史文化资源按照历史功能和使用特性来分，一般包括历史建构筑物（群）、近现代建构筑物（群）、古遗址、古墓葬、石刻、历史地段、古镇古村等基本类型；按照空间形态和格局特征，则可分为“点、线、面、山水”4 类评估主体（表 11-1）；按照历史文化资源同现有保护体系的关系，还有法定保护类和非法定保护类之分。

表 11-1　基于空间形态和格局特征的历史文化资源分类

<table>
<tr><th>资源类型</th><th>点状历史文化资源</th><th>线型历史廊道</th><th colspan="2">面状历史文化资源</th><th>山水混合遗产</th></tr>
<tr><td>基本内涵</td><td>与城市肌理关系不大的、以相对独立的点状形态分布的历史文化资源</td><td>历史城市线型功能系统的整体环境（涵盖其保护范围内建构筑物）</td><td>历史文化镇村</td><td>城市、镇村中具有历史传统特色的相对集中的历史地段</td><td>对城市历史格局具有重要影响的综合自然山水和其他各类历史资源的混合遗产区</td></tr>
<tr><td>类型构成</td><td>包括历史建构筑物（群）、近现代建构筑物（群）、古遗址、古墓葬、石刻等资源类型</td><td>包括交通系统（道路、铁路、桥梁、水路）、防御系统（城墙、护城河）、绿化系统（道路绿化等线型绿化系统）、河道系统及其保护范围内的历史建（构）筑物</td><td colspan="2">包括与城市肌理（街巷肌理、空间肌理等）具有密切关系的历史地段或与城市肌理关系不大、相对独立但不小于 1hm^2 的历史建筑群</td><td></td></tr>
</table>

3. 历史文化资源评价方法

(1) 基于历史功能和使用特性分类的历史建构筑物(群)、历史地段、古镇古村等类型,国内学者朱光亚教授、赵勇及加拿大环境部都建立相应的评价方法。

① 针对历史建构筑物

朱光亚教授提出由 5 个一级指标,22 个二级指标组成的评价体系(表 11-2),指标体系适用于建构筑物、遗址、墓葬等资源类型,该体系具有适应性和推广性。

表 11-2　法定保护类遗产的评估指标构成

艺术和技术价值	建筑风格
	建筑结构
	设计水平
	建筑规划
	装修
历史价值	年代
	有关人物
	有关事件
	历史背景
环境价值	连续性
	认同性
	景观作用
	规划布局
	地域标志
使用价值	适应性
	相容性
	造价
	基础设施
	目前状况
情感价值	新奇感
	宗教崇拜
	象征作用

② 针对历史文化镇村,目前有建设部、国家文物局发布的《中国历史文化名镇(名村)评价指标体系》(表 11-3),由价值特色、保护措施 2 大类、14 中类、23 小类指标组成,是对名镇(名村)价值特色和保护措施的综合评价。

表 11-3　　历史文化名镇(名村)评价指标体系

指标	指标分解及释义	分值升降方法指标填写	最高限分	实际得分
一、价值特色			70	
1. 历史久远度	(1)现存历史建筑、文物保护单位最早修建年代	民国初 3 分;明、清 4 分;元以前 5 分	5	
2. 文物价值(稀缺性)	(2)文物保护单位最高等级	县市级 1 分;省级 3 分;国家级 5 分	5	
3. 重要职能特色或历史事件名人影响度	(3)反映重要职能与特色的历史建筑保存完好情况 (重要职能特色指历史上曾作为区域政治中心、军事要地、交通枢纽和物流集散地;或少数民族宗教圣地;或传统生产、工程设施建设地;或集中反映地区建筑文化和传统风貌)	一级 3 分;二级 2 分;三级 1 分。 一级:历史建筑(群)及其建筑细部乃至周边环境基本上原貌保存完好 二级:历史建筑(群)及其周边环境虽部分倒塌破坏,但“骨架”尚存,部分建筑细部亦保存完好,依据保存实物的结构、构造和样式可以整体修复原貌 三级:因年代久远,历史建筑(群)及周边环境虽曾倒塌破坏,但已按原貌整修恢复	3	
	(4)重大历史事件发生地或名人生活居住地历史建筑保存完好情况		3	
4. 历史建筑与文物保护单位规模	(5)现存历史建筑与文物保护单位的建筑面积	名镇:$5000m^2$为 1 分,每增加 $2500m^2$增加 1 分。 名村:$2500m^2$为 1 分,每增加 $1000m^2$增加 1 分	5	
5. 历史建筑(群)典型性	(6)保存有集中反映地方建筑特色的宅院府第、祠堂、驿站、书院、会馆等的数量	1 处 1 分,每增加 1 处增加 1 分。 注:宅院府第每处建筑面积不小于 300 平方米,其他面积不限	6	
6. 历史环境要素	(7)保存有体现村镇传统特色和典型特征的环境要素(指城墙、城(堡、寨)门、牌坊、古塔、园林、古桥、古井、100 年以上的古树等)数量	2 处 1 分,每增加 2 处增加 1 分。 (拥有 50%保存完好的城墙为 1 分,每增加 10%增加 1 分,以保存城墙的长度为基准衡量,出现明显断裂坍塌的分值减半)	5	
7. 历史街巷(河道)规模	(8)保存有形态完整的、传统风貌连续的的历史街巷(河道)数量	2 条 1 分,每增加 1 条增加 1 分。 注:历史街巷或河道的走向、宽度均应保持原貌,且长度不应低于 50 米,3 条及以上需有相交街巷,否则分值减半	6	
	(9)保存有形态完整、传统风貌连续的历史街巷(河道)总长度	200 米 1 分,每增加 200 米增加 1 分。 注:两侧或一侧有建筑的街巷(河道),历史建筑比例应为 60%以上;对所有历史街巷(包括两侧均无建筑的街巷、河道),其路面(河岸)保持传统材料及铺砌方式的比例均应为 75%以上	6	

续表

指标	指标分解及释义	分值升降方法指标填写	最高限分	实际得分
8. 核心保护区风貌完整性、历史真实性、空间格局特色功能	(10)聚落与自然环境完整度	聚落自然环境完整优美 2 分,聚落自然环境一般 1 分	2	
	(11)空间格局及功能特色	聚落空间格局保持较为完整,传统功能尚在为 1 分;聚落空间格局保持十分完整或仍保存有明显特殊功能(消防、给排水、防盗、防御等)反映传统布局特色理论的 2 分;聚落空间格局既保持十分完整并且保存有明显特殊功能反映传统布局特色理论的 3 分	3	
	(12)核心保护区用地面积规模	注:核心保护区内历史建筑、文物保护单位建筑面积至少占 50%以上,其中: 名镇 5 公顷及以下 1 分;每增加 2 公顷增加 1 分。 名村 2 公顷及以下 1 分;每增加 2 公顷增加 1 分	5	
	(13)核心保护区历史建筑、文物保护单位用地面积占核心保护区全部用地面积比例	50%及以下 1 分,每增加 10%增加 1 分	5	
9. 核心保护区生活延续性	(14)核心保护区中原住居民比例	50%及以下 1 分,每增加 10%增加 1 分。 注:每公顷用地面积常住人口不得小于 50 人,否则分值减半	5	
10. 非物质文化遗产	(15)拥有传统节日、传统手工艺和特色传统风俗类型,以及源于本地,并广为流传的诗词、传说、戏曲、歌赋的数量	2 个 1 分;每增加 2 个增加 1 分	3	
	(16)非物质文化遗产等级	省级 1 分,国家级 3 分	3	
二、保护措施			30	
11. 保护规划	(17)保护规划编制与实施	已编制完成保护规划 3 分;规划已经批准、并按其实施的 8 分。 没有按保护规划实施,造成新的破坏的此项不得分	8	
12. 保护修复措施	(18)对历史建筑、文物保护单位登记建档并挂牌保护的比例	50%及以下 1 分;每增加 10%增加 1 分。 其中,未在挂牌上标注简要信息的分值要减半(简要信息包括历史建筑、文物保护单位的名称位置、面积高度、形式风格、营造年代、建筑材料、修复情况、产权归属、保护责任者等情况)	10	
	(19)建立保护规划及修复建设公示栏情况	建立保护规划公示栏 1 分;建立保护规划、修复、建设公示栏的 2 分	2	
	(20)对居民和游客建立警醒意义的保护标志数量	2 处 1 分,4 处及以上 2 分,未设置核心保护区保护范围标志的分值减半	2	

续表

指标	指标分解及释义	分值升降方法指标填写	最高限分	实际得分
13. 保障机制	(21)保护管理办法的制定	办法已制定1分;正式颁布为2分	2	
	(22)保护机构及人员	有保护管理人员1分;有专门保护管理机构的2分;已成立政府牵头多部门组成的保护协调机构3分	3	
	(23)每年用于保护维修资金占全年村镇建设资金	10%及以下1分;每增加10%增加1分。(注:资金使用范围内限于镇、村建成区范围内)	3	
总计	其中:一、价值特色为　　分;　二、保护措施为　　分		100	

该评估体系兼顾了名镇(村)的价值特色与保护措施两大方面,覆盖了多方因素,评估全面而系统;"价值特色"方面的指标遴选兼顾了物质文化遗产和非物质文化遗产评估,评估标准制定得相对周详细微,对于历史文化名镇(村)的评估具有较好的参照意义和推广价值。

③ 针对历史地段资源评价,我国学者梁雪春等人,提出了我国城乡历史地段综合价值的模糊综合评判(表11-4),在牺牲精度和系统性的前提下,通过覆盖最主要的指标因子(如建筑、空间与环境),于现实操作中实现以定性为主的分级判断,因而更为快捷和可行。

表11-4　　城乡历史地段综合价值的模糊综合评估

综合价值	人类活动	历史上的名人名事
		传统民俗民风
	建筑物	历史、艺术、使用、科学的综合价值
		建筑整体风貌统一性
	空间结构	地段的建造房子、空地和绿地间关系保存的真实性
		历史性土地划分和交通模式保存的真实性
	环境地带	有特征的地貌和景观与人类活动关系的密切程度
		生态环境管理、保障措施
目标层	准则层	指标层

(2) 基于空间形态和格局划分的"点、线、面、山水"四类历史文化资源,国内学者吴晓教授等人,建立一套由两级指标、多项因子构成的分级评分体系(表11-5)。根据实际评估结果,可以针对非法定保护类历史文化资源进行不同的等级划分,其原则上要与现行法规相吻合,与保护规划相衔接。

其中,面状历史文化资源经过评估后,只有超过一定的门槛值方可准入"历史地段"范畴加以考虑;在此基础上,再根据评估分值的高低,进一步将其划分为历史文化街区(或历史文化名镇名村)和一般历史地段(或一般古镇古村)两个等级;而其他三类资源可以直接根据评估结果,划分为不同的等级:严格保护类、重点保护类与一般类资源,并以此作为依据制定不同的应对策略。

表 11-5 历史文化资源评估的基本指标

资源类型	一级指标及其权重	二级因子
点状历史文化资源	建筑艺术 & 科学价值(25%)	(1)是否著名建筑师设计
		(2)反映历史时期艺术创作和建筑技术
		(3)反应某种典型的风格和特殊的建筑类型
	历史价值(35%)	(1)反映历史时代特征
		(2)与历史事件相关
		(3)与历史人物相关
		(4)在历史格局中的地位
	环境价值(30%)	(1)与城市开放空间、城市干道的关系
		(2)是否形成地标景观
		(3)是否位于历史地段内
		(4)是否位于风景区内
		(5)在文化空间网络中的地位
	使用价值(10%)	(1)现状保存状况,建筑质量
		(2)与现代功能的关系
		(3)建筑的再利用转换和发掘新功能的修缮成本
面状历史文化资源	格局与风貌(50%)	(1)城市构成要素完整性
		(2)建筑风貌连续完整性
		(3)历史建筑所占比例
		(4)与自然山水互动关系
		(5)用地规模
	整体历史价值(20%)	(1)类型稀缺性;时代代表性;历史格局关联度
	个性资源重要性(10%)	(1)文物古迹情况;无形要素影响度
	功能活力(20%)	(1)现状保存状况
		(2)传统功能保存状况
		(3)现代功能适应性
线型历史廊道	历史价值(30%)	(1)在国际国内的历史知名度
		(2)与历史事件、历史人物相关
		(3)在历史空间格局中的地位
	景观价值(30%)	(1)空间环境风貌连续性
		(2)文化、艺术或科学价值
	环境区位影响(20%)	(1)与城市开放空间、城市干道的关系
		(2)是否有地标景观
	功能活力(20%)	(1)可供挖掘和展示的潜力
		(2)现状保存状况
		(3)个体资源级别与丰富度

续表

资源类型	一级指标及其权重	二级因子
山水混合遗产	历史价值(25%)	(1)在国际国内的历史知名度
		(2)与历史事件、历史人物相关
		(3)在历史空间格局中的地位
	景观价值(35%)	(1)生态环境综合质量(包括水体洁净度、山体植被生态质量、物种多样性等)
		(2)景观品质与特色
	环境区位影响(30%)	(1)与城市开放空间、城市干道的关系
		(2)是否形成地标景观
		(3)交通可达性
	功能活力(10%)	(1)保护范围(综合历史沿革、地形地貌、道路格局、空间景观等因素确定的用地规模)
		(2)可供挖掘和展示的潜力

二、历史建筑保护分析方法

伯纳德·费尔登(Bernard M Feilden)在《历史建筑的保护》(*Conservation of Historic Buildings*)中作了如下阐释:“保护是指防止衰败并动态的管理所发生的变化,包括延长文化或自然遗产寿命的所有举措,其目的是为观者或使用者呈现历史建筑所携带拥有的艺术与人文信息。其中以最小影响的动作为佳,尽可能的可逆并且不妨害将来进一步的介入工作。”下面列举两种较常使用的对历史建筑保护的分析方法。

1. 基于整体视角的历史建筑保护分析方法

整体性保护文物古建筑群有以下三个层次:首先,保护文物古建筑群本体是保护工作的核心。文物古建筑群本体是古城的精华部分,是多组文物建筑的组合体,具有极高的历史、科学、艺术价值。要保护文物古建筑本体的真实完整,包括保护地上和地下的各类型遗存的真实性与完整性,如建筑物、构筑物、遗址,以及附属文物泥塑、石碑、古井等。要保护文物古建筑群的关联性。其次,保护文物古建筑群周边环境中的历史风貌和空间格局。还要保护蕴含在文物古建筑群所在古村镇中的传统文化生活。再次,要保护文物古建筑群所在古村镇依托的自然环境,包括古建筑群内和周边范围内能观察到的山形地势、绿化植被等有形的空间景观和环境风貌。

1) 历史信息

(1) 历史建筑本身:保护文物建筑本体和院落格局。

(2) 历史建筑周边人工物质实体:周边建构筑物、道路格局、公用设施

影响风貌与空间整体性的要素主要有建筑高度要素,建筑体量,建筑材料与色彩,屋顶的形式与色彩,道路格局,空间尺度和视觉景观等要素。同时也是重要考虑要素。

2) 周边环境

应当保护文物古建筑群区域自然环境的原生性。因为自然环境是影响古城选址的因素之一,文物古建筑群与自然环境的有机结合,体现了古代建筑群对自然条件的适宜性,更提升了

文物古建筑群的整体价值。因此应当保护自然环境的原生性。尽管受到自然力的影响，自然环境发生了变迁，也不应当过多地改变自然环境特征。例如河流干涸或改道，河水冲刷出的沟壑仍然应当予以保留。对于历史建筑景观视线范围内的山形地势划入保护区内，严格控制。

2. 基于城市更新的历史建筑保护分析方法

有些历史建筑因为本身的历史、艺术和科学价值非常丰富和珍贵，因此充分研究其原状态，并最大程度地将其恢复到原状态是这类历史建筑常见的保护。而有些历史建筑在建筑发展史上并没有什么特殊的地位，而且相当一部分的使用和保存状况不甚合理，因此对这类历史建筑的保护和再利用则可以考虑城市更新的理论，通过一定的手段，使历史建筑重新回归社会生活。

1）评判价值优先级

基于城市更新的保护，首先要认清历史建筑中核心文化与价值，并在后续的保护中对其表示尊重并保存下来，并在可能的情况下对其进行强化。区分价值优先级有助于理清历史建筑的文化脉络，对拟介入的更新决策设置优先级。价值的划分可参照前文所述的朱光亚教授对于非法定保护类遗产的评估中涉及的几方面进行判断。

2）判断保留内容

对历史建筑的保护应符合“最小伤害原则”。即使对其进行更新改造，也是建立在保护的基础之上的，因此在历史建筑的更新中必然存在很多限制性的边界条件，对于改造中去除的部分一定要得到客观专业的评估及广泛认可，露出的部分需有重大历史或考古意义，添加的部分应可以灵活拆卸，并且相应的调整应根据建筑本身的保存状态的承受力，为今后更加完善的技术实施留有余地。

3）确定改造后功能

在判定历史建筑核心价值及需要保留的历史遗迹后，结合建筑的空间环境、建筑结构、建筑材料、周边环境等确定历史建筑被赋予的新功能。例如在巴黎左岸的发展规划中，有许多建于 20 世纪初期和中期的历史建筑被改建作为巴黎第 6 大学和巴黎第 7 大学的教学建筑。其中建于 20 世纪 20 年代的巴黎大面粉厂厂房和建于 1946 年的巴黎大面粉厂仓库分别被改建成大学的图书馆和教学楼。

三、历史文化街区保护分析方法

1. 基于有机更新的历史文化街区保护分析方法

城市有机更新是对城市中已经不适应发展着的城市生活地区作出有计划改建，使之重新发展和繁荣。有机更新方法包括形态空间与地域社会空间、环境空间。

1）功能业态分析

以南京书店街为例，调整街区功能性质，引入多元化产业功能。在承担传统经济、商业功能外，还可增加文化功能、休闲游憩和娱乐功能、遗产保护和环境保护功能等附加功能。

(1) 更新文化类商铺类型：受网络购物及电子书的冲击，书店街不可能顽固坚持传统商业模式，需要引入新的商业业态，发现新的经济增长点。

(2) 从传统观光购物功能向休闲游憩功能转化：从书店街目前的业态结构看，街区业态以餐饮购物为主，但是书店街发展需要引入休闲时尚元素和与旅游密切相关的特色产品商店，以人流的进入和流动，客观上带动周边地区进入休闲旅游型生存状态，形成休闲旅游服务产业和经营形态。

(3) 扶持老字号、增加特色商业店铺：书店街若想更新客源结构，将旅游者引入书店街内，需要控制书店街的商业网点类型，增加与旅游相关的特色产品、老字号的商铺。书店街历史悠久且一直位于开封市商业中心，因此街区内保留不少老字号，但是随着解放后公私合营及国有企业改革的不利，许多老字号徒留建筑及牌匾而不见当年的风采。如书店街中“包耀记”“晋阳豫”，两家店建筑装潢独特、风格迥异，也是开封著名的老字号，以经营南货、糕点著名。但是目前两家店的匾还在，可经营的早已不是南货、糕点，其中一家已经经营起了书店。

2) 空间环境分析

历史文化街区是经过漫长的历史时期逐步形成的，其内部的街巷格局、建筑风貌等都是历史文化的载体，反映着城市文化传统的延续和发展。基于有机更新的历史文化街区保护需要深入挖掘、充分认识其内涵，明确其核心价值，并予以保留。但更新式的历史文化街区保护必然要符合现代社会的生活方式，就要选取适当位置增加公共服务设施、停车设施、道路绿化等。

3) 节点景观分析

节点就是一些要点，是在城市中观察者能够由此进入的具有战略意义的点，是人们往来形成的集中交点或是日常来往必经之点。某些集中节点成为一个区域的中心和缩影，其影响由此向外辐射，它们由此成为区域的象征，被称为核心。在历史街区的外部空间中，节点空间往往是人们聚集较多的地方。在历史街区的更新过程中，应充分结合地形特点和路径形态特征，适当组织一些休闲广场，进行节点设计，提供人性化的交流休息场所，增加空间的情趣和舒适感，又可以通过在节点空间设置具有地域特色的标志物，增强历史街区的可识别性，强化节点特征。

2. 基于 GIS 分析的历史文化街区保护分析方法

2000 年，联合国教科文组织与东南大学建筑学院合作成立了 GIS 中心，以提高中国文化遗产规划和研究水平。GIS 技术开始应用于历史街区的规划和保护管理中，推广 GIS 在历史文化遗产保护和管理中的应用。

通过现状调研获得的大量文字、图形、图像等资料和信息都具有定位特性，属于空间信息的范畴，需要空间信息的管理技术对它们进行有效的管理，并以此为历史街区保护规划编制的依据。传统方法使用 CAD 技术，难以对这些大量的空间数据进行管理，尤其困难的是与空间信息相关的属性资料。传统方法更无法处理对现状建筑调查而进行的建筑保护价值多因子的综合分析评定。国内学者胡明星等人对历史街区的现状调查建立在以 GIS 技术为平台，以道路街巷为脉络，以院落和单独建筑单体为调查对象，人、地、房相结合分析方法。

1) 道路街巷分析

历史街区的街道格局是构成城市纹理并体现该地区个性的重要要素。因此，在历史街区的保护与更新过程中，街巷格局的保持和街巷系统的整理十分重要。对根据现状调研资料，理清所在地区道路街巷的相互关系，建立历史街区道路街巷的数据库(包括道路街巷的图形数据和属性数据)，依据道路数据库的属性资料，进行道路街巷系统专题分析图的绘制，如道路宽度、道路铺地、道路建成年代等专题分析图。

2) 现状建筑分析

在测绘 CAD 图上，以道路为界，划分调查的地块，并进行地块的编号。在地块编号的基础上，依据现状建筑的实际调查，以院落和独立建筑单体作为调查对象进行编号，编号要求不能有重复，其编号除了进行院落和独立建筑单体的识别，以及实现院落和独立建筑单体的图形资料与输入的属性数据关联(属性数据是指现状调查过程中获取有关院落和独立建筑单体相关数据)外,还可利用其编号建立目录,用来存放现状调查过程中所获取的图形、图像数据(图形资料是指院落和建筑所测绘的现状平、立、剖面的 CAD 数据,图像数据是指对院落和建筑用数码相机所拍摄的图像数据),实现建筑的图形数据与属性数据、图形图像数据的关联。

3）人口信息的分析

将历史街区人口信息资料以一个单独的数据库文件存放,实现历史街区人口信息不同情况下的汇总,如人口结构、年龄结构、性别结构、受教育程度以及职业的统计等,为历史街区的保护提供社会方面的信息。同时,通过每个院落和独立建筑单体的门牌号来查询相关的人口信息,实现人口信息与建筑的关联。

4）土地利用分析

依据《城市用地分类与规划建设用地标准》对街区内各类用地进行划分,土地使用状况划分至小类,明确用地界线。应用 GIS 空间迭置分析,将土地利用现状分图层与院落和建筑层相迭置,获得每一个院落和建筑的所在地块的土地利用性质。通过上述过程,应用 GIS 技术,实现在历史街区现状调查过程中建筑、人口信息和土地利用性质相关联的调查方法。

5）与历史风貌相关的构筑物分析

应用 GIS 实现图形数据与属性数据的关联,构成完整的空间数据库,同时建立目录,用来保存调查过程中所获取与历史风貌相关的构筑物的图像数据,实现图形数据与属性数据、图形图像数据的关联。

地理信息系统(GIS)具有拓扑结构分析和强大的空间分析功能,不仅能完成历史街区现状调查资料的输入、存储、管理和利用现状数据库绘制现状分析图,应用与图形关联的属性数据库,实现图形与属性数据的双向查询、检索、分析,而且能够在多源数据集成的基础上,进行综合评价和判断,避免由于认识局限性所造成的保护规划失误,并给决策者提供多种保护方案,从而提高历史街区保护规划成果的科学性和综合性。

四、城市文化与特色分析方法

1. 基于文化地理学的城市特色分析方法

文化地理学着重研究一定空间范围内人文现象的空间分异规律,强调从地域的观点探索人文现象的形成和发展,揭示人文现象的特性及其与地理环境的关系。文化地理涵盖了人们对人地关系的认识和观念,它深刻影响着人们认识、选择、适应和改造自然环境的方式和强度,并具体反映在城市的文化景观上。例如重庆市因山就势的格局、依山傍水的建筑、吊脚小楼无不体现着巴蜀文化的结晶(图 11-8);苏州城市的前街后河、小桥流水、江南丝竹则流淌着吴越文化的灵韵;而喀什的整体风貌、建筑特色和民风民俗则诉说着西域文化的风情(图 11-9)。

本节运用文化地理学理论中的文化生态、文化扩散、文化整合三个方面知识对城市特色进行分析解读,并从点、线、面三个层面对城市特色加以衡量。

文化生态认为培育文化的自然基底即当地的自然地理环境不同,就会出现世界各地多样化的文化。作为城市特色构成要素的地形地貌、土壤植被、气候等自然要素在城市特色塑造的过程中,不仅发挥着一般部件的作用,同时也促成其他城市特色的形成。以地形地貌为例,它一方面直接关系到城市的整体形态与布局结构,如在广阔的平地上发展起来的城市一般都呈圆形或者方形(北京、伦敦),河流谷地上的聚落容易发展成为带型城市(宜昌、宜宾),而河流交错或者平行带状山系地区则往往发展成为多组团城市(重庆、大理);另一方面还直接影响城市的建筑、道路等景观,如平原城市的道路普遍宽直,而山地城市的道路则相对曲、窄,又如山地

图 11-8 重庆依山就势的建筑图

图 11-9 喀什老城风貌

城市的建筑高度和密度一般都较平原城市高、大一些。

文化扩散是指某种文化特质从一地传入另一地的过程，在这个过程中受到某些自然和人文因素的制约和影响。理想状态下，离源地越近，地域性、本土性就越强，特色也就越鲜明，然而文化的扩散会受到自然、人文因素等诸多阻力的影响。

文化整合指在文化扩散过程中呈现出的本地文化对外来文化的排斥、被外来文化的侵蚀和与外来文化融合的三种情况。

1）点的标志性

点主要是指浓缩城市文化精华、能够充分展现城市特色的节点，包括建(构)筑物、城市广场等。如悉尼的贝壳式歌剧院、巴黎的埃菲尔铁塔、北京的紫禁城和长城等，都是在当时、当地环境中产生出来的，具有强烈代表性和个性，又如威尼斯的圣马可广场(图 11-10)、梵蒂冈的圣彼得广场(图 11-11)、西安的大雁塔广场等，都是人们汇聚的主要场所，也是城市特色展示平台。

图 11-10　圣马可广场

图 11-11　圣彼得广场

2）线的展示性

线主要是指城市道路，城市道路是人们日常出行的路线，是城市居民彼此相互接触和感受城市的场所之一，也是外来人员进入城市的主要通道。只有把它塑造成能反映城市特有文化和个性的城市景观轴线，才能更直接地彰显城市特色和魅力。

道路展示城市特色，可以从以下几方面分析：①道路的命名：是否显示城市特色，对于新建道路，可以根据当地的文化特色予以命名，例如广州的犀牛路、飞来对面巷、晒鱼地大街、晒布大街、担竿巷等路名反映了城市自然环境、历史文化、风土人情等方面情况，是城市特色景观。天津市“十一五”期间也出台了《天津市中心城区道路地名规划》，恢复了“李公祠大街”“水产前街”等一批具有历史文化内涵的地名；②道路的调整：尽量保持原有的道路形态，不随意地裁弯取直、拓宽历史街道，这样不但能维持原有的道路空间结构，保存城市记忆，同时也彰显出当地的地形地貌特色，如江南水乡的水陆交融(图 11-12)；③道路旁的设施：道路两旁的建筑小品、行道树景观以及路灯、灯架等，不随意照搬照抄，要充分融入当地的文化元素，彰显本土城市特色。

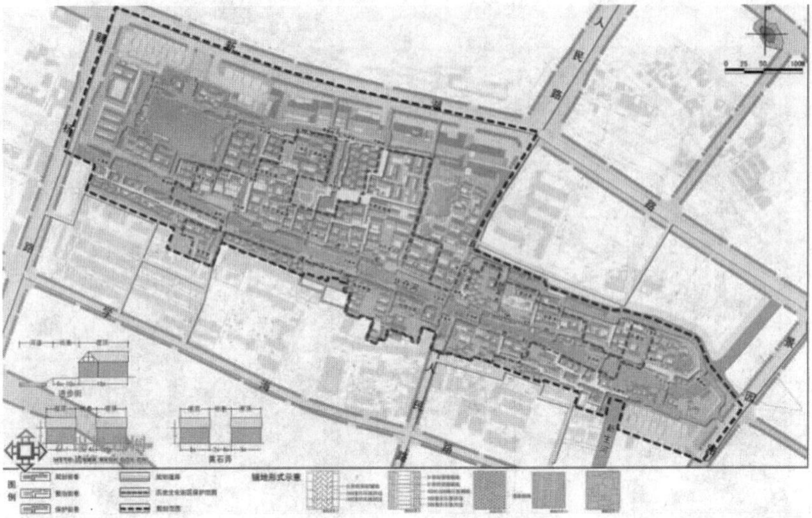

图 11-12　无锡市荡口镇历史文化街区街巷规划图

3）面的整体性

这里所说的面是指三维意义上的地域实体，即要保持区域的整体性。例如，扬州地处江淮平原，江河纵横，水域占总面积 1/3。早在 2500 年前，春秋时吴国在此设城，开凿邗沟，至隋代开通了南北大运河，奠定了古扬州江淮枢纽要冲的基础。创造出独树一帜的“水”“文”“古”“绿”“秀”的扬州文化，并映射在扬州城市景观和生活的点点滴滴。扬州古城建于蜀冈之上，依山就势，与周边环境融为一体。

从城市本身的构成来看，它是由许多城市片区共同组成的，各个片区之间需要保持一定程度上的协调一致，才能形成城市层面上的整体性。

从片区层面而言，它是由为数众多的建筑、街道等物质空间构成的，它们彼此之间的协调一致才能形成整体性。当然，保持“整体性”并不是要求各组成部分在空间形式上的完全一致，而是指整体中有差别，差异中又有共性，这种共性主要是要求体现在文化内涵上的共性。

2. 基于功能分析的城市文化与特色分析方法

张小金通过以城市功能分析为核心主轴，以 GIS 为技术手段建立的“功能圈”“功能区”“功能片”“功能网”四大分析模块，将城市文化产业发展和城市特色研究联系起来，将城市的文化和特色置身于区域发展背景来进行研究。

(1) 以“功能圈”为方法，从区域需求出发，借鉴案例，运用 GIS 分析方法，分析未来城市各类文化产业的区域影响范围和影响强度，确定各类文化产业发展目标与发展策略。

每个地区和城市的文化发展背景不一致，其文化内涵和文化组成要素都有所差异，因而必须根据各地区的发展特征将文化产业进一步细分为亚类和子类，根据各亚类或子类的发展经验，结合本地的文化资源和现有文化产业的影响力，确定本城市的文化发展策略和发展目标。

(2) 以“功能区”为方法，以城市整体为研究对象，分析影响各类特色空间布局的因素，确定未来各类特色空间的布局，提出相关的空间安排和政策安排。

研究不同文化对于空间的需求，通过多种影响因素的综合叠加，寻找能够满足这些需求的地区。另一方面，文化空间对于周边地区的影响强度也随着距离加大而逐渐减弱，不同文化空间的影响叠加则形成了不同的文化空间发展轴线，是城市建设中应予重点关注的空间对象。

(3) 以“功能片”为方法，通过 GIS 的空间分析，结合现状和城市特色空间布局，识别确定各片区的历史文化景观、自然文化景观和社会人文景观，提出片区特色空间营造的建设标准和要求。

在城市中，文化产业必定是依托特定风貌景观而发展，同时带动地区特色的增加，城市的特色空间必定由城市现有的特色景观地区和未来文化的文化空间组成，因而必须在城市的不同片区将文化空间转化为特色空间，对其进行详细的设计。

(4) 以“功能网”为方法，再次着眼区域与城市，分析城市文化产业与区域内城市相关产业的联系程度，制定与区域共同发展的策略；构建历史文化景观、自然文化景观和社会人文景观的布局网络，确定城市整体特色空间的建设策略。

文化产业和城市特色必须与区域共发展。识别出与城市内各类文化产业联系最强的城市和地区(现状和未来均应有所涉及)，提出与这些地区或者竞争或者合作发展的策略；就特色空间的营建策略而言，应以市域整体为对象，分别对历史文化景观、自然文化景观、社会人文景观的整体发展提出要求。

3. 基于眺望景观保护的城市文化与特色分析方法

1) 国外分析方法

欧美一些国家通过保护代表城市的眺望景观来保持城市特色，尤其是英国和法国已形成了比较成熟的体系。德国斯图加特、美国波士顿、加拿大温哥华和蒙特利尔的景观控制体系中也都有眺望景观保护的内容。各国的眺望景观保护虽各有侧重点，但基本的方法均可被称为眺望控制法。该方法是通过选择重要的眺望对象和眺望点，经过几何分析控制前景、背景及两侧相关区域建筑高度，以保护眺望景观不受影响，城市特色得以彰显。以伦敦战略性眺望景观为例，眺望保护的对象是整个城市特色，但更确切的说是代表城市的地标，如圣保罗大教堂或国会大厦。眺望点采用经纬度准确定位，除西敏寺一处外，均为标高相对较高、公众可达性好的公园等场所(表 11-5)。针对各景观设定景观视廊区、广角眺望周边景观协调区、背景协议区三个分区，在各分区中实施不同的高度控制管理(图 11-13)。

表 11-5　　伦敦已指定的 10 处战略性眺望景观

序号	眺望点	眺望对象
1	普利姆罗斯山	圣保罗大教堂
2	普利姆罗斯山	国会大厦
3	国会山	圣保罗大教堂
4	国会山	国会大厦
5	肯伍德故居	圣保罗大教堂
6	亚历克山大宫殿	圣保罗大教堂
7	格林威治公园	圣保罗大教堂
8	里士满公园	圣保罗大教堂
9	西敏寺	圣保罗大教堂
10	黑石楠尖岬	圣保罗大教堂

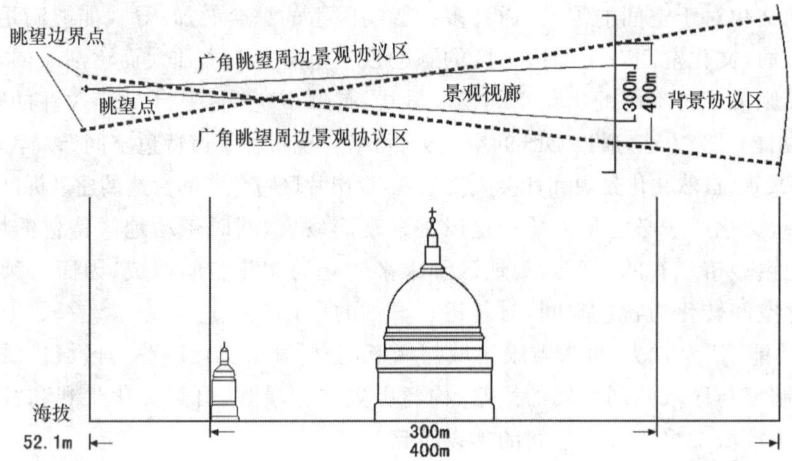

图 11-13　圣保罗大教堂景观控制分析

(1) 景观视廊

景观视廊指眺望点与设定宽度在 300m 的地标之间的连接区域。眺望点标高与对象物标高所构成的楔形平面为建筑高度控制平面(图 11-14)中的基本眺望线表示控制高度面。原则上禁止超过控制高度面的建筑,不符合要求的现状建筑投影地区开发时,同样严格控制建筑高度。

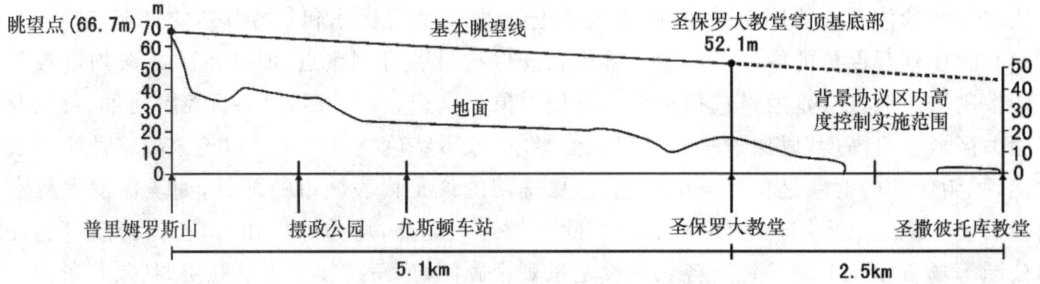

图 11-14　自普利姆罗斯山远眺圣保罗大教堂

(2) 广角眺望周边景观协议区

广角眺望周边景观协议区指在各眺望点设定的眺望边界两端点与对象地标左右两端连接构成的内侧区域。设定广角眺望周边景观协议区的目的在于,不只是从高楼大厦的夹缝中窥见对象地标,而能有相对开阔的视野进行观赏。该区域内虽无严格的开发高度控制,但也不能存在影响景观的项目。

(3) 背景协议区

背景协议区指从眺望边界点所看到的对象物背景的所在区域。距离背景的深度依各眺望景观有所不同,一般设定为 2.5～4km。设定背景协议区的目的在于,避免在地标景观之后建造类似屏风一样的建筑,维持地标本身所构成的天际线。该区域也无严格的高度控制,但也要通过引导,保护地标眺望景观不受破坏。

2) 国内分析方法

有关眺望景观规划内容,我国香港 2003 年编制完成的《香港城市设计指引》中有所涉及,其中主要运用了视线分析的方法，通过选取重要视点，控制视点与景物之间的建筑高度与密度，形成一定的观景廊道，从而为城市景观的形成创造良好的条件。

（1）远眺下的山脊线、山峰景观保护

在香港采用发展高度轮廓控制，目的正是要维持并加强城市与天然景色，特别是与山脊线的关系。为了保护维多利亚港两岸的重要山脊线、山峰和山峦的景观，从主要和人流汇聚的瞭望点望向的山脊线应维持一个不受建筑物遮挡的地带，《香港城市设计指引》建议设立一个20％～30％山景不受建筑物遮挡的地带作为控制开发强度的初步依据，制定出维多利亚港两岸七个眺望点（图 11-15）。

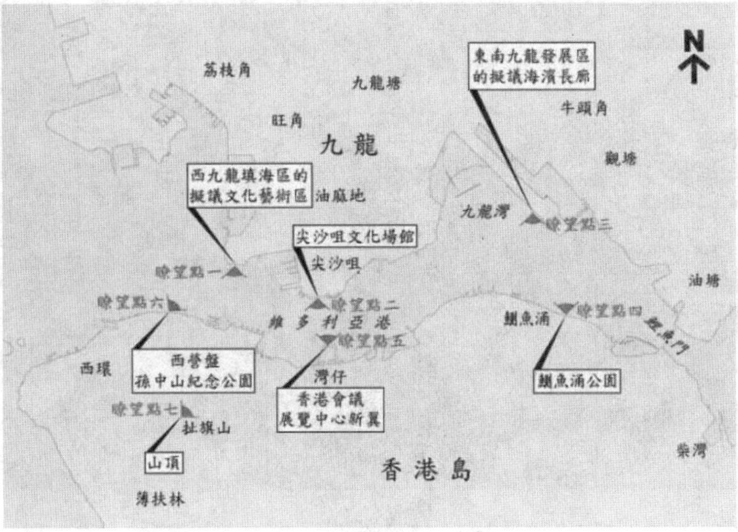

图 11-15　香港城市设计指引中的拟建眺望点

（2）文物建筑、特色历史街区的视线保护

在可行的情况下，保留和扩大可眺望历史文物的景观视廊，如情况需要，毗邻的新建筑物高度应在朝历史文物的方向渐次降低，以取得协调效果。

（3）观景廊道的塑造和保护

控制让市民可以眺望远方景物，如地标、山脊线、水域和其他自然景物等的观景廊道对现今高密度发展的城市具有重要的作用。

（4）发展高度轮廓的分区控制

按照不同功能分区以及空间形态进行区分，具体包括港岛及九龙内陆地区的高度轮廓、新市镇的高度轮廓、乡郊地区的高度轮廓以及维多利亚港两岸的高度轮廓四部分，分别进行高度轮廓的控制（图 11-16）。

其他城市关于眺望景观保护城市特色的方法还处于初步尝试阶段，《城市规划编制办法》中也并没有明确地规定眺望景观系统的内容，但对于城市空间形态的重要组成部分建筑高度控制规划已有了部分明确规定。

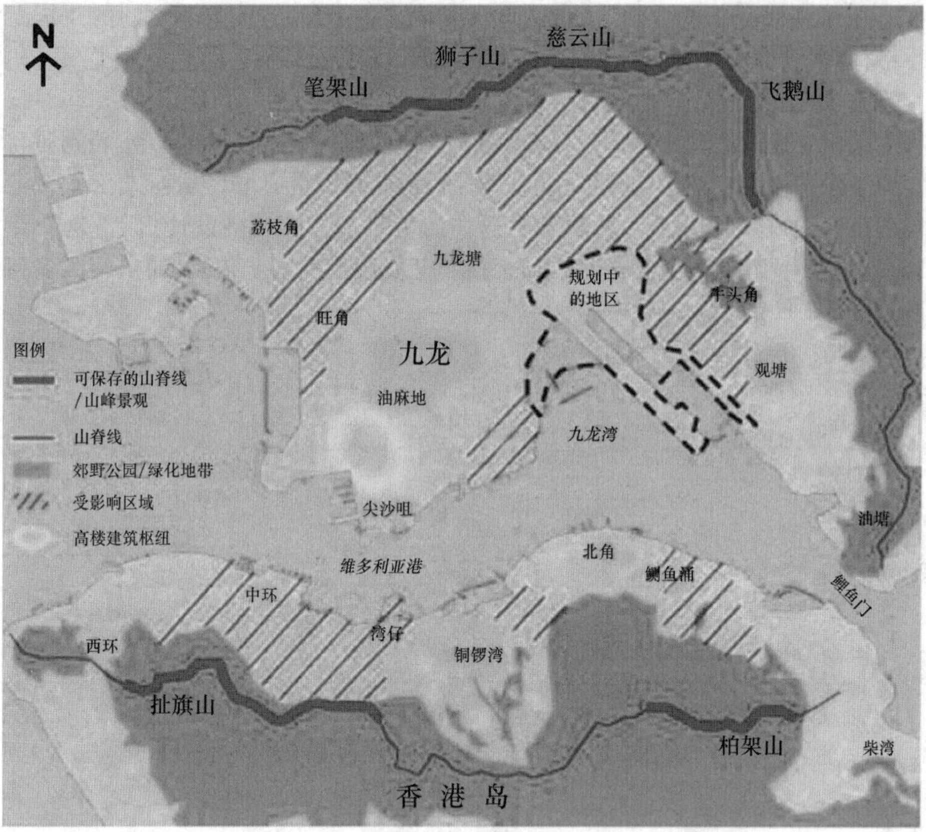

图 11-16 高度轮廓控制

第 3 节 历史文化保护分析案例

一、国家级历史文化名城祁县

运用文化地理学分析方法，对国家级历史文化名城祁县进行系统的分析。主要从点、线、面三方面分析其内在资源。

1. 点状资源标识性

点状资源主要包括相对独立、具备某些功能或特征、具有明确意义的“点状”物质要素，如公共建筑和一些代表性的晋商大院等。

1）公共建筑主要包含县衙、寺庙、县学、牌坊。

（1）县衙

在封建社会中，由于等级制度森严，统治者基于“民非政不治，政非官不举，官非署不立，是三者常相为用也”的认识，对衙署的设置都十分重视，不同的级别都要严格的按照不同的规格建设，不得逾越，包括建筑结构、规模和油漆彩绘等。祁县古城的县衙建筑群体中轴对称的庭院式布局，按照不同的使用功能、重要程度、用途等，形成有节奏的空间形式与建筑格局，体现了封建社会礼制的思想。

（2）寺庙

封建社会当县城城墙建设完成时，要按照礼制的标准及时建设五大庙宇，即城隍庙、孔子庙(文庙)、关公庙(武庙)、火神庙、财神庙。古城的文庙位于桂林巷中段偏北,于清乾隆二十四年修建。根据现有的史料及街巷名称,可推断出其余庙宇的位置。虽然部分庙宇由于历史上的战火等原因被毁,但是可以看出祁县古城当初是完全按照传统建城方法来建设古城及各公共建筑。

(3) 县学

清代,祁县县学设在文庙东侧,与文庙及学署连在一起,俗称学庙或庙学,属于祁县官办的最高学府。自 1909 年在县城东门外创办了县立女子小学后,各类学校相继成立。如竞新学校、商业专科学校、女子师范学校等。

2) 晋商大院主要包含乔家大院、渠家大院、何家大院。由于明清时期祁县城商业繁荣,富商大贾云集。业成之后,商人荣归故里,倾尽财力在其家乡修建宅院,因此祁县古城中留存下来了以乔家大院为代表的一些民居大院。这些建筑大多墙高院深、造型华丽、做工精良,是民居建筑中不可多得的艺术瑰宝,也是祁县点状资源标志性体现之处。

(1) 乔家大院

乔家大院属于国家级文物保护单位,先后有三十多个剧组在此拍摄。张艺谋的《大红灯笼高高挂》更是使乔家大院俨然成为晋商大院的代表,电视连续剧《乔家大院》的热播更扩大了其知名度。整个大院,布局严谨,建筑考究,规范而有变化,不但有整体美感,而且在局部建筑上各有特色,全院亭台楼阁,雕梁画栋,堆金立粉,完全显示了中国古代汉族劳动人民高超的建筑艺术水平,是不可多得的艺术珍品(图 11-17)。

(2) 渠家大院

渠家大院为少见的五进式穿堂院,悬山顶、歇山顶、硬山顶形式各异。各院落间隔有牌楼、过厅、明楼遥相呼应。主院的前方是戏台院,戏台面阔五间位于院南,这也是山西省唯一建在宅院内的戏台(图 11-18)。

图 11-17　乔家大院

图 11-18　渠家大院

2. 线状资源展示性

线状资源主要指祁县古城街道、巷道、圪道。街巷是古城整体空间的骨架,它的组织方式与古城的结构形式有着密不可分的关系,古城的街巷系统以十字大街交叉口为中心展开组织,其街巷空间尺度递减,街巷气氛宜人。

1) 街道

祁县古城内街道贯穿整个古城区域,布局统一中富有变化,井然有序却又灵活多样。古城主要街道承担着交通、生活、商业的核心作用。主要街道两侧为商业店铺,店铺后有几进住宅院落,构成了公共空间—半公共空间—私有空间的三级空间结构,形成清晰的街区社会组织的基本模式。

2）巷道

古城街巷结构的第二个层次是巷道，如正廉巷、桂林巷等。这些巷道是联系着大面积的院落群的道路，主要服务于古城内居民的日常交通。这类巷道的宽度比古城的街道稍窄，在巷道的交叉口常会形成小的节点空间，人们往往在这些节点聚集，是古城居民生活和公共活动的重要组成部分，相比古城的主要街道，其私密性也较高。

3）圪道

古城内还分布有一些名称为“圪道”的交通道路，如高园圪道、长泰川圪道等，这类道路常联系前两级道路或者联系宅院与宅院间的巷子，通常比较狭窄，居民的活动性也相对较为私密，圪道经常给人以曲径通幽之感，丰富了的空间感受。

3. 面状资源整体性

面状资源是指祁县古城的民居建筑，其大范围的存在于古城中，是城市肌理中最重要组成部分。

1）民居特点

由于受商业繁荣，经济发达的影响，祁县古城全城共有院落1000余处，明清建筑风格的房屋20000余间。祁县民居建筑集实用与艺术为一体，具有鲜明的地方特色。

(1) 民居外墙普遍较高，从外观看多类似于城堡。

(2) 民居建筑多为单坡顶，不论是正房还是厢房，双坡顶的很少。

(3) 民居院落多坐北朝南，东西窄，南北长，近似长方形的四合院。

2）群体布局

古城的宅院多沿街就巷，布局方式可分为如下三种。

(1) 沿街道布置：集中于东西南北大街，一般为前店后寝式，临街厢房多双坡或卷棚的店铺。

(2) 沿巷道布置：为宅院布置的最常见方式，沿巷立面较为封闭，仅入口处有门楼，雕琢精致。这样的群体布局形式通行居住尺度适宜，给人以安静舒适的空间感受。

(3) 沿讫道布置：讫道是尽端式的窄巷，由于空间不足，在讫道尽端的宅院往往需要调整其院落的入口位置。虽然较窄的讫道与较高的院墙布局会形成稍显压抑的空间感受，但与此同时也给古城的面状空间带来更加多样化的群体布局（图 11-19）。

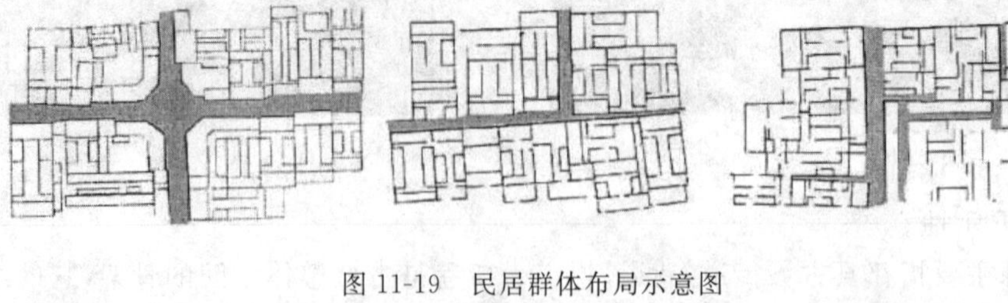

图 11-19　民居群体布局示意图

3）院落形式

祁县宅院格局不一，形式各异，但综而观之均是在晋中四合院这一基本形式基础上的变更和演绎。

(1) 整体格局

有多进院落格局，套院之间以矮墙或垂花门连接，也可以过厅连接。古城内的何家院就是二进院，两院之间以过厅连接；另一种院落由两个或两个以上的基本院落平行接合，称其横向并联式。平行相接的两个院落中间墙体打通，设门相连；串并复合式是深宅大院的典型布局形式，基本院落经过纵横双向的连接形成错落有致、层次分明的院落群(图 11-20)。

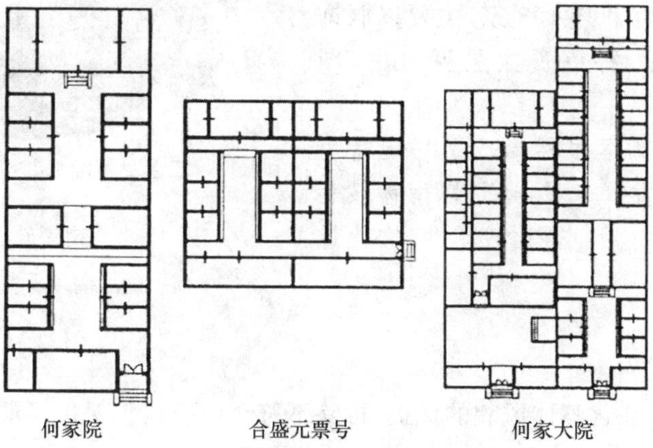

图 11-20　院落整体格局形式

(2) 局部变异

古城中通过对基本四合院形式的局部变异，形成了多种类型的院落布局形式。例如各个宅院会因入口门楼的差异、各房层数不同、屋顶造型的多样等方式，产生不尽相同的形象观感与空间感受，这些差异成就了古城宅院风格统一之中的多样性(图 11-21)。

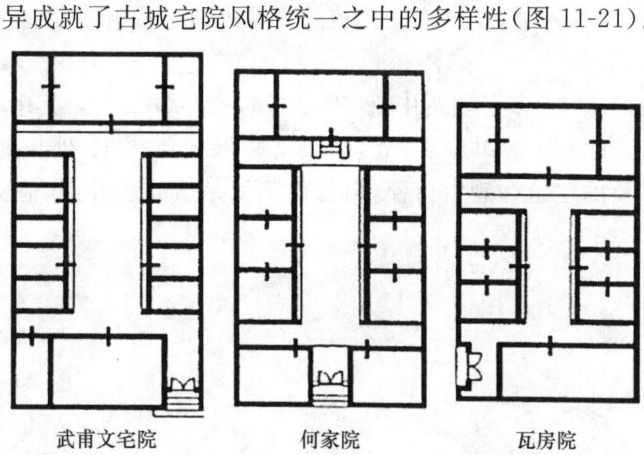

图 11-21　院落入口形式

祁县民居虽各有特点，但在布局特点、院落形式、细部处理上保持和谐的统一性。

二、北京南锣鼓巷地区

运用有机更新方法对南锣鼓巷地区保护规划进行分析讨论。南锣鼓巷历史文化街区于 1990 年列入北京市批准的第一批 25 片历史文化街区，是我国惟一完整保存着元代胡同院落肌理、规模最大、品级最高、资源最丰富的棋盘式传统民居区。南锣鼓巷全长 786 米，是北京市重点建设的八条特色商业街之一，2009 年被美国《时代》杂志评为亚洲必去的 25 处风情地之一。

1. 功能业态分析

南锣鼓巷地区近年来业态得到进一步优化提升，但同业竞争现象严重。街区内以文化创意产业为导向，实施了商业业态优化补偿政策，通过置换、限制、招商等方式，鼓励符合街区定位的商务休闲、文化创意等产业入驻,并给予资金扶持,扩大其商业经营规模。截至2009年3月,南锣鼓巷主街共有商户153家,主要以服饰工艺品、酒吧咖啡厅、特色餐饮业等为主(图11-22)。

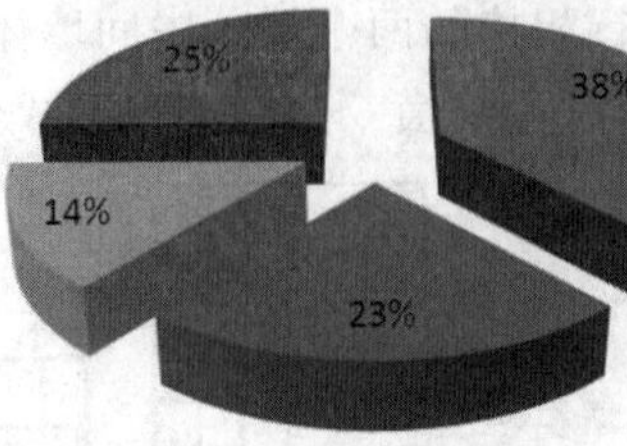

图11-22 南锣鼓巷业态构成图

目前,南锣鼓巷街区虽然形成了一定特色和知名度,但从现状发展来看,还是以南锣鼓巷沿街发展为主,文化内涵显得比较单薄,文化魅力尚不突出。

2. 空间环境分析

1) 街区风格

街区内正进一步强化整体风貌的保护,拆除不符合传统风貌保护要求的建(构)筑物,保持特有的"胡同-四合院"街区风格特征。

2) 交通状况

虽然交通、停车等问题得到一定程度改善,但随着南锣鼓巷品牌影响力的不断提升,客流比较集中,胡同交通拥挤、停车位紧缺等问题将日益凸显,显示出配套建设的滞后性。

3) 道路绿化及公共服务设施

实施了煤改电、电力线入地、信息安全监控等一系列改造提升工程,优化了街区环境品质。

3. 节点景观分析

在南锣鼓巷街区的1000多个院落中,保护完好的尚存数百个。其中,全国重点文物保护单位1处(可园),市级文物保护单位11处,区级文物保护单位10处。这些文保单位历史悠久,规格较高,具有重要的建筑和观赏价值,但目前除了茅盾故居外,其他文保单位仍未对外开放,利用程度比较低。

第 12 章　城市规划分析方法的延展

未来的城市规划在为经济、生态、交通、科技以及最根本的人性化体验等方面所面临的挑战提供可持续的解决之道。在此背景下未来城市规划将表现出三大趋势：一是面向城市多元需求的包容性规划；二是信息技术引发的智慧规划；三是行业技术革命引领的城市规划。在这三个趋势中，规划范畴扩大，规划尺度多样、规划手段智慧、规划参与人员背景多元等现象逐步显现。新的方法和制度都将在探索中前行。

第 1 节　面向包容的城市规划

一、包容的城市规划发展趋势

城市自身的复杂性决定了其规划建设过程需要多学科、多领域的合作与融合。“多元与包容”既反映了客观存在的差异，又代表了城市规划行业对于和谐创新、公平公正的追求。通过提供多元的解决方案、塑造适合不同城市发展阶段和不同阶层人群发展需要的空间环境。

城市规划作为公共政策，有综合协调和解决城市公共问题的使命，包括关注弱势群体问题，交通拥堵问题，环境污染问题、城市公共空间品质问题。例如在孟买、墨西哥和东京、维也纳，为了女性的安全和便利进行了特别的空间和设施的规划，如增加了女性专用的车厢等。规划需要为城市生活而设计：关注不同人的需求和体验，创造活力多元、充满魅力的街道提升慢行交通品质，塑造有趣的公共开放空间和适宜的人居环境；例如波哥大长 17km 的阿拉米达波韦尼尔林荫步道使得城市自行车步行率从 0.4%提高到大约 4%。规划需要增加人的选择性；通过改善公共交通，制定自行车道总体规划，收取“交通拥堵费”等让“绿色交通出行”成为更多人的选择。城市规划保护和倡导城市的多样性和包容性，这个过程需要树立包容的理念，更需要包容的工具、方法以及制度保障。

第 2 节　面向包容的城市规划分析方法

一、多学科的交叉融合

我国目前的城市规划学专业大多是从原有的建筑学专业中分离出来的，城市规划只负责城市建设的某些物质和工程方面，而基础设施规划、经济规划和环境规划则分别隶属于不同的管理部门，彼此分离。在北美和(现在也包括)英国，毕业于大的规划院校的规划者，都受过城市发展四个方面：空间、环境、社会文化和经济的教育，因而规划师可以从不同专业视角对城市问题提出不同的观点，对城市经济、环境、城市形态、交通形势、能源利用、基础设施提出综合解决方案。

国内外关于学科的交叉和融合探索多集中在通过建立融入城市系统的行业科学模型，包括水利模型、交通模型、能源模型、风环境模型，整合土地形态后得出科学方案，多应用于新兴城市需求领域。

案例一：2013年，笔者主持水利部牵头的《许昌市水生态文明建设试点实施方案》。传统上，这一课题的完成多由水利设计院完成，侧重于水资源量的核算、水系连通工程及水利工程措施的设计。而水生态文明城市是按照生态学原理，遵循生态平衡法则和要求建立的，满足城市良性循环和水资源可持续利用、水生态体系完整、水生态环境优美、水文化底蕴深厚的城市，它的建设涉及水利、水生态、水环境、水景观和城市规划等多个学科。因此，笔者发挥高校的研究基础，融合了水利、水生态和城市规划学科的专长，从城市规划师的视角分析水生态文明城市建设要实现的目标和愿景，提出了基于水利、水生态、水环境、水文化与景观技术方案的水生态文明城市规划体系。课题主要解决四个问题：①水资源合理配置与优化调度方案；②中心城区水系连通方案；③水污染防治和水生态系统保护；④水文化与水景观。针对每一个问题，首先，应用水资源计算理论和方法核查许昌市可利用的水资源量。根据城市定位和发展目标，预测水资源需求，合理配置和联合调度地表水和地下水资源。通过建立水资源配置模型，研究时空分布规律，进行三次水资源配置，多次供需反馈、协调平衡，确定规划年新增水源、水利工程和供水量，确定水资源优化配置方案。再次，评价许昌市分区域的水资源量，根据供水来源、水利设施等条件，评估水动力循环及存在的问题，建立基于MIKE 11软件分析的水动力学模型，计算河流、湖泊的生态需水量，结合重要水利设施的水量控制需求，评价水系连通对经济、社会和环境的影响，在此基础上对水系连通方案进行比选，并对水系连通工程进行论证，最终确定水系连通实施方案。在此基础上，查明许昌市域河流、湖泊、水库等水环境的主要特征、分布规律、存在的主要问题，分析影响水环境质量的主要因素，阐明环境污染与生态退化的过程与机理，制定水环境生态修复对策，为区域水环境保护和水系连通工程提供依据和技术支撑，进而制定区域水环境退化修复方案和水环境生态修复关键技术。在水利和水环境建设框架基础上，完成城市水文化和水景观体系规划，并将其作为城市水生态文明建设和未来空间发展的引擎，对水系周边土地的开发和利用做出控制和引导，构建了许昌水生态文明城市建设的美好未来。最终，课题基于多学科融合特色和优势，不仅解决了水利部门关心的水资源、水利工程等问题，更重要的是它从城市的视角为解决城水和谐发展的问题给出了合理的解决方案，为水生态文明城市建设做出示范。

案例二：上海市轨道交通车辆基地综合开发建设管理导则制定。本课题做了两年，中间经历过很多挫折，由于行政条块分割的原因，各专业融合非常困难。课题以建交委规划处为牵头单位，联合交通、建筑、消防、环保、绿化、民防、卫生和市政等部门共同推进，多个部门、多个领域共同进行。课题以为轨道交通车辆基地创造一种都市型复合空间为目标，横向上实现通过平台联系市政体系、建筑群及其空间环境，纵向上要求立体化组织板上、板下不同权属的立体化城市空间，这就要求在保证轨道交通运行安全的前提下，规划部门要协调多个部门制定出既符合自身行业规范要求又与其他部门技术规范不相冲突的管理导则。因在具体的开发建设中涉及不同部门的专项规划与控规不为同时编制，且编制主体不同，这就要求控规与专项规划在具体的指标控制和条款设置上应具有一定包容性。通过该课题的实践，在战术层面，未来城市的建设需要突破多专业融合的技术和管理瓶颈，规划部门或规划专业在多行业融合过程中，更应体现其引导和背景地位，充分发挥协调各专业的优势。

二、公众参与

近年来，公众参与城市规划的制度和方法逐渐被重视。深圳、南京、上海等城市也逐渐开始把公众参与作为规划编制的组成部分。然而，国内公众参与城市规划大多仍停留在展示和被动接受的层面，很多规划师将城市规划作为复杂技术和高级产品服务而将公众意见拒之门外，缺乏主动参与或者互动参与的激励机制。

2013年始，北京和上海等大城市在总体规划修编中，纷纷提出"存量规划"、"建设用地零增长"等规划概念，而落实到城市规划则出台了一系列多角色参与规划的政策和措施。其中，公众参与已经渗透到政策的各个领域。2015年8月，上海市市政厅针对社区公共空间凝聚力不足、品质有待提升等问题开展了城市规划进社区的活动，作为起点的"上海城市空间艺术季"，是由上海市雕塑委员会主办，上海市规划和国土资源管理局、上海市文化广播影视管理局、上海市徐汇区人民政府共同承办，掀起了由雕塑家、艺术家、社区管理人员多角色参与城市更新的浪潮。活动选取并邀请了五个在社区治理创新探索实践方面走在前列的街道，请相关基层政府治理机构、社会公益组织、居民代表，与规划师、建筑师、艺术家们坐在一起，分别针对街道社区不同人群的不同需求，策划五个城市空间更新活动，提出改善空间品质、提高空间利用效率的方案。活动中，上海的社区组织和城市空间设计从业者一起，以社区为展览基底和平台，带动更多的社区自发活动参与公共空间的改造。

可以看出，城市规划的公众参与正在经历一场变革。

1. 参与过程的转变：从事后参与到全过程互动参与

目前多为设计展览宣传教育以及规划设计成果公示告知等惯性的参与模式，基本都属于后半程的被动式参与，只能起到参观和咨询的作用。不仅难以完全反映广大市民的意愿和诉求，也无法让社会公众真正参与设计决策。互动式的城市规划应在保障公众充分了解规划内容并拥有通畅回应渠道的基础上，完善公众参与城市规划的互动机制，建立参与反馈的循环互动机制，尊重公众意见，尊重参与过程，以开放、包容心态去倾听民声，鼓励对话和交流，尽可能获得公众认同和支持，以利于城市规划的后期实施。在梳理公众的意见后，须向公众通报汇总结果，对采纳和不采纳的意见都进行原因说明。公众了解反馈结果，就与政府之间形成了参与、反馈过程，有利于公众对政府产生信心，增强参与意识，形成参与-反馈-再参与的良性循环互动机制。

2. 参与角色的拓展：从专家参与到多角色参与

城市规划的目标是多重的，这些目标不可能在设计中全部得到最优的结果，有些目标之间甚至可能有所冲突。面对城市规划的多重目标和实践中不同层次不同角色的参与者，应充分发挥参与角色的特点，针对性地对其意见进行分析整理和反馈，并作出全面的评价和决策。在此过程中也应注重科学的统计和分析方法，明确细分参与利益主体，顾全大局并确定优先级别，避免由于众说纷纭而导致规划设计止步不前。

3. 参与方式的技术创新：大数据支撑公众参与

从SOLOMO到LBSN。大数据为城市规划提供了理想的公众参与平台和科研分析基础，有了发展线上或移动形式的参与互动的积极条件。SOLOMO即社交化、本地化和移动化，其核心是获取个体的空间位置和行为，并在GIS系统支持下提供与空间相关的信息服务，将对城市环境的观察及生活体验的思考通过移动设备等介质输入到终端系统，从更广泛的层次上实现公众参与。LBSN是基于位置的社交网络或者空间微博，是虚拟社交与真实空间的有机结合。表现为针对空间兴趣点(POI)签到、评论、上传信息和其他在线互动方式，通过抓取带有签到位置信息的微博或者照片、评论，并通过特定的自然语言分析等技术，获取人们对空间质量的评价。另外，针对特定项目或城市，主动地开发LBSN平台，所有市民和关注者都可以发出声音，借助网络平台形成有效的组织，表达对城市的诉求，维护自己的权利。这种方式比起以往的街头问卷等工具,可以更有针对性地大量获得特定群体的诉求。

第3节 面向智慧的城市规划——大数据的支撑和应用

一、智慧城市建设浪潮到来

"智慧城市"(Smart City)是自20世纪末以来在全球广泛展开的有关未来城市发展的新理念和新实践。它是关于如何将通讯和信息科技运用到改善城市功能,提升城市效率,增强竞争力中,并且提供给我们新的解决城市公平、贫困、社会崩塌、环境污染等问题的城市发展概念。它是基础设施发展到一定阶段的产物,是一种形成竞争环境的战略,是推动城市包容性与可持续性增长的方法。目前全球(不含中国)约有200多个城市正在建设智慧城市。我国几乎所有的一线城市、50%的二线城市都提出了建设智慧城市的构想,部分三四线城市也喊出了创建智慧城市的口号。"智慧城市"已然成为未来城市演进的趋势。

然而,传统规划思想和技术已无法满足智慧城市对新一代信息技术、系统交互合作、城市智慧发展的要求。规划界纷纷开始探讨智慧规划的对策。"大数据"的精细化、数字化、定量化以及建立在相关关系分析基础上的预测特征使得其成为面向智慧规划的强大的决策支持和技术支撑。

二、智慧城市规划的特征与需求

1. 大数据的分类和特征

1)大数据的基本认识

大数据(big data)指的是需要新处理模式才能具有更强的决策力、洞察力和流程优化能力的海量、高增长率和多样化的信息资产。大数据包括了环境卫星数据、基因数据、GPS和地图数据、数字图像数据、社交媒体数据以及人类行为的定量数据等。其来源非常广泛,网络和各种传感器成为主要的数据源。截至2019年6月,我国网民规模达到8.54亿人,互联网普及率为61.2%,手机网民规模达8.47亿,网民中使用手机上网的人群占比提升至99.1%。这表明网络已经成为城市经济社会发展的重要平台,并且全面影响居民行为、企业运营、科技研发和政府管理,从而产生大量反映城市空间组织和居民行为特征的网络数据(社交网络、主题网站、搜索引擎等)。同时,智能移动终端设备(GPS、智能手机、平板电脑)的普及和无线网络覆盖范围的扩大,为相关的研究(例如LBS)提供了精确的居民位置信息。

2)城市大数据的分类

传统城市规划的数据类型,主要分为空间数据和社会经济数据两类。空间数据包括地形图、遥感解译、规划调研移动终端等,而社会经济数据则主要来自各类统计年鉴。这些数据存在样本数量小、主观性强、成本高、周期长等缺陷。大数据拓展了城市规划数据获取的渠道,智慧城市感知数据、公众参与平台与社交网络等新媒体数据为城市规划提供了大量高价值的数据,概况起来可以分为以下七类:

(1)业务运营数据,例如公交IC刷卡数据、水电煤气数据、业务审批数据、出租车GPS轨迹数据、移动通讯数据、金融数据、物流数据、超市购物数据、就医数据等。

(2)普查数据,例如人口普查、经济普查等。

(3)监控数据,例如视频监控、交通监控、环境监控等。

(4) 公众参与平台与社交网络数据,例如微博、论坛等,包括收集空间主观评价,自然语言语义分析评价空间质量,移动终端 OD 和行为采集,长期采集时空变化多媒体信息(照片),签到数据识别空间热点和用地性质。

(5) 主动感知数据,例如关于温度、湿度、PM2.5 等环境的感知数据、手机定位数据等。

(6) 遥感数据,例如航空遥感和航天遥感数据等。

(7) GIS 数据,例如关于道路、建筑、行政区划的地形数据等。

3) 城市大数据的特征

(1) 以空间为基础

以上七类数据几乎所有数据都与空间位置有一定的关系,或者是关于某地的信息,例如某街区的人口、经济、环境等;或者是发生在某地的信息,例如发生在某地的犯罪、通讯、交通等;或者是对于某地空间环境品质的评价,例如微博签到、论坛发表言论,所有这些数据基本都可以通过 GIS 系统在空间上进行关联和可视化。

(2) 以人为本

在物质空间规划之上,大数据为实现"以人为本"的城市规划提供了可能。但同时对于未来城市规划也带来了挑战。从城市的角度而言,以"个体的人"为本,则面临着城市整体利益与个体利益的平衡问题,移动互联网对未来社会的影响会进一步加深,个体化趋势明显,那么,大数据挖掘的是"千万个个体行为的宏观规律"。从产业的角度而言,以"个体的人"为本,意味着每个人都是各种生活所需品的消费终端,是各种个性化产品定制集成的源头,是企业利润的源泉。从这个意义上讲,企业所需要的大数据是发现"千万个'人'个体个性化生活和消费特征"的数据采集统计分析,来指导生产系统更加敏捷的响应。这两大挑战,对地理空间会形成前所未有的冲击,意味着我们的生活、生产、商业、物流、交通等都会发生重大变革,如何规划设计大数据时代的城市,这是以往的计算机辅助设计 CAD、地理信息系统 GIS、决策支持系统 DSS,甚至是规划支持系统 SPSS 所不具备的。大数据不仅增强了智慧城市研究分析和解决问题的能力,也为智慧规划提供了新的思维和理念,为智慧化提升城乡规划自身能力和智慧化解决城乡规划问题提供了科学依据。

2. 智慧城市规划的特征与需求

"智慧城市规划"的核心是运用智慧城市理念和大数据系统解决城乡规划中遇到的实际问题,通过信息资源与城乡规划的有效整合,促进城乡规划的智能化、信息化,实现城市的可持续增长,以及城市建设与管理的智慧化,具有系统性、智能性、共享性及动态性等特征(图 12-1)。

(1) 系统性是指"智慧规划"具备快速及时收集和处理城乡海量、动态信息数据能力,能够更加系统和整体地对城市问题进行分析、预测、规划和评估,并采取系统性的响应。这就需要建立基于传统和新媒体的数据收集系统,通过对空间、人群等的数据分析,预测各类城市需求,并最终形成优化方案或评估方案。

(2) 智能性是"智慧规划"的重要属性,指通过运用新一代信息技术等对城乡信息数据的收集和分析,并根据需要建立模拟和预警响应系统,对城市发展问题实现智能化分析、预测、评估和行动。城市规划中的定量模型很多,用于解释各种因素对城市发展的作用,但因资料收集工作量太大,往往不能精确发挥作用,而大数据提供了一种从个体出发,以大样本来验证假设的途径,既可以证实,也可以证伪。

(3) 共享性是实现"智慧规划"的前提,智慧规划所需的信息数据支撑系统是建立在对来自不同行业、部门、属性以及统计口径的数据整合共享基础上的,如果缺乏公共信息平台,智慧

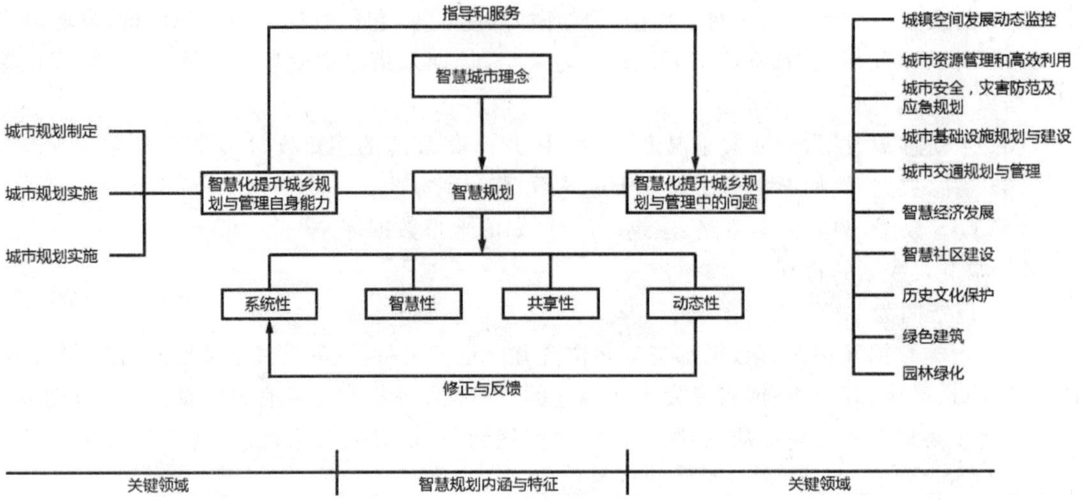

图 12-1　智慧规划示意图

（资料来源：丁国胜．智慧城市与“智慧规划”——智慧城市视野下城乡规划展开研究的概念框架与关键领域探讨[J]．城市发展研究，2013(8)）

城市和“智慧规划”都将无从谈起。这就要求打破行业和部门壁垒，对城市规划数据进行公开和共享。例如纽约市集合各部门数据，由规划部门汇总，形成了完善系统的规划数据库，用于研究和商业使用。底特律市依托非营利组织，开发了便于公众查询的网站，其特色服务地块规划报告生成功能值得其他城市学习。

（4）动态性是指相对于传统模式，“智慧规划”由于能够掌握及时、动态的信息数据，并借用先进的处理技术，能够对城乡发展各种问题作出动态诊断和及时响应。例如，不同时间段的城市规划成果数据以统一空间框架为基准，整合在一起，将会导致数据量的无限扩张。以省为基本单位，将基础地形图、城市总体规划（按不同编制年份）、区域规划等数据形成一张图，有利于从更宏观的角度分析用地空间布局、各种类型用地增长变化情况，同时对于区域基础设施的布局分析也更为有利。

3. 大数据支撑的智慧城市规划分析方法

1）大数据的空间化及其分析方法

（1）大数据的空间化

城市大数据的空间化就是把城市大数据信息以空间的方式组织起来，并通过二维、三维地图展现出来，从而方便查看和空间分析。包括：①公交刷卡数据的空间化，有学者将北京的公交 IC 刷卡数据进行了空间化（图 12-2），用于通勤分析、职住分析、人的行为分析、重大事件影响分析、规划项目实施评估分析等。另外，通过对智能电网、智能水网、智能燃气网数据的空间化可以估算出人口和产业存量。②交通量数据的空间化，例如城际间的航班和铁路班次信息的空间化可以描述城市间的关联程度以及城镇群形态和发育程度。图 12-3 是百度地图根据各条道路上的交通量，用不同颜色绘制道路，从而反映出某时段整个城市的交通量分布情况；③人口数据的空间化。④经济普查数据的空间化，包括产业、就业、经济密度等空间分布、产业空间聚类等。⑤移动终端位置信息的空间化，百度和谷歌根据 LBS 服务主动收集了大量用户的位置信息，可以获得人类活动的时空轨迹。⑥社交数据的空间化，社交数据的空间化可以反映社交的空间分布以及两地之间的联系强度。例如在以通勤比例测算南昌四个组团与中心城区的联系度中，利用中国联通 2015 年 4 月连续 10 个工作日的信令数据识别出 32.8 万用户的日间驻留地和夜间驻留地，排除通勤距离 0 米、未发短信的用户，得到 24 万用户的就业地和居住地(就业者通勤 OD)，进而可判断四个组团与中心城区的联系强度(图 12-4、图 12-5)。⑦犯罪数据的空间化，有学者对上海市浦东新区某时间段的两起刑事案件根据其发生位置进行了空间化，直观反映出犯罪的空间分布，用于分析犯罪活动的产生与城市空间环境的关系。

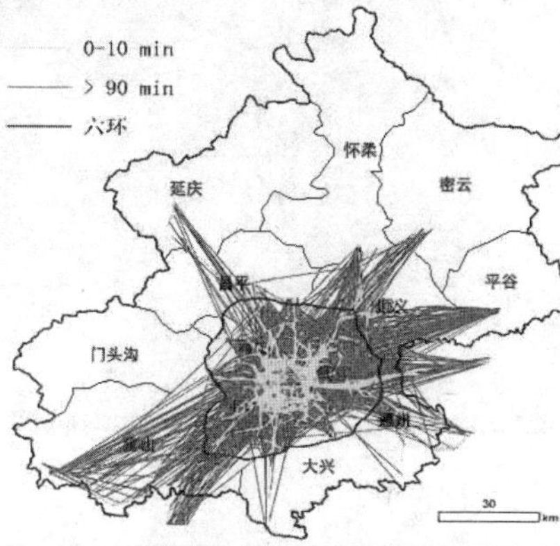

图 12-2　基于 IC 刷卡的北京市中心区通勤图

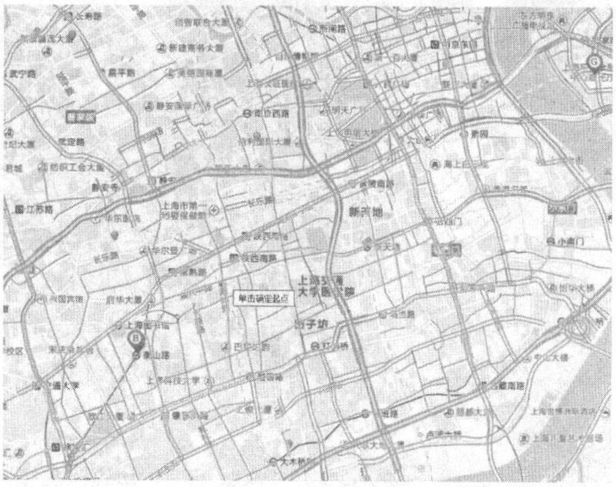

图 12-3　上海某时段的实时交通量

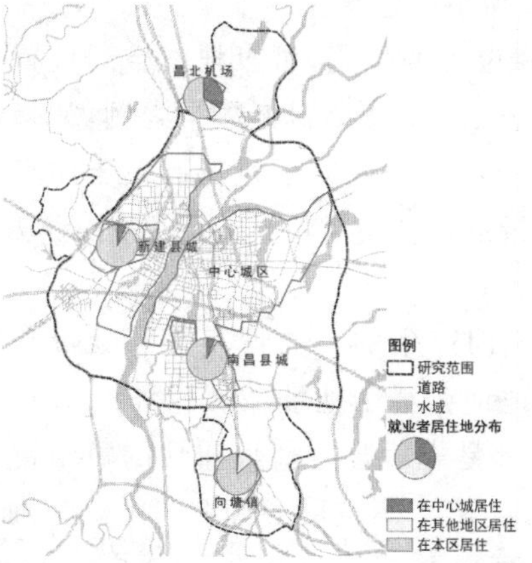

图 12-4　南昌都市区就业者的居住分布比例图

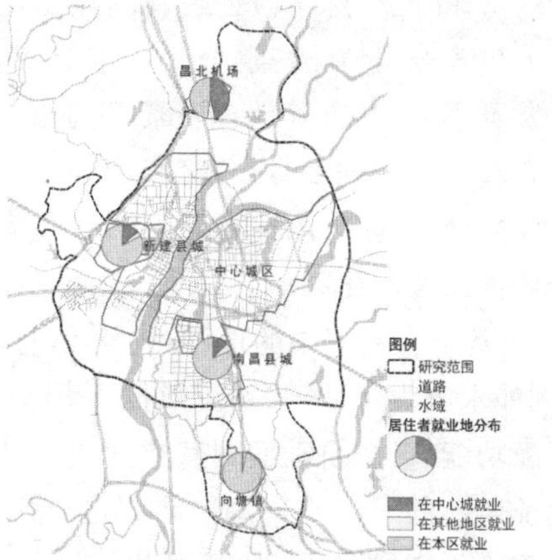

图 12-5　南昌都市区居住者就业地分布比例

(2) 空间化的方法

① 开发空间数据采集 APP。这一方法主要用于现场调研的空间数据整理，传统城市规划调研多把各种图文信息绘制在纸质地形图上，同时附以相机拍摄的照片，从现场返回后，人工重新数字化整理，并与地形图等空间信息对应，人力和时间成本耗费大。于是，基于智能手机和平板电脑等移动终端开发规划现场调研 APP，可以现场通过 GPS 定位，调取所在位置的相关图纸，并记录所在位置的照片、录音录像和文字标记，甚至绘制和编辑矢量信息，基本实现了传统调研所有纸面工作的电子化。调研结束后，通过网络将信息上传至共同的服务器，汇总成地理信息系统的基础数据集，为后续的各种数据工作打下良好的基础(图 12-6)。

② 基于大数据中自带或关联的地理坐标信息。部分大数据直接带有或可以关联上地理坐标信息。例如微博签到数据、出租车 GPS 轨迹数据、LBS(基于地理位置的服务)数据等直接带有地理坐标信息。地理信息系统(GIS)平台可以将这些地理坐标转换成地图上的点，并把其他信息附加到点上。例如 ArcGIS 提供了“创建 XY 事件图层”工具，根据数据表中每行

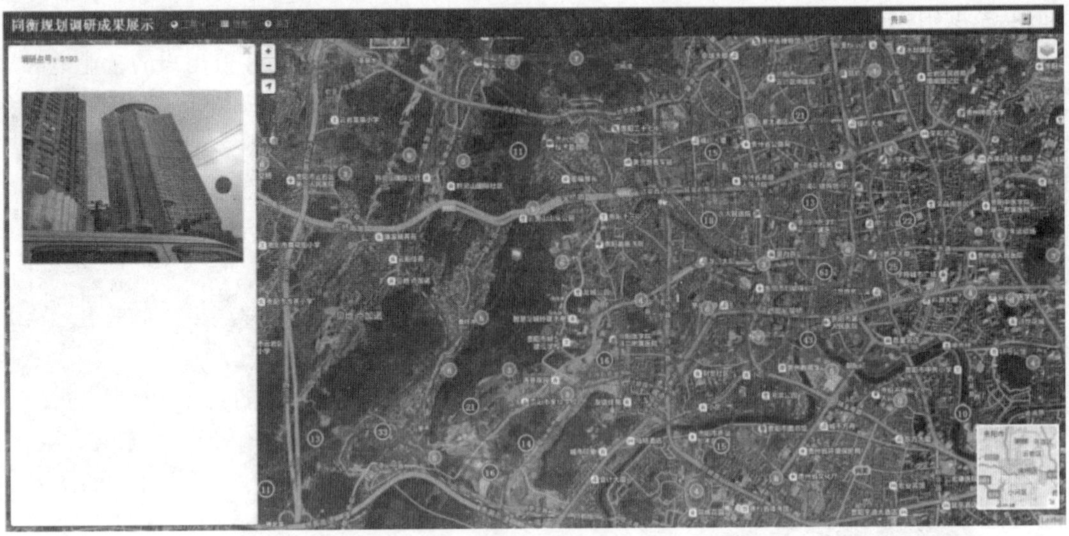

图 12-6　基于 web 的现场调研数据展示系统

（资料来源：王鹏.大数据支持的城市规划方法初探[M].2014 城市规划年会）

记录的 X 和 Y 坐标字段创建新的点图，并附上所有其他字段信息。

人口普查、经济普查、公交刷卡等带有标识其空间位置的代码，可以根据空间位置代码关联上普查小区、站点等地理要素，进而获得地理位置信息。以公交刷卡数据为例，如果刷卡记录中有起讫站点的编号（公交车刷卡可能只有上车站点编号），同时手边还有关于站点位置的 GIS 数据，那么就可以根据共同的站点编号将刷卡记录链接到站点位置 GIS 数据上，从而实现刷卡数据的空间化。

③ 基于大数据中的地址、地名信息。城市业务部门产生的大数据一般都会带有地址信息，例如水电煤气数据、物流数据等都会带有用户的地址。基于地址数据库和 GIS 提供的地址匹配功能，可以自动实现其空间化。地理匹配的过程是先对含有地址属性的每个记录和带有地址属性的 GIS 空间参照要素进行比较，如果找到匹配，GIS 空间参照要素上的地理坐标就被分配给相应的记录，从而可以在 GIS 中作为地图显示并用作进一步的分析。ArcGIS 的 Geocoding 提供了上述功能。

2）大数据的系统化

城市规划的过程贯穿着相关数据的整个周期，然而原有的组织方式并没有有效地实现其价值，使其成为一些零散的数据碎片。因此，运用 GIS 技术构建一套城市规划数据平台和软件工具体系，为城市规划和空间治理服务，将多元异构的数据整合到一个共同的平台，协同工作，发挥其在城市规划中的作用。

（1）获取数据

智慧城市规划的数据获取在传统的踏勘、访谈、笔录等资料获取的基础上，增加了更多的数字化、格式转换、坐标校准、网络抓取甚至软件开发的工作。所有的数据都附着或保留空间属性，以便在共同的空间平台上进行分析操作。

（2）数据分析

基于 GIS 系统的空间大数据可视化和相关分析，对数据库端的技术提出更高要求，往往只能由专业公司完成。因此在所有数据都 webGIS 可视化的前提下，将传统的空间分析模型加入 WebGIS，进而连接真正的“大数据库”，使大数据分析更加智慧易用。

(3) 数据加工

传统的城市规划方案的形成是对既有数据的加工，即对现状的道路、用地、建筑等要素进行属性的修改或者增减，但这一过程往往只有图形没有数据，使得规划缺少科学性。在此基础上，开发基于 Autocad 和 Sketchup 的二次开发软件，比如城市的三维模型与地块的容积率等指标的关联等。在这个阶段，有些机构开始尝试在 ArcGIS 平台下进行了方案绘图软件的研发，通过与 ESRI 的规则建模工具 CityEngine 连接，开发各种基于 GIS 的空间分析工具。

(4) 数据生产

在数据生产阶段最为典型的工作是制作控制性详细规划的分图则，在控规总图完成、规划指标确定后，分图则的绘制只是为了方便规划管理部门使用，其中包含的绝大多数工作是基于规划数据进行的规则性和重复性计算与绘制，以及表格的填写。控规出图平台的研发是在 GIS 基础平台上按预设规则自动完成控规图则各种要素的生成，比如后退红线、禁止开口路段、坐标标注等，并可以自动按一定比例尺分幅出图(图 12-7)。该软件的最大意义在于，将图纸上的各种线条变成与数据关联的要素，很好延续了整个规划流程的数据逻辑。

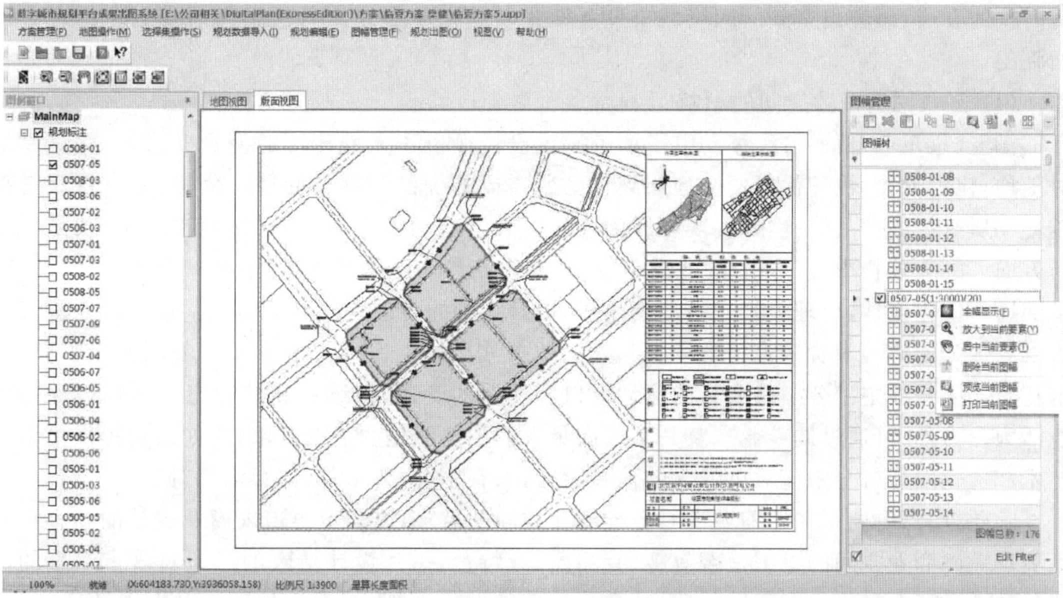

图 12-7　智慧城市规划平台控规成果出图系统界面

(5) 数据的增值

数据增值是规划全过程收集和产生的数据在规划工作完成后的延伸应用。例如经过了控规出图系统加工的 GIS 化控规成果，经过简单加工即可成为 web 和移动端的规划管理系统。规划管理人员可以随时使用平板电脑等设备，调阅任意地点或者自己所在地点的分图则、指标表等规划数据，甚至可以通过三维全景图或者真三维模型场景体验现状或建成空间效果。

大数据使我们获得了实现智慧城市规划的手段，可以利用短期内持续性的改善达到智慧城市这一目标。空间化为城市大数据的研究提供了一条有效途径，是城市大数据可视化的有力方式，是开展大数据空间分析的前提，是实现多源大数据融合的纽带。建立在 GIS 平台上的大数据的系统化已经开始探索。随着智慧城市的推进和越来越多的开放大数据的供给，大数据将会离普通规划师越来越近，终将成为开展智慧城市规划必不可少的技术支撑。

3）技术革命引领未来城市发展和城市规划

几千年的城市发展史表明，重大的科学进步与技术发展是产生新的城市规划观念和方法的重要因素。在古代，这一演变比较缓慢。例如，中国古代城市从里坊制到街巷制的演变，大约经过300多年。近代，这种演变在加速，过程在缩短。仅以第二次世界大战前后比较，变化就非常明显。这就要求规划师应主动地关注、研究并适应城市各个行业和技术的发展变化，运用新的科学和技术，适时地更新城市规划的观念和方法，能动地创造或发现新的城市结构形式，进而推进城市的全面“进化”和发展。互联网、交通技术、产业技术的发展和革新是未来城市发展和规划的重点关注领域。

关注点一："互联网+"改变城市功能和空间

随着移动互联网5G时代的到来，信息共享，在线协同合作，居家购物，移动商务，已经打破了时间与空间局限，改变了传统的生活模式。因此，未来城市的发展已没有任何城市可以作为参照，发达国家的城市规划已经不能适应如今的互联网时代，作为我们的借鉴。非互联网理念下的规划模式，未来会造成城市空间和资源的浪费，阻碍城市发展。那么，如何去顺应互联网时代的发展，研究出全新的网络城市发展模式及其相应的规划方法是当前规划工作者必须面临的。

(1) 互联网对商业空间的影响

淘宝、京东、微信商城等移动电子商务平台已经颠覆了人们传统的消费模式，人们可以随时随地，比价购物，快速优惠便捷地买到自己所需要的商品。物品变得可分享，用户将获得超越单一所有权的产品体验，并实现变废为宝。以大量流动人群为保障的体验式消费则是一个新方向。一个购物中心(mall)的建设需要10万人流量来支撑运营，将城市综合体结合城市轨道交通一体化设计，合理组织交通消费流线，引导大量的流动人群盘活商机。这种以大量流动人群为保障的体验消费模式将持续引起人们的关注。如上海市长宁区中山公园龙之梦商场，依托2、3、4号线中山公园站大量的流动人口和便捷的交通，持续更新其业态及布局以保持商业活力。另外，可通过调整业态及其布局满足人们不断变化的消费需求，比如通过提供更多的艺术和文化发展机会来应对更强大的消费能力，如音乐会、艺术节、体育活动等。

除此以外，电商正在压缩城市对传统商业空间的需求，人们不再追求商业建筑的高容积率而更加关注商业空间的组织是否有趣、有品质、有特色，一片设计精致的绿地对城市产生的价值和效益已经远超出一个商铺。这样，在新一轮的城市更新中，在用地置换的利益博弈中，人们对开放空间的需求会大于对商店的需求。

(2) 互联网对商务办公空间的影响

全新一代的网络化办公模式的产生必将导致商务办公空间的萎缩，人们已经没必要集中在一起协同办公，人们将对如何工作和在哪工作拥有各种选择，受益于工作分享，企业可更大范围获取人才和信息。而取代集中式办公场所的则是灵活分布的合作式办公空间，可能是与主题餐厅、小型会展混搭，复合型的商务办公模式将是一个趋势。

(3) 互联网对产业的影响

互联网将引起制造业的衰退，服务功能将增加。制造业的重心将从重工业转向更高价值的企业。对环境影响低但附加价值高的新型创新产业即将出现在城市中心区。比如，三维打印等更多个人化小型制造业可以结合城市核心区设置。传统的工业园区对年轻的人才将不再有吸引力，这些人才寻求的是各专业之间的协同和非正式互动关系。

(4) 互联网对居住空间的影响

住宅比例将增加,居住用地比例将占更大比重,多样化的住房类型将满足多元的需求。基于更新的互联网技术,越来越多的人可在家工作,因此住宅单位将具备更多不同的功能。住宅单位类型可以配合更大的家庭规模而扩大,老人得以和核心家庭共同生活。对能源效率和生活方式的追求将朝更密集、更多功能利用的模式发展,住房设置在工作场所附近。社区中心提供核心基础设施和社交核心区的多功能综合利用模式将形成多组团发展。社区将通过减少私人专用空间,增加鼓励合作和适应集体体验的共享空间以及多样化的职住空间选择增加互动性、可达性及各种机遇(图 12-8、图 12-9)。

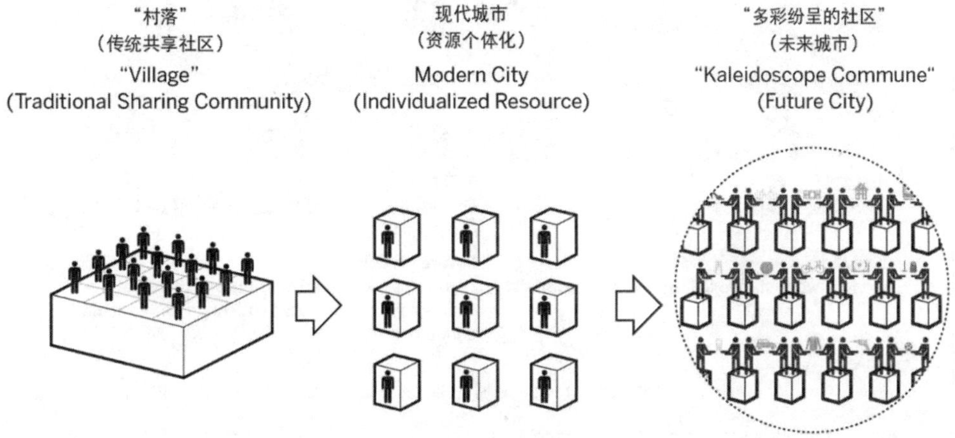

图 12-8　从传统村落到未来城市社区

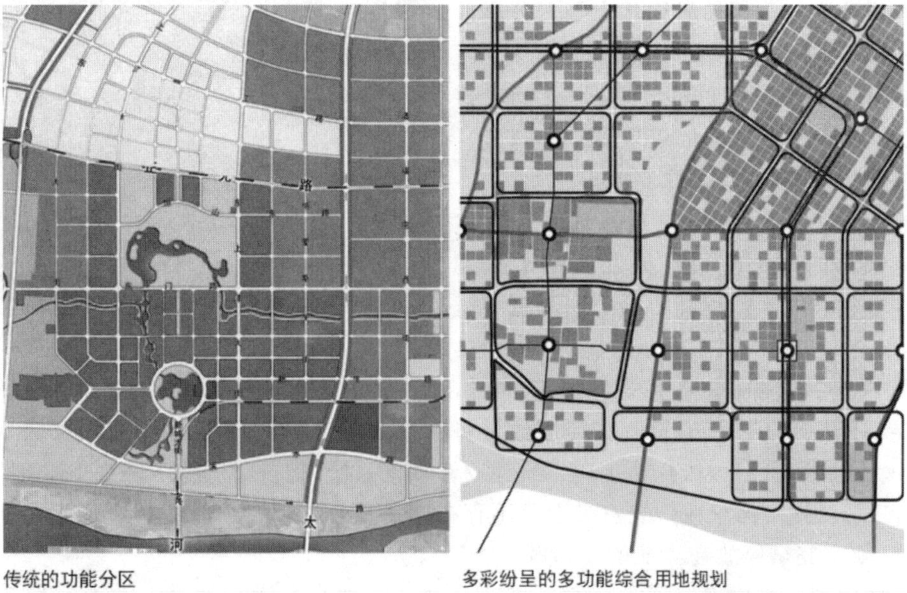

图 12-9　传统的功能分区到多彩纷呈的多功能综合用地规划

(5) 互联网对医疗、教育设施的影响

随着以构建移动平台、抢夺用户入口为核心,各种类型的移动电商 O2O(线上到线下)服务迅速发展。在线教育已经不再只是一个简单的教育引导空间,现在更是一个鼓舞激励学生的交互式的学习环境。因此,城市对校园的需求将减少,校园将变得更小,更广泛地分布在整个城市。移动健康科技有着改进亿万人医疗保健的潜力,远程咨询和诊断会减少到医院看病的比例,这样,医院规模也将更小;同时,居住区内将提供更多的社区诊所,方便居民就医(图12-10)。

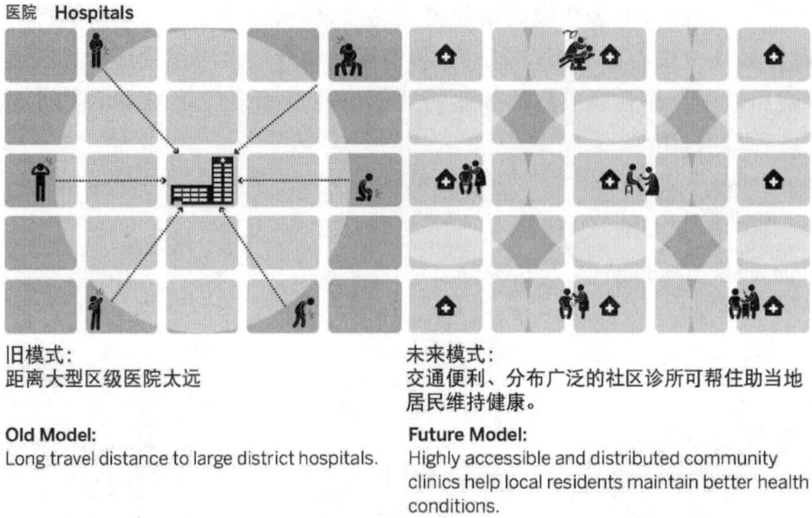

图 12-10 未来城市医院布局方式

另外,农业技术将融入多功能的城市利用;用于农业生产的土地将缩减,而规划将采用垂直绿化和屋顶农业。例如纽约几个平方公里的屋顶绿化所达成的愿景不但城市土地没有缩减,而相应产生的是人们可以同时享受到农耕文明、工业文明、生态文明的成果(图 12-11)。

图 12-11 纽约的屋顶绿化

关注点二:新交通技术改变城市生活

(1) 无人驾驶技术增强交通系统承载能力

无人汽车的广泛使用将提升道路通行能力。美国电气和电子工程师协会(IEEE)预测,到 2040 年全球上路的汽车总量中,75%将会是无人驾驶汽车。这样,交通事故将减少 50%,通勤时耗及能源将减少 50%,汽车使用数量将减少 50%,车道宽度将由 3.5m 下降为 1.5~2m。在这种技术条件下,依托快速路系统建立车联网系统,运行时间将下降 30%,道路通行能力提升 50%。另外,停车在传统意义上已不存在,因为减少了私家车,所有车辆不是在载运乘客活货物,就是完全停放在当地的集结区。

无人驾驶列车将增加轨道系统承载能力。轨道交通高峰满载率高。拿上海轨道交通为例,2 号线早高峰期间断面流量平均饱和度高达 94%,1 号线高达 89%。无人驾驶列车的使用,将大大提高容量供给水平,全自动无人驾驶列车的通过能力较传统列车将增加 20%,这样,列车饱和度下降的同时乘客舒适性也将大大提高。

无人机将改变现有配送模式减少货运压力。电商发展增加快递配送货运的需求,未来快递配送货运交通流将占到高架道路车流量的 5.5%,是现在的近 40 倍;无人机的快速发展将取代有人机和车辆运输，这样将提高 30％的快递配送效率，减少人力运输，减少道路交通压力。另外，货运仓库根据无人机的飞行半径设置，距离每个住宅建筑五分钟的步行范围内有一个冷藏存储社保的接收中心来接收无人机递送的货物。生鲜食品的递送将成为日常生活的一部分。

（2）智能交通和精致设计将重塑街道生活

精确操作的小型车辆通过传感器行驶在严格的通行空间上，可防止碰撞，以提供更多社交空间（图 12-12）。交通信号灯和其他固定的交通设施已经消失。可变换式街道根据需求重新配置，以配合交通高峰期的车辆和在其他时间的行人交通需求。道路行车速度由传感器控制，不同的交通模式和步行交通可以混合。

混凝土和柏油路面设计成透水路面，同时嵌入太阳能电池和 LED 灯，用作信号和通信系统，实践生态智慧城市的目标（图 12-13）。

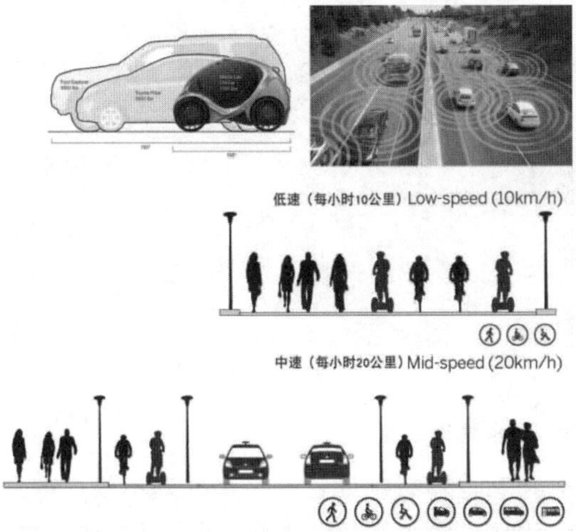

图 12-12　传感器控制小汽车及可变换式街道图

图 12-13　嵌入太阳能电池和 LED 灯的透水路面

关注点三：绿色低碳发展

（1）低碳规划

未来城市的能源目标是遵循大自然的模式，利用更多的可再生能源，并实现零碳排放。实现这一目标的策略包括减少需求和多元化供应。

减少需求未来城市的能源需求综合工业、交通、商业、住宅及农业各方面。各行业能源需求占 50％以上，因此，高效率的制造工艺至关重要。建筑系统在平衡能耗方面将更为高效和智能，交通系统还将通过智能化的管理、电动车和无线充电技术等降低能耗。

多元化供应未来城市每个功能区的能源供应将会接近自给自足，新科技将更加强化市政基础设施的适应力，但规模会更小；每座建筑将减少需求并现场发电——利用地热、太阳能、风能、生物能来自行供电，并截留余热和附带能源，如无线电波、声波振动及起风时建筑物的摇晃。分布式发电将取代为满足高峰需求而建的集中式发电。

新技术应用将使能源生产和存储的分布更为广泛，从而形成更具适应性的系统。高效的电池增加便捷性，未来的无人驾驶车辆将成为移动的太阳能发电设备和电池，通过道路中的导体将电能无线传输到城市电力网络。太空中的太阳能农场更有效地将太阳能转换为电能，无线传输到地球。

废弃物循环利用减少生产及生活废弃物，减少污染源。所有的废弃物将再循环、再利用或堆肥处理,废物填埋的方式将淘汰。通过各种技术流程,废物变能源的方式可将不可循环材料转化为可利用的热能、电能或燃料。

(2) 量水规划

水是生态系统的根基,可用水则决定了城市的规模和人口。按照所需水量供水是未来城市规划的基本原则。

供水和污水处理系统按不同用途所需水量来供水。一般性供水可以安全地用于冲厕、灌溉、冷却、工业以及其他类似的用途,在使用端进一步处理后可以作为饮用水。管内污水处理系统可缩减中央处理厂的规模(图 12-14)。

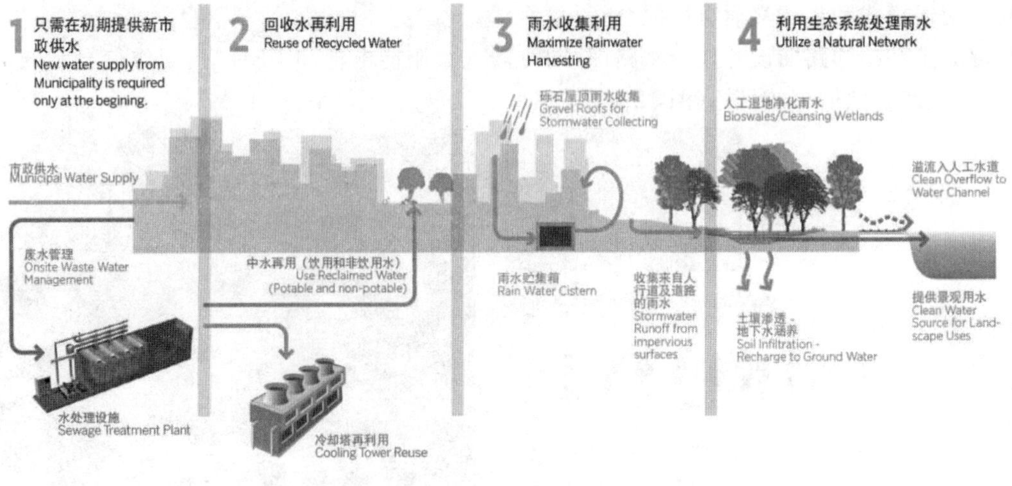

图 12-14 循环的供、污水处理系统

综合基础设施水系统结合开放空间、能源、废物和运输系统设置。污水处理不仅生产高品质的水,而且可回收营养物质,并产生沼气能源。固体废物可转化为能源,污水可制造土壤,饮用水可用来储存热量,而收集的雨水可用于区域供冷。

(3) 重焕生机的开放空间

大型、连贯的绿色开放空间是未来城市追求的目标。其中不仅包括所有住宅区五分钟步行距离内设置社区公园,还包括规划城市和地区公园、城市农场和森林,以及净化空气的宽阔风廊。整个绿色系统与更大的自然体系相联系,营造出生物廊道,减弱洪水威胁,补给地下水。通过森林湿地净化空气和水,使生态系统达到自我修复。

具有净化功能的开放空间系统配合盛行风的风向规划开放空间和城市肌理以引导盛行风吹散污染空气,降低有害微生物滋生,改善城市自然舒适度,打造健康城市新典范(图 12-15)。

垂直农业和开放空间为了保持城市的紧凑性和高开发强度,土地变得弥足真贵。屋顶将成为第二块地,作为公园和农地。垂直农场将生产高价值的农作物,直接将粮食生产带入城市(图 12-16)。

新技术引领的未来城市将是智能城市、低碳城市的新典范,它将缓解中国大城市的压力,同时对快速城市化、科技进步和生活方式转变带来的冲击带来一套全方位的应对策略并创造新机遇。

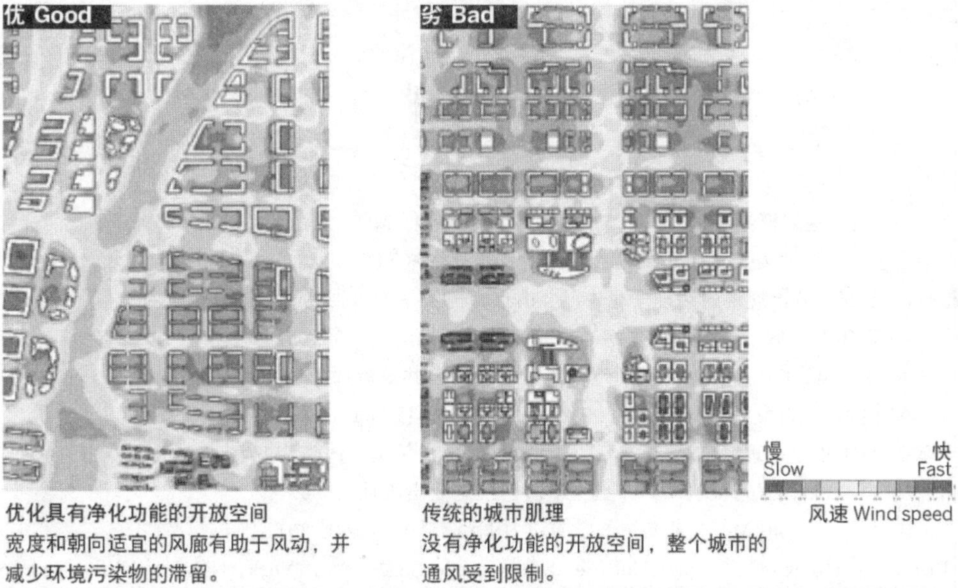

图 12-15　优化具有净化功能的开放空间的通风模拟分析

图 12-16　垂直农业和开放空间

参考文献

[1] 郭彦弘. 城市规划概论[M]. 北京:中国建筑工业出版社,1992.

[2] 第十届全国人大常委会.《中华人民共和国城乡规划法》(2007)第二条.

[3] 赵昀,王红扬. 城市规划的法理学思考[J]. 山东师范大学学报,2006(2):84-87.

[4] 吴志强,百年西方城市规划理论史纲导论[J]. 城市规划汇刊,2002(2):9-18.

[5] 王国敏,李玉峰. 工具理性与价值理性权衡下的我国公共政策选择[J],理论视野,2006(4):40-42.

[6] 陈文军. 哈耶克"自发秩序"新探[J]. 齐鲁学刊,2007(4):136-138.

[7] 哈耶克. 自由秩序原理[M]. 邓正来,译,上海:上海生活·读书·新知三联书店,1998.

[8] 胡俊. 中国城市:模式与演进[M]. 北京:中国建筑工业出版社,1995.

[9] 斯科特. 国家的视角[M]. 王晓毅,译,北京:中国社会科学出版社,2011.

[10] BLIJ,H J. Human Geography:Culture, Society, and Space. New York, NY:John Wiley and Sons,5th EDITION1996.

[11] TOBLER,W R. A computer movie simulating urban growth in Detroit region [J]. Economic geography, 1970 46 (s1):234-240.

[12] 肖笃宁,李秀珍,高峻,等. 景观生态学[M]. 北京:科学出版社,2010.

[13] 俞孔坚,王思思,李迪华. 区域生态安全格局:北京案例[M]. 北京:中国建筑工业出版社,2012.

[14] 马世骏,王如松. 社会-经济-自然复合生态系统[J]. 生态学报,1984,4(1):1-9.

[15] 王如松,欧阳志云. 社会-经济-自然复合生态系统与可持续发展[J]. 中国科学院院刊,2012,27(3):337-345.

[16] 张伟,王家卓,任希岩,等. 基于GIS的山地城市生态敏感性分析研究[J]. 水土保持研究,2013,20(3):44-54.

[17] 黄光宇,陈勇,田玲等. 生态规划方法在城市规划中的应用——以广州科学城为例[J]. 城市规划,1999,23(6):48-51.

[18] 欧阳志云,王效科,苗鸿. 生态环境敏感性及其区域差异规律研究[J]. 生态学报,2000,20(1):9-12.

[19] 杨志峰,徐俏,何孟常. 城市生态敏感性分析[J]. 中国环境科学,2002(4):360-364.

[20] 尹海伟,徐建刚,陈昌勇,等. 基于GIS的吴江东部地区生态敏感性分析[J]. 地理科学,2006(1):64-69.

[21] 许联芳,杨勋林,王克林,等. 生态承载力研究进展[J]. 生态环境,2006, 15(5):1111-1116.

[22] 朱环. 生态承载力度量方法与应用研究[D]. 上海:同济大学,2006.

[23] 李宏. 生态足迹理论及其应用研究[D]. 甘肃:兰州大学,2006.

[24] 马克明,傅伯杰,黎晓亚,等. 区域生态安全格局:概念与理论基础[J]. 生态学报,2004,24(4):761-768.

[25] 黎晓亚,马克明,傅伯杰,牛树奎,等. 区域生态安全格局:设计原则与方法[J]. 生态学报,2004,24(5):1055-1062.

[26] 刘洋,蒙吉军,朱利凯. 区域生态安全格局研究进展[J]. 生态学报,2010,30(24):6980-6989.

[27] 冷红,袁青. 城市微气候环境控制及优化的国际经验及启示[J]. 国际城市规划,2014,29(6):114-119.

[28] 汪光焘,王晓云,苗世光,等. 现代城市规划理论和方法的一次实践——佛山城镇规划的大气环境影响模拟分析[J]. 城市规划学刊,2005(6):18-22.

[29] 李保峰,高芬,余庄. 旧城更新中的气候适应性及计算机模拟研究——以武汉汉正街为例[J]. 城市规划,2008(7):93-96.

[30] 赵丹,李锋,王如松. 城市生态用地的概念及分类探讨[J]. 中国人口,资源与环境,2009(19):337-342

[31] 郑灵飞,黄友谊. 整体观视角下的城市水系规划框架探析——以厦门市城市水系规划为例[J]. 规划师,2013,10(19):52-57.

[32] 肖莹光. 广州市中心区社会空间结构及其演化研究[D]. 上海:同济大学,2006.

[33] 史宝娟. 城市循环经济系统构建及评价方法研究[D]. 天津:天津大学,2006.

[34] 戴欣. 城市生态社区评价指标体系构建研究[D]. 北京:北京林业大学,2011.

[35] 艾彬. 社区生态评价与空间格局研究——以上海市中心城区为例[D]. 上海:华东师范大学,2005.

[36] 田美荣. 生态社区评价与设计[D]. 北京:中国环境科学研究院,2007.

[37] 谌金中,李晓钰. 长株潭城市群城市文化特色分析[J]. 2013(02):42-43.

[38] 吴丰林. 基于杠杆原理的城市定位与发展战略研究[J]. 城市规划,2011(04).

[39] 张旭,等. 浅谈产业经济发展与城市规划的相互影响[J]. 职业圈,2007(07)

[40] 颜明. 城市规划中产业用地适宜性评价研究[D]. 四川:西南财经大学. 2011.

[41] 吴志强,等. 城市规划原理(第四版)[M]. 北京:中国建筑工业出版社,2010.

[42] 解晨晨. 皖江示范区背景下芜湖市主导产业的选择[D]. 安徽:合肥工业大学,2012.

[43] 陈海汉,等. 安徽省主导产业的选择与发展方向[J]. 科技管理研究,2012.

[44] 高登榜. 产业转移中的主导产业选择与承接模式研究[D]. 合肥:合肥工业大学,2013

[45] 王德,等. 城镇体系分析系统的升级开发与研究[J]. 新技术应用,2002(08):60-64+81.

[46] 王德,等. 城镇势力圈划分计算机系统 HAP 的开发研究与应用[J]. 城市规划,2000(12):37-41.

[47] 闫卫阳,等. 城市断裂点理论的验证、扩展及应用[J]. 人文地理,2004. (4):12-16

[48] 李新春. 城市主导产业分析研究[J]. 沿海企业与科技,2006(3):12-14.

[49] 李杰. 区域主导产业选择与对比分析[D]. 南京:南京航空航天大学,2006.

[50] 苏强. 产业经济对城市土地利用形态影响分析[J]. 中国土地,2013(10):35-37.

[51] 杨于成. 城市土地利用结构与产业结构关系研究[D]. 武汉:华中农业大学,2012.

[52] 李国栋. 城市土地利用结构与产业结构互动关系研究[D]. 武汉:华中农业大学,2012.

[53] 沈锐. 基于经济分析的城市规模预测方法初探[C]. 哈尔滨:2007 中国城市规划年会论文集,2007.

[54] 张国华. 城市综合交通体系规划技术转型[J]. 城市规划,2011:42-48.

[55] 胡焕庸,中国人口之分布——附分布表及密度图[J]. 地理学报:1935,2(2):35-74.

[56] 王昕浩,冯. 霍菲. 城市与区域规划研究方法[M]. 北京:清华大学出版社,2007.

[57] 东莞市第六次人口普查统计公报[R]. 东莞:东莞市统计局,2011. 正安县第六次人口普查统计公报[R]. 贵州:贵州省统计局,2011.

[58] ROGERS. A, LITTLE, J. & RAYMER, J.. The indirect estimation of migration[M]. The Federal Republic of Germany: springer, 2010. Chapter . describing age structures of migration.

[59] REES, W & WACKERNAGEL, M, Urban ecological footprint: why cities can't be sustainable, and why they are key to sustainable [J]. Environmental impact assessment review, 1996, (4-6): 223-248.

[60] KEYFITZ, N. & CASWELL, H. Applied mathematical demography[M]. 3rd edition. The Federal Republic of Germany: springer, 2004. Chapter17: the multistate model.

[61] 刘继生,陈彦光. 山东省城市人口-城区面积的异速生长特征探讨[J]. 地理科学, 2005, 25(2): 135-141.

[62] 陈伟,修春亮,陈金星,等. 中国城市间交通流强度的空间格局[J]. 人文地理, 2015(04):122-128.

[63] 张旭. 高速铁路与民航客运竞争及协同发展研究[D]. 辽宁:大连海事大学,2012.

[64] http://finance.sina.com.cn/roll/2019-01-24/doc-ihqfskcp0064631.shtml[OL].

[65] 杨艳. 基于运输需求的区域公路网规划研究[D]. 西安:长安大学,2008.

[66] 漆凯. 城市客运枢纽站旅客流线优化研究[D]. 北京:北京交通大学,2012.

[67] 胡世东. 城市综合交通枢纽发展理念探讨[J]. 铁道标准设计,2010(10):33-35.

[68] 国家发展和改革委员会. 综合交通网中长期发展规划[R]. 2007.11.

[69] 阎欣. 基于对外客运交通流的城市群对比评价分析——以厦漳泉大都市区与长株潭城市群为例[C]. 中国城市规划学会. 城市时代,协同规划——2013 中国城市规划年会论文集(01-城市道路与交通规划). 中国城市规划学会:北京中国城市规划学会,2013:662-672.

[70] 刘晨. 综合客运枢纽对城市交通影响的分析[D]. 北京:北京交通大学,2012.

[71] 龚丽俨,余万超. 城市路网交通规划及其与经济、政策的协调发展[J]. 交通标准化,2010(09):50-54.

[72] 中规院交通院. 中国主要城市道路网密度监测报告[R]. 2018 年.

[73] 王志高. 尺度、密度、面积率——中国城市道路规划建设指标的启示[R]. 2014(第九届)城市发展与规划大会论文集-S04 绿色交通、公交优先与综合交通体系.

[74] GA 中华人民共和国公共安全行业标准《GA/T 507-2004 公交专用车道设置》.

[75] 杨晓光. 城市道路交通设计指南[M]. 人民交通出版社.

[76] 彭国雄. 城市公交停靠站设置常见问题及对策[J]. 交通运输工程学报. 2001(9).

[77] 中华人民共和国国家标准《GB/T 51149-2016 城市停车规划规范》.

[78] 王久亮. 交通企业管理[J]. 交通企业管理 2019(2), 77-80 页.

[79] 孙德芳,沈山. 国内外公共服务设施配置研究进展[J]. 城市问题,2012(9):27-33.

[80] 夏红宇. 城市市区公共服务设施配置体系指标研究[D]. 湖南:中南大学,2011.

[81] 彭岚兰,沈玉芳,柏程豫. 现代大学城发展特点及选址原则研究[J]. 经济论坛 2004(21)154-155+157.

[82] 顾起洲. 中小学校选址首要原则[J]. 教学与管理. 2013.(5)52-53.

[83] 中华人民共和国国家标准《中小学校设计规范》(GB 50099-2011).

[84] 郑志明. 特大城市公共体育设施布局规划研究——以成都市为例[D]. 成都:西南交通大学.

[85] 卢学伟,李巍. 总体规划阶段的医疗卫生设施规划——以《大连市城市总体规划修编(2008-2020)》医疗卫生设施规划为例[J]. 科技创新导报 2013.(1):242.

[86] 刘定慧. 城市空间结构对居民通勤行为的影响研究——以成都市和兰州市为例[J]. 世界地理研究 2015.(12):78-84+93.

[87] 李平华,陆玉麒. 可达性研究的回顾与展望[J]. 地理科学进展,2005(05):69-78.

[88] 刘正兵,张超,戴特奇. 北京多种公共服务设施可达性评价[J]. 经济地理. 2018(06):77-84.

[89] 邹玉. 面向实施的超大城市体育专项规划方法研究——以上海为例[J]. 上海城市规划,2016(8):76-83.

[90] 李陈. 上海市公共体育设施建设效应评价研究[J]. 体育科研. 2019(03):21-32.

[91] 刘波. 基于都市人类学的城市居住空间分析及规划对策研究[C]. 上海:同济大学,2007.

[92] 李国敏,等. 城市滨水区的开发利用与立法思考——以汉口沿江地段为例[J]. 规划师,1999,15(4).

[93] 袁诺亚. 中国大都市现代商业空间发展布局研究[D]. 武汉:华中科技大学,2006.

[94] 王非. 城市广场人性化设计研究初探[D]. 西安:建筑科技大学,2003.

[95] 李建伟. 城市滨水空间评价与规划研究[D]. 西安:西北大学,2005.

[96] 祥龙海. 城市滨河护岸环境高差的影响与设计方法研究[D]. 西安:西安建筑科技大学,2008.

[97] 夏继红,等. 河岸带适宜宽度要求与确定方法[J]. 河海大学学报,2013(05):229-234.

[98] 余小虎. 城与水的有机联系[D]. 重庆:重庆大学,2006.

[99] 颜惠. 城市滨水地带环境的亲水性研究[D]. 湖南:湖南大学,2004.

[100] 日本土木学会. 滨水景观设计. 孙逸增译. [M]. 大连:大连理工出版社,2002.

[101] 龚维超. 城市滨水区空间环境设计与城市功能[J]. 武汉城市建设学院学报,2001(6)41-44.

[102] 白咸勇. 北京城市河湖滨水地区景观设计初探[J]. 北京规划建设,2002(4):45-46.

[103] 黄翼. 城市滨水空间的设计要素[J]. 城市规划,2002(10):68-72.

[104] 杜春兰,代劼. 滨水景观设计[J]. 时代建筑,2002(01).

[105] 陈伟等. 公私合作进行滨水区开发:以美国托莱多市为例[J]. 国外城市规划,2003(4):52-54.

[106] 凯文林奇著. 城市形态[M]. 林庆怡等,译. 北京:华夏出版社,2001.

[107] 吕桂菊. 现代城市商业空间景观的特色设计[J]. 四川建筑,2010(8):40-41.
[108] 蔡永洁. 城市广场[M]. 南京:东南大学出版社,2006.
[109] 段俊原. 现代城市广场特性解析——以南京鼓楼广场地区为例[D]. 南京:南京林业大学,2007.
[110] 方向. 现代城市商业空间的适应性分析[D]. 郑州:郑州大学,2003.
[111] 刘博敏. 现代城市商业空间形态发展的多维性[C]. 天津:中国城市规划年会,2009.
[112] 宋伟轩,等. 城市滨水空间公共性现状与规划思考[J]. 城市发展研究,2009.
[113] 黄颖. 城市滨水游憩空间品质评价研究[D]. 福建:福建农林大学,2013.
[114] 纪鹏,等. 城市中不同宽度河流对滨河绿地四季温湿度的影响[J]. 湿地科学,2013(6)240-245.
[115] 李政. 天津城市商业体系和规划布局结构发展研究[D]. 天津:天津大学,2006.
[116] 刘滨谊. 现代景观规划设计(第 4 版)[M]. 南京:东南大学出版社. 2017.
[117] 岳邦瑞,邵素丽. 西方景观规划设计分析方法的演变与趋势研究[J]. 西安建筑科技大学学报(自然科学版). 2010(10):690-695.
[118] 麦克哈格. 设计结合自然[M]. 黄经纬,译. 天津:津大学出版社,2006.
[119] 余雪琴,王开运,张桂莲,王亚萍,徐飞,刘为华,等. 上海市公园植被景观格局[J]. 生态环境 2008(7):1548-1553.
[120] 杨公侠. 视觉与视知觉[M]. 上海:同济大学出版社,2002.
[121] 刘滨谊. 现代景观规划设计[M]. 4 版. 南京:东南大学出版社,2005.
[122] 杨盖尔,《交往与空间》[M]. 何人可,译. 北京:中国建筑工业出版社,2002.
[123] 刘滨谊. 现代景观规划设计[M]. 东南大学出版社,2005.
[124] 王全,李晓晖,徐建刚. 基于 GIS 的城市景观分析与规划[J]. 中国园林,2014(11):3.
[125] LEWIS P H . Tomorrow by design: a regional design process for sustainability[J] Environment & Planning B Planning & Design, 1996, 25(4):634-635.
[126] 孙晓恒. 基于 GIS 的景观规划适宜性研究[M]. 南京:东南大学,2007.
[127] 陈永责,郝红科,李鹏飞. GIS 在园林规划设计中的应用[J]. 西北林学院学报,2005,20(4):174-176.
[128] 曹隽,刘小钊,胡刚. 三维 GIs 技术在景观影响分析中的应用[J]. 江苏城市规划,2010(9):29-32.
[129] 西村幸夫. 历史街区研究会. 城市风景规划一欧美景观控制方法与实务[M]. 张松,蔡敦达,译. 上海:上海科学技术出版社,2005.
[130] 褚泓阳,屈永建. 园林艺术——21 世纪高职高专系列教材[M]. 西安:西北工业大学出版社,2002.
[131] 陶辉, 王小雷. 服装设计中的构成艺术探究[J]. 江苏纺织, 2001(9):18-21.
[132] 汉尼鲍姆, 宋力主. 园林景观设计:实践方法(第 5 版)[M]. 沈阳:辽宁科学技术出版社, 2004.
[133] 阿尔伯蒂. 论建筑[M]. 王贵祥,译. 北京:中国建筑工业出版社,2010.
[134] 王清华. 构成设计基础课程在园林景观设计中的重要性[J]. 美术教育研究,2014(13):128-129.
[135] 尹安石. 景观格局与构成设计[J]. 装饰, 2007(1):104-105.
[136] 郭红雨,蔡云楠. 城市色彩的规划策略与途径[M]. 北京:中国建筑工业出版社,2010.
[137] 王新文,崔延涛,张婷婷. 济南城市色彩规划编制思路与内容探析[J]. 规划师,2012(4)36-40+45.
[138] JADER T, CLARA C. Body organization and spatial representation[M]. Cog-nitive Processing,2006, 07(5):95.
[139] 日本建筑学会. 应用于建筑・城市规划的调查分析方法[M]. 日本:井上书院,1998.
[140] MADDEN K. 利用者分析法[M]. 东京:公园・游憩技术事业,1982.
[141] 刘滨谊. 现代景观规划设计[M]. 南京:东南大学出版社,2005.
[142] 东海林克彦. 在皇居外苑国民公园里关于空间利用构成的研究[J]. 日本造园学会研究发表论文集, 2003,66(5):405-408.
[143] 刘捷. 城市形态的整合网[M]. 南京:东南大学出版社,2004.
[144] 向志学,向东. 谈谈资源和历史文化资源[J]. 武汉大学学报,2006(6)331-336.

[145] BOYER CHRISTINE. The City of Collective [M],MIT Press,Cambridge,1994.

[146] 新京报,2006-11-09.

[147] GB50357-2005,历史文化名城保护规划规范[S].

[148] 孔强.城市历史街区景观空间中的文化塑造[J].华中建筑,2009(10).

[149] 张能恭. 用发展的眼光看历史地段保护与更新[J].现代城市研究, 2002(3).

[150] 郑晓山.场所精神的保持与延续[D].成都:西南交通大学,2004.

[151] 吴良镛.中国建筑与城市文化[M].北京:昆仑出版社,2009.

[152] 艾伯亭,等.城市文化与城市特色研究[M].北京市:中国建筑工业出版社,2010.

[153] 赵春水,等.城市色彩规划方法研究-以天津城市色彩规划为例[J].城市规划,2009(9):36-40.

[154] 吴晓,等.历史文化资源评估的总体思路与案例借鉴[J].城市规划,2012(2)89-96.

[155] BERNARD M FEILDEN.《Conservation of Historic Buildings. Third Edition》[M]Oxford OX2 8DP, UK:ElsevierLed,2003(03).

[156] 吴琼.文物古建筑群整体保护研究——以山西省古村镇中的文物古迹建筑群为例[D].北京:北京建筑工程学院,2010.

[157] 周俭.在历史中再创造——当代法国历史建筑再利用的趋势[J].时代建筑,2006(02).

[158] 孙琳.基于历史建筑再生的博物馆展陈空间设计研究[D].西安:西安建筑科技大学,2013.

[159] 胡明星,等.GIS技术在历史街区保护规划中的应用研究.建筑学报,2004(12)63-65.

[160] 陈鹏.基于文化地理视角的城市特色分析与彰显.重庆:重庆师范大学,2011.

[161] 西村幸夫,历史街区研究会.城市风景规划欧美景观控制方法与实务[M].张松,蔡敦达,译.上海:上海科学技术出版社,2005.

[162] 胡浩.城市眺望景观规划控制研究[D].上海:同济大学,2006.

[163] 田继忠.历史文化街区整体保护及有机更新的路径研究[J].经济论坛,2011(11).

[164] 张小金.城市文化与城市特色研究新思维-以广州市为例[J].建材与装饰(下旬刊),2007(9):70-71.

[165] 艾伯亭,等.城市文化与城市特色研究[M].北京:中国建筑工业出版社,2010.

[166] 宣莹,等.点状历史文化资源分类评价体系探索[J].中国名城,2011(3):51-55.

[167] 周彦,等.齐齐哈尔市历史文化资源调查的思考.[J].齐齐哈尔大学学报,2010(11):82-84.

[168] 汪光焘.历史文化名城的保护与发展[J].建设学报,2005(02).

[169] 王玲玲.历史文化名城保护规划的发展与演变研究[D].北京:中国城市规划设计研究院,2006.

[170] 孙翔,等. 特征规划指引下的新加坡历史街区保护策略[J].国外城市规划,2004(6)47-52.

[171] 石峰,等. 基于眺望景观保护的城市设计探索与实践[J].规划师,2011(8):41-45.

[172] 福州历史文化名城保护规划(2008—2020)[R].上海同济城市规划设计研究院,2009.

[173] 梁爽.历史文化名城格局与保护研究[D].山西:太原理工大学,2013.

[174] 芦原义信.外部空间设计[M].北京: 中国建筑工业出版社,1985.

[175] 肖金亮.中国历史建筑保护科学体系的建立与方法论研究[O].北京:清华大学,2009.

[176] 香港特别行政区规划署.香港城市设计指引[R],2003.

[177] 吴志强,邓雪湲,干靓.面向包容的城市规划,面向创新的城市规划——由“世界城市状况报告”系列解读城市规划的两个趋势[J].城市发展研究,2015(4):28-33.

[178] HARRISON C, B ECKMAN, R HAMILTON, et al. Foundations for Smarter Cities[J] IBM Journal of Research and Development,2010,54(4):1-16.

[179] “Smar t City”,The Fr eeEncyclopedi a fromWikipedia[EB/ OL].(2013-03-25)[2013-04-01] http://en. wikipedia. org/wiki/Smart_city.

[180] BOYD D, CRAWFORD K. Critical questions for big data:Provocations for a cultural, technological, and scholarly phenomenon[J]. Information, Communication & Society, 2012, 15(5):662-679.

[181] 牛强.城市规划大数据的空间化及利用之道[J].上海城市规划.2014(5).